航天科技图书出版基金资助出版

武器装备作战应用与保障技术

洪东跑　张海瑞　著

中国宇航出版社
·北京·

图书在版编目（CIP）数据

武器装备作战应用与保障技术 / 洪东跑，张海瑞著. -- 北京：中国宇航出版社，2022.11

ISBN 978-7-5159-2179-2

Ⅰ. ①武…　Ⅱ. ①洪…　②张…　Ⅲ. ①武器装备-作战　Ⅳ. ①E92

中国版本图书馆CIP数据核字(2022)第244611号

责任编辑　臧程程　　**封面设计**　宇星文化

出 版 发 行　中国宇航出版社

社　址　北京市阜成路8号　**邮　编**　100830
(010)68768548

网　址　www.caphbook.com

经　销　新华书店

发行部　(010)68767386　(010)68371900
(010)68767382　(010)88100613（传真）

零售店　读者服务部　(010)68371105

承　印　北京中科印刷有限公司

版　次　2022年11月第1版
2022年11月第1次印刷

规　格　787×1092

开　本　1/16

印　张　22　**彩　插**　4面

字　数　395千字

书　号　ISBN 978-7-5159-2179-2

定　价　128.00元

航天科技图书出版基金简介

航天科技图书出版基金是由中国航天科技集团公司于2007年设立的，旨在鼓励航天科技人员著书立说，不断积累和传承航天科技知识，为航天事业提供知识储备和技术支持，繁荣航天科技图书出版工作，促进航天事业又好又快地发展。基金资助项目由航天科技图书出版基金评审委员会审定，由中国宇航出版社出版。

申请出版基金资助的项目包括航天基础理论著作，航天工程技术著作，航天科技工具书，航天型号管理经验与管理思想集萃，世界航天各学科前沿技术发展译著以及有代表性的科研生产、经营管理译著，向社会公众普及航天知识、宣传航天文化的优秀读物等。出版基金每年评审1～2次，资助20～30项。

欢迎广大作者积极申请航天科技图书出版基金。可以登录中国航天科技国际交流中心网站，点击“通知公告”专栏查询详情并下载基金申请表；也可以通过电话、信函索取申报指南和基金申请表。

网址：http：//www.ccastic.spacechina.com

电话：(010) 68767205，68767805

前　言

国际形势和安全状况的深刻变化给我国的武器装备建设带来了新的挑战，也对装备发展提出了新的要求。武器装备的快速发展不断牵引出新的技术，也催生了新的作战样式、作战空间和作战手段。随着以人工智能技术为代表的一系列前沿新兴技术在战争中的深度应用，作战空间逐步从单一途径和单一场景向陆、海、空、天、电和网等实体空间和虚拟空间拓展，演化出诸多新型的作战应用与保障模式。近年来，纳卡冲突、俄乌战争等几场以高尖技术为手段的局部战争也验证了装备作战应用与保障模式对完成军事任务、取得战争胜利的关键作用。战争不再依靠单一的武器装备或系统，而是敌我双方武器装备及装备运用之间的对抗。武器装备如何有效应用与保障已经成为影响战争胜负的关键问题。

随着战争由机械化、信息化向智能化时代迈进，战争形态的演化加速了装备作战应用与保障的一体化融合，进而促使装备作战应用与保障需求、模式乃至机理发生革命性变化。在传统的机械化战争形态中，装备作战应用与保障以作战行动为核心，发挥辅助和支撑作用。武器装备作战行动与保障活动在使用对象、使用时机和组织实施等方面既相互交叉又相互独立。在信息化战争形态下，围绕观察、判断、决策和行动的作战环（简称 OODA 环）中各个环节的作战需求，作战样式实现了向非线式多维立体作战的飞跃，战场空间的拓展对武器装备作战应用与保障能力提出了更高要求。而在智能化战争形态下，作战样式的主要特征是智能制胜、自主作战，智能无人作战系统逐渐成为战场的主导，将形成自主运转的战争机器。与此同时，武器装备的体系化应用与保障成为制胜的关键因素，将武器装备及其作战应用与保障要素有机结合，形成跨越军兵种领域指挥关系、跨越传统人力和空间限制的体系作战力量，成为这一时期战争发展的主要思路，武器装备智能化作战应用与保障技术也应运而生。

新的作战需求，牵引装备作战应用与保障技术的变革。为此探索数字孪生、人工智能等前沿新兴及颠覆性技术在武器装备领域的应用，推动武器装备作战应用与保障模式由封闭自运转向开源泛在拓展，将装备作战应用与保障理念转换到全体系、开放性和一体化上来，积极吸收“自主感知”“数智共生”“智能推演”等智能化理论方法与技术手段，实现武器装备智能化作战应用与保障需求牵引和延伸借力的有机统一。

本书面向新时期武器装备作战应用与保障的工程需求，系统介绍了国内外相关技术研究现状与发展趋势，探索了装备作战应用与保障 OODA 环，构建了装备作战应用与保障数字孪生技术体系架构，深入论述了装备数据工程对装备作战应用与保障的支撑，进而分别从装备智能测试、状态监测与智能诊断、健康评估与故障预测、智能训练、智能兵棋推演、智能战场保障、智能作战支持和系统弹性等维度阐述了相应概念内涵、技术方法和实现途径。本书可为从事武器装备研制、作战应用与保障相关工作的工程技术及管理人员提供有效的方法与手段，也可为推动新时期武器装备智能化发展提供有力支撑。

本书探索了在智能化战争形态下武器装备作战应用与保障新模式，建立了一套适用于武器装备的作战应用与保障技术体系，试图为武器装备作战应用与保障提供新的思路和有效的方法。本书共分为 11 章，主要包括绪论、装备作战应用与保障数字孪生技术、装备数据工程技术、装备智能测试技术、装备状态监测与智能诊断技术、装备健康评估与故障预测技术、装备智能训练技术、装备智能兵棋推演技术、战场智能保障技术、装备智能作战支持技术和装备系统弹性技术等。参与本书撰写的还有王辉雄、阳加远、朴美兰、刘宸宁、方伟光、马之馨、那洋、崔巍巍、李连峰、郑超、刘泽卿、刘溢、王雪、孔鑫、李浩、周浩天、郑鑫、邱煌彬、周畅、洪佳卉等，在此一并致谢。

本书的撰写，得到了许多领导与专家的指导和帮助。张晓赛、孙亮等多位同事为本书的撰写和出版给予支持与帮助，在此致以衷心的感谢。

本书内容的研究工作得到了军委科技委某重点项目、装备预先研究共用技术项目（JZX7Y20220302000101）以及中国航天科技集团有限公司预先研究项目（YF－ZZYF－2021－011）的资助，在此表示感谢。

本书为航天科技图书出版基金资助项目，对航天科技图书出版基金评审委员会办公室对本书出版的大力支持和帮助表示感谢。

本书可供从事武器装备技术研究和应用相关工作的工程技术和管理人员使用，也可以作为高等院校、科研院所的教学参考书。

对武器装备智能化作战应用与保障技术的探索是一项长期的工作，限于作者水平，书中难免存在不足之处，敬请广大读者批评指正。

作　者

目　录

第1章　绪　论

1.1　战争形态演化与装备发展分析

有人的地方就会有恩怨，有恩怨就无法避免发生战争，发生战争就会诞生新型武器装备。从人类文明诞生开始，战争制胜一直是武器装备发展的不竭动力。从事物客观发展规律来说，武器装备的发展需求通常来自两个方面。一方面，科学技术的进步是推动武器装备发展的原动力。新的科学理论和工程技术推动了武器装备的革新。为了在战争中赢得军事优势，新型武器装备必然会紧跟甚至超越科学技术的发展，从而便产生了新的装备发展需求。而另一方面，在国际政治和军事形势背景发生变化的情况下，世界各国出于国家安全形势考虑，以期在复杂的军事环境下打赢战争，便会产生新的武器装备发展需求。当前，我国面临的军事问题和国际形势背景复杂且严峻，对“能打仗、打胜仗”的需求迫切，发展新型武器装备，建设现代化军队，从而在可能发生的军事对抗中占据主动优势，是我国的一项重大战略。

战争一直伴随着人类的发展，是推动历史进程和社会变革的催化剂。据不完全统计，在人类五千多年有记载的历史中，共发生了一万四千余次战争，平均每年发生近三次。随着时代的发展和科学技术的进步，武器装备一直处在变化和发展之中，科学技术与战争发展相互促进。根据科学技术发展的阶段和战争的样式，人类战争先后经历了冷兵器时代、热兵器时代、机械化时代、信息化时代和智能化时代的演变。

（1）冷兵器时代

在冷兵器时代，矛、盾、剑、刀、枪、护甲是人类仅有的武器装备，战争的主要特征是体能制胜、军阵对抗，作战能力主要依靠作战人员的体能、士气和使用兵器技能的结合，作战人员的体能素质决定着军队的战斗力。

（2）热兵器时代

火药的发明，推动人类战争进入热兵器时代。在热兵器时代，战争的主要特征是火器制胜、线性作战，随着火枪、火炮等的出现，火器取代了冷兵器时代作战人员的体能，成为战争的主要推动力。

（3）机械化时代

蒸汽机、内燃机的发明，推动人类战争进入机械化时代。在机械化时代，战争的主要特征是平台制胜、协同作战，随着坦克、飞机的出现，战场上作战能力的来源发生了根本改变。同时，伴随规模化的作战编成和武器装备而来的，是庞大的装备作战应用和保障需求，包括训练、测试、维修和战场保障等。武器装备作战应用与保障的概念和意义也在这一时代得到了快速的发展和充分的重视。

（4）信息化时代

信息技术的发明和在军事上的广泛运用，推动人类战争进入信息化时代。在信息化时代，战争的主要特征是信息制胜、体系作战，信息成为作战能力的主导要素。通过装备、战场和指挥控制信息的大量接入，信息技术极大地提高了战场态势感知能力和指挥控制的敏捷性，从而有效提升了装备的战场生存能力和作战效能。

（5）智能化时代

智能技术的发展及其在军事上越来越广泛的运用，推动人类战争进入智能化时代。在智能化时代，战争的主要特征是智能制胜、自主作战，智能无人作战系统成为战场的主导，形成自主运转的战争机器。在这一时期，装备的体系化应用与保障成为制胜的关键因素，将装备作战应用与保障要素有机结合，形成跨越军兵种指挥关系、跨越传统人力和空间限制的体系作战力量，成为这一时期战争发展的主要思路。与此同时，面向体系作战的装备智能作战应用与保障技术也应运而生。

武器装备、战争制胜因素的变化关系，如图 1－1 所示。

人类战争发展和进化史，在很大程度上是一部武器装备的发展进化史。科学技术发展推动新型武器装备的诞生，使得战争本身的形态和模式越来越丰富且复杂，也使得装备及作战应用与保障对战争胜负的影响日益突出。一方面，装备本身具有的功能、性能和战术技术指标决定了装备可能达到的最优作战效果，而装备作战应用与保障则影响着装备的作战效果在一定作战条件下的发挥程度，包括装备的感知、认知、决策、行动规划、战场保障和作战支持等。战争形态从低级向高级的演化，其核心因素是武器装备及作战应用与保障技术的进步。从徒手搏斗到石器打斗，从冷兵器作战到热兵器作战，从机械化作战到信息化作战乃至智能化作战，都清晰地体现了武器装备作战应用与保障对人类

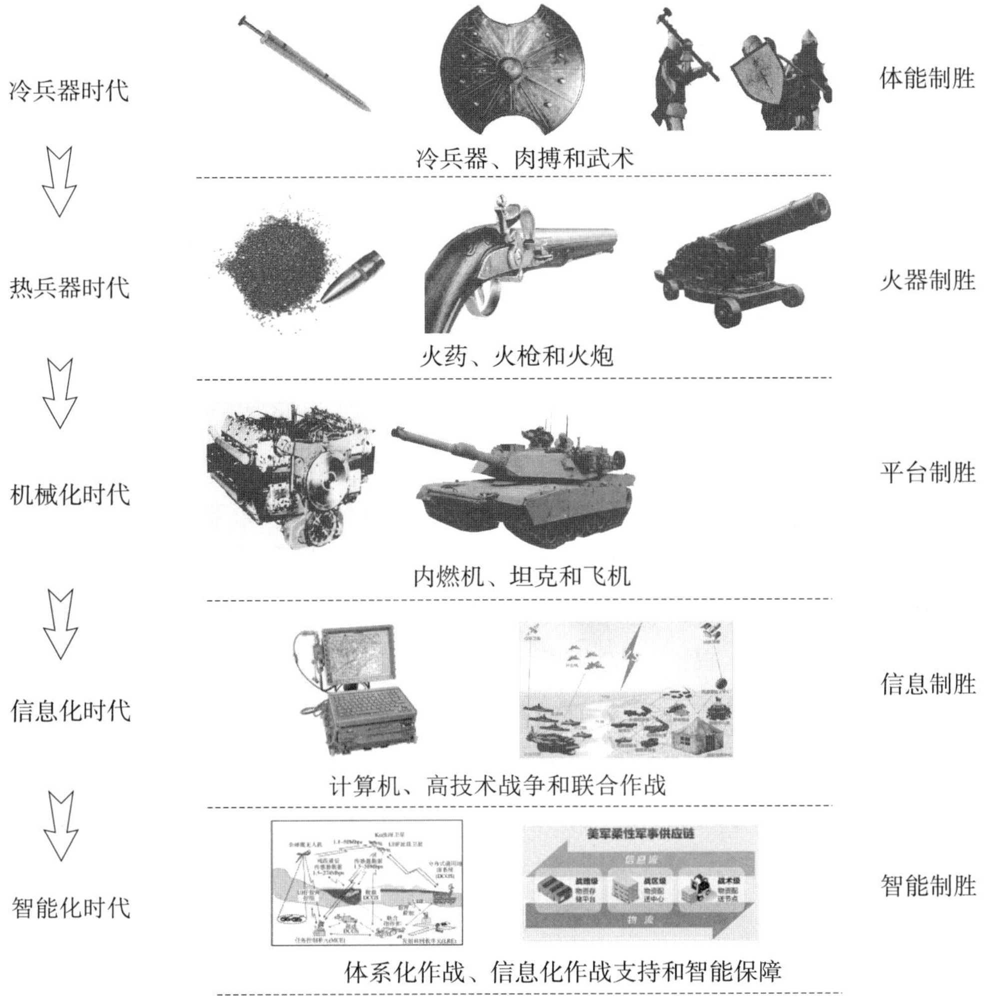

图 1-1 武器装备、战争制胜因素的变化关系

战争形态的影响。

我国面临长期、复杂、多元的安全威胁与挑战，决定了武器装备发展的总体趋势。我国具有地缘安全环境先天不足、临近地区多维度方向同时存在战争风险以及军事需求向全球范围延伸的特点。我国周边热点地区安全问题持续不断，可能的战争范围逐步向外延伸，在陆、海、空、天、电和网等多个空间维度和各个地理位置方向均存在发生强敌干预下局部战争的危险，形成多个点位的战争需求。这就要求武器装备作战应用与保障能够在极短时间内高效完成。此外，“一带一路”倡议的提出带来了更广泛的国家安全和利益关切，为保障沿线多域的安全，对武器装备作战应用与保障的需求也比以往更加迫切。与此同时，世界主要国家越来越积极地研制和部署新型武器装备，严重地影响着我

国周边的安全形势。这些形势的出现，极大地增加战争的不确定性和延伸战争的时间、空间范围，对我国武器装备作战应用与保障提出新的体系化、智能化发展的要求。威胁的动态变化会引起作战理论的变化，促使作战形态的演变，产生新的武器装备发展需求，决定着武器装备体系的建设，牵引着武器装备作战应用与保障技术发展。而技术的进步推动先进武器装备的发展，促进武器装备的更新换代并成为作战主力装备。而武器装备逐步地丰富应用又促进新的作战能力生成，引起武器装备作战应用与保障模式、形态和技术的演变。

武器装备技术不断推陈出新，催生新的作战领域、作战样式和作战手段，给装备作战应用与保障技术的进步提供了新的动力。通常，武器装备作战效果主要取决于武器装备本身的固有特性，作战应用与保障技术的发展通常滞后于武器装备本身的发展，这客观上限制了武器装备固有性能和效能的充分发挥。当前，随着人工智能技术的发展，智能化感知、认知、决策和控制等技术极大地促进了武器装备的发展，提升了实战运用效果，推动着装备作战应用与保障从信息化向智能化加速演进。虚拟与现实空间交叉互动、有人与无人系统协同作战、机器自主与人机融合等当前的战争特点要求武器装备作战应用与保障具有虚拟化、人机协同和全域感知等高技术特征。以无人作战系统为代表的智能武器装备，作为当前乃至将来重要的作战手段正在颠覆传统战争形态，不仅重构了作战法则，也深刻影响了武器装备作战应用与保障模式。

因此，人类战争发展到今天，武器装备如何高效应用与保障已经成为影响战争胜负的关键问题。武器装备作战效能的发挥比以往任何时候都更加依赖于装备作战应用与保障能力。可以说，作战应用与保障能力是武器装备及作战体系充分发挥战斗力的前提和基础，也是赢得信息化乃至智能化战争的充分保证。

1.2　装备作战应用与保障内涵

装备作战应用指战术兵团、部队遂行作战任务而组织实施的一系列军事活动，主要包括战场建设、侦察、警戒、通信、作战决策、任务规划、火力打击等。装备保障则指使装备处于战备完好状态并能持续完成作战任务所需的保障工作，主要包括部署、贮存、使用、训练、维修和作战支持等。从战争角度出发，装备作战应用与装备保障二者既相互联系又相互区别，二者相互交叉，相辅相成，共同影响装备在实战条件下的作战效能。

战争形态的持续演化加速了装备作战应用与保障一体化融合。装备作战应用与保障概念已渗透至战争的全要素和全过程，这必然给作战思想、作战体系和作战理念带来前所未有的冲击，进而促使装备作战应用和保障的内容、模式乃至机理发生革命性的变化。传统的机械化战争以作战行动为核心，作战应用与保障发挥辅助和支撑作用，因此二者在使用对象、使用时机和组织实施等方面相对独立。而在信息化战争形态下，作战由观察、判断、决策和行动等环节形成循环往复的 OODA 环，逐渐演化出非线性多维立体作战样式。随着作战域的拓展，采用传统的平面作战应用与保障模式将远远不能满足作战行动需求，客观上要求装备作战应用与保障深度融合到作战行动当中去，从线性离散应用向多维直达式模式转变。通过全维实时感知战场装备作战应用与保障需求，充分发挥网络的全局连通性和现代武器装备的立体机动能力优势，以陆、海、空、天、电和网等维度相结合的装备机动作战应用与保障方式，实现由单一静态模式向全维动态模式转变。

新的作战需求，牵引着装备作战应用与保障技术的变革。随着各领域之间的信息数据正逐步实现深度互联，装备作战应用与保障机制由封闭自运转向开源泛在拓展，物理域、信息域和认知域之间呈加速融合渗透态势，迫切需要将装备作战应用与保障理念转换到全体系、开放性和一体化上来，积极吸收“自主感知”“数智共生”“智能推演”等智能化理论方法与技术手段，实现武器装备智能化作战应用与保障需求牵引与延伸借力的有机统一。

1.3　装备作战应用与保障模式

俄乌战争再次见证了信息化作战样式对新战争形态的全面塑造。现代战争已经完全脱离了传统的单一军兵种作战，呈现为体系与体系的对抗模式。在此模式下，各作战力量、作战单元、作战要素通过信息系统将诸军兵种作战要素融合为一个有机的整体，与敌方诸军兵种作战要素融合成的整体进行对抗。各军事强国运用卫星通信技术和数字化通信网络技术，把各种战略、战役及战术通信网络和智能装备全面融合，综合为一体化、高效率的作战管理系统，确保各军兵种之间及陆、海、空、天、电和网等不同作战平台之间不间断的信息交换，形成了全方位的信息优势，因此实现了战场透明化、指挥实时化、行动一体化和打击精确化。通过打通指挥链路、融合保障链路、闭环杀伤链路，使武器装备整体作战效能得以充分发挥。这也要求装备作战应用与保障模式随着战争形态和作战样式变革而不断创新变化，主要表现为以下几个特点：

（1）作战力量多元一体、作战单元编组模块化

随着高新技术在军事领域的广泛运用，参与一体化联合作战的力量也在快速变迁。除传统的陆、海、空三军力量以外，还有太空力量、网络力量以及电子战力量等。一体化联合作战的核心就是要使这些力量高度融合，形成一体，使各参战力量融合成“联合作战部队”。各种作战力量需要根据联合作战部队指挥同步调整各自的行动，以求最大限度地发挥各种作战力量的特长和优势。因此，在一体化联合作战中，各参战部队必须具备模块化编组能力，既能独立机动作战，又能与其他部队一起按需进行编组。

（2）战场空间联为一体、武器装备作战信息化

装备和指挥控制信息技术的广泛应用，使现代战争呈现出信息化条件下的一体化联合作战样式。随着作战体系侦察监视、远程机动、精确打击能力的不断提高，各作战环节的信息互联日益紧密，战场不再是平面、线式的战场，其范围也不再局限于直接交战地区及交战线附近，而是向陆、海、空、天、电和网等“多维”领域互联扩展，呈现出信息耦合下全球探测、全维作战的发展趋势。

（3）作战流程融为一体、指控体系网状扁平化

联合作战指挥员在信息技术的支持下，通过对自动化、智能化、信息化指控系统的运用，使信息获取、信息传输、信息处理到对情况的分析判断，下达作战命令再到人员、武器平台进入战斗状态等活动融为一体。同时，武器装备信息化水平的提高改变了装备作战样式，集中兵力的观念被集中火力取代，要求指控体制将集中控制变为分散控制。在此体系下，指挥员才可借助以作战管理系统为基础的行动协调链，将各作战实体以时间、空间、目标或任务为纽带，融合成一支灵活而富有弹性的整体作战力量。

（4）作战应用趋于一体、装备保障统一精准化

信息化条件下的一体化联合体系作战，参战的军兵种多，作战空间广阔，战场情况复杂，装备作战应用与保障任务重、要求高，能否做到实时、精确、可靠的作战应用与保障决定着一体化联合体系作战的进程和结局。因此，实现装备作战应用与保障的一体化是体系作战发展的必然结果。现代战争中的装备保障活动不再处于从属、支配地位，而是作战行动的重要组成部分，是联合作战中一个不可缺少的要素。只有实现装备作战应用与保障一体化，才能实现真正意义上的体系作战。

1.4 装备智能作战应用与保障发展现状

以美国为首的世界各军事强国在长期的装备发展与实战应用过程中，根据其作战使命任务和具体作战能力需求，实施了一系列各有特色的装备作战应用与保障技术的研究和实践，为装备作战效能的充分发挥提供了支撑，为作战行动的成功奠定了坚实的基础。

美军在1997年通过了《全球作战支持系统任务需求说明》，明确了要建立全球作战支持系统，以提供作战支持系统之间以及作战支持系统和指控系统之间的互操作性、集成，促进装备和人员间的数据共享。2016年，美军提出“作战云”构想，旨在构建情报、监视、侦察、打击、机动和保障一体化的作战体系架构，形成作战空间内用于数据分发和信息共享的作战网络。美军的全球作战支持系统融合了各军兵种的战场信息感知、判断和决策资源，可为各军兵种提供可视化的作战数据存取、检索及访问环境，从而使战场及装备实时可视，同时配合作战情报和智能任务规划，使作战过程活动的执行更加高效。

俄军的智能化作战支持则重点聚焦战场侦察、巡逻、排雷等功能。俄罗斯在2015年对叙利亚军事行动中，派出了克拉苏哈-4地面电子战系统，用于干扰300 km以内的近地轨道间谍卫星和机载监视雷达。结合无人机装备，俄军的作战支持装备具备了侦察、信息支持、火力引导、辅助打击等功能，取得了体系化装备智能作战应用的优势，在几次局部战争中均显示出小型作战平台的巨大威力。

各军事强国正着手将人工智能技术拓展应用于装备作战应用与保障中。美空军将人工智能工具和自主式信息支持系统集成到F-16、F-35战斗机上，为机组人员提供作战态势信息和辅助决策等作战支持服务。自2014年以来，美国政府提出“第三次抵消战略”，同时启动了大量有关智能作战技术的军事研究项目，包括美国国防高级研究计划局启动的“深绿”系统、“阿尔法”系统、“指挥官虚拟参谋”系统、“雅典娜”系统、模块化先进武装机器人系统、终身机器学习系统等，以提高作战部队在OODA作战行动循环反复过程中的效率，实现在多维度多领域的联合作战中高效率地指挥控制，以夺得作战的主导权、制胜权。

装备作战应用与保障技术的快速发展，使得各军事大国在近年来的军事行动中取得了巨大的优势。在当前的分布式作战、多域战、马赛克战等作战概念下，美军又以 F－22 为核心创造了“快速猛禽”战术，以 4 架 F－22 搭配 1 架 C－17 运输机，搭配天基、空基和地基的情报、监视和侦察支援系统，可随时部署到陌生的野战机场，在 24h 内具备起飞作战条件并遂行作战打击任务，具备平时分散化待命、战时体系化调度的“马赛克战”特点，以应对“远程侦察—精确打击”体系对固定基地部署的威胁。当前时期，装备作战应用与保障需求，主要是以复杂的情报支持和灵活的机动物资投送为手段，使作战力量具备高的出动率和可用度以及强大的机动能力，最终实现敏捷的分布式部署和跨区域保障。要实现这一作战应用目标，必须广泛借助信息技术，将基于精确保障的先进保障理念和整个作战支持链系统结合，达到作战应用与保障的一体化，以进一步强化装备发挥和维持其作战效能的能力。

新型作战概念下的装备作战应用与保障样式，如图 1－2 所示。

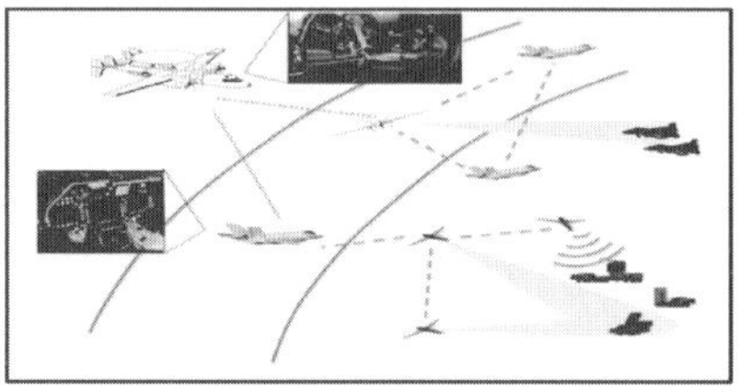

(a) 分布式情报支持

(b) 远程信息与电子作战支援

(c) 马赛克战下的指挥与控制保障

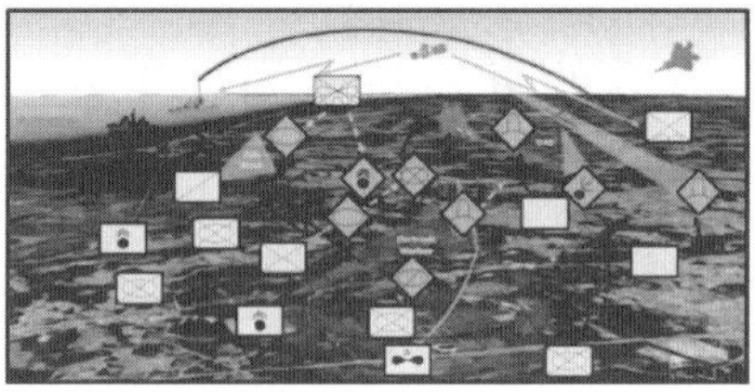

(d) 多域战条件下的跨区域保障

图 1－2　新型作战概念下的装备作战应用与保障样式

随着不同作战领域相互关联和相互作用越来越密切，美军于 2020 年正式提出了“多域战”概念，包括多域战、多域作战、全域作战和联合全域作战等多个相关概念。这些概念的核心是立足所有作战领域、融合所有作战领域并整合所有作战领域的力量，实施联合全域作战。通过作战协同，在所有作战领域进行态势感知、指挥控制、任务规划、作战支持等行动，以取得作战胜利。美军称联合全域作战旨在描述由陆、海、空、天、电和网等全部作战领域构成的作战空间，实施新形式的联合作战和协同作战，并推进新概念在装备作战应用与保障中落地，通过增能、赋能、释能和使能可显著增强作战能力。例如美空军的“先进作战管理系统”（Advanced Battle Management System，ABMS），作为支撑联合全域作战的基础，是美国空军面向智能化战争而打造的先进作战应用与保障系统，旨在连接“下一代空中主宰”及其他所有空中作战单元，还可拓展到其他作战领域。

1.5　作战应用与保障存在的不足

立足于当前武器装备智能化、体系化发展的实际，聚焦于装备实战应用中急需解决的问题，装备作战应用与保障存在的不足主要为：

（1）武器装备实战化应用技术体系还不完善

武器装备建设不仅要考虑主战装备的战术技术性能指标，而且也要考虑实战条件下的作战适用性和完成任务的能力。因此，在武器装备建设过程中必须明确提出装备作战应用与保障的实施要求，将装备保障系统的方案设计以及相关的工程实施和试验等支撑技术作为武器装备的重要组成部分。在装备作战应用方面，积极吸收现代作战因素，切实开展装备体系实战化能力的建设。关注未来作战涌现的新需求，以装备应用模式的变革推动作战模式的变革，将装备作战应用技术全面纳入装备全寿命周期各个阶段。在装备保障方面，通常以面向单一装备研制过程的“静态”保障特性设计分析为主，缺乏相应的“动态”设计参数，装备作战应用与保障还未形成统一的工作模式和标准要求。

（2）装备作战支持力量部署缺乏智能化手段

联合作战是体系力量与体系力量之间的对抗，联合作战情形下的装备应用与保障模式已经成为军事技术发展的重点，装备作战应用与保障的力量部署也必须放在体系中建设，作为重点发展方向来思考和对待。而目前作战力量部署还缺乏智能化手段，在整合各个作战体系、武器系统的保障资源要求方面还未形成有效的支撑。在此背景下，需统筹地发展智能保障手段，并充分考虑体系对抗条件下可能存在的保障资源拆借、保障组织重构和信息融合等问题，把构成作战体系的各个作战力量作为一个整体来看待。同步开展装备保障特性优化设计，以提高装备建设与发展的起点与层次，跳出“保障尾随战争”的模式，实现“保障先于作战”的智能保障模式。

（3）装备作战应用与保障技术不适应体系演化

装备体系是在不确定性环境下，为完成特定的使命任务，由大量功能上相互独立、操作上交互协同的装备单元、保障系统及组织机构，按照一定的规则综合集成的不同类型、结构和规模的有机整体。在作战对抗环境下，系统时刻处于动态变化过程，为了实现环境扰动和系统破坏下的装备系统弹性，来自不同军兵种、不同指挥架构、不同功能的节点装备需在一定条件下相互连接、相互关联、相互协调，呈现动态演化的特点。而目前，体系化框架下的装备具有不同的作战行动与保障活动及管理模式，具有不同的交互接口，装备作战应用与保障技术在支撑形成体系演化能力方面还有很多不足之处。而作战体系在网络化、体系化作战背景下产生的演化性，又不断地对装备作战应用与保障提出了高弹性的要求。

（4）装备作战应用与保障评估决策的实时化不足

由于装备的技术指标在不断提高，作战手段在不断进步，使得战场环境日益复杂，敌方威胁的方式和机制正向敏捷性、爆发性和不可预见性的方向发展，这对装备作战应用与保障提出了“实时评估、实时决策、实时反应”的要求。面对复杂多变的战场环境，装备作战应用与保障也需要实时地做出反应，这就要求能实时地感知战场态势，建立从作战体系到装备节点全覆盖的数字孪生体，在孪生环境中映射实战过程，针对作战系统的状态和作战资源的配置进行实时的评估和调整。根据美国 C^4ISR 系统的建设经验，要实现对保障力量的合理分配优化组合，一种有效的方法是对各种保障对象、保障资源和保障技术要素重建数字孪生体，实现作战效能的准确评估和作战过程的预测。当前，受限于装备作战应用与保障机制和融合感知技术的缺乏，评估决策的实时化问题正成为限制装备发展的一大瓶颈问题。

（5）装备作战应用与保障信息化手段建设滞后

装备资源信息的数字化是实现信息化的基本条件，而装备数据工程成为信息化作战应用与保障的关键途径。随着武器装备的技术含量越来越高，武器装备各种技术资料、运行数据、维修保障数据等急剧膨胀，往往没有获得信息化保障技术带来的各种好处，反而导致作战人员陷入了“淹没在大数据中”的困境。因此，在装备信息急剧增加的背景下，显然更要注重信息资源的快速获取，探索装备数据的应用形态。首先应解决的就是装备资源信息的数字化。通过装备保障信息资源在装备之间、单元之间、体系之间的共享，实现数据资源的最大效益化，使得各个授权的终端单元能及时掌握所需的装备、战场及保障信息，为实现精准保障提供信息基础。

（6）装备作战应用与保障感知、认知、判断、决策不准

装备复杂程度的不断提高，导致了装备故障诊断、预测和健康管理方案的复杂化。一方面，装备的复杂化带来了更复杂的装备功能，也使得装备的完好性在体系中的地位变得更加重要，因此对装备提出了更高的作战应用与保障要求。另一方面，装备功能和性能的复杂化，也提高了装备作战应用与保障的难度。在这种背景下，必须重视装备保障感知、认知、判断和决策技术，探索从装备的运行数据、内建传感器数据中判读潜在的故障，利用感知数据进行故障的预测和诊断，并通过智能测试技术、健康管理技术实现装备作战应用与保障的融合认知、准确判断和实时决策。

1.6 装备作战应用与保障 OODA 环

随着战争形态不断演化，OODA 作战环节间的联系日趋紧密，呈现出以智能化作战网络为骨架，以装备数据为基础，智能技术贯穿作战筹划、规划、保障、执行和评估全过程的装备作战应用与保障模式。充分运用智能化、无人化武器装备优势，利用新一代军队网络信息体系，在多域一体的作战空间内实施各类作战行动与保障活动。以“马赛克战”为例，通过将作战人员、武器装备、指挥控制系统、保障系统等各类作战要素视为“马赛克碎片”，通过作战网络将“碎片”整合成一张功能分散、动态协同、灵活机动的杀伤网，利用人工智能相关技术，实现杀伤网功能逻辑与任务流程双闭环。

人工智能技术已广泛应用于装备作战应用与保障，充分结合了人与智能技术在思维和运算方面的优势，显著提高了装备作战应用与保障反应速度，强调精准任务行动、高协同效率和智能化水平，快速完成 OODA 闭环。在这种作战需求的牵引下，基于 OODA 作战环理论，针对各类智能技术在作战流程中的功能定位，结合各作战环节的智能保障功能需求，提出了装备作战应用与保障 OODA 环（简称 SOODA 环）。SOODA 环依据“智能＋行动”的基本思路，依托感知、认知、决策和行动作战应用与保障智能网，协同执行各项任务，创新了传统视角下所没有的数字化、信息化应用模式，如图 1－3 所示。SOODA 环可总结为态势感知可视化、需求认知及时化、决策指令自主化、作战行动精确化四个方面的要求。

（1）态势感知可视化

装备作战应用与保障过程“观察”环节的智能化，应充分借鉴实时感知、

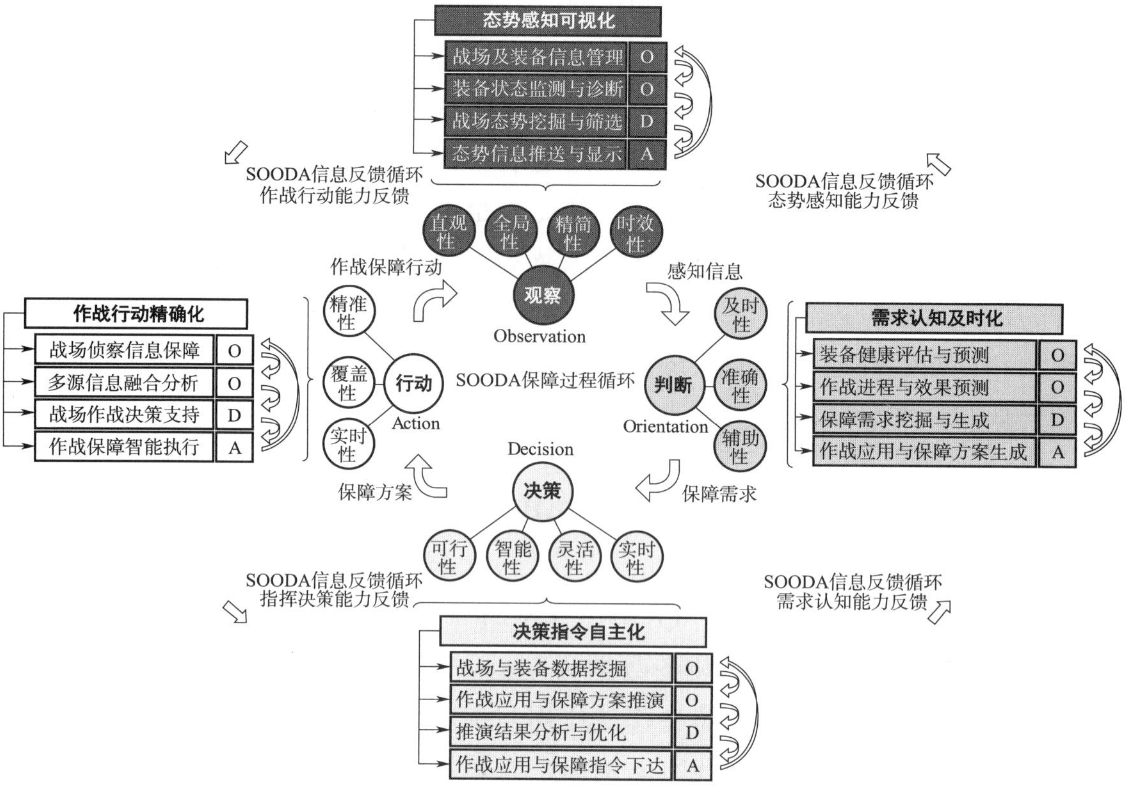

图 1－3　装备智能化作战应用与保障 OODA 环

智能识别、智能决策和执行等技术，使装备每个作战应用与保障要素具备自主感知和协同行动能力。基于装备数据，构建自适应战场态势感知能力，提供智能化装备作战应用与保障环境。将作战体系中的装备系统、保障系统、指控系统以及其他作战应用与保障要素等有机整合，全面掌握作战体系的运行状态及保障需求，形成全面的作战应用与保障能力。

1）战场及装备信息管理，包括对战场交战状态、电磁环境、自然环境等信息及装备数据的感知，历史状态的追溯以及未来状态的预测等功能。

2）装备状态监测与诊断，包括对装备运行时长、工况的监控，以及各类故障和战损状态的诊断功能。

3）战场态势挖掘与筛选，包括对敌方兵力部署、动向、意图信息的挖掘以及我方整体兵力部署和作战力量的整体评价功能。

4）态势信息推送与显示，包括态势信息的实时推送和多途径的可视化功能。

（2）需求认知及时化

装备作战应用与保障过程“判断”环节的智能化，应充分采取智能认知、动态建模和数据融合等技术，通过构建装备作战应用与保障模型，智能预测任务态势。体系化作战下的“判断”环节包括作战方案的生成、战场态势的预测以及装备的健康管理等。

SOODA 环的实现，需综合利用数据挖掘、深度学习、智能决策、协同行动等技术，为装备作战应用与保障决策提供支持。通过各类传感器和信息终端收集作战人员、装备和保障系统等的信息数据，基于智能数据处理技术进行深度挖掘，准确做出作战决策判断并预测保障需求，及时甄别信息、辅助决策，统一调度和使用保障资源，提高作战响应速度。通过将战场态势判断和实时装备数据充分利用和转化，并通过预测一段时间内的战场态势动向，实现装备全面作战应用与保障需求认知。

1）装备健康评估与预测功能，包括对装备故障和能完成任务状态的感知和综合，有利于装备组合利用发挥最大效能。

2）作战进程与效果预测功能，包括对作战任务执行进程的判断与分析，以及根据目前双方装备部署数量及状态判断未来作战结果。

3）保障需求挖掘与生成功能，以信息保障为基础，对未来一段时间装备及保障资源消耗进行预测，分析保障需求，从而合理部署保障任务，提高指挥效率。

4）作战应用与保障方案生成功能，借助战场态势评估和装备健康状态信息，形成多套包含保障力量编配和任务规划的作战方案，同时对作战力量进行初步编配。

（3）决策指令自主化

将智能技术应用于装备作战应用与保障“行动”环，提供精细化作战执行与行动支持，精准释放装备作战效能，保障作战行动顺利进行。综合运用智能重构、精确打击、作战支持等技术，结合自动测试、故障诊断、技术支援、快速投送等无人作战与保障力量，配合高通量、高并行的作战和保障任务规划，实现作战与保障力量的灵活部署，从而高效执行作战任务。在实施作战行动的同时，自主完成多手段的战场及保障相关数据的采集和分析，对受损环节进行任务重构，精准评价作战行动效果。

1）战场与装备数据挖掘功能，结合装备在战场上的各种数据，对决策过程提供数据支持，为判别当前作战应用与保障方案优劣提供经验依据。

2）作战应用与保障方案推演功能，通过推演，预知作战结果，分析作战应用与保障方案优劣。

3）推演结果分析与优化功能，通过对推演结果的分析，识别作战应用与保障环节的薄弱项目，迭代生成最佳方案。

4）作战应用与保障指令下达，根据规划决策推演结果，生成指控方案和指令，根据指控网络拓扑结构自动选择最优指控路径和通信途径，实现指控指令的高效下达。

（4）作战行动精确化

将智能技术应用于装备作战应用与保障"行动"环，使得精确化保障从概念转变为现实，可以精确运用作战力量，精准释放打击效能，精细调控作战、保障行动。综合运用智能重构、精确打击、作战支持等技术，将无人化投送、故障自动诊断、远程技术支援等无人装备系统作为行动手段，配合高通量、高并行的作战和保障任务规划，实现作战与保障力量的灵活部署、精确打击、高效执行作战任务。在实施作战行动的同时，自主完成多手段的战场及保障相关数据采集和分析，对受损环节进行任务重构，精准评价作战行动效果。

1）战场侦察信息保障，通过多源感知途径进行侦察，实时获取战场信息。

2）多源信息融合分析，对多源感知数据进行融合集中，分析关键行动信息，提供作战信息分析支持。

3）战场作战决策支持，依据作战信息，综合任务规划及兵棋推演结果，提供最佳作战决策方案。

4）作战保障智能执行，利用多手段的自主保障执行和处置手段，执行作战保障活动，评估作战保障结果。

1.7 装备作战应用与保障技术需求分析

SOODA 环贯穿装备作战应用与保障各个环节，在很大程度上影响战争胜负走向。基于 SOODA 环对装备作战应用与保障技术需求进行了分析，如图 1－4 所示。

围绕着 SOODA 态势感知可视化、需求认知及时化、决策指令自主化和作战行动精确化等方面需求，为实现 SOODA 有效闭环，装备作战应用与保障技术需求主要归纳为以下几方面：

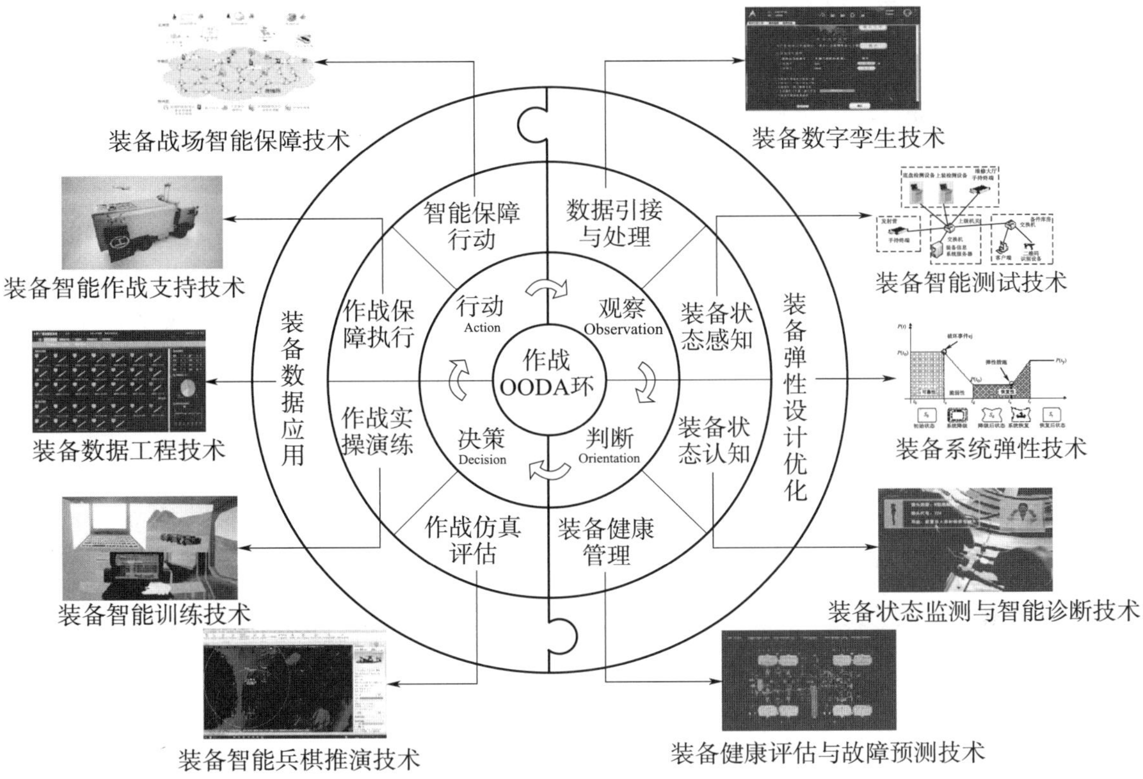

图 1-4　装备智能应用与保障技术需求（见彩插）

（1）装备数字孪生技术

数字孪生技术能够以数字化的方式建立装备系统和战场物理实体的多维、多时空尺度、多学科、多物理量的动态虚拟模型，并借助实时装备运行数据再现物理实体在真实环境中的属性、行为和规则等。通过探索数字孪生驱动的装备作战应用与保障模式，将数字孪生技术与装备作战应用与保障全要素、全业务、全流程融合，为实现 SOODA 有效闭环提供统一化环境与技术支撑。在装备作战应用与保障的不同场景中，数字孪生可实现对体系中人、机、物和环境的全面感知与安全集成，通过将装备所涉及的物理对象及场景同步映射，实现对装备作战应用与保障的数据采集和实时监控。在孪生环境中集成各类作战应用与保障要素感知数据、仿真数据，通过挖掘和量化数据分布中的特征及数理关系形成智能分析与决策服务，并传递相关执行策略控制作战应用与保障任务的执行，为决策人员观察、分析及调控装备作战网络提供了崭新的视角。

（2）装备数据工程技术

装备数据工程技术主要支撑智能作战的数据引接和分析环节，包括装备和战场数据的智能采集、存储、管理、分析和挖掘等方面。针对装备全寿命周期多源异构数据信息，构建装备数据底座，通过数据定义、标准化、采集、处理、运用、共享与重用、存储和备份容灾，实现对数据的有机管理。从工程实现角度，数据工程是设计和实现装备数据库系统及数据库应用系统的理论、方法和技术，通过数据清洗、数据挖掘等，有效整合装备和战场感知数据，对数据进行高效的检索、推送和决策分析，为实际作战应用与保障过程的各个环节提供高效的数据支撑，实现装备数据的高效利用。

（3）装备智能测试技术

测试是装备作战应用与保障环节中的重要环节，关系到装备作战能力能否充分发挥。装备测试为作战感知环节提供装备状态信息，在行动环节提高装备作战效能，是实现装备状态监测与智能诊断、健康评估与故障预测，进而形成作战应用与保障决策的保证。通过将机器学习、神经网络等人工智能理论和方法引入装备测试中，通过利用人工智能、云网络等技术对装备内部测试设备或者装备外部测试设备进行智能化设计，使其能够根据装备任务、环境、状态等先验知识信息进行自组织学习，自主实现测试信号归并、储存、运算、特征提取、智能诊断决策等。通过并行测试、原位测试、通用测试接口和测试程序等智能手段极大地缩短测试时间并减少测试过程的保障资源消耗，从而支撑装备作战应用行动的综合效能提升。

（4）装备状态监测与智能诊断技术

为了有效融入作战应用环节，武器装备必须具有良好的状态监测与诊断能力，能够完成对自身状态的监测，挖掘测试数据蕴藏的故障特征，并在发生故障时快速开展故障诊断，实现快速、高效的自主保障与状态恢复。同时通过对单个装备、装备群、装备簇和装备体系给出状态评估结果，为装备健康管理和任务规划提供信息支持，提高作战过程的感知和决策能力。从装备数据中挖掘和发现装备故障模式和状态转移模式，通过多维可达的信息流支撑实现装备状态的实时可视化，并在发生故障时，利用精准的故障诊断能力，及时响应保障要求和体系组织重构。良好的状态监测与故障诊断能力，使得装备能够快速、有效地进行重构，有效联通装备的作战应用与保障，实现基于状态的差异化管理与控制，显著提升装备的生存能力与持续作战能力，以满足装备的实战化要求。

（5）装备健康评估与故障预测技术

装备的健康状态直接影响了其战斗力和保障力的生成与保持。通过故障机理设计装备的智能故障诊断方法，结合人工智能实现各部件的剩余寿命预测，实时评估装备的健康状态，支持装备预先维修，优化装备的选用和调配，提高战备完好性和持续作战能力。装备健康评估与故障预测技术本质上标志着装备保障思路和理念的改变，是装备管理从事后被动维修到预先判断和主动保障不断转变的结果，旨在实现从静态任务规划向动态任务规划转变，从定期维修向视情维修转变，从被动保障向自主保障转变。装备良好的健康评估与故障预测能力，使得装备系统的各组成部分能够快速、有效地进行重构，实现基于健康度的装备调度、维护管理与控制，提高作战过程中武器装备状态的感知判断能力，支撑作战行动中的快速重构和规划，确保各作战装备的稳固性与完整性，支撑体系装备作战效能的充分发挥。

（6）装备智能兵棋推演技术

兵棋推演是作战模拟的有效手段，是支撑作战决策环节的重要手段之一。作为一类新兴的智能作战应用技术，兵棋推演技术在作战规划、筹划及评估等环节起到了关键作用，针对信息不对称、高复杂、强耦合的作战决策情境提出了战场态势理解和规划决策的科学工具。将人工智能技术与兵棋推演理论相结合，通过量化战场环境和作战实体，以“人在回路”的决策模式和概率分布体现战争的不确定性，依据从战争经验、演习训练和研究实验中抽象积累的规则和数据进行结果裁决，并采用博弈对抗的方式和科学的推演机制来反映作战指挥决策与战术行动过程。通过对武器装备作战应用与保障等过程中主要要素进行特征提取、聚类和融合，构建作战智能网，建立多智能体自适应学习机制，实现对作战的智能认知、推理、规划和决策。智能兵棋推演技术利用战场环境构设、决策智能体和具有一定行为和响应规则的兵力模型进行作战过程仿真，依据战争经验和作战规则，通过推演各方人员的一系列决策对抗，对作战过程进行逻辑研究和科学评估，覆盖各个作战指挥层级，对作战应用与保障任务的筹划、规划方案进行评价和效果预测，减轻了作战指挥人员的信息负荷和决策压力，支撑精准的作战决策和高效的作战行动。

（7）装备智能训练技术

战争形态的智能化演变和装备的智能化发展，对装备训练提出了全新要求。智能训练以充分发挥武器装备的作战效能为基本前提，以信息技术、智能技术为倍增器，立足装备作战应用场景和使用模式，革新训练理念、技术和手段，推动装备训练由操装训练向战术运用训练转变。智能训练技术广泛应用虚拟视景、虚拟现实（VR）等技术，根据训练层次，借助基础训练装备、模拟训练装备和实装训练装备，分层次开展装备的使用和维修保障训练，实现装备训练任务和训练计划的生成和推送、训练效果的评估和预测等智能化训练应用，满足作战人员对训练教学体系化、虚拟化和数字化需求。装备智能训练更加注重各要素训练系统的一体融合与互联互通，实现在作战背景下的全要素、全流程、体系化协同训练。

（8）装备战场智能保障技术

战场作为装备运用的时空载体，是推动装备作战应用与保障形态智能化升级的基础环境与关键资源。推进战场智能保障能力生成是夺取装备体系对抗“制智权”的有效手段。战场智能保障技术的核心在于装备作战应用与保障活动的生成、准备、执行和评估过程的流程贯通，充分利用装备作战应用与保障过程的信息、资源和决策能力，使各项活动形成整体能力，支撑装备作战过程高效执行，使装备系统具备抵御实战扰动和破坏并快速恢复的能力。针对装备在战场上作战行动与保障活动的外在任务约束、内部系统资源和能力约束，实施作战应用过程的智能任务侦察、信息融合、行军支援、任务决策和安全防护。着眼于战争演化形态，通过一系列智能技术应用，融合战场情报侦察、信息融合、态势预测、自主决策、智能对抗等关键保障要素，支撑战场智能保障能力生成。为实现战场全域多维一体（多）、敏捷精准伴随（快）、临机优化决策（好）、无人值守远控（省）保障，需要融合运用各种人工智能技术，推动战场保障模式从人力密集型向智慧密集型发展，操纵方式从现场指令流程控制向人机融合远控运维转变，管控能力从单一空间向多域空间拓展。

（9）装备智能作战支持技术

装备智能作战支持技术指通过引入无人化、智能化技术而升级形成的战场新型作战支持模式，是支撑作战的主要行动环节。根据作战理论，任何作战行动都是以 OODA 环为基础的循环，作战制胜的关键在于达成先敌发现、先敌判断、先敌决策、先敌行动和先敌再循环。智能作战支持技术作为未来体系化作战的主要支撑力量之一，需从战场态势感知、作战过程认知、作战辅助决策及战场主动防御四个维度系统推进技术升级与运行模式革新。

（10）装备系统弹性技术

随着从信息化战争向智能化战争迈进，装备系统中的各节点装备通过网络和通信系统实现互联、互通、互操作，网络化和协同化作战已成为战争的新常态。装备系统需要具备较强的弹性，在遭受内外部干扰的情况下，能够通过动态重构、资源调配、自主决策等方式来调整系统资源使用和配置模式，从而保持继续完成任务使命的能力。通过利用仿真、综合评估、优化分析等多种手段，瞄准提高装备系统抗干扰事件（故障/攻击）的能力和生存能力，运用复杂理论、网络、动力学仿真等方法建立装备系统结构模型和仿真模型，从态势感知、需求认知、决策和行动四个方面提高装备系统对实战扰动因素的抵御和恢复能力，并从可靠性、脆弱性和恢复性等角度对装备系统弹性进行评估，改进装备系统作战理论方法和任务执行过程，给出装备系统弹性的优化措施。

参 考 文 献

［1］ 曾光．智能化作战后装保障管窥［N］. 解放军报，2020，07，02.

［2］ 曾照洋，缪建成，贾治宇，等．面向未来战争的分布式弹性保障模式研究［J］. 航空标准化与质量，2020（6）：46－51.

［3］ 熊俊辉，舒孟炯，秦建飞，等．导弹智能化技术及作战模式探讨［J］. 飞航导弹，2017（4）：3－5.

［4］ 张晓锐，李敏勇，常玉国．传统与未来作战模式的机理分析［J］. 舰船电子工程，2010，30（1）：5－10.

［5］ 范瑞洲，郭凯．对无人智能化装备保障基本问题的思考［J］. 军事交通学院学报，2019，21（7）：37－40.

［6］ 王海峰，王宏亮，阳纯波．航空装备保障智能化发展认识与探讨［J］. 测控技术，2020，39（12）：1－9.

［7］ 崔广宇，谢娜．航空装备智能保障思考［J］. 测控技术，2020，39（12）：28－33.

［8］ 师娇，刘宸宁，冷德新，等. 面向未来作战的装备智能化保障模式研究［J］. 兵器装备工程学报，2020（6）：136－139.

［9］ 苗学问，胡杨，钱征文，等．航空装备智能保障系统论证研究［J］. 测控技术，2020，39（12）：22－27.

［10］ 牛童，张琳，张搏，等．基于“作战云”的军民融合式装备保障体系与机制［J］. 火力与指挥控制，2020，45（10）：19－22.

［11］ 曾照洋，林聪，周扬，等．基于区块链的装备智能保障技术研究［J］. 航空维修与工程，2020（10）：24－27.

［12］ 程继红，张光宇．美军装备保障相关理念演进［J］. 舰船电子工程，2020，40（8）：4－8.

［13］ 才慧民．人工智能：开启未来作战模式新篇章［J］. 智库时代，2018（49）：101，105.

［14］ 刘功龙，申卫民，杨毅钧，等．武器装备保障信息系统集成与应用研究［J］. 数字技术与应用，2020，38（6）：81－83.

［15］ 吴红星，郭鹏飞．新时代陆军装备保障转型基本动因探析［J］. 军事交通学院学报，2020，22（5）：28－31.

［16］ 吴红星，赵国娟，郭鹏飞．新时代装备保障管理转型研究［J］. 军事交通学院学报，

2021，23（1）：24－27.
[17] 高子龙，刘丽龙，隋大鹏．新形势下武器装备保障体系建设研究［J］. 舰船电子工程，2020，40（10）：5－7.
[18] 刘文开，王晖，马雅丽．战区陆军装备保障体系建设总体构想［J］. 装甲兵工程学院学报，2018，32（6）：1－6.
[19] 左量．PBL 策略在我军装备保障的研究与探讨［J］. 信息安全与通信保密，2020（8）：109－114.
[20] 邵世纲，尹航，贾丽．装备智能化保障技术发展态势研究［J］. 飞航导弹，2021（4）：90－94.
[21] 王家凯，应运．无人化装备作战应用及发展趋势研究［J］. 舰船电子工程，2021，41（11）：5－7.
[22] 蔡云骧，李林，杨圣勤．人工智能技术在作战保障领域的应用与发展［J］. 国防科技，2019，40（4）：45－49.
[23] 李振举．智能化作战对后勤保障的影响与对策［J］. 海军工程大学学报，2019，16（1）：61－63.
[24] 张旭辉．智能化战争中的下一代武器系统形态构想［J］. 导弹与航天运载技术，2021（2）：1－4.
[25] 薛紫阳．刍议智能化装备保障［J］. 科技创新与应用，2021（28）：65－68.
[26] 付翔，黄沛，叶永凯，等．“全智能化作战”科技迷雾的深度分析与辨识［J］. 航空兵器，2021，28（5）：12－16.
[27] 温百华．大国智能化战争理论解析［J］. 指挥信息系统与技术，2020，11（6）：8－14.
[28] 刘怡静，高岚岚，李华莹，等．美军作战协同能力发展演进分析［J］. 飞航导弹，2021（11）：98－103.
[29] 肖常鹏．智能化作战特点规律研究［J］. 海军工程大学学报，2019，16（3）：34－37.
[30] 胡晓峰，荣明．智能化作战研究值得关注的几个问题［J］. 指挥与控制学报，2018，4（3）：195－200.
[31] 汪李峰，杨学军．战术场景互联网：未来智能化战场的神经系统［J］. 指挥与控制学报，2021，7（4）：359－364.
[32] 陈赤联，唐政，胡军锋，等．数据链 2.0：智能化战争的制胜利器［J］. 指挥与控制学报，2020，6（1）：5－12.

第 2 章　装备作战应用与保障数字孪生技术

2.1　概念内涵

2.1.1　数字孪生技术定义

数字孪生（Digital Twin）的概念可追溯至 2003 年，由 Grieves 教授在美国密歇根大学的产品全寿命周期管理（PLM）课程上提出，当时被称作“镜像空间模型”，概念提出后，Grieves 先后在论著中使用“信息镜像模型”和“数字孪生”的命名。直到 2011 年，美国空军实验室以飞行器为研究对象，探索了数字孪生在航空航天领域健康管理中的运用，数字孪生开始被广泛关注与研究，其早期概念如图 2－1 所示。

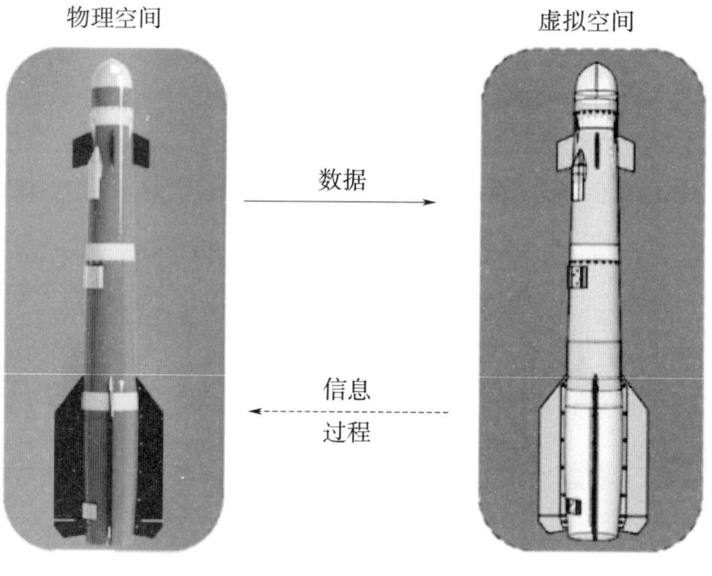

图 2－1　数字孪生概念模型

从 2003 年数字孪生技术具备雏形，到 2011 年数字孪生定义受到广泛的关注和认可，时至今日，越来越多的研究机构和学者对数字孪生的内涵进行探讨研究，涉及建筑、电力、船舶、城市建设、制造、环境保护、健康医疗等多个行业，但这些研究大多仅适用于各自行业背景，如何制定数字孪生的相关标准正成为当前的研究热点和方向。以智能制造为背景，通过时间线整理了部分较为典型的数字孪生内涵定义，例如美国空军实验室、美国辛辛那提大学、西门子公司、北京航空航天大学、北京理工大学、哥伦比亚大学、ANSYS 公司、中国电子技术标准化研究院等单位给出的定义，如图 2-2 所示。

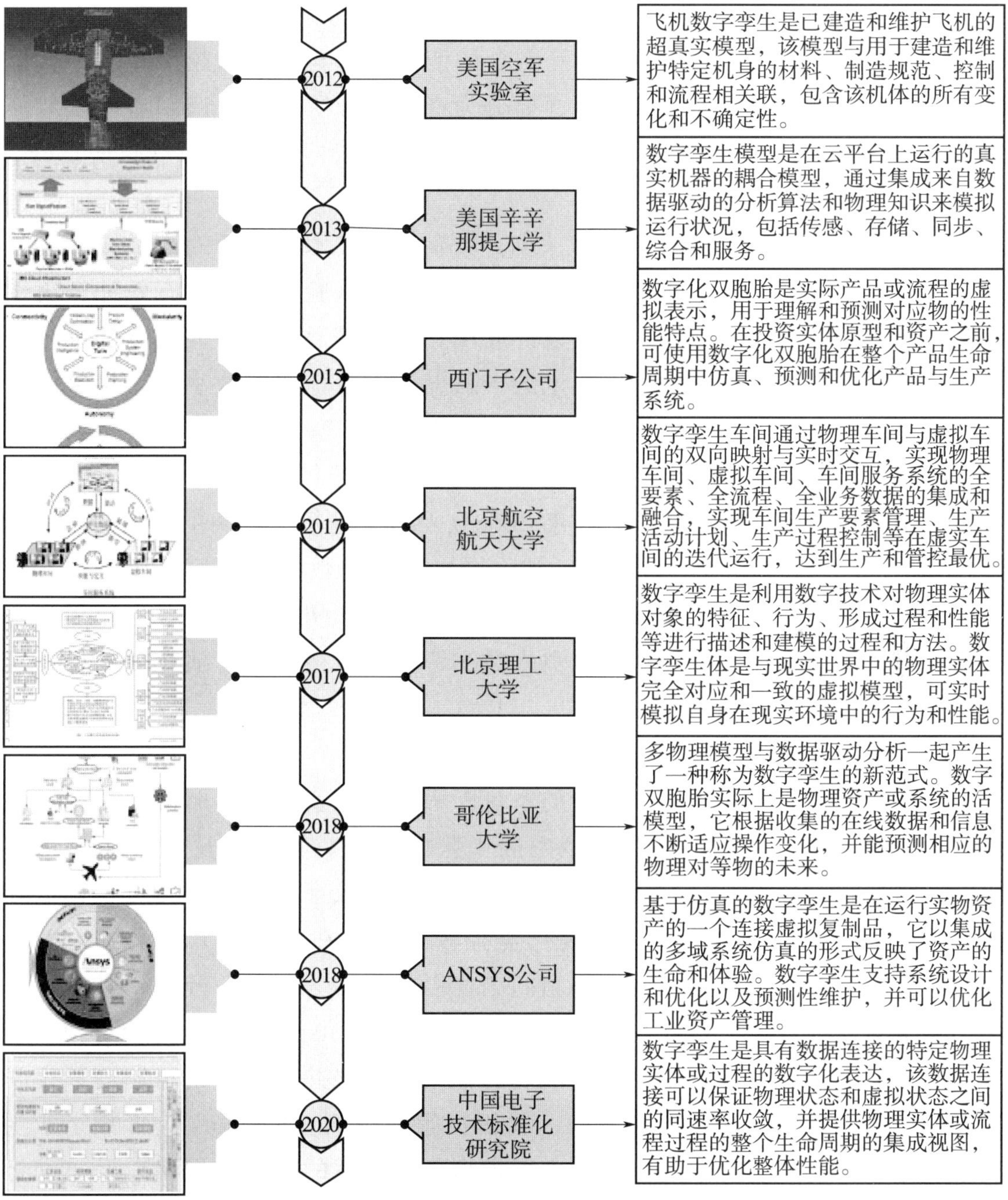

图 2-2　数字孪生发展脉络及定义

2.1.2 数字孪生技术应用现状

自2017年以来，随着智能制造的稳步推进，学者们希望虚拟信息空间中的虚拟事物与物理实体空间中的实体事物间能够具有相互传输数据和指令的交互功能，数字孪生逐渐走进了人们的视野，其作为解决信息物理生产系统（CPPS）中信息世界与物理世界交互融合的使能技术与手段，越来越多地被运用于产品全寿命周期的各个阶段，主要分为产品设计阶段、生产制造阶段和使用维护阶段。

（1）产品设计阶段

产品设计是其全生命周期的第一步，数字孪生技术驱动下的产品设计过程具有更高的效率与质量，通过在虚拟空间中的反复试验与验证，有效地解决设计缺陷问题，确保产品质量，缩短设计周期。陶飞等通过对物理数据和虚拟模型的分析，提出了基于数字孪生技术的产品设计方法，利用数字孪生提供的信息来对现有产品进行迭代优化设计。Liu等利用数字孪生虚拟空间来达到最优设计性能，提出了数字孪生环境下的自动化流水车间个性化快速设计方法，通过系统建模和半物理仿真结合，在Demo3D平台中进行了玻璃生产线的设计验证。Stark等通过使用模块化的构建包，提出了基于数字孪生的模块化设计方法，可在虚拟空间模拟、验证和优化生产线功能。张鹏等将数字孪生应用于复杂机电产品设计过程，将设计参数引入数字孪生虚拟模型进行演化分析，可及时发现设计过程中的潜在问题。

（2）生产制造阶段

产品生产制造过程是一个复杂的系统工程，数字孪生技术驱动下的制造过程通过虚实的交互映射，可在虚拟空间中实时监控、预测及反馈控制物理空间，以达到制造过程的管控最优。赵浩然等分析了数字孪生车间与可视化监控间的关系，提出了多层次三维可视化监控模式，并在Unity上开发了原型系统。周成等针对制造车间的监控黑箱问题，以物联网为基础，开发了基于数字孪生的车间三维可视化系统，并进行了系统验证。Knapp等为了实现对构件结构和性能冶金参数的时空变化提供准确的预测，建立并验证了增材制造数字孪生模型，用于对温度场、冷却速率、沉积物等的预测。Kosmas等将数字孪生应用于零件的视觉方位识别，通过虚拟模型创建合适的训练数据集以及自动标签，可以加速机器学习的训练阶段，最后适用于生产过程的自适应控制。Min等提出了集成机器学习和实时工业大数据的数字孪生模型应用方法，解决了数据维数高、时间滞后和时间序列数据对齐、对即时性要求高的问题，实现了基于实时数据的智能生产控制。刘志峰等为解决智能制造车间零件的调度问题，构建了基于数字孪生的调度云平台，对零件实时状态进行监控，预测车间多源动态扰动，以实现智能管控。

（3）使用维护阶段

产品的使用维护阶段多基于制造过程和使用过程的多源数据，数字孪生技术驱动下的使用维护阶段集中体现在故障预测与健康管理方面。Xu 等提出了一种基于深度迁移学习的两阶段数字孪生故障诊断方法，在虚拟空间对深度神经网络进行训练，再利用迁移学习将训练好的诊断模型迁移到物理空间，实现了汽车车身侧生产线在开发和维护阶段的故障诊断。丁华等结合数字孪生的仿真过程和深度学习的数据挖掘能力，提出了数字孪生与 GRU 融合的采煤机健康状态预测方法，实现了采煤机孪生体的可视化展示与关键零件轴承的剩余寿命在线预测。Kraft 等建立了飞机发动机及其多级部件的数字孪生模型，用于关键零部件的寿命健康状态预测、性能退化及失效分析，并在空客 A340－300 上进行试用，以提高机队管理能力。陈继文等为提高工程机械的安全性能，结合数字孪生技术建立了工程机械产品的健康检测模型，实现了对塔机机械故障的预警和诊断。

2.2　装备数字孪生模型及应用范式

2.2.1　装备数字孪生内涵

数字孪生作为数据附着的载体，具有产品的全过程、全要素信息，与装备全寿命周期管理所追求的对智力与信息的充分利用，以及其管理生态化的使命相吻合。虚拟“孪生体”是整个产品寿命周期的数据模型及分析工具的集成系统，此时装备全寿命周期管理便可按照其内外驱动因素在装备作战应用与保障中运行起来。围绕装备数字孪生体执行装备全寿命周期管理，将装备全寿命周期的数据集成于数字孪生体，从而实现装备智能化作战应用与保障，以满足智能化作战需求。

单个数字孪生体内部各构件的智慧是共享的，通过云计算技术实现不同数字孪生体之间的智慧交换和共享，多个数字孪生单体可以通过“共智”形成更大和更高层次的数字孪生体。数字孪生技术促进装备演变成为不断学习演化、深层联系、物理实体与数字虚体紧密联动的虚实融合大整体，它强调物理世界与数字世界基于智能学习的前瞻设计、孪生演化；强调深刻、紧密、泛在的虚实联动；强调全面、精细且逼真的数字模型；强调从物理信号到作战应用与保障行为的全程数字化再现；强调能通过数字孪生空间真实呈现复杂现象、发现潜在问题、激发创新思维、持续优化演进。

在装备作战应用与保障的不同场景中，数字孪生可实现对体系中人、机、物、环境的全面感知与安全集成，通过将装备所涉及的物理对象及场景同步映射，实现对装备作战应用与保障全要素、全流程、全业务进行数据采集和实时监控。在孪生环境中集成各类作战应用与保障要素感知数据、仿真数据，通过挖掘和量化数据分布中的特征及数理关系形成智能分析与决策服务，并传递相关执行策略控制作战应用与保障任务的执行，为决策人员观察、分析及调控装备作战网络提供了崭新的视角。具体而言，将数字孪生作为装备数据、智能模型与应用服务的集成化容器，为提升装备作战应用与保障能力，发挥以下几方面的作用：

（1）数据采集与引接的容器

数字孪生是实现装备数据流畅传递与外部系统引接数据的重要媒介，而这些数据作为装备作战应用与保障各类要素活动的“缩影”，本身就是对要素状态变化进行客观表达。因此，通过装备数据的采集与引接，并在孪生系统中融合与集成，促使数字孪生环境成为装备数据的容器。

（2）智能分析与决策的容器

通过在孪生平台中积累大量实时与仿真数据，从而提供充足样本构建面向装备作战应用与保障过程的智能分析与决策模型，赋予装备对不同问题动态分析、预测与决策的能力。

（3）应用服务与执行的容器

孪生平台是对装备作战应用与保障进行决策输出与控制的有效途径，在与物理环境的交互响应过程中积累大量决策知识，使装备能够根据物理环境运行情况动态制定具备适应性的管控策略，并反馈至现实场景下各类要素的决策执行。

2.2.2 作战应用与保障模式

综合考虑武器装备作战应用与保障问题，把装备全寿命周期作战应用与保障任务作为数字孪生环境下的一个相互影响、相互促进的有机整体，并将数字孪生驱动的装备作战应用与保障要求进行层层分解，实现作战应用与保障任务和数字孪生模型的有机融合，以提高武器装备战斗力和保障力水平。

（1）虚拟双向交互模式

数字孪生技术可以将装备作战应用与保障各种状态呈现出超现实的形式，对装备进行多领域、多尺度的状态监测和评估，将智能监测与分析结果附加到装备各分系统、单机设备中，在复现实体系统的同时，将分析结果以虚拟映射的方式叠加到数字孪生体上。从视觉、听觉、触觉等多个方面提供沉浸式的虚拟现实体验，实现实时、连续的人机互动，可帮助作战人员通过数字孪生环境迅速地了解和掌握战场的环境、态势、敌方力量和作战意图、装备状态等各种信息，并能启发其改进作战决策和任务规划的设计，为优化和创新提供灵感。

（2）数据机理融合模式

对于组成要素繁多的武器装备，其机理结构的复杂性决定了往往难以建立精准可靠的系统级描述模型，因而难以采用解析模型来支撑装备健康评估、故障预测、规划推演等作战应用与保障工作的有效开展。数字孪生技术能综合利用装备历史使用和实时运行数据，对物理模型进行更新、修正、连接和补充，充分融合装备机理和运行数据特性，能够更好地对系统的实时运行状态进行评价。

（3）运行演化分析模式

随着云计算、物联网、大数据、区块链、人工智能、虚拟现实和增强现实等智能技术的迅速发展与广泛应用，装备作战应用与保障技术和智能技术融合发展已成为必然趋势，这既是战争形态演化对装备作战应用与保障的需求，也是装备技术自身发展的需求。作为一种实现数字化、网络化、智能化、服务化转型升级的有效手段，数字孪生技术与智能技术具有极高的融合度。在数字孪生环境中通过集成各类分析与智能决策方法和可视化程序，分析从装备物理世界中融合的孪生数据，为关键保障资源运行和保障流程分析提供运行与演化分析结果，通过保障网络中大数据的统计学习方法，深入挖掘保障环境中各类复杂的非线性关系，动态分析由保障要素状态变化而引起的系统性能变化等方面，从而在物理世界问题发生前就具备一定的预见性。

（4）动态决策优化模式

构建面向装备全寿命周期的一体化数字孪生平台，整合全寿命周期内的各类采集数据，支持知识数据库的建立，并辅助装备作战应用与保障相关的决策优化。面向装备在作战应用与保障过程中信息相对封闭，且环境复杂多变，装备状态难以监控等问题，一方面可以采集实时数据，监控装备各种状况，实时开展分析处理，以支撑装备作战应用与保障决策，另一方面，通过实现孪生体和装备实时信息的交付，以支撑装备兵棋推演及系统弹性优化。

2.2.3 装备数字孪生模型

概念模型的设计是数字孪生在装备领域应用落地的引擎，构建了装备作战应用与保障数字孪生技术五维概念模型，如图 2-3 所示。

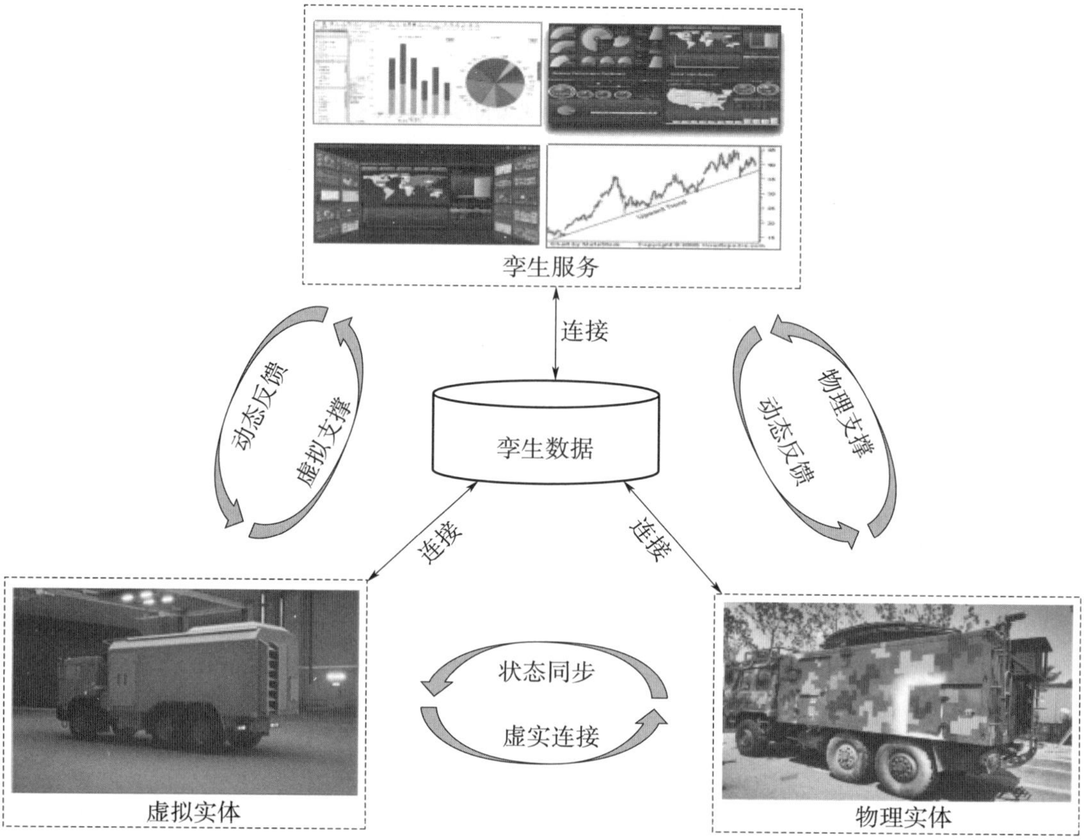

图 2-3 装备作战应用与保障数字孪生概念模型

其中，数字孪生五维模型具体表征如下：

1）装备物理对象：代表装备作战应用与保障中物质资源的物理实体，按照作战网络组织架构一般可分为装备系统、保障系统和指控系统等。

2）装备孪生对象：代表装备作战应用与保障中物理实体所建模而成的虚拟实体，建模过程宏观及微观尺度进行动态的数学近似模拟与刻画，如结构、流体、电场、磁场建模仿真等。

3）装备孪生服务：表示装备作战应用与保障中的各类应用服务场景，主要通过数据挖掘、分类、预测等方式，提供健康管理、故障预测、测试、推演和训练等服务。

4）孪生数据：表示装备作战应用与保障中动态产生的各类孪生数据，能够客观反映作战网络在不同时间节点的运行状态，主要包括性能状态、环境参数、指控信息和管理数据等。

5）孪生连接：表示作战应用与保障中各种要素连接的规范、协议等，包括信息传输协议、数据接口等，同时涵盖物理实体与虚拟实体之间的交互。

2.2.4　装备数字孪生应用范式

为明确刻画数字孪生技术在装备领域的应用，给出装备作战应用与保障数字孪生范式，涵盖孪生空间、孪生时间和孪生服务三大方面，作为有效实施各类应用服务的主体要素，如图 2－4 所示。

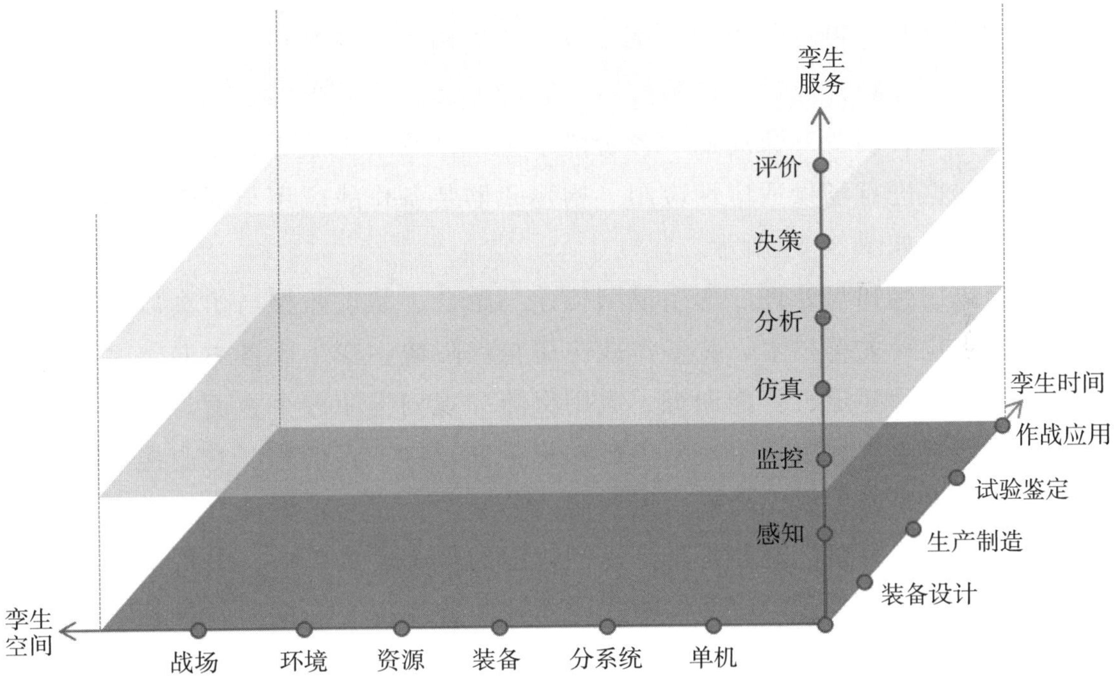

图 2－4　装备作战应用与保障数字孪生范式

1）孪生空间范式：数字孪生从少量孪生对象简单关联（单机级-分系统级-装备级）向大规模复杂作战场景的方向逐渐扩充，其中包含了对象属性、外观形状、实时工况、工程机理、复杂机理等不同组成部分。

2）孪生时间范式：数字孪生在全寿命周期不同阶段存在不同的表现形式，

在前期，通过设计、生产、试验等不断积累孪生状态，促进模型“生长”，在中后期，在训练、测试、推演和健康管理等场景，对模型不断深化“运用”。

3）孪生服务范式：数字孪生对不同场景的服务构成从感知—监控—分析—决策—评价的闭环管控模式，并在不同服务维度中开发形成与孪生空间及孪生时间相适应的应用。

2.3 装备数字孪生技术体系

2.3.1 技术体系框架

结合武器装备的作战应用与保障任务需求，以数字孪生技术为支撑，以全面提升体系化作战条件下装备能力为目标，与装备全寿命周期中的关键环节、任务及对象紧密结合，构建装备作战应用与保障数字孪生技术体系架构，在时间维度上，与装备设计、生产、试验及作战应用与保障等环节同步；在空间维度上，支撑装备特性设计、试验鉴定、智能训练、应用保障、规划推演等应用服务开展。结合装备寿命周期中各阶段孪生模型及孪生服务，以对不同阶段产生的孪生数据进行场景适应性应用，构建武器装备作战应用与保障数字孪生技术总体架构，如图 2-5 所示。

基于数据感知与处理、孪生模型构建与融合、状态监控与仿真以及数据分析与决策优化等关键技术，装备作战应用与保障数字孪生服务方向，主要涵盖特性设计、试验鉴定、智能训练、应用保障和规划推演五个方面，其中特性设计与试验鉴定通过数字孪生模型进行迭代论证，将工程信息、专业接口等通过一致性的孪生模型实现无障碍、无漏洞的传递，从而修正设计方案，固化设计知识。智能训练主要针对装备具体施训过程的训练形式单一、人机交互不足等问题展开应用模式探讨，应用保障主要面向装备战备完好性展开，其实际意义在于确保装备作战中的快速出动能力与生存能力，为装备战斗力和保障力的生成与保持奠定坚实基础。

2.3.2 特性设计

武器装备保障特性设计是一个不断反复、有序迭代的过程，且贯穿于装备寿命周期的全过程。保障特性与各类性能如机械、电气等设计工作均存在一定的耦合关系，具有密不可分的联系，在设计阶段的数字孪生模型为多学科设计

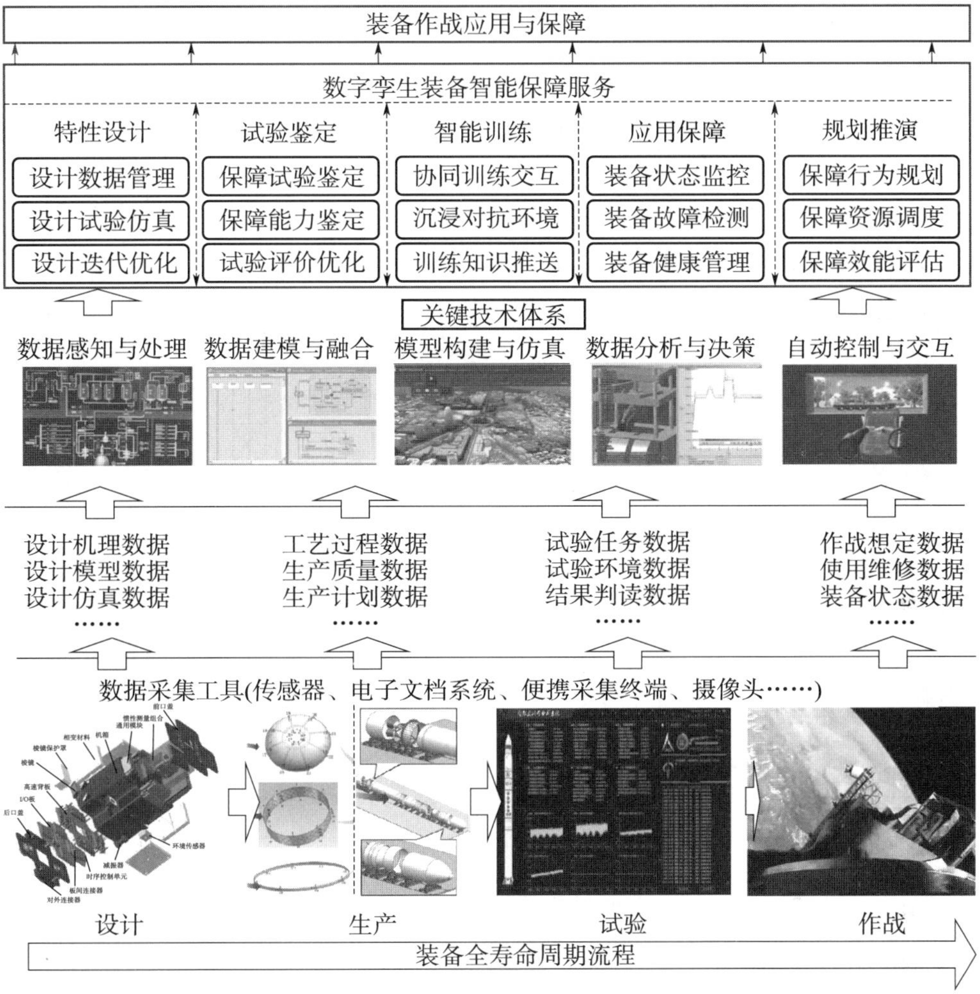

图 2-5　装备作战应用与保障数字孪生技术体系框架

提供统一接口，以融合的模式定义各分系统工作项目关系，确保各类设计任务的有效开展。数字孪生技术在装备保障特性设计服务中主要分为：协同设计、并行设计和设计验证三个方面，如图 2-6 所示。

（1）协同设计

武器装备保障特性主要包含保障性、维修性、测试性、可靠性等，本质上它们是互相渗透、互相影响的关系。为实现保障特性间的相互融合、相互促进，在明确装备保障特性内在联系的基础上，通过数字孪生模型进行保障特性的协同设计，以数据线程为主线，对各保障特性固有机理进行集成与建模，用孪生模型存储保障特性的内涵机理与关键参数，通过在孪生模型中开发相应保障特性的结合点与接口，对不同保障特性要素有机融合，从而在设计阶段能够促进武器装备固有保障特性的提升。

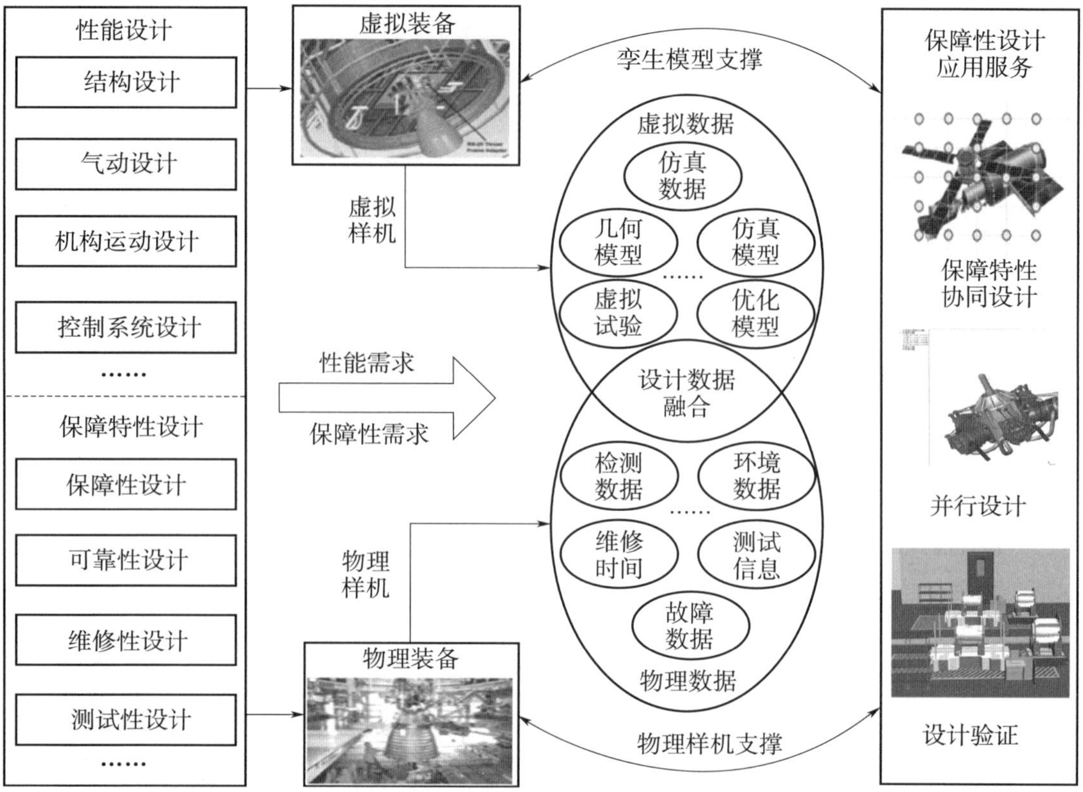

图 2-6　数字孪生驱动的保障特性设计

（2）并行设计

保障特性设计过程中涉及多学科模型，且不同特性间存在大量耦合关联，导致保障特性设计知识的管理复杂且难以统一。基于数字孪生模型的并行设计管理是以模型线程所形成的标准化模型作为设计过程中的核心依据，构建保障特性间的数据集成环境，借助模型更新、模型迭代、模型版本管理实现装备研制各阶段、各分系统的保障特性设计流程管理；借助模型交互、模型组合、模型协同实现各保障特性的设计要求、设计参数等的协同管理。此外，将数字孪生模型作为装备并行设计过程中的一体化知识管理介质，以数据融合的方式将性能、功能设计与保障特性设计在管理维度上相协调，促进设计流程、设计知识等管理的标准化。

（3）设计验证

在装备保障特性设计验证过程中，通过数字孪生技术能够及早发现产品研制各阶段中存在的潜在缺陷，并在产品研制的早期阶段予以处置和解决，对保障特性设计的提前验证能够减少由于重复设计工作而导致的研制成本高、设计迭代多等问题。利用数字孪生技术，能够实现虚拟和物理两种验证方式的并存，可以在装备保障特性层面形成“纯虚拟”“虚实同步”和“虚实融合”等三种验证方式，开展不同作战任务场景下的装备保障特性验证。

2.3.3　装备试验鉴定

装备实战化发展对试验鉴定提出了全新要求，需要从实战角度出发对装备高速机动能力、突防对抗能力、高温防热能力、目标识别能力、战场生存能力和打击毁伤能力等进行充分考核评定。同时，武器装备还需要进一步加强对联合作战的适应能力、协同能力与对抗能力的检验与评价。主要面临以下难点：

1）武器装备作战剖面多样、作战场景复杂，通过实装试验难以准确构设气象、地理、电磁等复杂环境，无法准确反映生存、突防等战场条件。实装试验剖面难以充分覆盖各类边界条件，无法度量武器装备自身和战场条件不确定性的影响，导致试验存在不充分、不全面和不精确等风险。

2）部分系统级性能指标无法通过地面和实装试验考核，仍需利用分系统或单机产品的鉴定试验数据进行综合评估，难以真实反映武器系统在实战条件下的性能水平。

3）难以通过开展体系试验对武器装备在联合作战条件下的作战效能、协同能力、对抗能力、生存能力进行检验和评价，而利用体系仿真的手段，体系模型与作战场景构设存在偏差，同时仿真流程中模型演化与数据关联能力不足，难以有效对各项作战能力进行精确评估。

利用数字孪生技术对物理世界的刻画、仿真及优化能力，开展装备试验鉴定数字孪生技术研究，建立武器系统及作战环境物理实体与虚拟空间的映射关系，以解决数字模型构建、实时状态监控、虚实数据关联、作战流程推演、试验条件构设、作战能力评价等难题，提出数字孪生驱动的装备试验鉴定方法（见图 2－7），主要涵盖试验流程规划、虚拟试验和试验评价与优化三个方面。

（1）试验流程规划

结合武器装备的自身特点及试验鉴定需求，为顺利开展数字孪生环境下的装备鉴定试验，开展试验流程规划。在孪生环境中制定装备作战仿真试验规划，明确作战活动规划的时线图，对应于装备的不同作战任务，并分别对不同任务确定验证目标、试验样本量、试验样本分配、验证方法、信息收集分析和处理等过程进行系统性筹划。另一方面，针对装备数字孪生虚拟模型，融合武器装备几何模型、物理模型、行为模型、规则模型等，根据不同的试验任务流程进行定制化调整，确保模型在不同试验流程规划中能够还原装备的重要功能和性能属性及参数，为虚拟试验的实施奠定坚实基础。

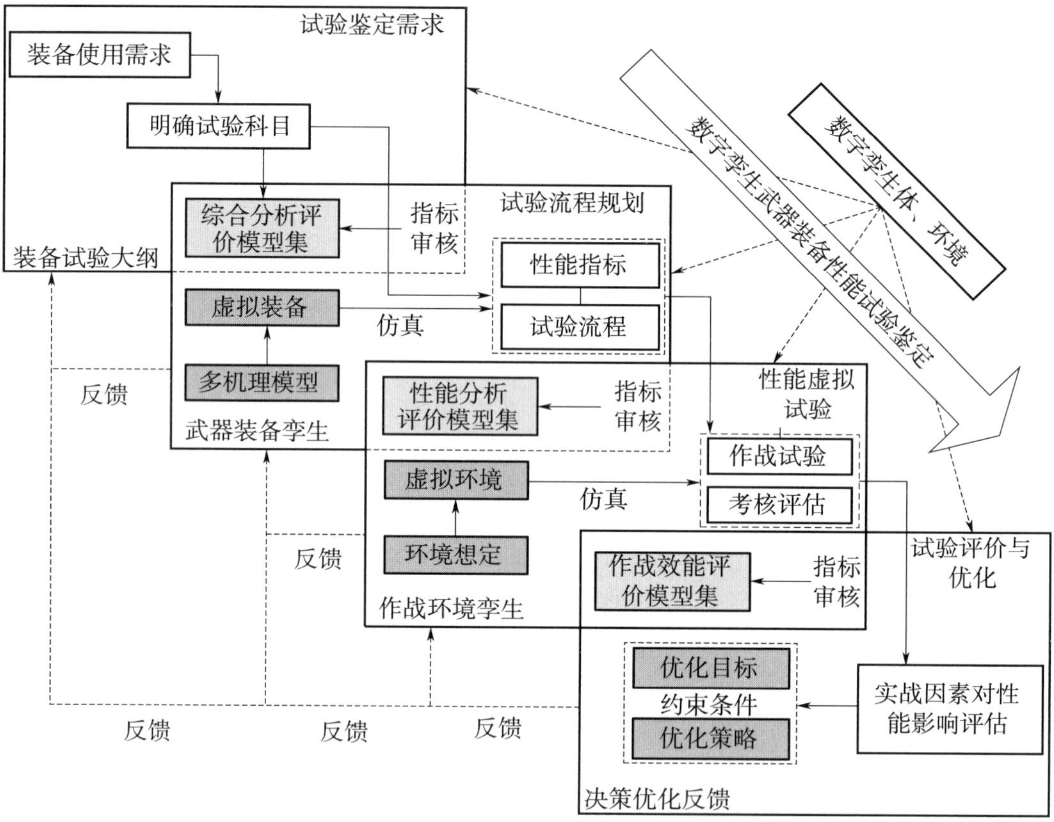

图 2－7　数字孪生驱动的装备试验鉴定

（2）虚拟试验

融合装备作战模式、系统特性等特征，构建装备几何模型、物理模型、行为模型、规则模型，并在孪生体中真实映射，动态还原装备的重要属性特征，采用装备数据对装备孪生体自适应标定及迭代优化，形成高保真的装备孪生体模型。依托作战检验过程中实时观测及历史积累的战场环境、目标特性、反导拦截、电磁干扰等多源异构数据在统一时空维度进行数据集成与融合，利用时空数据与孪生环境的映射模式，实现全要素、全流程、全业务的孪生作战环境与真实环境联动，打通各孪生要素的模型线程、数据线程及业务线程，形成标准化孪生作战环境。将装备试验鉴定实时数据与数字孪生环境联合同步运行，构建“装备个体性能—装备协同耦合关联—体系化作战效能”的映射推演模型，实现孪生环境下虚拟作战与体系对抗试验，形成虚拟空间与物理空间检验、单项与体系检验、静态与动态检验、定性与定量检验相融合的试验检验机制。依据作战环境的孪生场景想定，验证虚拟装备状态是否符合试验规定，相应保障系统、指控系统等是否能够满足作战想定的需求等，从而在联合作战条件下对作战效能、协同能力、对抗能力、生存能力进行检验。

（3）试验评价与优化

以试验流程规划与任务场景剖面为输入，从目标识别、突防、对抗、毁伤、生存、作战流程、体系协同等方面进行指标归类聚合和特征映射，针对试验中所反映的问题，对装备设计方案进行评价与优化，将数字孪生试验评价过程伴随装备研制过程不断迭代、逐层反馈。

2.3.4　装备智能训练

基于数字孪生的装备智能训练瞄准武器装备智能作战应用场景和保障模式，革新传统训练理念、技术和手段，打造出智能化训练方式，使训练场景更加逼真，能自动构建高度真实的作战应用场景。数字孪生驱动的装备智能训练主要运用 LVC（live - virtual - construction，实况-虚拟-构造）架构，其中，数字孪生作战仿真与推演平台（C）是装备智能训练的核心，孪生平台集成仿真管理与导控、方案效能评估、训练想定、作战仿真、蓝军模型、装备模型、战场环境与态势和计算机虚拟兵力模拟等应用，提升装备训练的智能化水平和整体效能，数字孪生装备智能训练如图 2 - 8 所示。

（1）沉浸式虚拟训练环境

借助于感知设备和传感器，收集模拟训练装备及模拟训练战场的物理信息，通过数字孪生环境搭建沉浸式训练环境，在虚拟孪生环境中为受训人员提供沉浸式的信息服务，将敌我双方部署信息、指控信息、装备信息及战场环境信息等有效地呈现在训练人员面前，建立高度还原的复杂战场环境，受训人员可通过 VR、AR 等便携式交互方式与孪生训练环境交互。在孪生训练环境对物理训练场景进行数字化表达的基础上，通过物理与虚拟接口实现受训人员与孪生环境的交互连接，实现训练环境中的人机交互，受训人员可根据场景判断需要执行的操作指令，并在孪生场景中反馈改变操作对象的状态，进而再将更新后的状态信息反馈至受训人员交互终端，在虚实环境的状态信息迭代中实现受训人员与受训环境的人机交互。

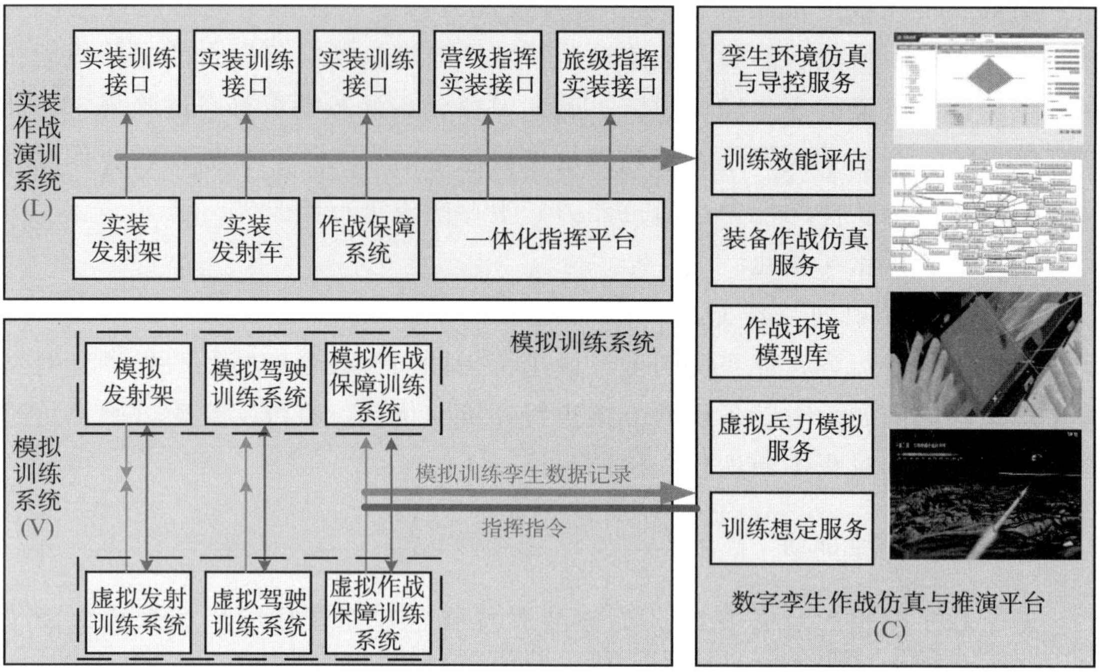

图 2－8　数字孪生驱动的装备智能训练（见彩插）

（2）训练知识推送

通过孪生环境记录受训人员在训练平台中的实时交互信息，根据受训人员的背景特征，刻画在孪生环境中的用户画像，并根据画像中涉及的特征信息，实现在孪生训练场景中的知识推送，一方面，实现针对不同孪生训练情境下的静态训练知识主动推送给需要的受训人员；另一方面，根据不同受训人员训练需求或薄弱环节，动态推送适用匹配的训练场景与训练任务，从而有效提高训练过程中受训人员的知识应用及实战结合能力。

（3）训练效能评估

在孪生环境中构建面向训练效能的完整训练评估指标体系，输入包括考核科目的基本背景信息、详细的操作数据、训练对象特征画像等孪生数据，在虚拟训练环境中输出为受训对象的综合评分，从若干特征项对训练结果分别评估，得到对受训对象比较客观且全面的评估结果。

2.3.5　装备应用保障

针对装备需要具备良好的战备完好性、机动性和快速出动能力，要求武器装备必须具有良好的状态监测与诊断能力，能够应对任务剖面多样、使用场景环境复杂的情况，提出了数字孪生驱动的装备应用保障方法，如图 2－9 所示。利用精准的数字孪生模型动态监测装备运行状态，及时响应任务要求，实现快速、高效的自主保障与状态恢复，主要包含装备状态监测、装备故障预测与诊断、装备健康评估和任务分析决策四个部分。

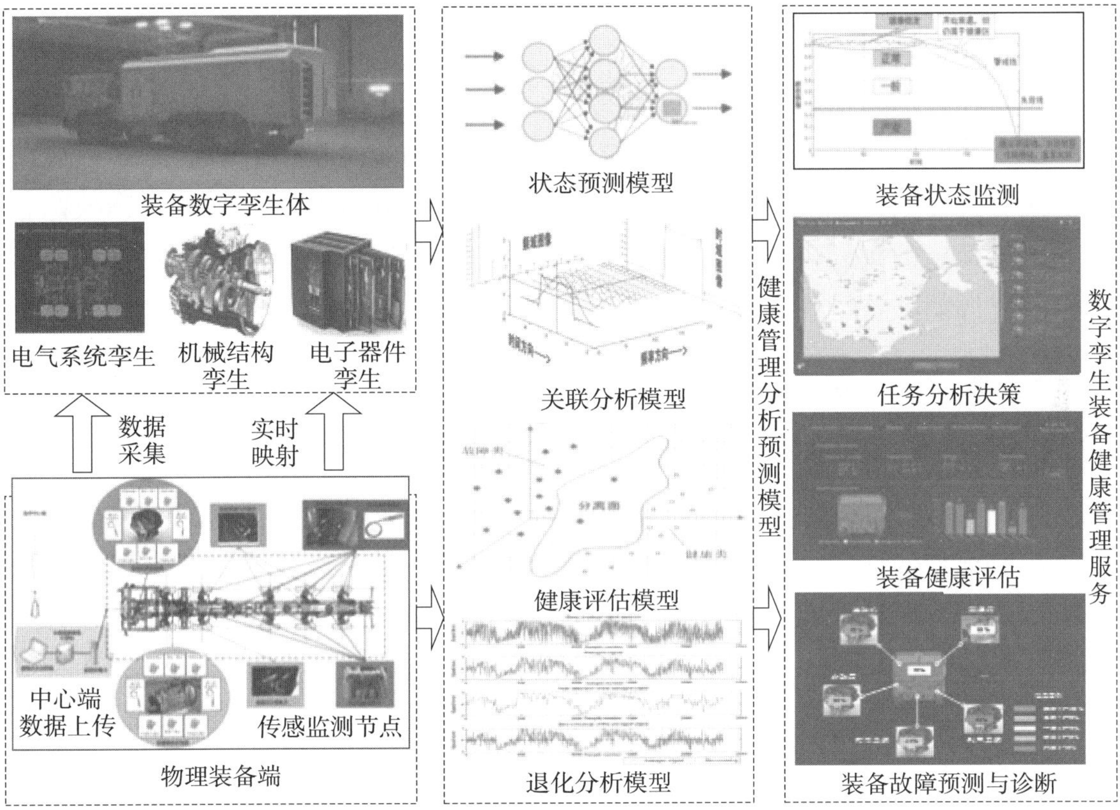

图 2－9　数字孪生驱动的装备应用保障

（1）装备状态监测

装备运行状态监测，通过对物理装备实时状态各类数据的采集与分析，实现物理装备与虚拟装备的实时映射，并对运行中的装备进行全面状态感知与可视化状态监测，辅助相关分析与决策制定。同时，结合装备虚拟模型与装备实时数据进行实时仿真，实现模型驱动与数据驱动协同的装备故障预测与健康管理，对装备故障进行预测与识别，以及对装备的健康寿命进行分析与预测，形成装备故障处理和后续作战使用策略。

（2）装备故障预测与诊断

信息采集系统通过全面感知装备状态与环境信息，结合历史经验数据，通过先进的预测算法，能够根据装备现有状态可靠地进行故障预测和诊断，并以此确定维修级别和维修资源需求。

（3）装备健康评估

通过孪生系统对装备全寿命周期数据的清洗与整合，能够准确掌握装备的技术状态，并可以根据装备状态基础参数偏离正常情况的程度、健康退化趋势等进行分析，同时还能够判断引起装备性能下降的故障模式，识别性能下降的模块及单元，进行状态预警。

（4）任务分析决策

孪生系统根据装备故障诊断与预测结果或战场实时反馈的应急装备保障需求，能够统筹全网资源信息，对保障需求进行智能分析，对保障力量、保障物资和保障设施的规划进行自动决策，并可以运用运筹学原理优化决策流程，保证保障资源的最优配置和活动的高效运行。

2.3.6　保障规划推演

保障任务规划是根据战场态势、装备保障状态数量和时间、空间等约束，解算保障需求，规划保障资源，分配保障人员、装备和备件，并发出保障任务指令，使规划的保障活动满足装备保障需求。保障任务推演则是根据保障任务的规划结果，模拟保障活动过程和保障结果，并通过一定的评价准则和评价指标对保障任务规划及实际保障活动的效果进行评估。在作战形态、武器装备和新兴技术的推动下，装备保障样式比以往更加丰富多样，自动测试、自主保障、智能支持等技术，以及体系化、网络化保障模式都使保障任务规划更加复杂。典型的保障任务规划与推演过程如图 2－10 所示。

（1）战场态势感知

多域作战正推动联合作战力量要素从联合走向融合，使得面向装备保障的战场态势变得更复杂、认知更困难。针对装备保障的战场态势认知需求由强调信息优势到强调决策优势转变，采用先验知识驱动的作战态势智能认知技术，通过数字孪生中的数据线程识别、挖掘和评估态势演化过程中的关键决策点，有效解决大数据下的信息过载问题，减轻作战人员的认知负荷，同时突破作战人员主观认知的局限，弥补不足，更正错误，增强人的认知能力甚至替代主观认知，实现控制活动从信息域向认知域跨越，从而获得更快、更全、更准的认知结果。

（2）保障任务规划

数字孪生环境下对装备保障任务规划包括需求判别、约束求解、智能决策

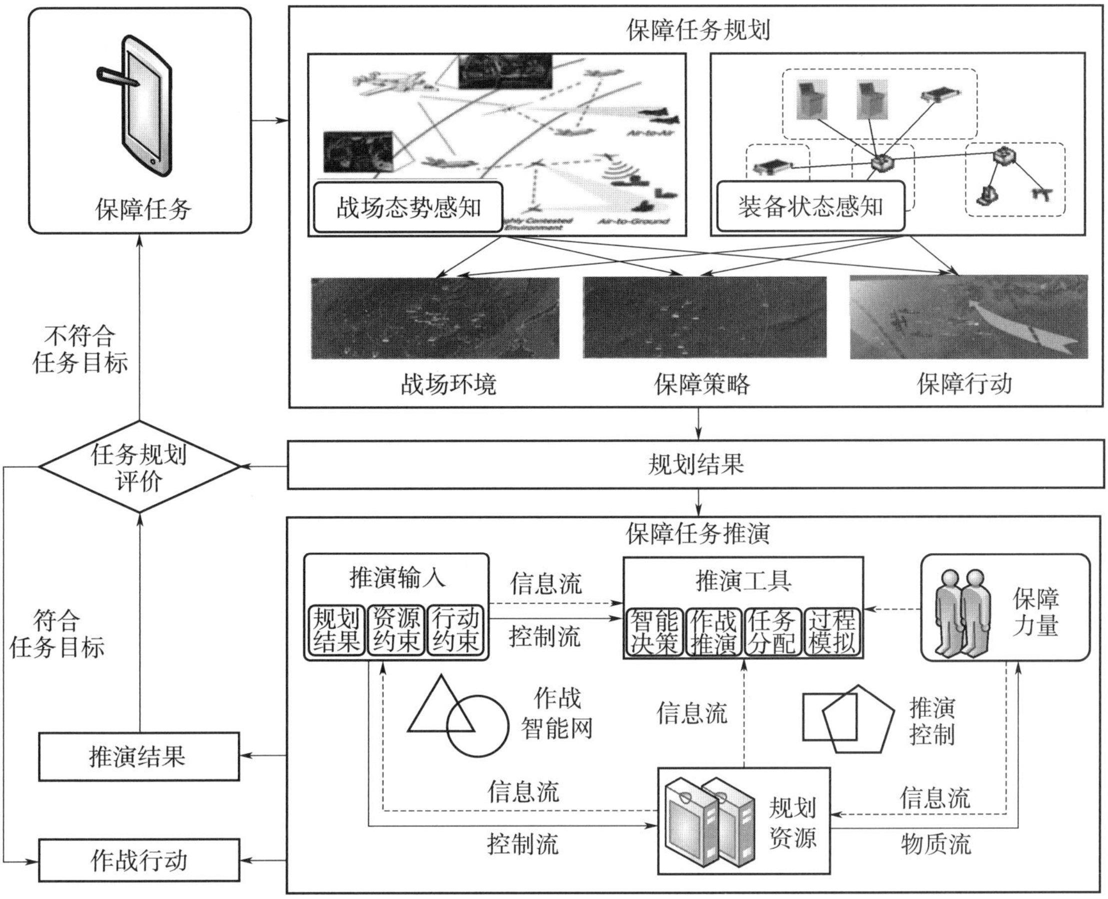

图 2-10　数字孪生驱动的保障任务规划与推演

和任务分配等。装备保障任务规划组成要素复杂，各保障要素相互交互，形成了装备保障任务的基本流程。在装备保障任务的驱动下，各保障要素间进行保障指令和资源流转，满足装备保障需求。因此，保障任务规划通常考虑任务流程、信息流转、过程控制三个方面。在孪生场景中通过筹划阶段的静态保障筹划和执行阶段的动态任务规划相结合的模式，组成保障任务规划双回路控制系统。在筹划阶段的孪生场景中，根据孪生环境中的要素充分考虑保障资源、环境约束等保障任务影响因素，初步拟制装备保障任务计划；在执行阶段的动态任务规划中，通过环境中实时监控保障动态规划结果，通过与保障需求中的各项指标满足情况进行闭环对比，形成补充保障控制指令，再次注入保障任务规划系统中，实现保障任务规划闭环。

（3）智能保障推演

智能保障推演系统通常采用可扩展体系架构，以组件化、参数化、组合方式开发指挥中心、作战单元、武器装备等资源，以集中式一体化资源管理和应用服务为系统集成机制，在仿真平台的支撑下，实现多维对抗空间的环境感知、态势分析、保障决策和保障效果分析。在推演准备阶段，保障需求由数字孪生提供，并在任务场景中实施。将保障推演与作战推演的数据相融合，达到智能保障推演与评估的效果。

2.4 数字孪生关键技术

2.4.1 关键技术逻辑

在装备作战应用与保障数字孪生技术体系框架下，为实现数字孪生驱动的装备特性设计、试验鉴定、智能训练、应用保障和规划推演等服务，分析给出了相应的数字孪生关键技术。为构建虚拟孪生模型真实客观地描述和刻画物理实体，采用数字孪生五维模型描述孪生体所具备的物理、虚拟、服务、数据、连接等要素，数字孪生技术五维模型的概念如下式所示：

$$DT = (PE, VE, SS, DD, CN)$$

式中，PE 代表物理实体；VE 代表虚拟实体；SS 表示孪生服务；DD 表示孪生数据；CN 表示虚实连接。

依据数字孪生五维模型的定义，归纳形成装备作战应用与保障数字孪生关键技术类别，包括数据感知与处理技术、数据传输与融合技术、模型构建与仿真技术、数据分析与决策技术、自动控制与交互技术，如图 2－11 所示。

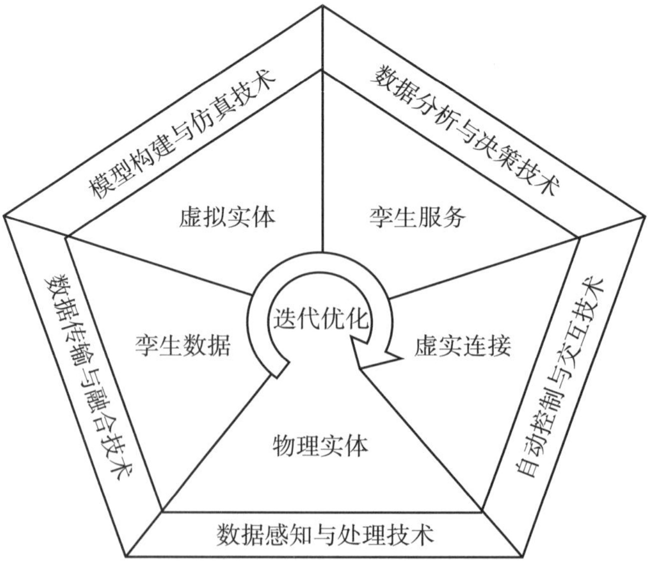

图 2－11　装备作战应用与保障数字孪生关键技术逻辑

在这些关键技术中，通过物理实体—孪生数据—虚拟实体—孪生服务—虚实连接的回路，形成通过孪生空间对物理实体进行监控、分析、服务及控制的闭环逻辑。针对五种技术类别，划分形成十项关键技术，详见表 2－1。

表 2－1　数字孪生保障体系关键技术

技术类别	关键技术	关键技术说明
数据感知与处理技术	数据采集技术	以二维码、RFID 等为代表的标识识别技术，及各类物理型、化学型和生物型等传感器技术
	数据处理技术	从数据的完整性和准确性两个方面，对各类采集数据清洗、去冗余等数据预处理技术
数据传输与融合技术	数据传输技术	包括无线通信、通信中继、有线通信、数据编码及通信协议技术等
	数据融合技术	对不同数据源中相同含义、实体的数据之间的关联关系，对相似或不同特征模式的多源数据依据其交叉相关性动态融合
模型构建与仿真技术	孪生建模技术	基于数据的快速场景重构技术能够解决物理场景向虚拟场景的快速转换，解决三维场景构建问题
	仿真技术	面向未知任务和未知场景，推演态势发展及任务执行过程，为任务规划和决策提供支撑
数据分析与决策技术	数据分析技术	基于海量数据进行数据挖掘分析，获取表征数据隐藏的深层次信息的技术和方法，是提升数据价值的方法
	优化决策技术	以机器学习、神经网络等为代表的有监督和无监督学习技术，是提升计算机自主决策能力的关键技术
自动控制与交互技术	自动控制技术	通过具有一定控制功能的自动控制系统，来完成某种控制任务，保障某个过程按照预想进行，或实现某个预设目标
	人机交互技术	以增强现实技术为代表的交互技术实现人员与虚拟环境中虚拟物理自然直观的三维交互，并执行人员对空间的控制指令

2.4.2　状态感知与处理技术

（1）状态感知技术

在作战网络中，通过分布式传感网络的部署，实现高精度、高性能的传感器数据的采集和快速传输，这是整个数字孪生系统的基础，用于支撑整个数字孪生环境的运作。针对装备对象本身，温度、压力、振动等各类型传感器用于监测装备本体运行过程中的各物理量信息以表征装备状态；针对装备作战环境，各类 RFID、二维码等为代表的标识技术，用于装备作战应用与保障的管理与要素的准确识别等。

（2）数据处理技术

由于装备在作战应用与保障过程状态多变、数据采集环境恶劣，所采集的原始数据通常存在不可避免的缺陷，例如空缺值、重复值、错误值、孤立点或噪声。数据处理技术为装备作战任务分析与决策等服务提供高置信度的数据资源，主要包括设置判别元组、定义数据字典等处理方式，对于测量偏差所产生的噪声数据通常采用平滑技术进行处理。

2.4.3 数据传输与融合技术

（1）数据传输技术

搭建快速可靠的信息传输网络，将系统状态信息安全、实时地传输到上位机供其应用具有十分重要的意义。数字孪生系统是物理实体系统的实时动态超现实映射，数据的实时采集、传输和更新对于数字孪生具有至关重要的作用。大量分布的各类型高精度传感器是整个孪生系统的最前线，为整个孪生系统起到了基础的感官作用。通过“人—装备—环境”要素实时交互与协作、多源异构数据通信与发布等技术，实现高效、可靠的数字孪生信息交互。例如，通过数据中继技术解决野外环境下超视距数据传输问题。有线通信技术，包括现场总线、以太网总线等传统和新兴总线技术，用于解决设备内部及设备互联条件下的数据链路建立问题。通信协议技术实现节点之间的可靠通信和信息交互方式。

（2）数据融合技术

数据融合是指在数字孪生环境中对装备作战应用与保障全业务、全要素以及全流程数据的集成与融合。例如在装备维修保障过程中，既需要考虑装备保障特性设计中的维修可达性、修复时间及故障检测率、故障隔离率等设计变量，又需要考虑装备在贮存、运输、作战等任务过程中的环境监测信息，包括温湿度、盐碱等环境变量，同时还需要考虑装备在保障任务执行时的备品备件满足状态、维修时间及保养计划等任务过程信息。因此，在装备作战应用与保障数字孪生中数据融合的内涵为在虚实交互环境下对于装备作战应用与保障要素、任务及业务相关数据的融合。

依据装备运行过程的一致性原理，对任务现场的实时环境数据、设计数据及任务数据进行建模、关联、聚类、挖掘等操作，对多层次的时间、空间信息融合，发现来自不同数据源中实体的数据之间的关联关系，对相似或不同特征模式的多源数据依据其交叉相关性动态融合，实现在虚实交互环境下的状态映射与同步。

2.4.4　模型构建与仿真技术

（1）孪生建模技术

对数量庞大、种类众多、环境迥异的武器装备的实际物理状态的精确求解十分困难，尤其是瞬态模型的构建。当前大部分建模方法是在特定领域进行模型开发，并在使用阶段采用集成和数据融合的方法来刻画状态变化，但这种融合方法融合深度不够且缺乏合理解释，限制了将不同领域的模型进行深度协同与融合的能力。因此，需要开展多学科的数字孪生建模方法研究，从不同领域视角对装备物理系统进行跨领域融合建模，且从最初的装备需求论证阶段开始实施，在设计阶段从机理特性层面进行多学科设计建模，将多种保障特性融合为武器装备孪生体建模的基本要素。同时，所构建的模型需要根据数据接口接入的参数状态保持同步，实现模型能够实时、动态更新。

（2）孪生仿真技术

孪生仿真技术包括机理性仿真技术和流程性仿真技术。机理性仿真技术利用数字孪生样机，对装备的结构应力、流场、电磁场等基于第一性原理或物理机理进行仿真，可直接在数字孪生体中查看装备的运行状态、预知故障发生的时间以及故障发生的后果，根据数字孪生体反映出的问题，调整装备设计方案或运行策略，直到对预测的结果满意之后再操作物理实体。仿真技术是涉及多学科的综合技术，除了各物理机理演化规律的求解器本身的算法和模型之外，还包括计算机视觉技术、空间离散技术、数据交换技术等。通过赋予孪生模型仿真的能力，可以实现虚拟先行、实体后动的方法，降低装备设计和操作成本，加快装备迭代与升级进程。流程性仿真技术是针对装备物理空间中各类要素状态，及装备作战应用与保障流程，通过采集的数据构建并驱动仿真模型的运行，是对装备整体运行过程的模拟，主要关注装备作战应用与保障要素在空间上的有机结合，在时间上的序惯连接。流程性仿真通过使用面向对象的技术，自定义装备作战应用与保障中的目标库来创建具有良好结构层次化的仿真模型，这种模型主要考虑装备杀伤链、指控链和保障链等过程性的演进推理，从而为装备作战提供决策支持。

2.4.5 数据分析与决策技术

（1）数据分析技术

作战网络由大量功能上相互独立，操作上交互协同的武器装备、保障系统、指控系统等组成，而作战网络各类要素状态实时变化，产生了大量、高速、多变的数字资产，需要新型的处理方式去促成更强的决策能力、洞察力与最优化处理。作战网络中大数据的主要特征包括：数据体量大、数据类型繁多、价值密度低、产生速度快。对于作战网络中的大数据分析与挖掘是将海量、复杂、高速、低密度的大数据转化成装备作战应用与保障知识或模式的重要技术。

（2）智能决策技术

针对装备作战应用与保障的不同决策需求，综合运用各类机器学习模型等数据分析与挖掘技术。例如，在孪生环境中进行优化策略的自学习，通过强化学习智能体在不同状态中进行选择，得到不同状态空间中最优的运行策略。针对任务环境未知程度高、扰动多、装备运行机理与特性不能完全掌握，使用机器学习方法构建不同的保障任务智能决策模型，并通过模型参数训练来认知物理世界的复杂问题背景，使得模型具有足够的准确度，从而开发出具有足够灵活性和适应性的装备孪生体。

2.4.6 自动控制与交互技术

（1）自动控制技术

在实物装备与数字孪生体的交互中，保障网络数字空间在获取到物理域的状态和数据信息时，能够对数据进行处理、计算和分析，指导模型运行和模型校准，不断迭代数字模型版本，并通过特定网络及网络协议反馈控制指令；同时，物理装备对象通过内置执行器接收来自孪生体的反馈信息，依据控制指令执行相应行为，从而改变保障网络物理环境和物理设备的运行。在这个过程中，保障物理环境中的传感器利用模拟-数字转换将不断接入的物理状态数据以及实时状态信息转换成离散的数据信号，孪生模型计算后，通过交互模型将计算控制信息传递到执行器对物理模型进行状态反馈、控制与调节。在这个过程中，执行器利用数字-模拟转换将离散的数据变化成连续的装备物理运动和状态。

(2) 人机交互技术

数字孪生的用户交互手段主要依赖增强现实、虚拟现实等技术实现。在保障系统中的增强现实交互是利用外部设备获取装备对象的图像（表面缺陷）、音频（振动频率）以及传感数据（环境状态）等信息，由装备操作人员对孪生场景中的信息做出响应实现对虚拟保障对象的操控，从而达到操作人员与虚拟物体交互的目的。增强现实系统是在保障网络中建立的人与虚拟保障场景之间的一座桥梁，人可以通过交互设备与虚拟物体进行视景交互。

2.5　演示案例分析

为实现装备基于状态的差异化管理与控制，构建装备保障网络中多维可达的信息流，解决装备保障任务的信息物理融合问题，利用保障场景孪生模型构建、数据采集与同步映射、实时状态监测、虚实反馈与控制等技术，开发形成数字孪生智能保障系统，选取装备维修保障作为典型场景，验证数字孪生技术在装备智能保障任务中的应用。

以武器装备特种车辆为应用对象，将数字孪生技术应用于装备维修保障，通过孪生环境实现装备状态实时感知、装备故障快速定位、保障方案智能推送、装备质量精准可控等，并对维修保障的全链条实现孪生监控。系统所构建的装备保障任务流程及孪生监控情况如图 2 - 12 所示。

(1) 监控评估

车辆状态监控评估是系统开展保障任务的基础功能，系统通过采集实体车辆装备的总线、仪表、外置传感器等信息通道的运行参数、性能参数、健康状态、故障部组件等监测数据映射至孪生模型中进行实时显示。车辆能够采集其发动机、变速箱、冷却系统等相关参数信息，并通过孪生模型在系统中进行实时显示与监测，如图 2 - 13 所示。

(2) 故障诊断

通过监控评估所出现的故障，在人员简单干预后仍无法消除的，系统启动深度检测功能。分动箱出现异常报警，简单干预无果后，启动故障部组件的预警提示，并自动调出系统中分动箱有关的历史数据库中的经验信息，根据故障现象提取分动箱特征参数，生成计划维修方案，如图 2 - 14 所示。

(3) 维修保障

维修保障基于故障初步诊断所生成的计划维修方案执行，分动箱的维修保

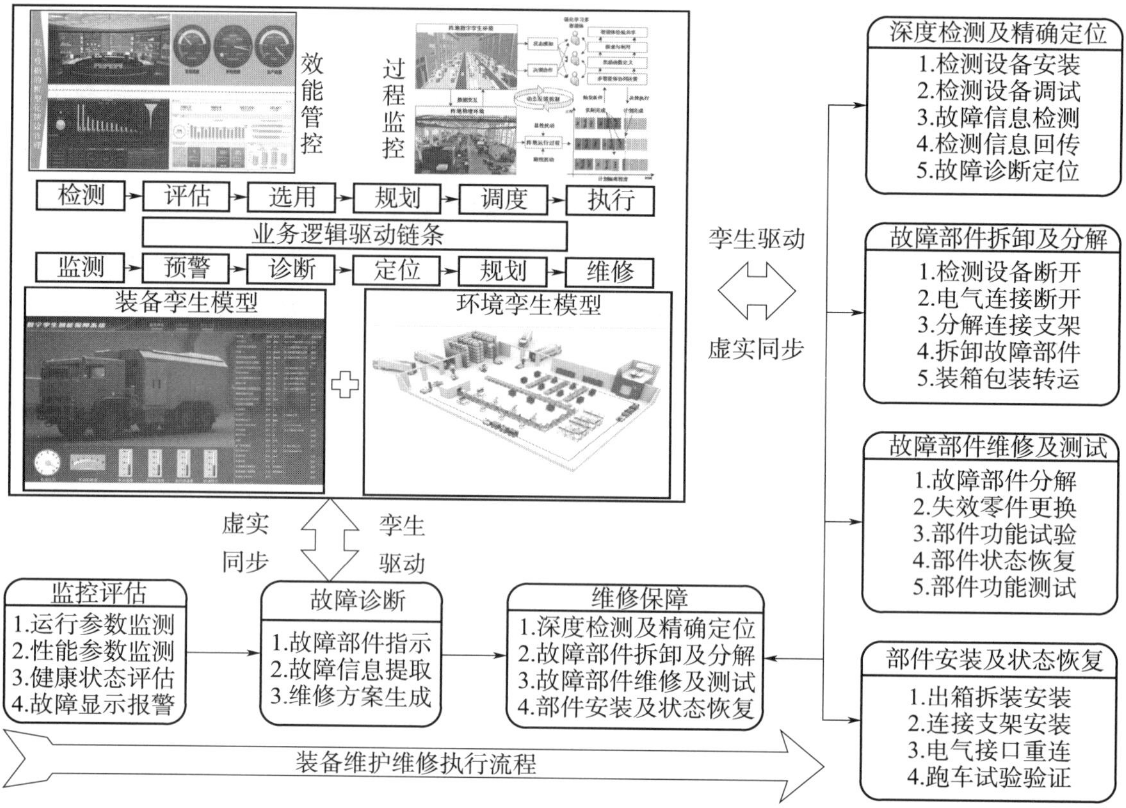

图 2-12　武器装备特种车辆维修孪生保障流程

图 2-13　车辆状态监控与评估示意

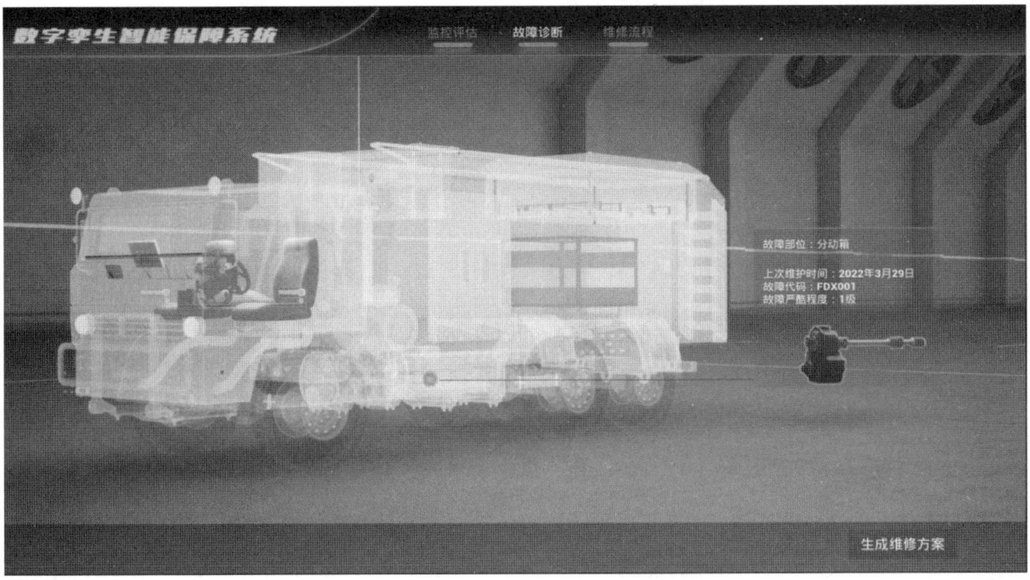

图 2-14　故障诊断场景虚实同步示意

障主要包括深度检测及精确定位、故障部件拆卸及分解、故障部件维修及测试、部件安装及状态恢复四个步骤，如图 2-15 所示。

图 2-15　维修方案生成示意图

1）深度检测及精确定位。基于引接系统对于分动箱的初步诊断情况，给出深度检测的建议，并推送检测设备、物资、人员、检测方案等，维修实施过程中，系统根据电气接口的连通情况、信息采集情况、数据处理情况等，触发孪生环境中的进度监控功能，管理人员能够实时掌握车辆装备的维修流程，如图 2－16 所示。

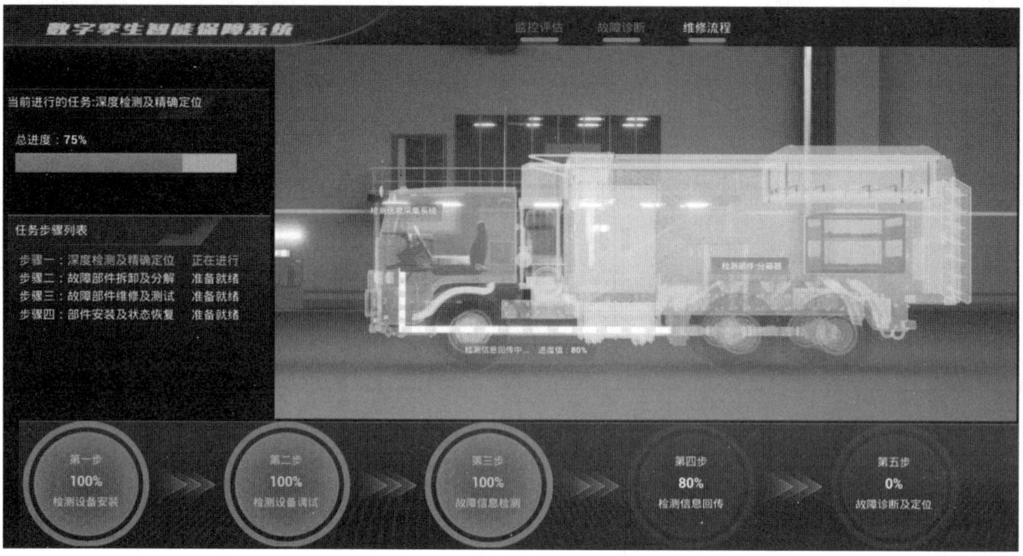

图 2－16　深度检测及精确定位场景

2）故障部件拆卸及分解。根据分动箱深度检测及精确定位信息，同时参考系统推送的分动箱计划维修方案，结合车辆孪生模型中的结构信息、连接信息等，自动生成故障部件的维修拆卸流程，并指明所需拆卸的机械接口、电气接口及步骤等，同时根据接口连通状态和操作情况实时将进度和参数映射至孪生环境中，实现基于孪生模型的维修流程监控，如图 2－17 所示。

3）故障部件维修及测试。该分动箱的部件维修过程包括故障部件分解、失效零件更换、部件功能试验、部件状态恢复、部件功能测试五个步骤。孪生系统通过调用分动箱孪生模型和当前状态，能够驱动模型按照维修操作要求实时指导维修人员进行维修工作，同时测试数据也能够同步至孪生系统进行维修步骤，更新数据库数据，如图 2－18 所示。

4）部件安装及状态恢复。分动箱修复完成后，系统自动切换至部件安装及状态恢复环节，指导维修人员开展部件安装工作，其原理同部件拆卸一致，均为结合车辆孪生模型中的结构信息、连接信息等完成。完成安装后，车辆启动检测程序，保证安装的正确性和连接的可靠性，同时参照系统提示进行相关试验，相关数据同步至孪生系统中，进行检测。至此，装备维修规划方案及实际保障任务过程闭环。

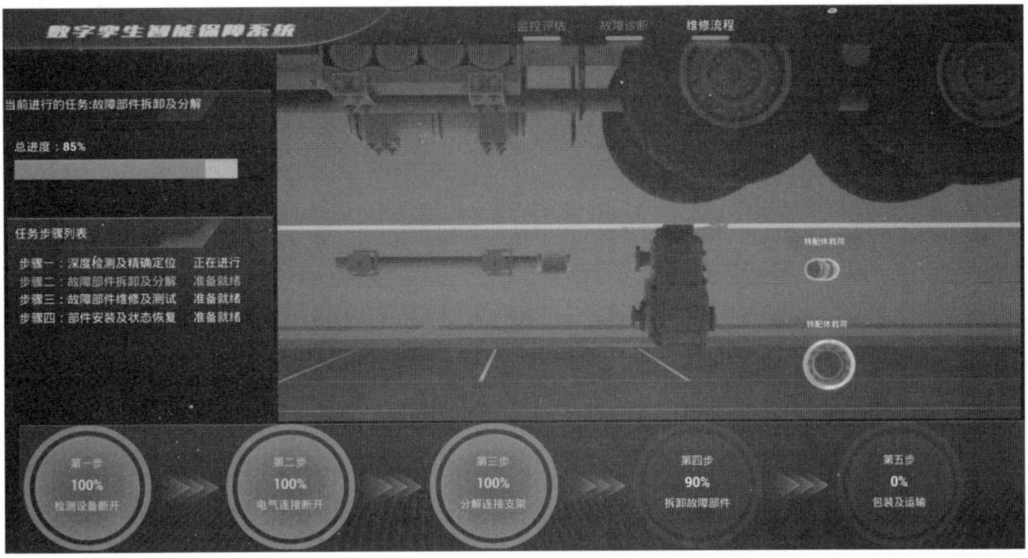

图 2－17　故障部件拆卸及分解场景

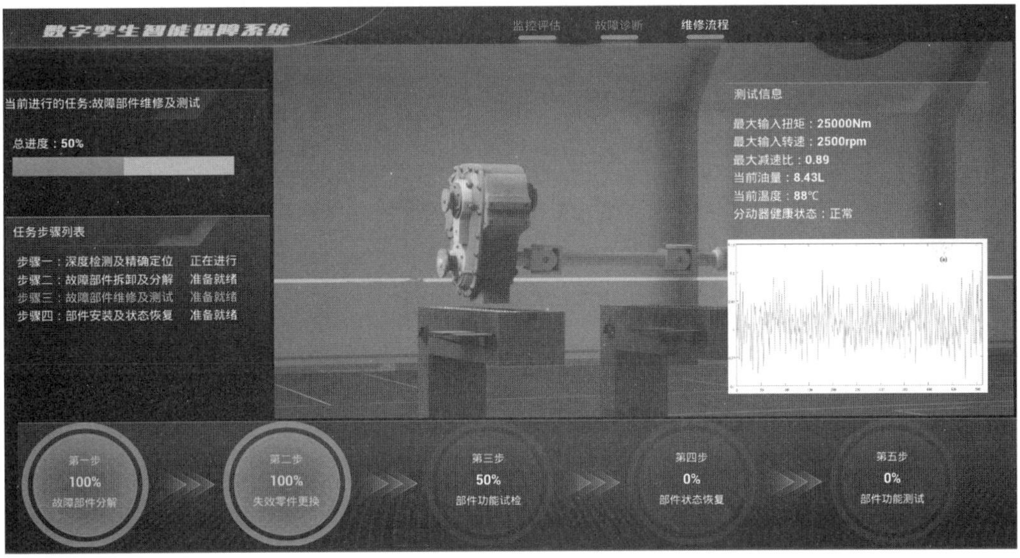

图 2－18　故障部件维修及测试场景

2.6　小结

结合武器装备作战应用与保障需求，构建装备作战应用与保障数字孪生技术体系总体架构。在时间维度上，贯穿装备设计、生产、试验及应用与保障等全寿命周期各阶段；在空间维度上，支撑装备特性设计、试验鉴定、智能训练、应用保障和规划推演等应用类服务开展。通过数字孪生环境五维模型及“物理实体—孪生数据—虚拟实体—孪生服务—虚实连接”的闭环回路，总结归纳了装备应用与保障数字孪生关键技术，涵盖数据采集与处理、数据传输与融合、模型构建与仿真、数据分析与决策、自动控制与交互等技术，可为数字孪生技术在装备领域的应用落地提供支撑。

目前，面向装备保障的数字孪生体构建和应用还处于起步阶段，仍然有许多问题需要进一步研究解决。如何构建整合装备全寿命周期的信息流，实现面向装备全寿命、全系统与全过程的孪生，并利用更加通用性的动态数据驱动建模与仿真方法，形成完备的数字孪生模型并服务于各类作战应用与保障任务及场景，为装备战斗力和保障力的数字化、网络化、智能化和服务化方面的提升提供强大支撑，是后续装备数字孪生技术的研究重点。

参考文献

[1] 董骁雄，陈云翔，孟祥飞，等．装备寿命周期备件供应网络优化方法［J］．国防科技大学学报，2018，40（4）：127－133．

[2] 雷宁，曹继平，王连锋，等．装备维修备件资源优化配置研究［J］．飞航导弹，2020（3）：84－87．

[3] BOUSDEKIS A，MAGOUTAS B，APOSTOLOU D，et al. Review，analysis and synthesis of prognostic－based decision support methods for condition based maintenance［J］. Journal of Intelligent Manufacturing，2018，29（6）：1303－1316．

[4] 牛伟，成娟，赵建平．数据驱动的航空装备协同分析与智能保障决策方法［J］．科学技术与工程，2021，21（24）：10531－10535．

[5] 徐刚，张磊，田磊．航空弹药技术保障模拟训练智能评估［J］．系统仿真学报，2020，32（6）：1103－1116．

[6] 王双川，贾希胜，李锋，等．基于仿真的合成部队装备维修保障资源需求确定和效能评估［J］．兵工学报，2020，41（8）：1646－1657．

[7] HU Q，BOYLAN J E，CHEN H，et al. OR in spare parts management：A review［J］. European Journal of Operational Research，2018，266（2）：395－414．

[8] 陶飞，刘蔚然，张萌，等．数字孪生五维模型及十大领域应用［J］．计算机集成制造系统，2019，25（1）：1－18．

[9] 陶飞，马昕，胡天亮，等．数字孪生标准体系［J］．计算机集成制造系统，2019，25（10）：2405－2418．

[10] 刘蔚然，陶飞，程江峰，等．数字孪生卫星：概念、关键技术及应用［J］．计算机集成制造系统，2020，26（3）：565－588．

[11] 刘娟，庄存波，刘检华，等．基于数字孪生的生产车间运行状态在线预测［J］．计算机集成制造系统，2021，27（2）：467－477．

[12] TAO F，ZHANG M，LIU Y S. Digital twin driven prognostics and health management for complex equipment［J］. CIRP Annals，2018，67（1）：169－172．

[13] LU Y，LIU C，WANG I K，et al. Digital twin－driven smart manufacturing：Connotation，reference model，applications and research issues［J］. Robotics and Computer Integrated Manufacturing，2020，61：1－14．

[14] 郭具涛，洪海波，钟珂珂，等．基于数字孪生的航天制造车间生产管控方法［J］．

中国机械工程，2020，31（7）：808－814.

［15］ 李浩，文笑雨，张新生，等．基于数字孪生的复杂产品设计制造一体化开发框架与关键技术［J］. 计算机集成制造系统，2019，25（6）：1320－1336.

［16］ TAO F，CHENG J，QI Q，et al. Digital twin－driven product design，manufacturing and service with big data ［J］. The International Journal of Advanced Manufacturing Technology，2018（94）：3563－3576.

［17］ 周军华，薛俊杰，李鹤宇，等．关于武器系统数字孪生的若干思考［J］. 系统仿真学报，2020，32（4）：539－552.

［18］ ZHANG M，SUI F Y，LIU A，et al. Digital twin driven smart product design framework［M］. Academic Press，2020：3－32.

［19］ DUAN J G，MA T Y，ZHANG Q L，et al. Design and application of digital twin system for the blade－rotor test rig［J］. Journal of Intelligent Manufacturing，2021.

［20］ SHAO G D，HELU M．Framework for a digital twin in manufacturing：Scope and requirements［J］. Manufacturing Letters，2020，24：105－107.

［21］ R ABOTT. U. S. Navy Performs Final SPY－6 AMDR Developmental Flight Test ［J］. Defense Daily，2019：7.

［22］ JENNINGS G. Lockheed Martin prepares for F－35 ramp－up ［J］. Jane's Defence Weekly，2015，52（25）：14.

［23］ GLAESSGEN E，STARGEL D．The Digital Twin Paradigm for Future NASA and U. S. Air Force Vehicles ［C］. Aiaa/asme/asce/ahs/asc Structures，Structural Dynamics & Materials Conference Aiaa/asme/ahs Adaptive Structures Conference Aiaa. 2012.

［24］ 李琳利，李浩，顾复，等．基于数字孪生的复杂机械产品多学科协同设计建模技术［J］. 计算机集成制造系统，2019，25（6）：1307－1319.

［25］ 刘瑜，谢强．数字孪生的技术特点及在飞行试验中的应用展望［J］. 系统仿真学报，2021，33（6）：1364－1373.

［26］ 王旭东，陈爨，宦国杨，等．面向作战指挥的数字孪生应用［J］. 指挥信息系统与技术，2021，12（6）：26－32.

［27］ 叶伦宽．基于数字孪生的旋转设备故障诊断技术研究［D］. 北京：中国石油大学（北京），2019.

［28］ 黄少华，郭宇，查珊珊，等．离散车间制造物联网及其关键技术研究与应用综述［J］. 计算机集成制造系统，2019，25（2）：284－302.

［29］ 方伟光，郭宇，黄少华，等．大数据驱动的离散制造车间生产过程智能管控方法研

究 [J]. 机械工程学报，2021，57 (20)：277 - 291.

[30] 闫杰，符文星，张凯，等．武器系统仿真技术发展综述 [J]. 系统仿真学报，2019，31 (9)：1775 - 1789.

[31] 潘星，张振宇，张艳梅，等．基于 Sobol 敏感性分析的装备体系保障效能评估 [J]. 系统工程与电子技术，2021，43 (2)：390 - 398.

[32] 陶伟琪，魏宇．战场资源统一管理和调度技术综述 [J]. 自动化与仪器仪表，2021 (7)：55 - 63.

第 3 章　装备数据工程技术

3.1　概念内涵

数据工程（Data Engineering）和数据科学、机器学习等同属于数据密集型应用系统的基础技术。在当前信息技术、智能技术快速发展与广泛应用的时期，大量信息与智能应用系统在各行各业中广泛使用，随之而来的是数据的爆炸式增长，以及带来的数据治理、数据共享、数据挖掘、数据应用等方面的难题。因此数据工程技术应运而生，相应的数据中台、知识图谱和数据挖掘等技术也得到了迅速发展。

数据工程最早在 20 世纪 90 年代由美国国防部提出，用于实现军事领域的数据共享与交互。目前，一般认为数据工程是以数据为研究对象、以数据活动为研究内容，以实现数据重用、共享与应用为目标的技术。从系统应用角度，数据工程是关于数据生产和使用的信息系统工程，数据的生产者将经过规范化处理的、语义清晰的数据提供给数据应用者使用。从数据生命周期角度，数据工程是关于数据定义、标准化、采集、处理、运用、共享与重用、存储和备份容灾的信息系统工程，强调对数据的全寿命周期管理。从技术发展角度，数据工程是设计和实现数据库系统及数据库应用系统的理论、方法和技术，是研究数据表示和数据应用的技术。

数据工程技术主要关注数据建模、数据标准化、数据存储、数据应用和数据安全等技术方向，详见表 3－1。

表 3－1　数据工程主要技术方向

技术方向	技术方向说明
数据建模	数据建模是在数字域对物理域（包括人、物、事等）的一种抽象化、数字化的表达与描述，将相关概念与表述转化为一种可被计算机系统识别与处理的数据或数据模型，进而初步建立了数字域与物理域的链接关系

续表

技术方向	技术方向说明
数据标准化	数据标准化主要建立对数据或数据模型的一种简单、标准的描述方法，将复杂的数据或数据模型通过分层、分类、语义释义等方式建立一种相对简单、标准的描述方法，使数据在各类信息系统中实现共享、解析、理解与互操作
数据存储	数据存储主要是在存储介质上对数据进行规范的、有效的、安全的、长期的存储与维护，这其中涉及数据的物理存储、数据备份、数据容灾等相关技术的应用，以及对数据质量的评价等
数据应用	数据应用主要是在数据的清洗处理、融合集成、挖掘分析等基础上为具体的业务活动提供数据服务（包括数据可视化、数据检索、数据决策等）。同时，从数据资产与领域知识角度，数据应用一般会拓展至数据知识化、数据资产构建等
数据安全	数据安全主要是对数据采取必要的加密、隔离、鉴权等安全防护措施，使数据始终处于合理、合法、保密、完整的状态，能够满足使用者在任意时间、任意计算机系统上对数据进行有效的访问与操作

因此，数据工程关注数据从产生到应用的全生命周期，目标是为信息系统等数据密集型应用系统的运行提供可靠的数据保障与服务，为信息系统之间的数据共享提供安全、高效的支撑环境，为互联、互通、互操作的广域互联提供数据支撑。

装备数据工程是数据工程技术在军事领域中的一个典型应用，参照数据工程的定义，可将装备数据工程技术定义为以装备全寿命周期作战行动与保障活动中产生或对作战应用与保障有重要价值的数据为对象，以相应数据的接入、处理、管理、应用等为研究内容，构建可重用、可共享、可应用的数据资产与数据底座，支撑装备作战行动与保障活动的技术。

装备数据工程需要围绕装备作战应用与保障活动及其流程展开，对全寿命周期每项活动的数据进行采集、处理、存储与应用，最终形成装备作战应用与保障的数据资产与数据底座，为数字孪生系统、作战系统、保障系统、指控系统等各类上层军事应用系统提供数据能力，如图 3－1 所示。

装备数据工程的内涵主要包含两方面：一是从数据本身形成覆盖装备作战应用与保障活动的数据资产（数据、信息、知识与智慧），为装备作战行动与保障活动提供数据应用的技术定位；二是从作战应用和保障角度形成支撑装备作战应用与保障的数据底座工程定位。

装备作战应用与保障涵盖了装备交付使用后，部署、贮存、使用、训练、维修等保障活动及侦察、筹划、指控、打击等作战活动在内的全寿命周期活动。从数据本身角度出发，装备全寿命周期中不仅仅会产生大量的装备使用数

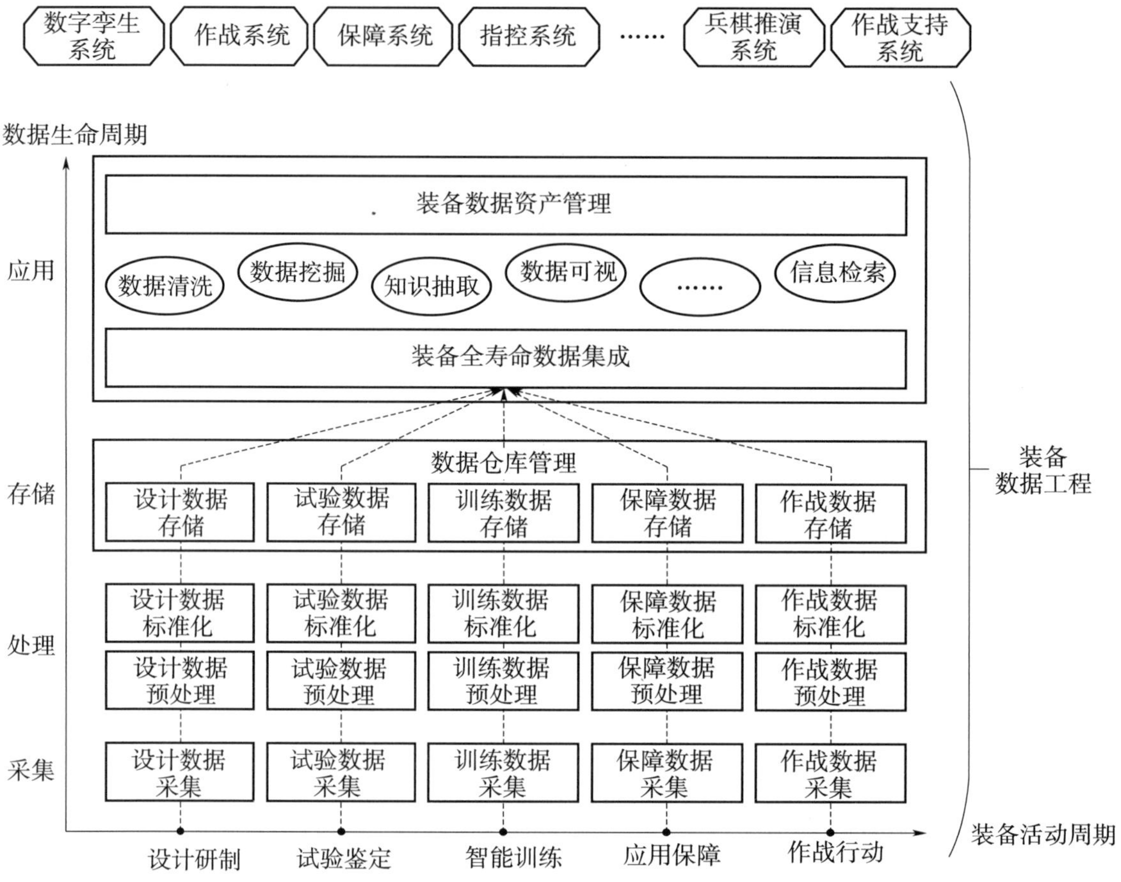

图 3-1　装备数据工程的内涵描述

据、活动数据等，这些数据直接反映了装备状态、活动状态等，同时更需要大量的作战知识、保障知识等直接用于决策指挥作战行动与保障活动。因此，装备数据工程更需要构建完备的数据（信息）体系与知识体系（网络），促进“数据—信息—知识—智慧”的转化，形成可供装备作战应用与保障所使用的数据资产。当前装备数据工程实施面临的主要问题为：

（1）海量数据管理难题

随着信息技术在军事领域的广泛应用，信息化、智能化装备及配套的各类设备层出不穷，装备应用与保障的数据量呈现爆炸式增长。同时，各类系统由传统的单一功能向具有复杂功能的巨系统转变，对数据的精度要求也逐渐提高。随着装备数据量越来越多，数据精度要求和价值密度要求也会越来越高，对数据管理和数据应用带来新的挑战。

（2）数据集成与共享难题

由于不同装备的作战应用与保障需求各不相同，相应的数据管理系统在物理上不互联互通、数据上标准不一致，直接导致许多关键信息封闭在单一系统中，难以做到数据集成与共享。如何有效解决“信息孤岛”问题，仍然是当前数据工程需要解决的主要难题之一。

（3）数据到知识转化难题

尽管装备数据总量在不断增加，但数据并没有充分发挥应有的价值。在一定程度上，数据仍然只是数据库中存储的“值”，而非转化为能够为装备所用的“知识”。这也是装备数据工程技术所需要特别关注的，即数据的资产化与知识化，只有数据成为知识，进而变成资产才能够最大限度发挥装备数据工程的效能，更好地支撑装备作战应用与保障。

从工程应用角度，装备数据是装备的重要组成部分，数据到知识的转化能力是支撑装备作战应用与保障的关键要素之一。以数据平台、数据中台为核心构建装备数据集成与共享环境、数据资产管理环境、数据知识管理环境等装备数据工程底座（或系统平台），向上可支撑作战支持系统、装备健康管理系统、智能推演系统等装备作战应用与保障系统。

3.2　装备数据特征分析

装备在全寿命周期中产生的数据对装备作战应用与保障具有重要作用，是推动装备作战应用与保障系统智能化发展的重要因素，也是有效检验装备作战效能、保障效能及体系作战效能的重要基础。面向装备作战应用与保障，装备数据具有特定的内涵、范畴与特性。从广义上讲，装备数据指对作战行动和保障活动等具有影响和制约作用，且可用人工方式或者用信息系统进行通信、翻译转换和加工处理的各种与装备活动相关数据。从狭义上讲，装备数据是用于满足装备作战使用、指挥控制、作战训练、维修保障和作战决策等各类军事行动顺利进行的各种数据。

装备数据按照活动阶段对装备数据进行分类，主要包括研制试验数据、装备训练数据、保障活动数据和作战行动数据等。

研制试验数据是装备设计、研制、试验和鉴定等过程中产生的一系列数据，主要体现了装备的设计性能、设计状态和生产状态等，可以进一步按照活动剖面分解为设计数据、试验数据、生产数据和鉴定数据等，数据项包括装备性能参数、设计物理模型、原理模型、生产记录和测试数据等。

装备训练数据是各级作战人员进行装备操作训练、作战训练、指挥训练和保障训练等过程中产生的一系列数据，主要反映作战人员的能力，可以进一步按照活动剖面分解为操作训练数据、作战训练数据、指挥训练数据和保障训练数据等，数据项包括训练计划、训练记录和训练考核评定等。

保障活动数据是装备交付后各类保障活动中产生的一系列数据，主要体现装备的贮存状态、使用性能和维修保障情况等，可以进一步按照活动剖面分解为装备管理数据、设备管理数据和维修维护数据等，数据项包括装备监测数据、装备测试数据、维修记录和故障记录等。

作战行动数据是执行作战任务过程中产生的一系列数据，主要体现了作战进程状态、装备作战能力等，可以进一步按照作战任务剖面分为侦察数据、指挥数据、行军数据和评估数据等，具体的数据项包括情报数据、目标数据、指挥决策、筹划决策和行军路径等。

围绕装备作战应用与保障需求，装备数据主要具备以下四个特征：

（1）复杂性

装备数据工程所涉及的数据范围广、数据类型多、信息维度高、数据质量问题突出，其中包含模型、文本、视频、图像等，随着时间、空间的变化，数据中蕴含的信息也不同，对这类数据的分析与处理难度要远远大于民用领域。

（2）动态性

装备数据受装备作战应用与保障场景影响，往往需要根据不同的作战应用与保障场景在陆、海、空、天、电和网等多维度上进行快速的数据移动与重组，以便适应多样、多变的作战应用与保障需求。

（3）时效性

装备数据具有明显的时间特性，一方面以装备监测数据等为代表的数据是一种时间序列数据，具有连续不断、数据量大、随时间变化等特点；另一方面数据需要实时快速处理与知识转化，快速支撑装备作战应用与保障等，以便适应战争时效性需求。

（4）关联性

装备数据的潜在价值高，一方面体现在数据及相关数据本身的知识挖掘与抽取；另一方面，数据与数据间存在网状的知识关系，体现了装备与装备之间、装备与活动之间、活动与活动之间的关联知识，具有一定的关联衍生特点。

3.3　装备数据资产构建方法

装备数据是实现领域数据资产（数据、信息、知识与智慧）构建的核心。将数据、信息、知识与智慧统称为装备作战应用与保障领域的数据资产，其中根据 DIKW（Data，Information，Knowledge and Wisdom）模型，数据、信息、知识与智慧具有层次递进关系，如图 3－2 所示。可以认为信息是数据放置在特定的语境或任务场景中得到的；知识是通过逻辑判断、关联分析等对信息进行处理后的结果，具有一定的判断与决策能力；智慧一般认为是大量知识的整合与组合，形成了一定的决策后行动能力，也可以认为是一种更高级的知识。虽然将装备作战应用与保障领域的相关数据、信息、知识与智慧共同纳入数据资产中，但为避免概念混淆，将知识与智慧统称为知识。

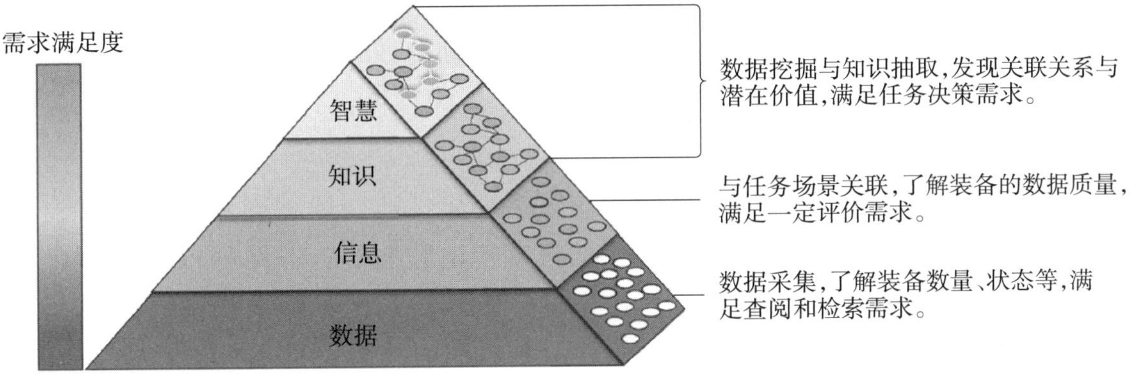

图 3－2　装备数据资产组成

装备数据资产构建的流程如图 3－3 所示，其中数据资产构建的关键是数据（信息）体系结构构建与装备知识网络结构构建。

针对图 3－3 中①和②，构建装备数据（信息）体系是对装备数据的全面梳理、定义、标准化与集成过程，需先按照“装备产品—活动项目—数据参数”三个维度构建装备数据（信息）体系结构，主要描述如下：

（1）装备产品维度

用于表征装备产品的构型数据，采用产品结构树的方式对装备按照系统、分系统、单机、部组件等进行层级划分，分别将不同的数据对应至各层级的产品中，建立产品与数据的对应关系，该层级对数据定义了装备的产品标签属性。

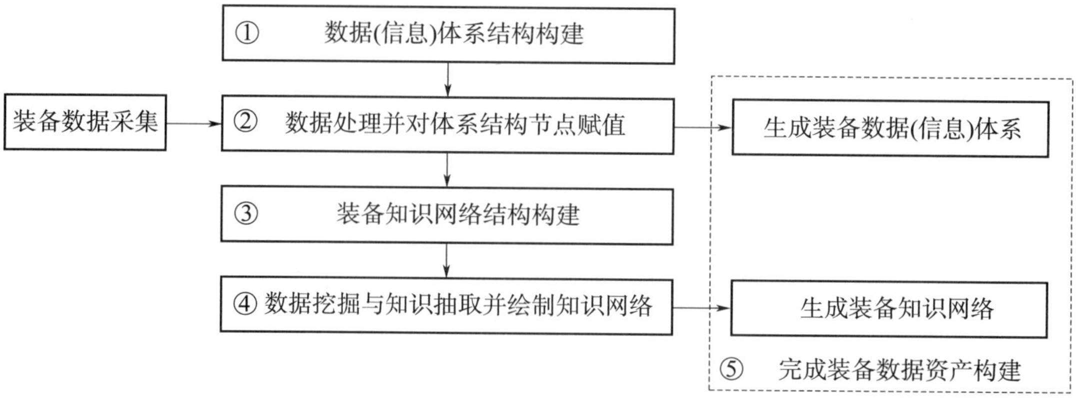

图 3-3　装备数据资产构建流程

（2）活动项目维度

用于表征数据来源情况，同时也表征数据采集的阶段，可根据工作项目的复杂程度进行精细划分（如分为过程、活动等多个级别），完成对武器装备设计、研制、生产、作战应用与保障等各复杂过程的数学描述，该层级对数据定义了装备的过程标签属性。

（3）数据参数维度

用于表征数据的种类、载体、格式等重要属性，一般结构化数据需要表示数据参数级别，如某设备振动数据、某频率特性数据等，非结构或半结构化数据需要表示到数据文件级别，该层级定义了数据或信息的本质物理属性。

以武器装备特种车辆为应用对象，其数据（信息）体系的构建需要应用数据建模、数据标准化、数据处理、数据集成等技术。对其数据（信息）体系结构节点进行赋值，得到典型的数据（信息）体系如图 3-4 所示。

针对图 3-3 中③和④，在数据（信息）体系的基础上，对其中的数据（信息）进行知识抽取，这是对数据进行关联挖掘、知识关联、数据服务等数据应用过程，首先按照“装备本身知识—活动项目知识—综合决策知识”三个层级进行知识抽取，并构建装备知识网络结构，主要描述如下：

（1）装备本身知识

关于装备、作战应用与保障系统及之间的关系的知识，以及表征装备性能、隶属关系等属性的知识。

（2）活动项目知识

作战与保障活动的目的、行动、效能、消耗等相关知识。

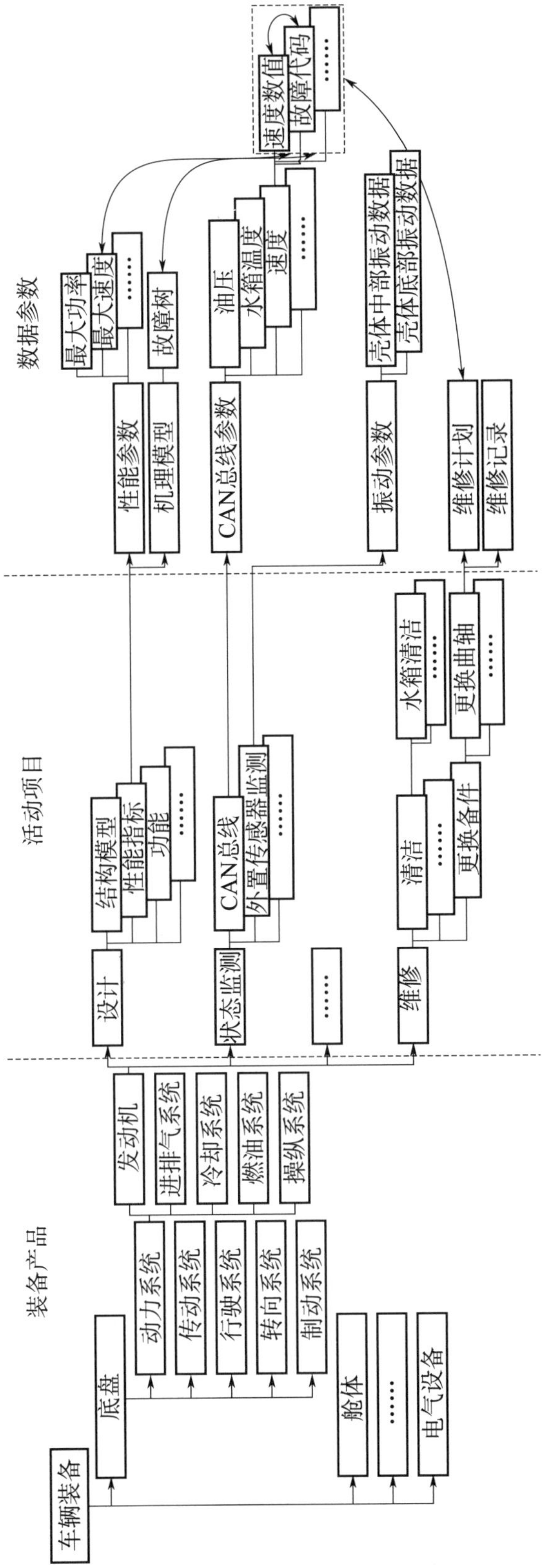

图 3－4　武器装备特种车辆数据（信息）体系示意图

(3) 综合决策知识

装备作战应用与保障决策相关的作战指挥决策、保障活动决策、作战支持决策及状态预测的知识，以及与上级任务活动密切相关的知识。

装备知识网络构建需要应用数据挖掘、机器学习、知识图谱等技术。在完成知识抽取后，通过知识关联完成装备知识网络的构建，以某武器装备为例，典型的知识网络示意图如图 3 - 5 所示。

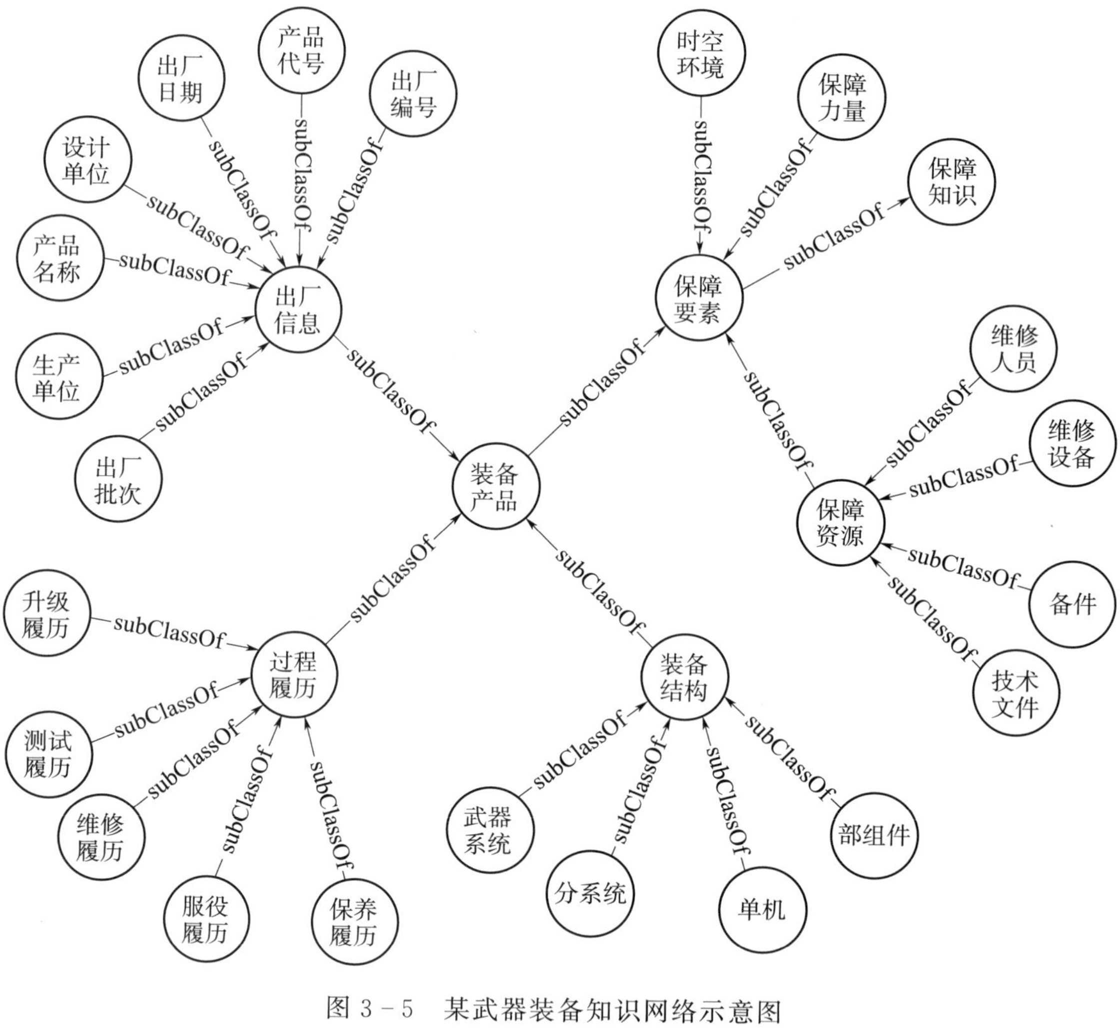

图 3 - 5 某武器装备知识网络示意图

通过将装备数据（信息）体系中的数据参数项与装备知识网络中三层知识项进行汇聚集成，形成面向装备作战应用与保障的数据资产。通过对数据资产进行管理、可视化与信息检索便可为作战指挥、保障决策等上层应用系统提供数据与知识，满足装备作战应用与保障活动的各项需求。

3.4　装备数据底座构建方法

装备数据底座是该领域数据的工程化体现，通过装备数据底座完成各类应用信息系统数据的接入与向各类作战与保障决策应用系统的数据服务输出，进而满足装备作战与保障活动的各项需求。

装备数据底座涉及大数据技术、云计算技术、数据中台技术等，典型架构如图 3－6 所示，架构层级说明见表 3－2。

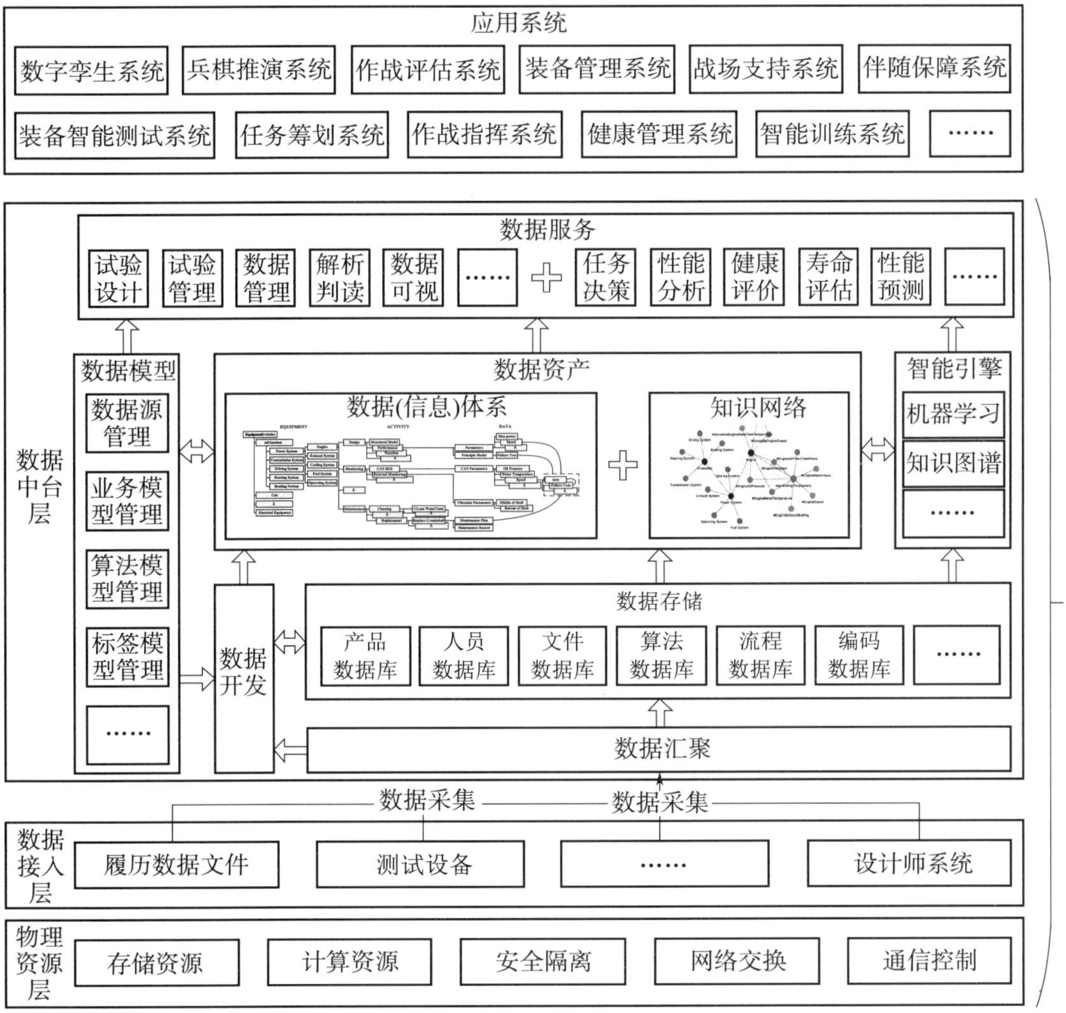

图 3－6　装备数据底座架构示意图

表 3-2 装备数据底座架构说明

架构层级	说明
物理资源层	物理资源层主要提供计算资源与网络资源，包括服务器、终端计算机、网络交换设备、存储阵列等
数据接入层	数据接入层主要通过连接测试设备、业务管理系统等各系统、设备或提供 API 接口等获取各类源数据，由数据中台层进行汇聚集成
数据中台层	数据中台层是数据底座的核心层，主要完成源数据到数据资产的转化与管理，包括数据汇聚、数据模型管理、数据开发、数据存储、智能引擎与数据资产管理、数据应用服务等功能。其中，数据资产管理是数据中台层的核心，数据应用服务以微服务形式独立运行，实现数据资产中数据知识的应用与对上层应用系统的支撑

装备数据底座的核心是数据中台层，主要包括数据汇聚、数据存储、数据开发、数据模型管理、智能引擎、数据资产和数据服务等模块。

（1）数据汇聚模块

数据汇聚模块主要通过 API 接口、网络接口等与外部系统（测试设备、业务管理系统、设计系统等）链接获取对应的装备数据，并进行分类管理与存储。数据集成方式一般有数据库同步、埋点、网络爬虫、消息队列等；从汇聚的时效性来分，有离线批量汇聚和实时采集，也有增量同步和全量同步。

（2）数据存储模块

数据存储模块一般采用数据仓库、数据库等技术，主要根据范式定义建立不同的装备数据库，可按照数据（信息）体系结构对数据库进行分级分类设计，并建立对应的数据库表。

（3）数据开发模块

数据开发模块对汇聚和存储的各类原始数据按照数据建模、数据标准化规定的范式要求（一般在系统或平台设计时进行定义）进行处理，使数据经过处理和语义解析变成具有价值的信息，是装备数据工程及其数据资产构建的关键功能。

通过对装备作战应用与保障活动分析可知，装备全寿命周期中存在并不断产生大量的结构化数据（如测试数据、状态监测参数等）、非结构化数据（如维修方案、指挥经验等）和半结构化数据（如以 XML 文件为代表的流程类、故障类数据）。可以看出，这些数据由于来源系统不同，导致其格式异构、规则范式不统一，以传统的数据库存储只会造成许多独立的数据项，这与构建数据资产的目标有较大差距；同时，这些数据是在不同的作战行动与保障活动下产生的，受时间、空间、环境的多种条件约束，其语义表达复杂、版本多变，形成具有价值的信息的难度较大。因此，需要对数据进行有效建模与标准化设计，依靠数据开发功能完成数据处理、语义解析、基线控制等，完成多源异构数据的融合、处理与存储。一般数据开发包括三种方式：一是实时开发，即针对流式数据的开发功能，如装备状态实时监测数据等的实时处理；二是离线开发，即依靠大数据技术对数据进行加工与分析，如对装备的状态数据进行分析处理形成对作战行动或保障活动有用的信息，实现赋能作战行动或保障活动；三是算法开发，即对数据处理（包括批处理、流式处理等）方法进行适应性开发与建模，并提供可视化的方式进行数据分析应用，以提高数据开发效率。

（4）数据模型管理模块

1）数据模型。数据模型是对装备数据的规范化表述，对装备数据进行规范定义与属性表达，能够在一定程度上描述装备数据的静态特征、动态行为和其他约束条件。在数据（信息）体系构建过程中，已经对数据的部分属性（产品属性、活动过程属性等）进行了约束与规定，在该过程中即应用到相应的数据模型（主要为概念模型）进行数据描述。

一般数据模型建立包括概念模型构建、逻辑模型构建和物理模型构建。其中，概念模型把现实世界中的客观对象抽象为某一种数据或信息结构，包括实体、属性、域、联系等要求；逻辑模型在概念模型基础上以一定的数据逻辑关系将客观对象及客观对象之间的联系描述出来，同时体现了数据与数据之间的隐含的约束关系；物理模型在逻辑模型基础上以数据库等技术方式进行数据库体系结构设计，并能够真实有效地将数据存入数据库。

2）业务模型。业务模型指面向业务分析，将业务过程或不同业务维度进行抽象的集合。在装备作战行动与保障活动中，业务过程需要根据需求拆分成许多独立不可再拆分的行为事件，如训练、测试和维修等。以装备维修为例，可以将维修作为一个业务模型进行描述，对应的数据模型主要包括维修结果（好或坏）、更换备件信息、维修后测试结果（正常或异常）等，也随之将数据模型按照业务模型进行了划分与对应，为实现“业务—数据”的闭环奠定基础。此外，为保证数据资产能够长期有效运行，需要根据需求更新对业务模型进行更新。

3）算法模型。算法模型指更加贴近装备作战行动与保障活动需求的模型，以装备健康管理为例，传统算法会作为基础数据存储在数据库中，而结合某一装备（或部组件）的故障诊断与健康评估算法将作为算法模型进行管理与使用，以实现装备的个性化健康管理与状态预测，提高装备数据的使用精度与效率。因此，在算法模型设计与迭代优化过程中需要借助智能引擎等反复推演算法模型使用的场景。常用的机器学习算法有决策树、神经网络、关联规则、聚类、支持向量机等。

4）标签模型。利用标签模型完成数据的标签化，这一过程是数据挖掘、知识抽取的关键，合理且不断更新的标签模型可以提高数据挖掘与知识抽取的效率与效果，对建立数据间关联关系，提升数据向知识的转化具有重要意义。一般标签模型按计算模式分为客观标签和主观标签，客观标签是可以量化的，而主观标签是不可以量化的。根据实现方式又可以将标签分为事实标签、模型标签、算法标签等，根据业务场景还可将标签分为基础信息标签、偏好标签、价值标签等。设计标签模型时非常关键的要素是标签模型一定要具有可扩展性，并随着数据资产的不断发展而不断更新与拓展。

（5）智能引擎模块

智能引擎模块主要是在大数据框架之上面向开发人员、数据分析人员及装备使用人员提供的智能交互工具，以友好的人机交互界面提供智能算法、算例与验证环境。

1）标签引擎。一般将标签引擎分为底层的标签计算引擎与上层的标签配置管理门户。标签计算引擎一般会采用 MapReduce、Spark、Flink 等大数据计算框架，而计算后的标签存储可采用 Elasticsearch 或者 HBase，这样存储的好处是便于快速检索。而标签配置管理门户则支持通过配置标签规则提交到标签计算引擎，就能定时算出所需要的标签。标签配置和管理门户还提供标准的标签服务申请与调用。

2）统一数据服务。统一数据服务主要用于搭建统一的数据服务门户，支持通过界面配置的方式构建 API 和数据服务接口，满足不同数据使用场景下的数据开发难度，提高数据应用效益。统一数据服务作为唯一的数据服务出口，实现了数据的统一化管理，在有效降低数据开放门槛的同时，保障了数据开放的安全。

3）机器学习引擎。通过机器学习引擎，提供数据准备、数据清洗、数据标注、特征提取、超参数的选择与优化、训练任务的监控、模型的发布与集成、日志的回收等操作功能。机器学习引擎支持训练数据的高质量采集与高效标注，内置预训练模型、封装机器学习算法，确保机器学习等人工智能方法在装备作战应用与保障中完美落地。

4）知识图谱引擎。通过知识图谱引擎对数据（信息）体系各阶段数据进行本体知识与关系知识的抽取与挖掘，并建立一种可视化的网络知识结构。知识图谱引擎是在运用机器学习、大数据等技术方法基础上的一种更加深入的数据分析、知识挖掘、知识推理、决策推荐的工具。

（6）数据资产模块

装备数据资产包括了装备全寿命周期的数据、信息、知识与智慧，数据经过开发、存储、建模以及智能引擎的处理、分析与挖掘，建立了数据（信息）体系与知识网络，用数据和知识关系构建了装备数据工程的核心数据资产。通过数据资产模块将各数据、知识分发传递至各数据服务模块，实现数据、知识围绕装备作战与保障活动的应用能力。同时，数据资产需要对装备数据工程的所有数据源、各种模型、通过模型拆解出来的指标与标签等进行管理，确保数据开发模块、数据模型模块、智能引擎模块的联动运行。

（7）数据服务模块

数据服务模块是在数据资产的基础上开发的微服务功能模块，包括基础服务和智能服务两类，其中基础服务包括试验设计、试验管理、数据管理、解析判读和数据可视化等，智能服务包括任务决策、性能分析、健康评价、寿命评估和性能预测等。以兵棋推演系统、作战支持系统等为代表的上层应用系统可直接依靠数据服务模块功能进行应用系统的功能设计与开发，或通过数据服务模块的 API 接口实现数据服务功能的调用，进而满足装备作战应用与保障的各项需求。

3.5　数据应用技术

3.5.1　装备数据工程技术应用流程

根据装备数据工程的内涵，装备数据工程的完整建设与应用过程包含装备全周期数据的处理清洗等数据活动、数据资产构建、数据底座构建等环节，及为装备作战应用与保障活动提供的数据支撑，相应的技术应用流程如图 3 - 7 所示。

装备数据工程技术应用流程中关键技术包括数据采集与存储管理、数据清洗、数据融合集成、装备数据挖掘、装备知识图谱等，详见表 3 - 3。

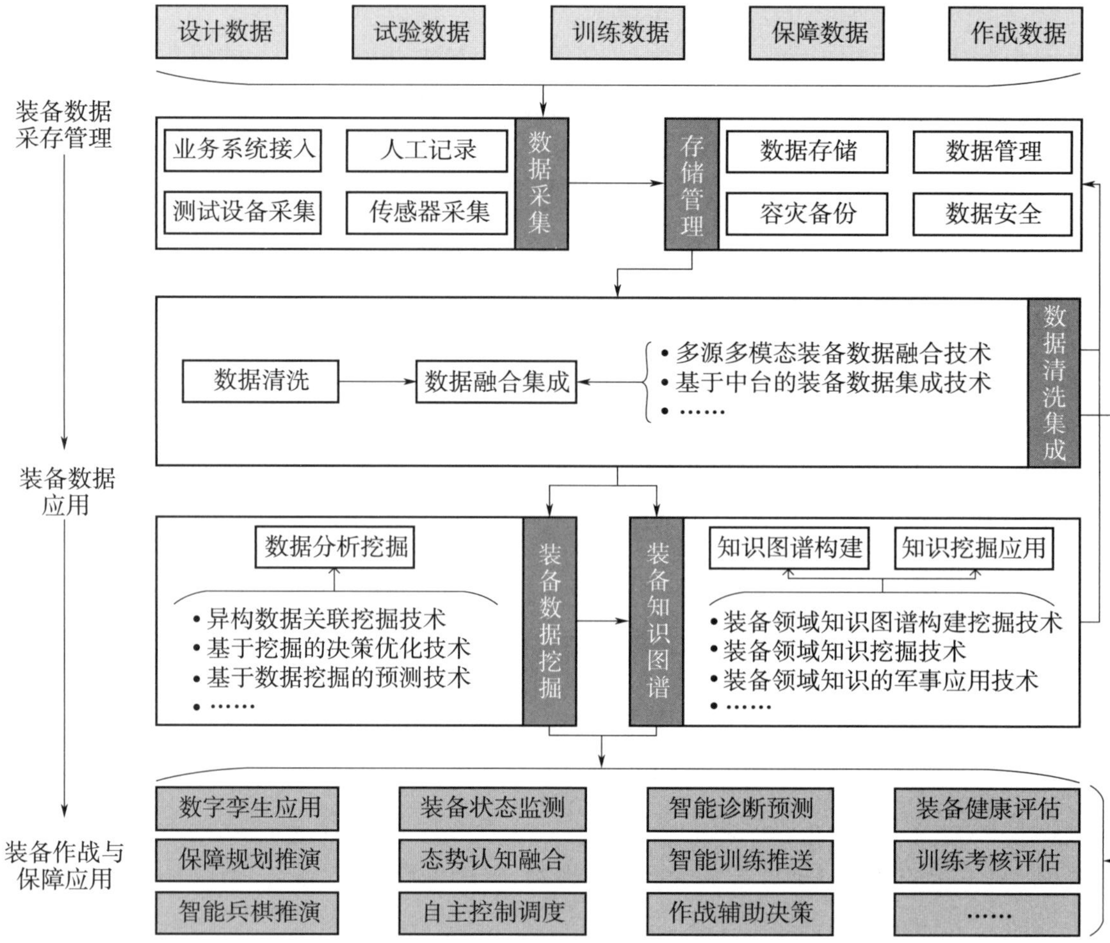

图 3-7　装备数据工程技术应用流程

表 3-3　装备数据应用技术

数据应用技术	技术说明
数据清洗技术	装备数据清洗主要是通过相关技术方法来识别并剔除装备数据中的离群数据、噪声数据、错误数据等，提升装备数据的一致性与稳定性。在装备数据工程中，可采用成熟的数据清洗技术，为数据融合集成提供基础条件
数据融合集成技术	将驻留在不同数据源中的数据进行整合，向用户提供统一的数据视图，确保用户以更加透明的方式访问数据、共享数据。在装备数据工程中，一般需要从多源、多模态、多视图的角度对装备数据集成进行研究 完成装备数据融合集成后，主要用于数据挖掘与知识发现，及装备数字孪生构建、态势融合、智能推演等

续表

数据应用技术		技术说明
数据挖掘技术		以趋势和行为自动预测、关联、聚类、概念描述和偏差检测等为目标，从不同的角度对数据进行挖掘分析。在装备数据工程中，主要依托成熟的数据挖掘方法，结合装备数据的特点与应用需求，形成围绕装备性能、作战行动与保障活动的分析、预测、决策能力。完成数据挖掘后，主要用于知识发现、知识图谱构建与应用，及装备诊断预测、性能评估、调度控制、辅助决策等
知识图谱技术	知识图谱构建技术	通过构建知识实体、实体属性及其实体关系，实现对数据精炼、知识积累与数据深度应用的能力。按照装备领域构建领域知识图谱，建立该领域不同实体的本体模型、知识模型及知识链接，为实现知识推动、规划推演等提供知识基础。完成知识图谱构建后，主要用于知识挖掘推送，及装备保障规划、辅助决策、智能推演等
	知识挖掘应用技术	通过语义认知、情景认知等方法，针对不同业务需求和应用场景，针对性地挖掘数据中的知识价值，并推送相适应的知识结果，是实现军事领域的知识推送与任务推演、数据向知识转化，并进一步赋予应用的关键。完成知识挖掘推送后，主要用于装备保障规划、智能推演、辅助决策、训练推送等

3.5.2　数据清洗技术

数据清洗是确保数据质量、提高数据可用度的首要环节。在装备作战应用与保障过程中，计算机系统、网络系统在运行过程中由于系统自身或者人为因素等导致异常数据、缺陷数据的产生，会对数据的应用精度产生严重影响。为此，采用一定数据清洗与处理技术，对数据进行识别与处理，以便剔除装备数据中的离群数据、噪声数据、错误数据等，提升装备数据的一致性与稳定性，流程如图 3－8 所示。

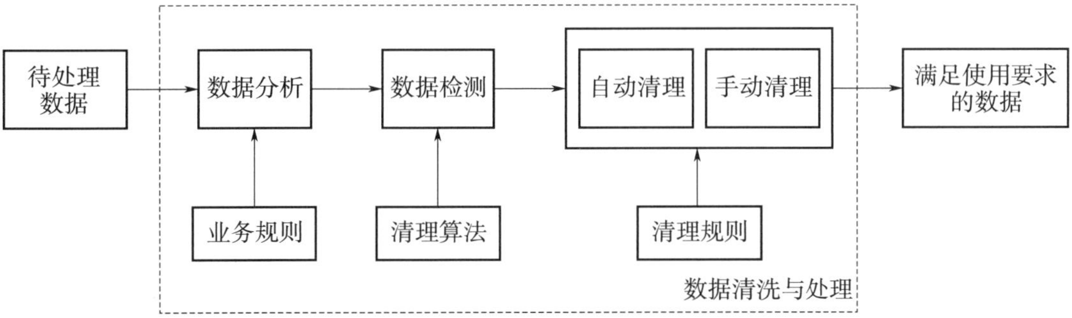

图 3－8　数据清洗与处理流程

3.5.3　数据融合与集成技术

3.5.3.1　多源多模态装备数据融合技术

将对同一数据信息的获取可以有不同形式或者不同来源的视角称为模态。从装备数据特征角度看，装备数据的复杂性和动态性让数据呈现多源多模态的样式，一是不同的数据源和数据采集方式形成的海量数据遍布数字、图像、文本、视频等数据文件；二是装备数据涵盖陆、海、空、天、电和网等多维数据，同一数据的表达形式复杂多样。多源多模态数据的融合集成是对装备数据进行集中表达的关键，也是挖掘数据本体间及其与业务活动间关联关系的基础。装备数据融合主要表现在通过多源多模态数据的融合，能够从多个视角对数据进行表达，对某一装备或某一业务活动的数字化描述会更加详细与具体，同时多源多模态数据之间也形成了数据互补与优化修正的关系，能够有效促进数据挖掘与知识发现，以更好地支撑装备作战应用与保障。

多源异构数据、多模态数据的融合与集成需要从系统角度，针对数据在不同阶段、不同流程呈现多种模态（关系、图、键值、时序、非结构化）的特点，采用不同的数据融合与集成方法，构建装备全寿命的数据体系与数据资产，为数据挖掘、知识发现等提供数据基础。一般可采用数据融合架构包括集中融合架构、分布融合架构、混合融合架构和分层式融合架构对多源多模态数据进行融合与集成。其中，混合融合是对集中融合和分布融合的组合与优化，各模态数据进行特征提取的同时完成模态内部的决策（分类或回归），进而完成特种融合与决策融合；分层式融合架构则将融合划分为数据级融合、特征级融合和决策级融合，通过分层融合的形式既可以实现对多源多模态数据的规约处理，也可以实现多系统间的数据共享与融合集成。

从装备数据工程的应用场景与需求出发，多源多模态数据在融合过程中需要实现装备数据的标准化与规约处理，同时要通过数据融合达到多业务系统的数据共享与资源协同，最后实现数据对业务活动的精准描述和对决策知识的精确表达抽取。因此，一般采用分层式融合架构，图 3－9 给出了一种典型的基于本体建模的分层式数据融合技术途径。

（1）数据级融合

数据级融合主要完成来自各装备系统、指控系统和保障系统等原始数据的融合分析，并且在数据融合过程中对静态数据（如装备属性、装备构型等）和

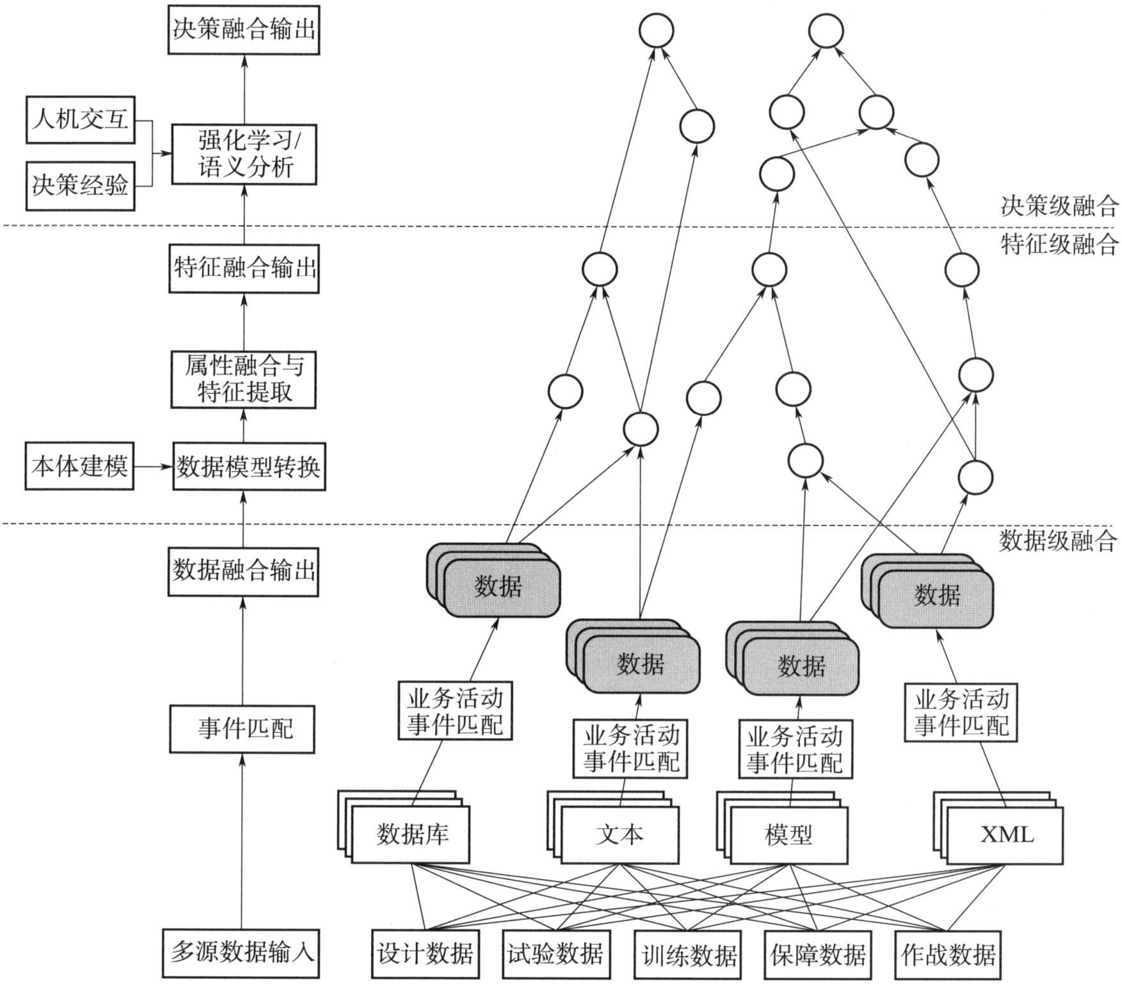

图 3－9　多源多模态装备数据融合架构

动态数据（如具有时间序列特征的装备监测数据、测试数据、任务进程数据等）进行分类，并以业务活动事件（如装备管理、装备测试、维修任务等）为中间件进行事件匹配，以便在特征级融合时能够对装备、任务等进行准确描述。

（2）特征级融合

在数据融合过程中，特征级融合是对数据级融合和决策级融合的有效补充，最大限度地降低大量数据融合分析的成本，最大限度地发现并有效利用数据中的特征细节，并且所得到的特征细节可以直接供决策使用或为决策级数据融合提供必要的输入。

借鉴当前的研究成果，针对装备数据工程领域的特点与知识应用需求，将本体的概念引入特征级融合过程中，通过对装备、任务、活动等进行本体描述，并应用机器学习等方法完成基于本体建模的数据特征提取。因此，在装备数据的特征级融合时，也通过本体建模与本体间关系获得装备作战应用与保障要素间的协同关系，融合和特征提取的结果往往反映了本体特征和本体协同关系。

（3）决策级融合

决策级融合是在特征级融合的基础上，通过对特征细节的综合与分析得出面向某装备作战应用与保障的决策数据。通过分层融合架构得到的决策级融合结果要比单一数据源的决策更加精确和有效，对进一步的数据挖掘和更深层次的知识发现具有重要意义。

在装备数据融合过程中，决策级数据融合需要引入装备作战行动与保障活动的任务特征，对不同装备、作战要素、保障要素及行动任务的本体特征进行融合，采用基于规则的推理、基于强化学习的决策、基于语义分析的决策等方法形成数据决策融合结果。

3.5.3.2 基于中台的装备数据集成技术

多源多模态数据融合通过对装备数据在作战行动与保障活动的各要素、活动空间进行融合，最终形成对装备、任务等要素的本体描述与动态表达，是实现数据体系构建与数据资产构建的关键。在这一基础上，需要进一步对装备数据进行集成，对具有重要价值的装备数据资产进行集成与管理，形成统一的数据视图。主要的数据集成方法包括虚拟视图方法、数据复制方法、混合集成方法等，其中数据中台层即采用多种集成方法实现装备数据集成。

从本质上讲，数据中台是一种理念和机制，往往超越了技术本身，还涉及业务模式设计、组织架构设计等内容。目前，数据中台尚没有统一且规范的定义，比较有代表性的有以下三种：

1）数据中台是一套可持续“让企业数据用起来”的机制，是一种战略选择和组织形式，是依据企业特有的业务模式和组织架构，通过有形的产品和实施方法论支撑，构建一套持续不断把数据变成资产并服务于业务的机制。

2）数据中台是一个用技术连接大数据计算存储能力，用业务连接数据应用场景能力的平台。

3）数据中台将一个组织的数据作为战略资产进行管理，是从数据收集到处理应用的一整套机制，并通过提高数据质量，完成最大化的数据交互共享、数据价值发现与数据服务应用。

因此，数据中台是将数据转化为组织或机构发展的战略资源的一种理念或手段，通过为业务提供智能化服务，最终形成的是数据与业务的闭环关系，即“业务数据化—数据资产化—资产服务化—服务业务化”。基于中台的装备数据集成则利用中台对数据与业务的闭环关系，打通各业务系统间数据壁垒，构建数据集成与业务服务环境，架构如图 3 - 10 所示。

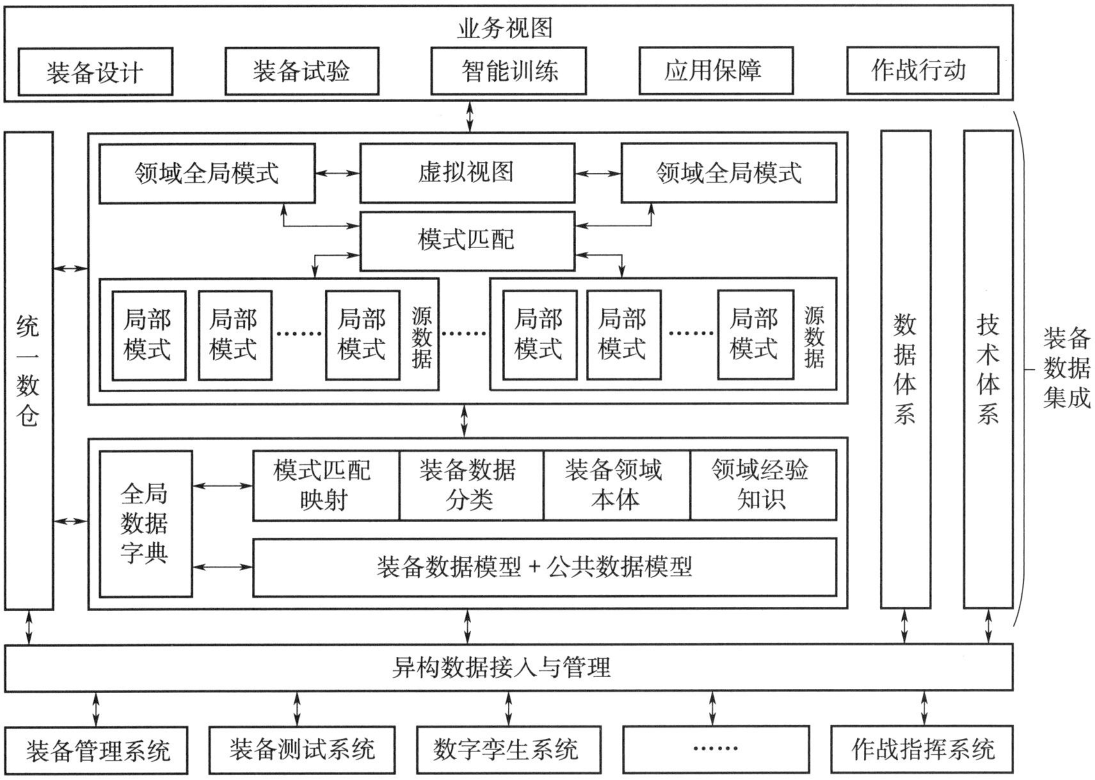

图 3 - 10　基于中台的装备数据集成架构

针对装备数据工程中业务系统多、数据访问更新频繁、多系统间数据映射关系复杂等特点，将虚拟视图、模式匹配、视图映射等方法应用在中台架构中。通过构建统一的全局数据模型，访问由中台采集引接的各业务系统数据、数据库数据等，并以模式匹配和视图映射的方式，对多数据源进行模式抽取、元素识别、模式匹配、模式映射等，实现多源异构数据在统一视图下的集成。同时，所有数据按照集成的视图关系由数据中台进行集中存储，构建形成装备数据集成，便于数据融合、数据挖掘及业务服务生成。

3.5.4 数据挖掘技术

传统数据挖掘方法主要包括分类、聚类、关联规则分析等，而随着数据量的增多，大量结构化数据、非结构化数据共存，需要通过文本挖掘、自然语言处理等技术手段增强数据挖掘的能力。装备数据具有数据量大、价值密度低、数据源异构性强等特点，同时具有明显的时序性和时间连贯性，而数据挖掘所发现的知识等则是形成作战行动与保障活动决策的关键输入。

为了更好地推动装备数据应用，需要更加关注装备领域的知识与传统数据挖掘方法的融合应用，通过数据挖掘中的关联规则方法获取数据中潜在的、可理解的和有价值的数据信息，获取装备数据间、装备数据与指标体系间、装备数据与任务活动间的关联关系，将装备全寿命周期中的丰富数据转化为知识，为装备作战应用与保障提供新的解决思路。

随着数据挖掘和关联规则技术发展，基于智能优化算法的关联规则挖掘方法不断提出与应用，在不同领域取得了较好的应用效果。装备数据关联规则挖掘流程如图 3-11 所示，主要包括数据预处理、关联规则挖掘与模式匹配、关联规则解释与分析 3 个过程。

围绕装备作战应用与保障，主要有以下 3 种典型的基于装备数据关联规则的数据应用技术：

（1）基于关联规则的装备性能评价技术

通过建立装备性能评价的指标体系，对装备使用数据、装备监测数据、装备诊断数据、装备维修记录等进行分析，挖掘得到装备数据与评价指标的强关联关系，提高效能评价结果的置信度，同时结合强化学习等数据挖掘方法可进一步对装备性能的发展趋势进行预测。

（2）基于关联规则的保障方案优化与决策技术

针对不同作战任务需求下的保障资源配置方案、应急维修保障决策等，一方面可以通过构建保障活动各相关要素（包括活动本身、装备本身、组织机构、人员能力等）的本体模型，建立背景知识库，并对背景知识库与装备保障数据进行关联挖掘，提升保障决策能力；另一方面将装备数据属性转换成模糊语言值属性，形成模糊隶属度数据集，采用模糊关联规则挖掘算法寻找频繁项集并得出强模糊关联规则，剔除无效关联规则，提升优化效率。

（3）基于时序数据挖掘的保障能力评价技术

通过建立保障能力评价指标体系，挖掘装备使用数据、战场态势数据、红

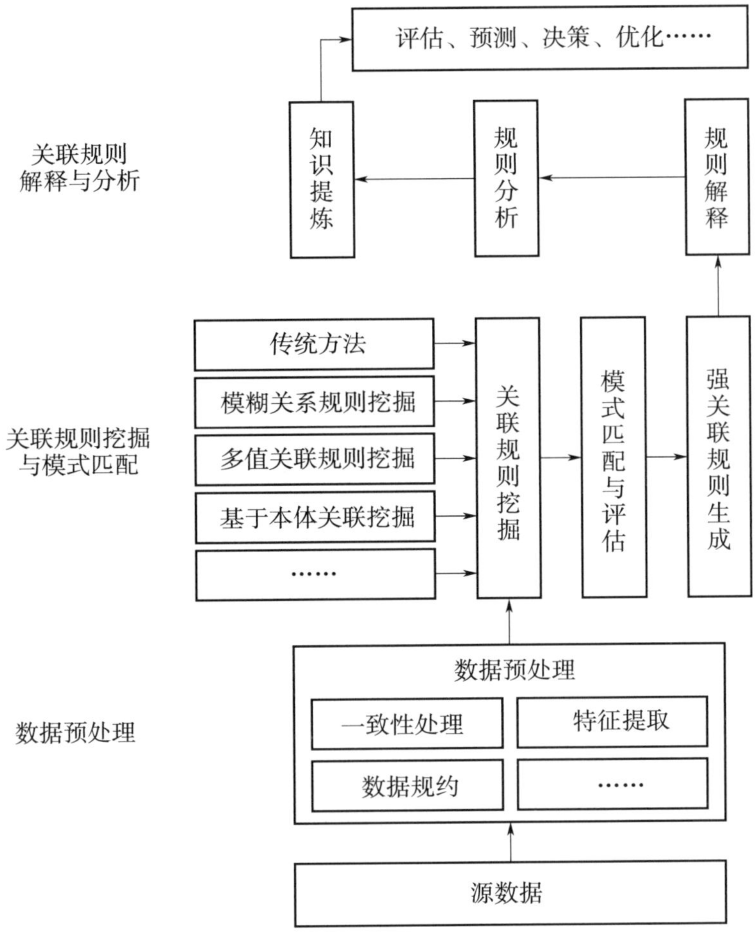

图 3-11　装备数据关联规则挖掘流程

蓝兵力数据等多条时序数据间及其与指标体系的关联关系，进而通过相应的模型算法对任务能力、装备性能等进行预测。

3.5.5　装备领域知识图谱技术

3.5.5.1　装备领域知识图谱构建技术

知识图谱是知识及其关联关系的谱系化展示，主体要素包括知识实体、实体属性和实体关系。通过知识图谱的应用可以实现数据精炼、知识积累和数据深度应用。知识图谱具有 3 个特点：一是知识图谱中数据及知识的存储结构为有向图结构，有向图结构允许知识图谱有效地存储数据和知识之间的关联关系；二是知识图谱具备高效的数据和知识检索能力，可以通过图匹配算法，实现高效的数据和知识访问；三是知识图谱具备智能化的数据和知识推理能力，可以智能地从已有的知识中发现和推理多角度的隐含知识。

领域知识图谱是当前知识图谱技术实践中的关键，需要结合军事装备领域的知识或经验来构建装备领域知识图谱。以故障诊断与健康管理为典型的装备领域应用场景，以故障模式和故障知识等为领域背景知识，给出装备领域知识图谱构建方法，如图 3-12 所示。

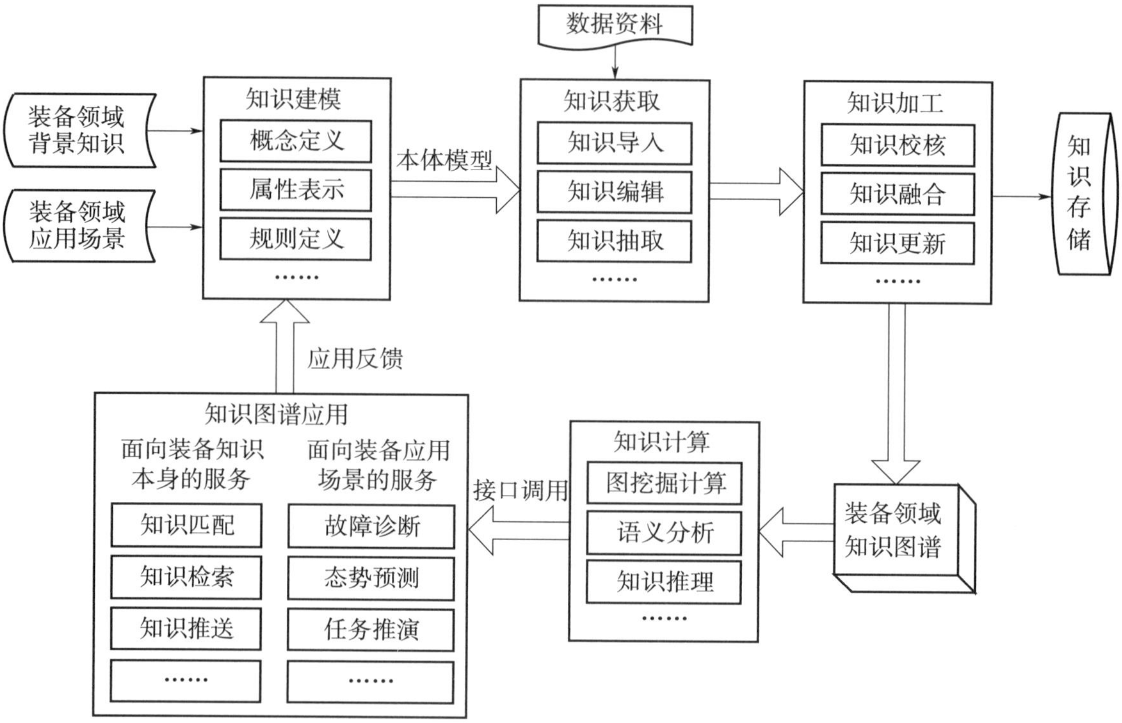

图 3-12　装备领域知识图谱构建方法

（1）装备领域知识建模

知识建模需要考虑知识本身的特点和应用场景，结合装备领域的数据与知识特点，对装备领域的数据类型、知识构成、活动场景、语义描述、经验表达等进行总结分析，明确装备应用场景中需要借助哪些知识解决哪些问题，并通过概念定义、属性表示、规则定义等方法给出知识表示模型，进而得到装备领域的知识本体模型。因此，对装备领域知识建模需要重点关注并解决两个问题：一是通用知识或其他领域知识无法表达或无法正确表达的语义表述，这时往往需要增加额外的语义描述（如标准军语、语言习惯或时空维度描述等），以便更好、准确地进行知识建模；二是装备领域知识建模通常所需知识表达需要不同的表示颗粒度，针对故障诊断、故障机理发现等特定场景需要较细的颗粒度，以便知识表达能力更强，针对大场景下的作战与保障活动则不需要较细的知识颗粒度，避免由于知识获取代价过大导致知识应用的难度增加、效益降低。

（2）装备领域知识获取

装备领域知识一方面要具有突出的装备领域特色，另一方面要能够有效支撑装备作战运用。一般装备领域知识获取方法包括基于装备数据的知识获取、基于知识图谱的知识扩充，如图 3－13 所示。

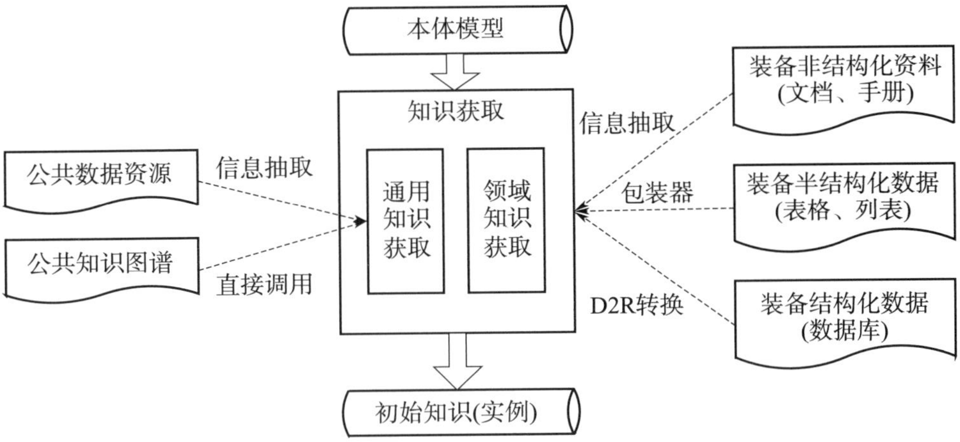

图 3－13　装备领域知识获取方法

知识获取主要立足在由装备领域各数据库建立的装备数据资产，通过数据挖掘等方式获取装备知识。具体方式可包括：从装备资料中获取，包括装备的使用手册、装备设计报告、装备使用资料、作战条例、操作规程等；从已经建立并应用的各类信息系统中抽取知识；从装备作战应用与保障活动中整理、挖掘知识；对已有知识和数据进一步挖掘提取隐性知识，包括活动规则、使用经验、作战决策等。在知识获取模型与算法上，对装备构型数据、测试数据等结构化数据可采用 D2R 映射技术进行知识抽取，对 Word 文档、视频等半结构化数据和非结构化数据可采用基于文本抽取方法进行知识的识别和抽取。

（3）装备领域知识加工

在装备领域知识获取的基础上，知识加工主要完成装备领域的知识校核、知识融合、知识补充与知识更新等。其中，知识融合是知识加工的关键，知识融合则使用不同的方法将数据挖掘得到的分散知识进行整合，构建形成“主体—关系—客体”的三元组。主要方法包括实体对齐、实体合并、冲突检测与消解。

实体对齐是对实体识别和抽取到的实体进行自动融合和人工手动整合，同时对多源异构数据中学习到的实体中描述的同一目标进行合并，内置实体自动合并的算法，同时支持实体手动合并；另外，在合并过程中支持冲突发生点（概念和实体的冲突、上下位关系的冲突、属性值的冲突）的自动探测，支持基于数据源可靠性的自动冲突解决方法，支持基于支持因素数目的自动冲突解决方法以及人工冲突解决的方法。

实体合并是对从不同数据源中抽取的实体进行合并，内置实体合并的基础算法，包括数据库中的实体合并、百科间的实体合并以及不同数据源之间的实体合并。

冲突检测与消解针对可能的冲突点使用相应的策略检测是否发生冲突，依据默认的冲突解决算法（如知识支持数、来源可信度等）进行冲突解决，依据用户的反馈进行算法的调整，研究实现冲突检测算法，发现知识抽取过程中的冲突，并提供基础的冲突解决算法。

（4）装备领域知识计算

为提高装备领域知识图谱的实际应用价值，需要不断发现本体间的关联关系，尤其是需要通过知识计算、知识推理等方法获得其中的隐性关联关系。装备领域知识计算主要对加工形成的领域知识进行挖掘，包括图挖掘计算、语义分析、知识推理等方法，典型的方法包括基于情景知识和文本数据的知识推理方法、基于先验知识和数据模型的知识推理等。在进行知识计算与知识推理时，一般需先将知识情景分解为多个本体类，确保不同情景和文本描述的知识有一致的知识表达结构，其次，采用特征提取的方式获取深层次的数据特征或知识特征，通过增量知识和规则的快速加载，获得更多的关联知识，进而完成知识计算与推理、发现与扩充。

（5）装备领域知识图谱应用

装备领域知识应用需要充分考虑应用场景和技术成熟度的匹配性，因此领域知识应用需明确应用场景与知识的应用方式，即明确要解决的问题。在装备知识图谱应用实际建设中一般提供两种应用场景，一是面向装备知识本身的知识发现、知识展示等基础性服务，目的是通过装备领域知识图谱协助使用者快速了解并掌握相关的知识，以拓展其知识认知的深度与广度；二是面向装备应用场景的知识推送、知识问答、知识关联、知识匹配等服务，例如在典型的维修保障场景中，通过装备领域知识图谱可以推送与当前故障现象相近或有匹配关系的故障案例及其排故措施，同时可以根据当前故障现象给出相匹配的维修人员的组成、数量、专业、岗位等信息，协助完成故障维修与维修后检测。

3.5.5.2　装备领域知识挖掘与应用技术

装备领域知识图谱是装备领域知识及其内在联系的图形化表示，在装备领域的应用主要包括基于领域知识的检索推送服务（包括知识匹配、知识推送、知识检索等）、面向场景和需求的知识挖掘服务（包括知识发现、故障诊断、行动决策、态势认知、趋势预测等），如图 3－14 所示。

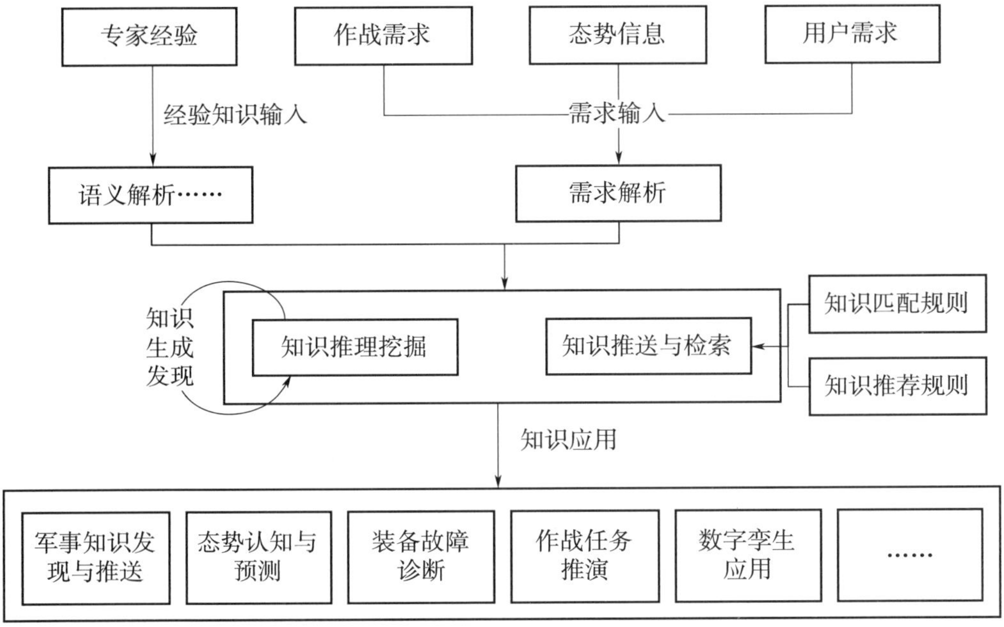

图 3－14　装备领域知识挖掘与应用架构

（1）军事知识发现与推送技术

传统军事知识往往需要作战参谋、军事专家对过往经验进行总结或对典型军事行动进行案例分析得出，基于知识图谱的知识发现在专家经验、大量装备数据与军事数据的基础上进行分析、挖掘与关联，能够实现面向不同作战需求和态势演变的知识发现与推送，如图 3－15 所示。

由于知识图谱本身具有知识结构与知识表达的统一性，更易通过数据关联挖掘、图神经网络等方法便捷地根据知识间的关系完成潜在知识的推理与发现，并依据情景识别、语义解析、规则判断等方式对推理和发现的新知识进行合理性分析与评价。

在知识推送方面，主要通过语义解析、图像识别等对作战需求、作战意图、态势信息等进行处理，将其转化为装备领域知识图谱的三元组（或其中一

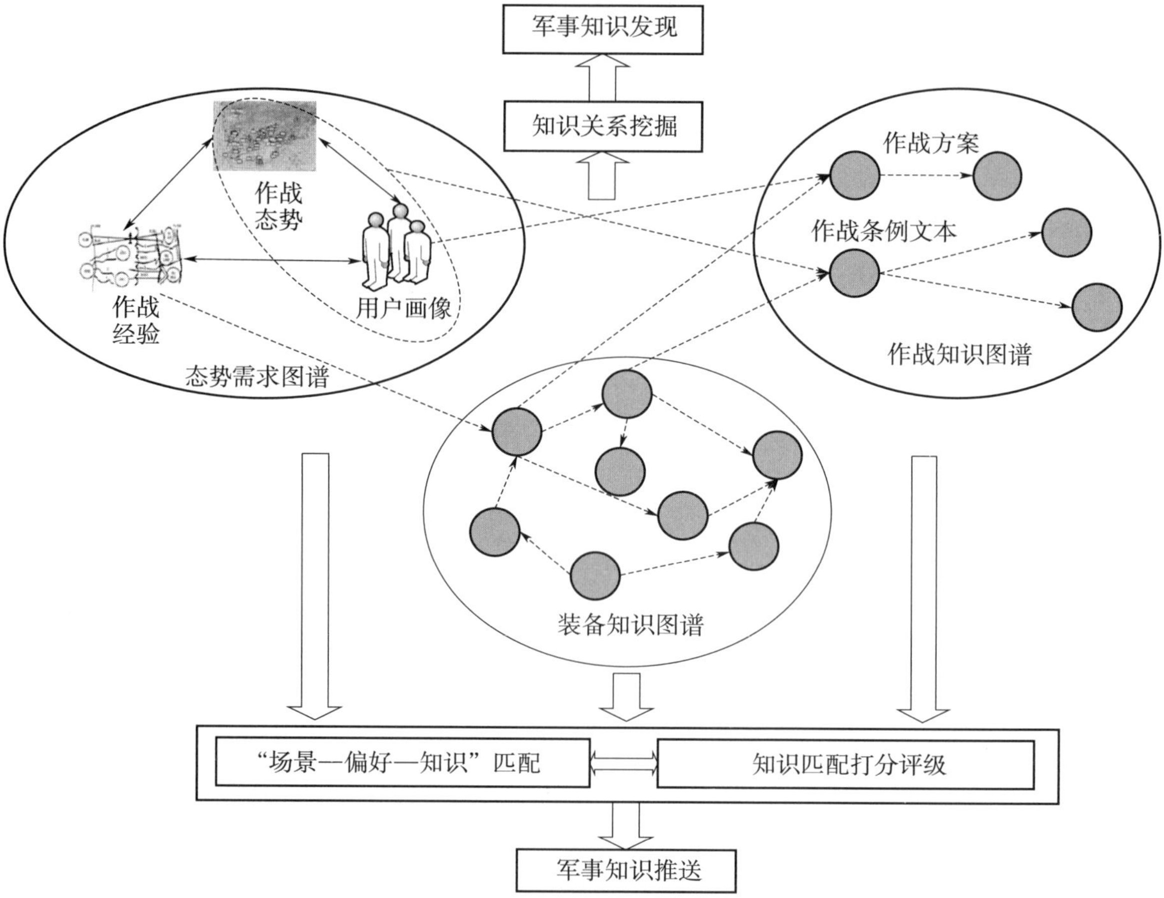

图 3-15　面向特定作战需求的军事知识发现与推送流程

个组元)，通过打分评价等方式，将其与装备领域知识图谱中的已有知识进行匹配，形成基于“场景—偏好—知识”的军事知识推送模式，能够更好地满足和匹配作战人员所查询的意图，确保查询结果的完整性。

(2) 态势认知与预测技术

通常实际作战中的作战意图具有一定的时间特性，随着时间的推进，临机目标出现等战场态势也在演变，作战意图、作战决心等也会随之改变。利用知识图谱技术开展作战意图识别、态势认知与预测是准确、快速、自动理解战场态势的一种智能手段。基于知识图谱的态势认知与预测是通过对作战目标类型、目标特性、目标行动模式等作战态势要素进行分析与研判，获得不同态势要素之间的关联关系及其与作战装备等其他要素的关联关系，进而构建获得态势知识图谱，实现作战态势的认知与预测。其中，以模块化的作战态势数据为基础，构建基于图聚类的作战群体识别模型，采用聚类分析、关联推理等方法获取不同作战知识与作战意图的关联关系，进而获得相匹配的作战意图，如图 3－16 所示。

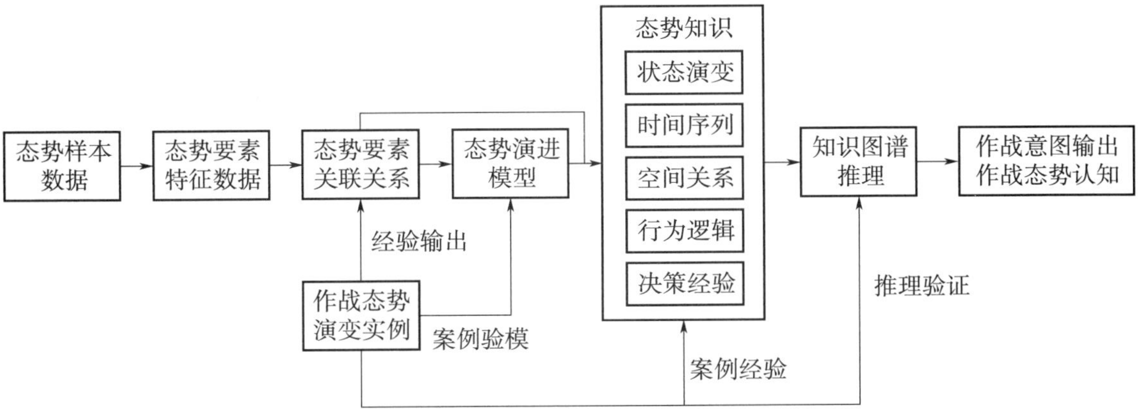

图 3－16　基于知识图谱的态势认知与预测流程

（3）装备故障知识推理与诊断技术

装备的性能状态与失效后的快速恢复能力是衡量装备作战使用能力和保障能力的重要因素，其中装备的故障诊断是根本。传统的装备故障诊断是基于故障树实现的，通过树状结构找到系统失效的原因，定位系统失效位置，并且得出降低风险的最优措施。通过监控装备的运行状态，利用统计分析方法确定某一故障或失效事件的发生概率，辅助进行故障定位与诊断。基于知识图谱的装备故障知识推理与诊断则在传统故障树诊断、基于数据驱动的诊断等方法的基础上，增加对本体（可以是装备及其部组件本身，也可以是失效事件本身）及本体间关系的知识化描述与表达，能够更加精准地定位故障、判别故障原因，典型的基于知识图谱的装备故障诊断流程如图 3－17 所示。

在故障诊断过程中，可以通过知识图谱丰富的图结构数据表达和语义解析能力，对故障现象、装备数据、文本记录、先验经验等进行充分解析、挖掘，完成对故障事件的推理、装备状态的推理、失效影响的推理等故障知识推理。在此过程中，可以采用支持向量机、神经网络等方法建立上述故障知识与装备实体间相互关系，达到故障诊断的目的。同时，由于知识图谱对实体与关系的丰富表达能力，在完成装备故障的定位与隔离基础上，可以进一步开展故障的影响域分析，从而获得当前故障的空间域、环境域的影响关系，进而分析是否对其他系统产生影响。

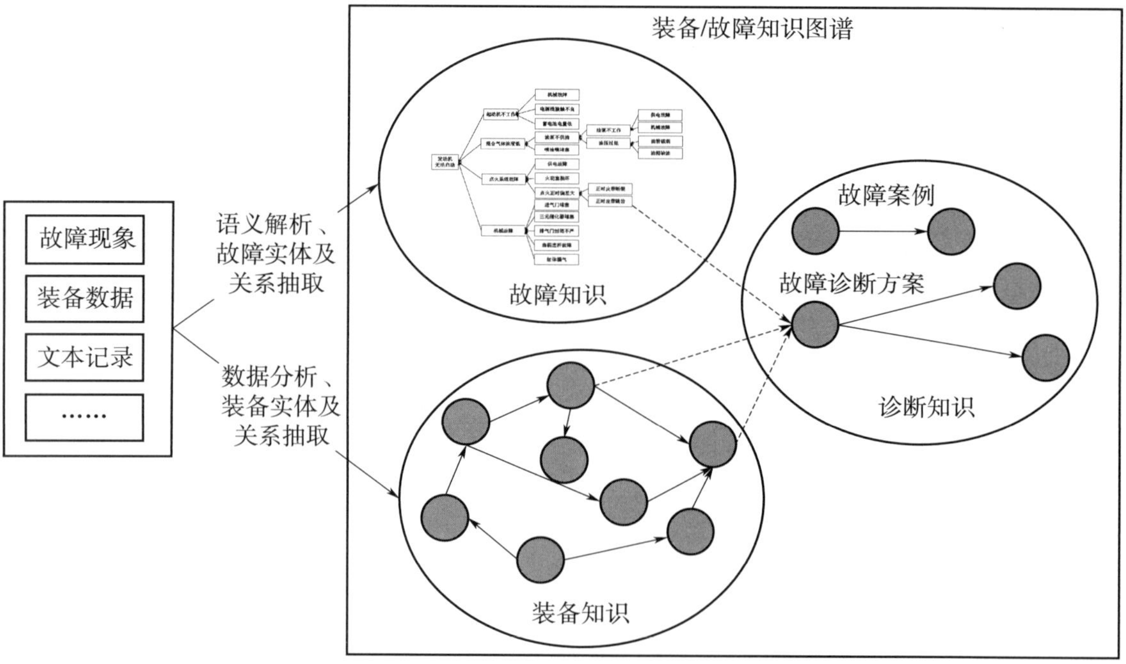

图 3-17　基于知识图谱的装备故障诊断流程

（4）作战知识生成与任务推演技术

传统模式下，主要依托人的经验完成作战任务筹划与推演，如何固化作战知识与提升机器推演能力是当前急需解决的问题，而知识图谱的应用为此带来了一种可行的解决方案，如图 3-18 所示。以装备领域知识图谱为基础，围绕作战场景、作战需求、保障需求、态势认知等，构建作战场景图谱、态势图谱、装备图谱、作战规则图谱等子领域图谱，构建两层关系的图谱三元组，即图谱内的三元组（如装备图谱的装备实体、装备属性与装备间关系）和图谱间的三元组（以图谱为实体，描述图谱的属性和图谱间关系）。依托两层知识图谱的知识挖掘，发现并生成作战知识，为作战任务推演提供支撑，通过逻辑推理、目标匹配等方法实现态势认知、作战决策等。同时，在作战知识生成的基础上，以两层知识图谱的实体特征、实体关系、知识行为等为载体，为作战智能体的动态生成与演进优化提供基础。

（5）知识图谱在数字孪生中的应用技术

数字孪生技术是装备全寿命周期数据的一个技术载体，是装备数据工程实例化的表现。因此，装备领域知识图谱作为装备数据工程的知识化表达，与数字孪生技术的融合应用，不仅能够以知识驱动的方式影响数字孪生体的构建与

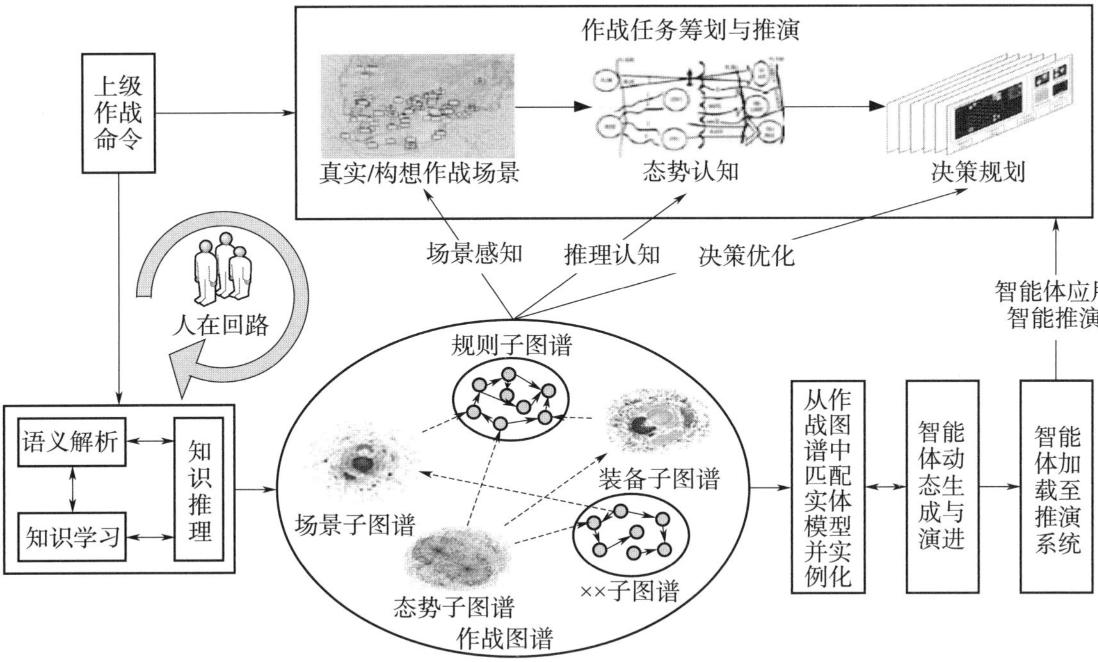

图 3-18　基于知识图谱的作战知识生成与任务推演流程

更新、孪生数据的融合与分析，更能通过构建孪生知识图谱的方式构建装备数据工程的“知识孪生体”，从而提供更加智能化、个性化的孪生服务。

图 3-19 给出了装备领域知识图谱与数字孪生体的关系。通过构建数字孪

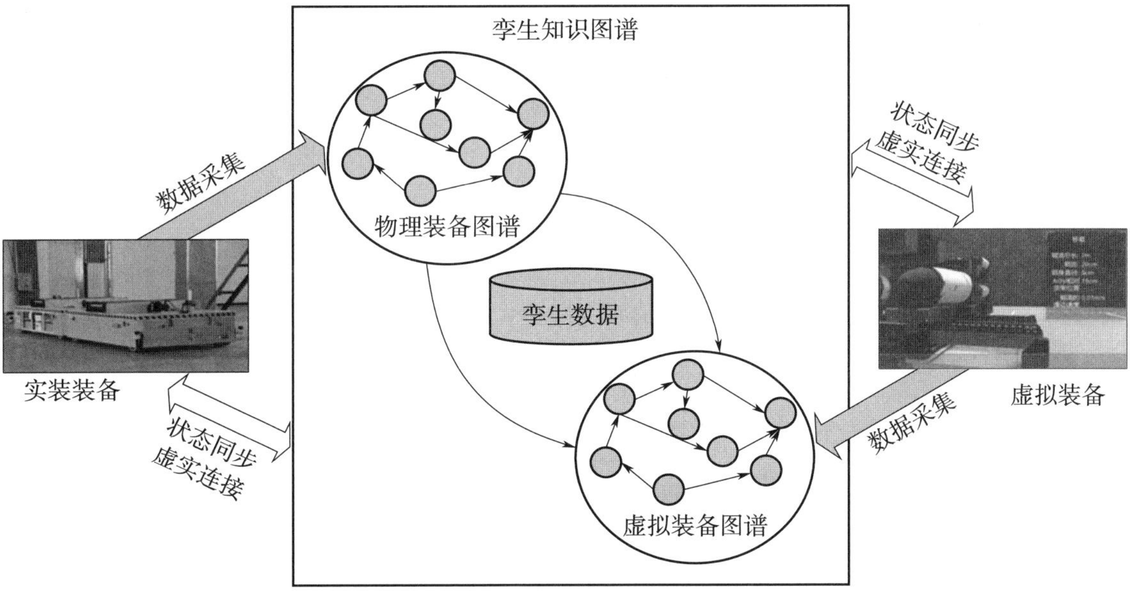

图 3-19　装备领域知识图谱与数字孪生体的关系

生知识图谱，将物理实体和孪生体（包括装备、任务、场景等）的数据进行融合与更新，以孪生知识图谱的形式建立物理装备数据与虚拟装备数据的关系，以孪生知识图谱内“物理三元组”或“物理图谱”与“虚拟三元组”或“虚拟图谱”的交互方式建立物理世界与孪生世界的交互模式。同时，通过知识图谱的知识表达与知识发现能力，对孪生体模型更新、孪生数据挖掘应用、孪生服务决策优化等提供新的能力。

3.6　小结

结合装备作战行动与保障活动的需求，本章主要从数据工程的定义出发，分析了数据工程技术在装备作战应用与保障领域的概念内涵，并结合领域特点对数据工程的定义进行了丰富与拓展。在装备全寿命周期数据维度上，总结了装备数据的复杂性、动态性、时效性和关联性的特征，探究了装备数据向信息、知识和智慧的转化演进思路，通过构建数据（信息）体系与知识网络，给出了以数据资产为核心的装备数据工程应用方法。在装备数据的工程化应用维度上，给出了典型的装备数据底座架构，阐述了装备数据工程技术应用流程及数据应用的关键技术，为装备数据工程技术的应用落地提供支撑。目前，数据工程技术仍处于飞速发展的时期，相应的新技术、新理念、新应用也会随着信息技术的发展而不断涌现。军事领域的数据工程技术则起步较晚，处于初级阶段，还有诸如系统建设、数据规范、末端数据采集汇聚等诸多问题亟待解决。

参 考 文 献

[1] 陈雾，毛军．作战数据体系构建方法及其关键技术［J］．指挥信息系统与技术，2019，10（6）：38－42.

[2] 陈新宇，罗家鹰．中台战略：中台建设与数字商业［M］．北京：机械工业出版社，2019.

[3] 陈志成．基于需求驱动的发动机故障诊断知识抽取与推送方法研究［D］．昆明：昆明理工大学，2020.

[4] 戴剑伟．数据工程理论与技术［M］．北京：国防工业出版社，2010.

[5] 付登坡，江敏．数据中台：让数据用起来［M］．北京：机械工业出版社，2020.

[6] 韩吉南，袁鸿翼，郑奎志，等．面向航天装备大数据的知识图谱体系［J］．国防科技，2021，42（5）：40－46.

[7] 何友，朱扬勇，赵鹏，等．国防大数据概论［J］．系统工程与电子技术，2016，38（6）：1300－1305.

[8] 贺筱媛，郭圣明，吴琳，等．面向智能化兵棋的认知行为建模方法研究［J］．系统仿真学报，2021，33（9）：2037－2047.

[9] 黄红兵，潘显军，李贤玉，等．作战数据知识化：需求与方法［J］．指挥与控制学报，2015，1（4）：361－374.

[10] 江志浩，周卿，石敏，等．作战目标知识图谱构建与应用［J］．海军航空工程学院学报，2020，35（6）：471－477.

[11] 李璇．基于作战数据分析的装备评价与运用方案决策研究［D］．长沙：国防科技大学，2016.

[12] 李增华，蒋玉娇，臧雪珺，等．美军数据建设发展路径研究［J］．中国电子科学研究院学报，2021，16（7）：710－715，721.

[13] 罗乐，葛启东，周永学，等．基于 Apriori 算法的装备数据关联规则挖掘［J］．指挥控制与仿真，2021，43（6）：29－33.

[14] 宋星，贾红丽，王谦，等．基于时间序列挖掘的合成旅装备维修保障能力预测［J］．系统工程与电子技术，2020，42（4）：878－886.

[15] 谭玉珊，罗威，毛彬，等．从对通用知识图谱深入剖析中探究军事知识图谱建设思路［J］．情报理论与实践，2020，43（2）：143－149.

[16] 田玲，张谨川，张晋豪，等．知识图谱综述：表示、构建、推理与知识超图理论

[J]. 计算机应用，202，41（8）：2161－2186.

[17] 王顺．基于本体的多源异构数据融合方法的研究与应用 [D]. 南京：南京航空航天大学，2018.

[18] 吴信东，盛绍静，蒋婷婷，等．从知识图谱到数据中台：华谱系统 [J]. 自动化学报，2020，46（10）：2045－2059.

[19] 吴云超，毛少杰，周芳．面向仿真推演的领域知识图谱构建技术 [J]. 指挥信息系统与技术，2019，10（3）：32－36，82.

[20] 吴中华．装备保障异构数据集成关键技术研究与集成环境设计 [D]. 长沙：国防科技大学，2008.

[21] 熊伟杰．基于 OPC UA 的数字孪生车间数据集成研究 [D]. 南京：南京航空航天大学，2020.

[22] 张栋豪，刘振宇，郑维强，等．知识图谱在智能制造领域的研究现状及其应用前景综述 [J]. 机械工程学报，2021，57（5）：90－113.

[23] CAMBRIA E, JI S, PAN S, et al. Knowledge graph representation and reasoning [J]. Neurocomputing, 2021, 461: 494－496.

[24] COOPER P. Data, information, knowledge and wisdom [J]. Anaesthesia & Intensive Care Medicine, 2017, 18（1）: 55－56.

[25] HONGJU X, FEI W, FENMEI W, et al. Some key problems of data management in army data engineering based on big data [C]. 2nd IEEE International Conference on Big Data Analysis, ICBDA 2017, March 10, 2017 － March 12, 2017, 2017: 149－152.

[26] HUSSAIN M, SATTI F A, ALI S I, et al. Intelligent knowledge consolidation: From data to wisdom [J]. Knowledge － Based Systems, 2021, 234, Article ID 107578.

[27] INTEZARI A, PAULEEN D J, TASKIN N. The DIKW hierarchy and management decision － making [C]. 49th Annual Hawaii International Conference on System Sciences, HICSS 2016, January 5, 2016 － January 8, 2016, 2016: 4193－4201.

[28] MAHMUD M S, HUANG J Z, SALLOUM S, et al. A survey of data partitioning and sampling methods to support big data analysis [J]. Big Data Mining and Analytics, 2020, 3（2）: 85－101.

[29] NICKEL M, MURPHY K, TRESP V, et al. A Review of Relational Machine Learning for Knowledge Graphs [J]. Proceedings of the IEEE, 2016, 104（1）: 11－33.

第 4 章　装备智能测试技术

4.1　概念内涵

随着基于装备任务需求和系统效能的实战化要求不断加深，武器装备对测试和诊断能力的要求也越来越高。特别是在作战使用过程中，新型武器装备要求能在较短的时间内，实现系统故障的快速检测和准确诊断，并减少对测试设备和人员等保障资源的需求，以提升武器装备在实战条件下的战斗力和保障力。与此同时，武器装备任务剖面日益复杂、使用流程逐渐紧凑、系统功能不断集成，故障检测和诊断面临严峻的挑战。因此，近年来，在武器装备研制过程中越来越重视测试方案设计和先进测试设备研发。

测试贯穿武器装备全寿命周期各个阶段，其目的是通过感知装备的状态，检测并隔离装备的故障，减少维修人力及其他保障资源，降低寿命周期费用，提高装备的战备完好性。传统武器装备受限于设计阶段技术水平和认知能力，为充分保证武器装备的性能参数，其测试流程、测试方案和测试设备均较为复杂。不仅在研制和生产阶段需要开展大量测试工作，而且在使用阶段还需要定期按照单机、分系统和系统逐级开展测试。按测试对象，测试项目主要分为单元测试、分系统测试和系统综合测试。

（1）单元测试

单元测试主要针对武器装备的各组成单机设备进行测试，目的在于在单机参加分系统或系统测试前检测其电气功能和性能。以往，各单机设备的单元测试基本上都是独立开展的。由于各单机设备测试接口、驱动资源等不完全相同，一般每类单机设备都要配套一类测试设备，由此导致装备配备的测试设备种类与数量繁多。另外，由于各单机设备安装在装备不同的位置，为开展单元测试还需对装备进行分解，断开各单机设备间的连接关系，进而导致单台武器装备全部单机完成一次单元测试需耗费数小时，甚至更长时间。当前，随着测试手段的进步和机内测试技术的发展，新型武器装备在使用阶段逐渐取消了单元测试，而在研制和生产阶段，依然需要对单机设备开展单元测试。然而，单元测试设备已逐渐集成化和通用化，一套单元综合测试设备就可以满足绝大部分单机设备的单元测试需求，显著减少了装备测试设备种类和数量。

（2）分系统测试

分系统测试是对武器装备各分系统电气功能性能、分系统间接口的匹配性和协调性进行检验。同样的，新型武器装备在使用阶段逐渐取消了分系统测试，而在研制和生产阶段仍然需要开展分系统测试。分系统测试一般采用一套集成化的测试设备或多个单元测试设备的组合，其数据存档、判读分析方式同单元测试。

（3）系统综合测试

系统综合测试是在系统总装完成后检查全系统的电气连接性能，所采用的测试设备一般为系统综合测试设备。将武器装备整体或分解后放置于测试工装上，通过测试电缆与测试仪器设备相连，各类测试仪器、电源、目标模拟器、信号采集设备等与测试主机连接组成测试设备网络，在测试主机的控制下完成装备各项系统综合测试，如图 4 - 1 所示。

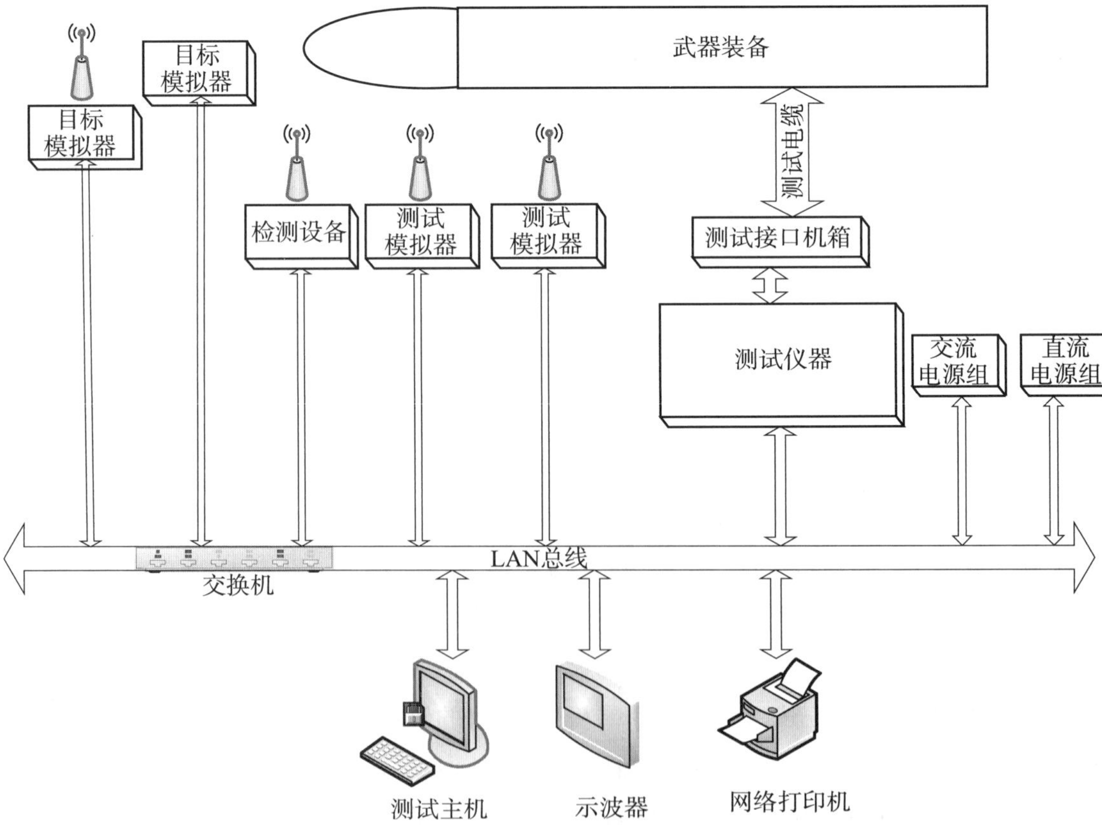

图 4 - 1　装备系统综合测试组成示意图

伴随着计算机技术、微电子技术、网络技术的不断发展，武器装备各单机设备逐渐采用总线进行数据传输，单机设备功能不断集成丰富，可靠性、测试性也显著提升，基于机外测试设备的测试项目相应减少。于是基于测试总线的在线集成测试成为主要发展方向，测试资源也大幅简化集成，测试数据分析、处理、存储等也逐步从人工操作向自动化、信息化发展。同时，随着武器装备通用化、系列化发展，新型装备普遍采用“作战平台＋通用接口＋作战装备适配”的集成模式，也由此推动了装备自动测试系统向通用化、标准化发展，如图 4－2 所示。

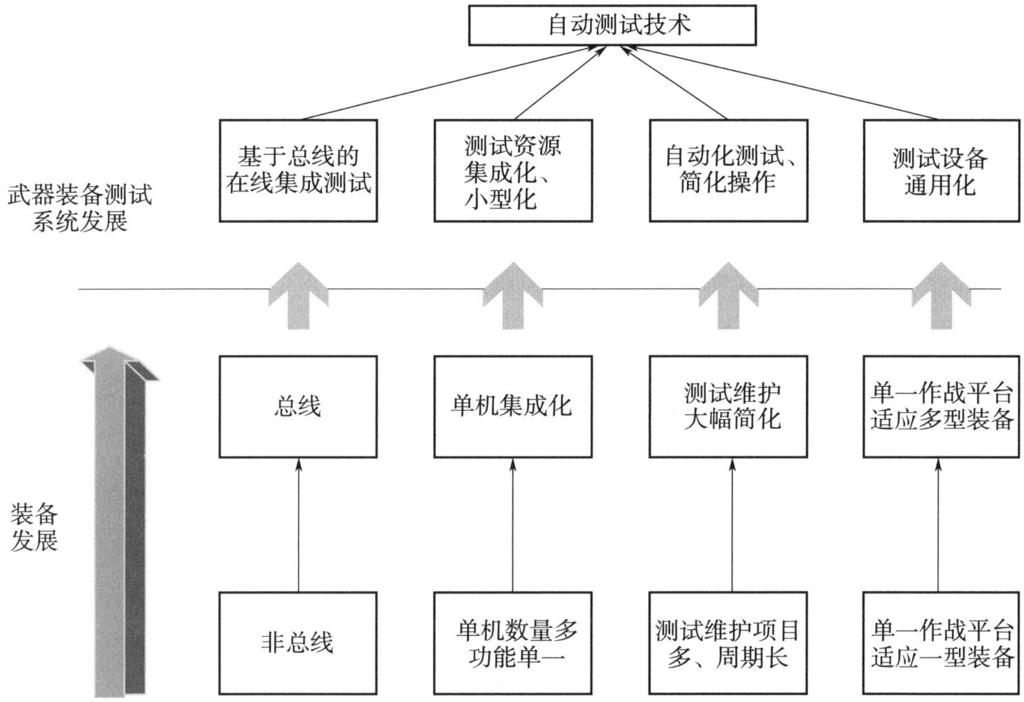

图 4－2　武器装备发展对测试系统发展的推动作用

在武器装备性能不断提升的同时，武器装备作战样式也在不断发生变化，无人化作战、大规模集群、网络化分布式智能作战等新型作战样式不断涌现，对远程无人化测试、通用化快速测试、自主测试诊断决策等提出了新的要求，推动着装备测试技术向远程测试、并行测试和智能自主测试不断发展，如图 4－3 所示。

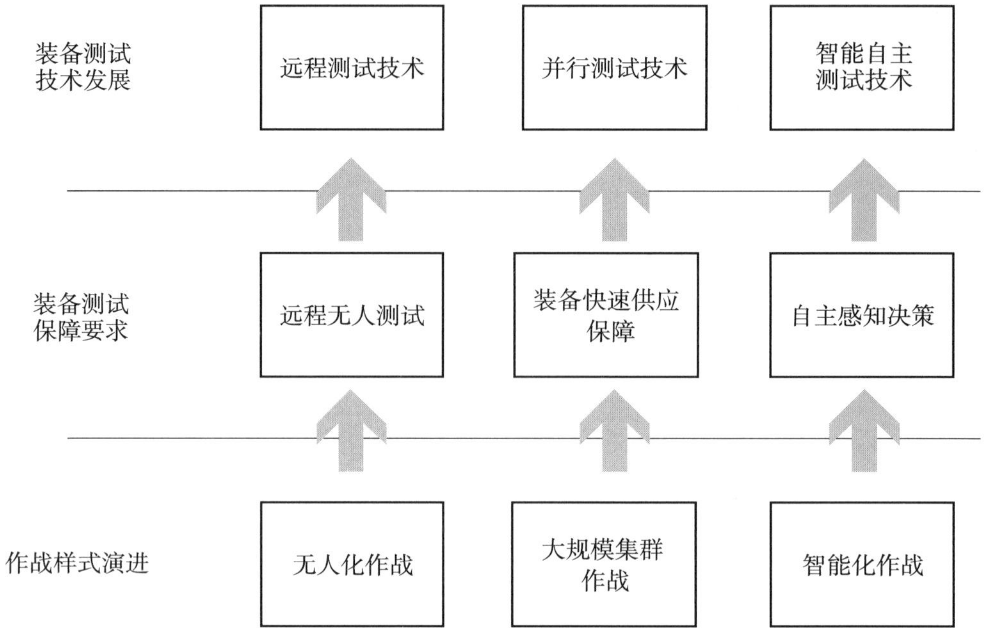

图 4-3 作战样式对测试技术发展的牵引作用

4.2 装备自动测试技术

自动测试系统（Automatic Test System，ATS）指能够自动开展设备测量、数据采集、数据传输、数据存储、数据分析、数据诊断和数据显示输出的系统。自动测试系统能够根据预设的测试程序，在少量的操作人员控制下，通过计算机和相应的测控仪器设备自动驱动、采集、处理、存储、显示、判断装备信息，给出被测装备工作性能的适当评价。

ATS 的发展起源于 20 世纪 50 年代，半个多世纪以来，随着技术发展，ATS 也经历了从面向测试对象的专用型 ATS 向面向平台或者军种甚至全军各型装备的通用型 ATS 的转变。专用型 ATS 主要针对具体的被测设备开发，各型 ATS 之间测试仪器种类、接口、程序等均互不兼容，无法实现互换，造成了大量的仪器设备建设与维护负担。从 20 世纪 80 年代中期开始，美军开始研制由可互换和重复利用的测试仪器资源组成通用化 ATS。一般情况下，根据 ATS 的技术状态，可将其发展历程划分为四代：

（1）第一代：专用的半自动/自动的 ATS

第一代 ATS 实现了从手工测试向自动测试的跨越式发展。从 20 世纪 60

年代中期开始，武器装备复杂程度越来越高，测试项目和测试要求越来越复杂，传统的人工测试和面向单一设备的专用测试设备已经无法满足装备研制、使用、维护需求。在此基础上，20 世纪 70 年代采用计算机程序控制的半自动化测试设备逐步得到了应用。第一代 ATS 是针对特定测试任务研制的，系统没有采用总线接口和标准化协议，通用性差，连接结构如图 4-4 所示。

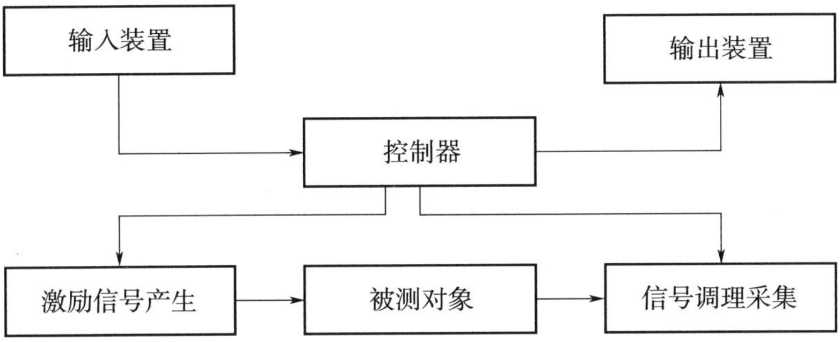

图 4-4　专用自动测试系统示意图

（2）第二代：基于标准化接口的半自动/自动 ATS

计算机技术、测试技术的快速发展推动了自动测试系统的换代发展。第二代 ATS 开始逐步采用了具有标准接口总线的台式程控仪器设备，通过总线电缆实现各设备间的连接，进而组成测试系统。同时，在测控程序上，也逐步采用 BASIC、ATLAS 等通用开发语言。典型的自动测试系统有美陆军 USM-410 EQUATE、美海军 USM-636 CASS、美空军 LANTIRN ATE 等，如图 4-5 所示。

第二代 ATS 是在标准的接口总线 GPIB（General Purpose Interface Bus）的基础上，通过台式仪器设备组合形成的，如图 4-6 所示。GPIB 总线上的各台式设备均采用标准的 GPIB 接口，通过总线电缆实现互联。这种组成方式决定了该类系统测试灵活、设备复用性高。但也存在较多不足：串行总线的传输速率低，在实时性要求较高的高速测试场合无法应用；测试资源重复配置，系统体积、质量庞大，资源浪费。

（3）第三代：基于计算机和 VXI 等标准接口的 ATS

20 世纪 80 年代中期至 90 年代，VXI 总线逐步得到发展和应用，以其为标准的高性能、便携式、低成本的总线模块得到应用和发展，如图 4-7 所示。这类 ATS 采用机箱插卡式结构，机箱内布置 VXI 总线插座和电源，各仪器模块或嵌入式计算机采用 VXI 插卡总线形式互联。

(a) 美陆军USM-410 EQUATE

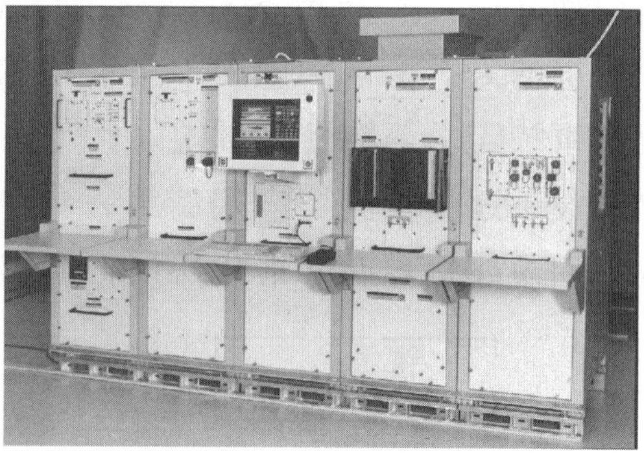

(b) 美海军USM-636 CASS

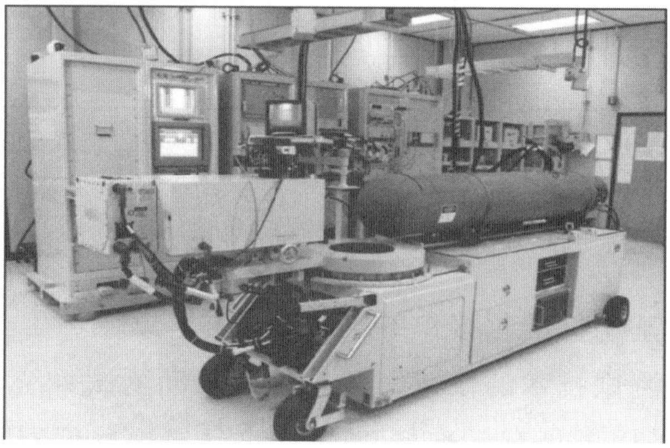

(c) 美空军LANTIRN ATE

图 4－5　美军半自动/自动测试设备

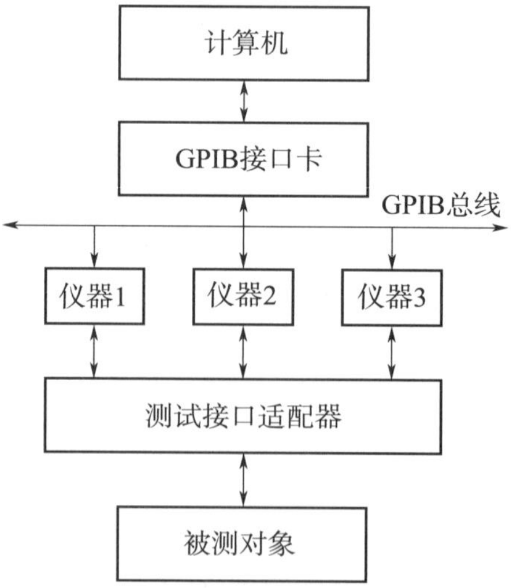

图 4－6　积木式自动测试系统示意图

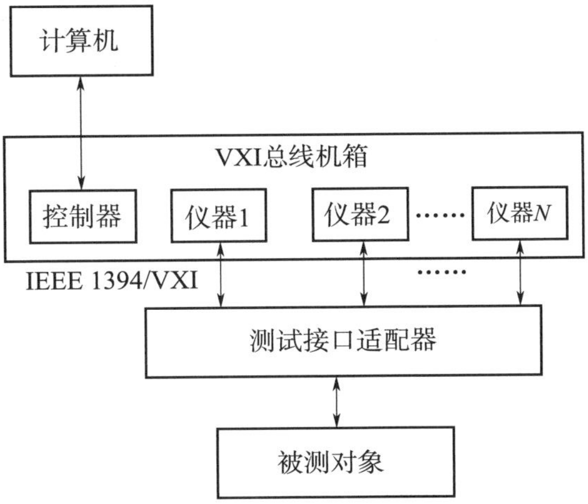

图 4－7　总线模块式自动测试系统示意图

（4）第四代：基于虚拟仪器的标准化 ATS

美国于 1996 年提出了下一代自动测试系统的开放式体系结构，以虚拟仪器和标准化接口为主要特征，同时进行了名为“敏捷快速全球作战支持”（ARGCS）的演示验证系统的开发工作，使自动测试系统技术研究进入快速发展的阶段。ATS 从组成上可划分为自动测试设备（Automatic Test Equipment，ATE）、测试程序集（Test Program Set，TPS）和 TPS 软件开发工具，如图 4－8 和图 4－9 所示。

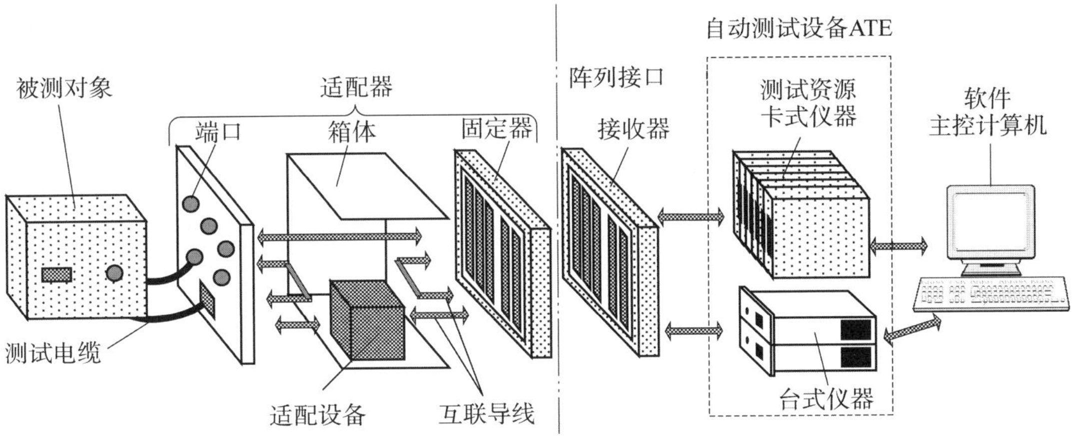

图 4－8　典型 ATS 系统组成

1）自动测试设备（ATE）。ATE 指用来完成测试任务的全部硬件和相应的操作软件，包括测试测量仪器（如数字电压表、示波器、信号发生器等）、

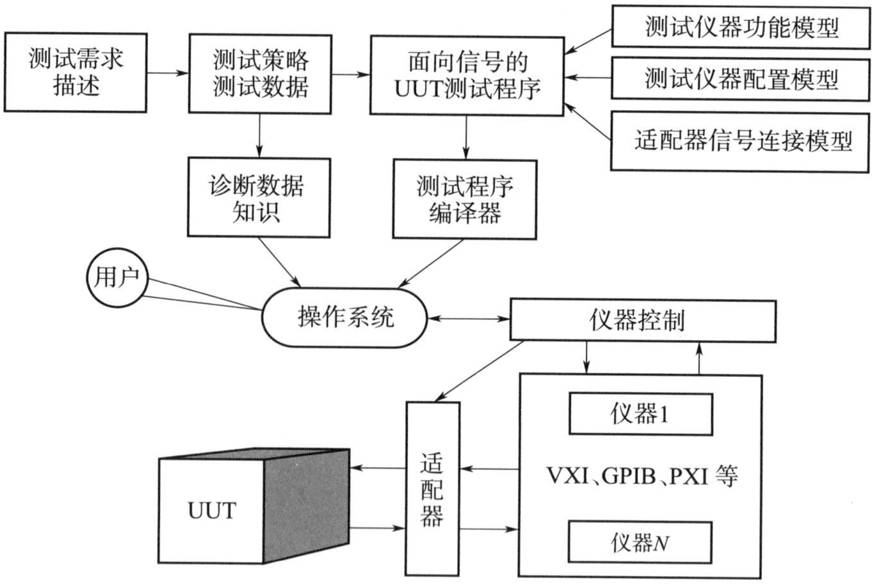

图 4－9　ATS 逻辑结构模型

主计算机、开关矩阵、通信总线、通用测试接口和系统软件。其中主计算机控制测试测量仪器和 TPS 的执行；系统软件包括操作系统、编译器、测试执行程序，系统软件控制测试工作站并支持 TPS 的开发与运行。在计算机测试软件的控制下，ATE 输出测试激励信号到被测设备，接收被测设备的输出信息，并通过输入输出的对比确定被测设备的性能好坏。被测设备与 ATE 之间的连接采用测试适配器，测试适配器是实现被测对象与 ATE 间信息可靠传输的纽带，通过提供可靠的物理传输链路，实现两者之间信号的可靠传输。考虑到一般通过更换测试适配器实现面向不同测试对象的通用化测试，测试适配器应尽量简化，降低成本，内部一般采用无源组件。只有在特定的测试场合，如 ATE 无法完全满足某一测试对象的测试需求，一般才在对应的测试适配器中增加信号调理、通道切换等有源组件。

2）测试程序集（TPS）。TPS 是测试软件（TP）、测试接口装置（ID）、测试程序集文件（TPSD）和测试装置的集合。测试软件包括被测对象（UUT）的检测和诊断软件和测试资源管理软件等；测试接口装置包括连接 UUT 和 ATE 的测试接口适配器（TUA）和测试电缆；测试程序集文件包括 TPS 的安装运行指南、使用说明等；测试装置包括支撑 UUT 的支架、固定 UUT 的夹具、模拟 UUT 姿态的转台等。

3）TPS 软件开发工具。它是开发测试程序、仪器功能描述、仪器控制和文档等相关内容的集成环境，并提供流程图、连线表等编程辅助工具，用于TPS 的开发，包括 ATS 结构说明、程序设计和测试描述语言、编译器、开发工具、描述 UUT 设计需求的标准格式和开发 TPS 软件的测试策略信息。

自动测试程序主要采取面向仪器和面向信号两种开发方式。面向仪器的测试程序开发方式中，测试软件主要面向测试仪器的功能进行开发，在程序编写时往往将测试用例与测试仪器的驱动集中在仪器解决，导致测试人员需要先了解对应仪器设备的开发环境配置、驱动使用等，造成了大量的时间精力消耗，进而导致测试开发效率不高。同时，测试系统组成的仪器厂家不同、种类较多、组成与功能差异大，设备互换性不高，测试系统的通用化较差。面向信号的测试程序开发方式中，测试软件会根据被测对象的测试资源、激励需求和各测试仪器所能提供的测试资源、激励能力对所有资源进行统筹分配。在这种情况下，编写测试开发程序时，重点关注被测对象的测试需求而不是测试资源的驱动和使用，测试程序开发无须考虑测试资源的驱动，因而带来了较好的通用性。

4.3　装备通用测试技术

装备通用测试指自动测试系统在满足测试需求的前提下，采用通用化、系列化和标准化的设计方法，能够实现对不同测试对象的通用兼容，典型的装备通用测试系统组成如图 4－10 所示，通过标准接口适配、基于统一标准的测试仪器、通用化测试程序等方式，实现单一测试设备对多型装备的快速适配。

一般情况下，装备通用测试系统主要包括硬件接口标准化、测试仪器可互换、软件界面可更新、测试流程可编辑等特征。

（1）硬件接口标准化

测试设备端采用标准化的硬件接口，即插即用；被测设备端采用专用的测试接口和电缆，满足不同装备需求，可根据测试对象不同随时更换。

（2）测试仪器可互换

测试仪器采用统一的总线接口协议或相互兼容，针对不同的测试对象，在测试资源不能够满足测试需求，需要更换测试仪器时，可快速替换测试仪器模块，不影响整体测试功能。针对部分装备独特的测试资源需求，可按照标准接口定制拓展加装专用模块，实现测试资源的快速拓展。

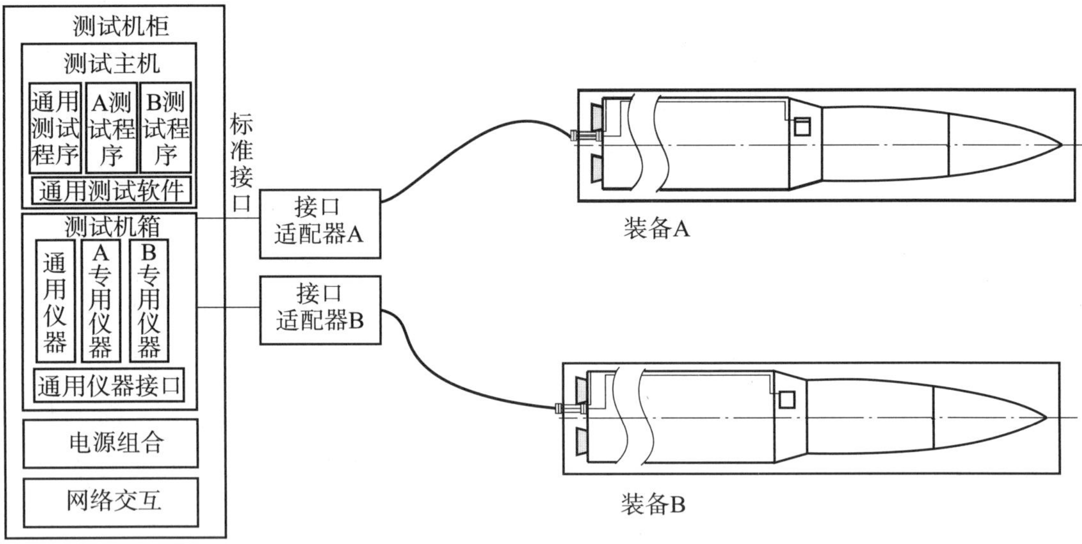

图 4－10　装备通用测试示意图

（3）软件界面可更新

软件采用通用化的测试平台，测试软件底层平台对上通用，显示界面可根据不同的测试对象需求，进行灵活更新，加载对应的测试软件界面。

（4）测试流程可编辑

测试流程可以根据测试对象的实际需求进行灵活编辑，通过测试软件快速调用。

通用化自动测试系统是建立在高度标准化基础上的一个软硬件测试平台。一方面通过系统物理资源接口规范、硬件驱动规范和限制专用资源，实现平台硬件的标准化，并且确保系统平台的总体规模可控。另一方面通过遵循基于ATML的测试信息交换标准体系，实现软件平台的标准化，并且测试程序集TPS与系统平台无关，使系统平台具有很强的扩展性和生命力，同时能够减小系统的规模，达到最优的经济性目标。

通用化自动测试系统的体系架构如图 4－11 所示，硬件上，测试资源通过测试电缆和接口转换适配器与测试平台连接，实现信号传输；软件上，将被测对象的测试需求分解成测试信息，并采用面向信号的标准语言开发测试程序，测试平台软件通过解析测试程序、控制测试仪器提供相应的测试激励信号或采集输出响应信号完成测试。

按照通用化、模块化的设计思路构建通用测试系统，采用加装专用测试组件的方式，满足不同装备的测试需求，设计思路如图 4－12 所示。设备基于信

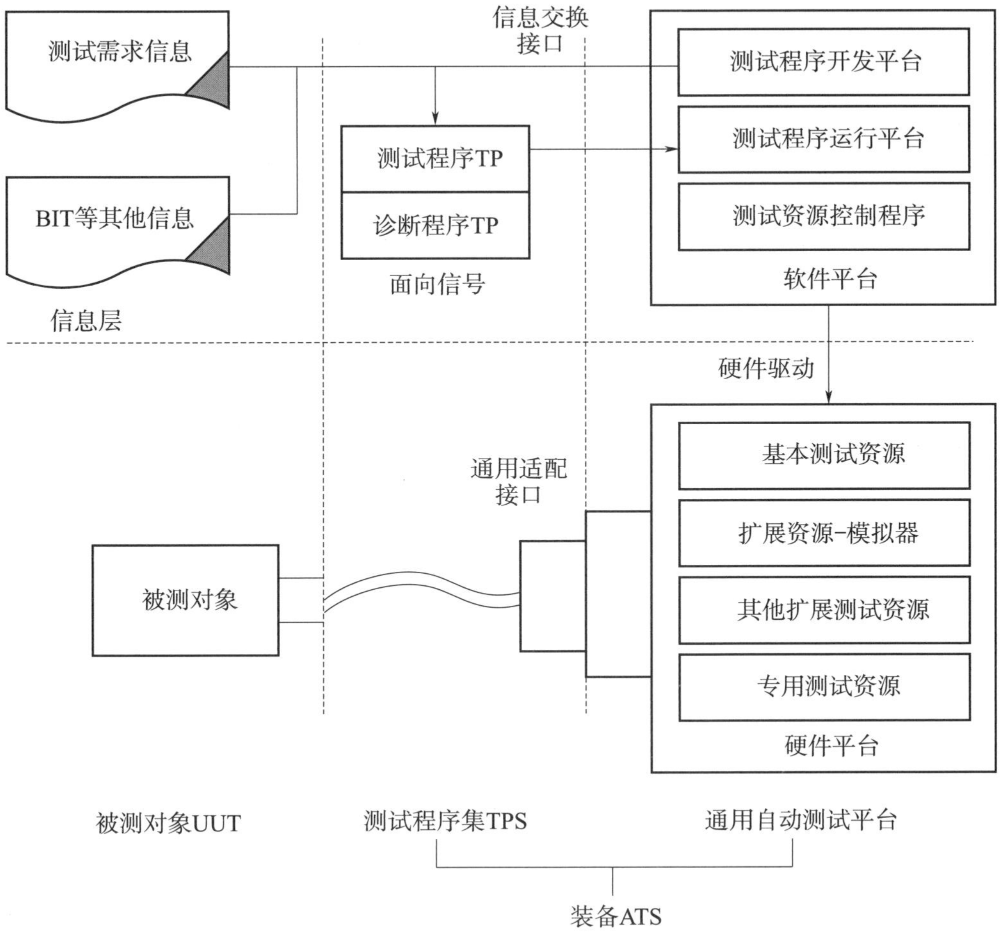

图 4-11　装备通用化自动测试系统体系架构

息化构架，底层仪器模块采用 PXI 总线。系统主要包括综合测控设备（PXI 总线设备）、综合电源、三相中频电源、程控设备管理器、机内电缆、导航信号模拟器、大气数据测控仪、雷达高度表信号源等。

为提升 ATS 的通用性和工作性能，解决 ATS 测试接口标准化问题，IEEE（美国电气和电子工程师协会）推出了 ATML（Automatic Test Markup Language，ATML，基于可扩展标记语言）标准框架体系。ATML 框架包含四种不同形式的定义：ATML 公共元素、外部接口、内部模型和服务。公共元素、外部接口和内部模型与 ATS 相关，而服务用于产生、消费或处理这些测试相关的信息。ATML 框架中的公共元素、外部接口和内部模型分别由 ATML 标准集中不同子标准定义：

1）IEEE 1641（信号描述）：定义基本信号类库的复用机制和扩展方法，

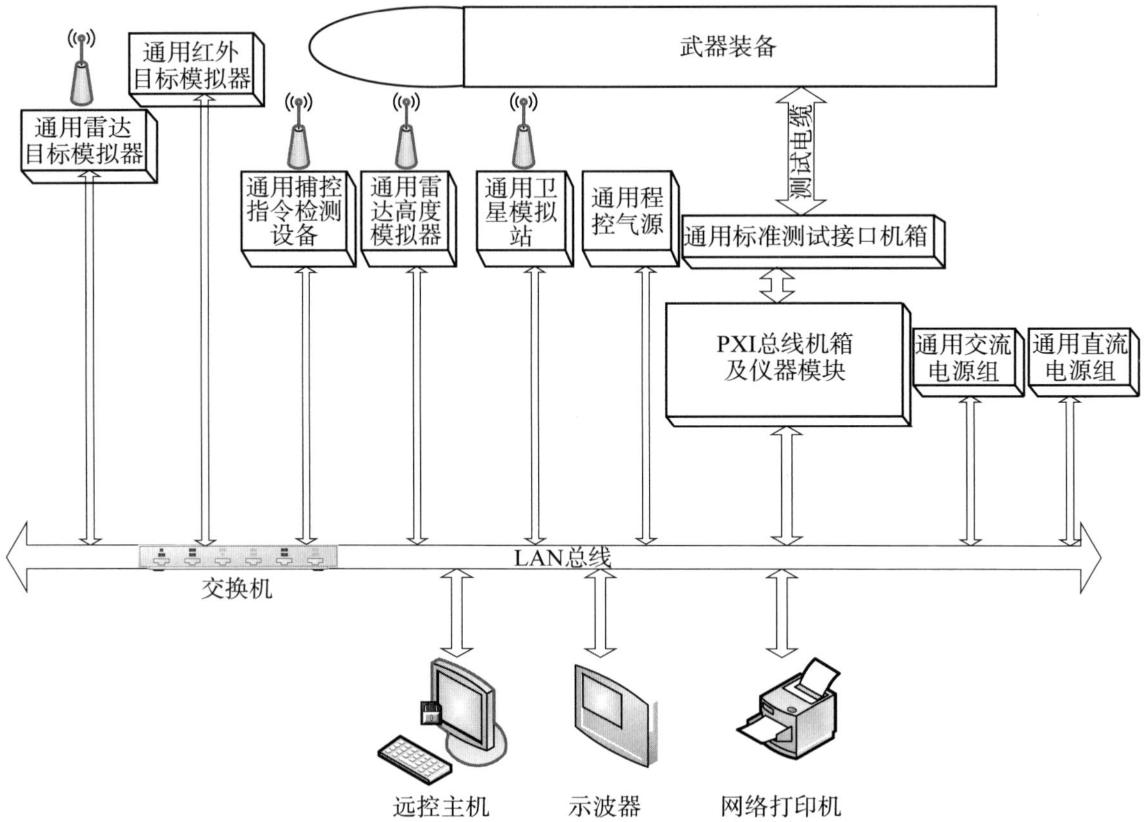

图 4-12　通用测试设备构架及组成关系图

测试程序语言描述方式。

2）IEEE 1671.1（测试程序描述）：定义测试需求、测试性能、测试条件。

3）IEEE 1671.6（测试平台描述）：定义测试平台和仪器的连接路径，测试平台的容限和精度，测试平台识别信息、状态信息、操作历史信息等。

4）IEEE 1671.2（测试仪器描述）：定义仪器能力、开关方式、触发方式。

5）IEEE 1671.5（测试适配器描述）：定义被测对象和测试平台之间的接口关系、物理和电气特性。

6）IEEE 1671.3（被测单元描述）：定义被测对象的名称、接口、类型、电源需求、操作需求。

7）IEEE 1636（测试结果描述）：定义被测对象的测试结果、测试平台信息和环境条件等信息。

8）IEEE 1232（诊断信息描述）：定义被测对象的故障和测试的相关性信息，根据此矩阵可以动态推导被测单元的诊断序列。

ATML 框架如图 4－13 所示，主要规范了以下内容：

1）测试仪器的测试能力如何“映射”到测试平台。

2）如何描述测试仪器。

3）如何描述被测对象 UUT。

4）如何描述测试适配器。

5）如何描述被测对象的 ATS 配置。

6）如何描述测试平台。

7）如何描述被测对象 UUT 的测试。

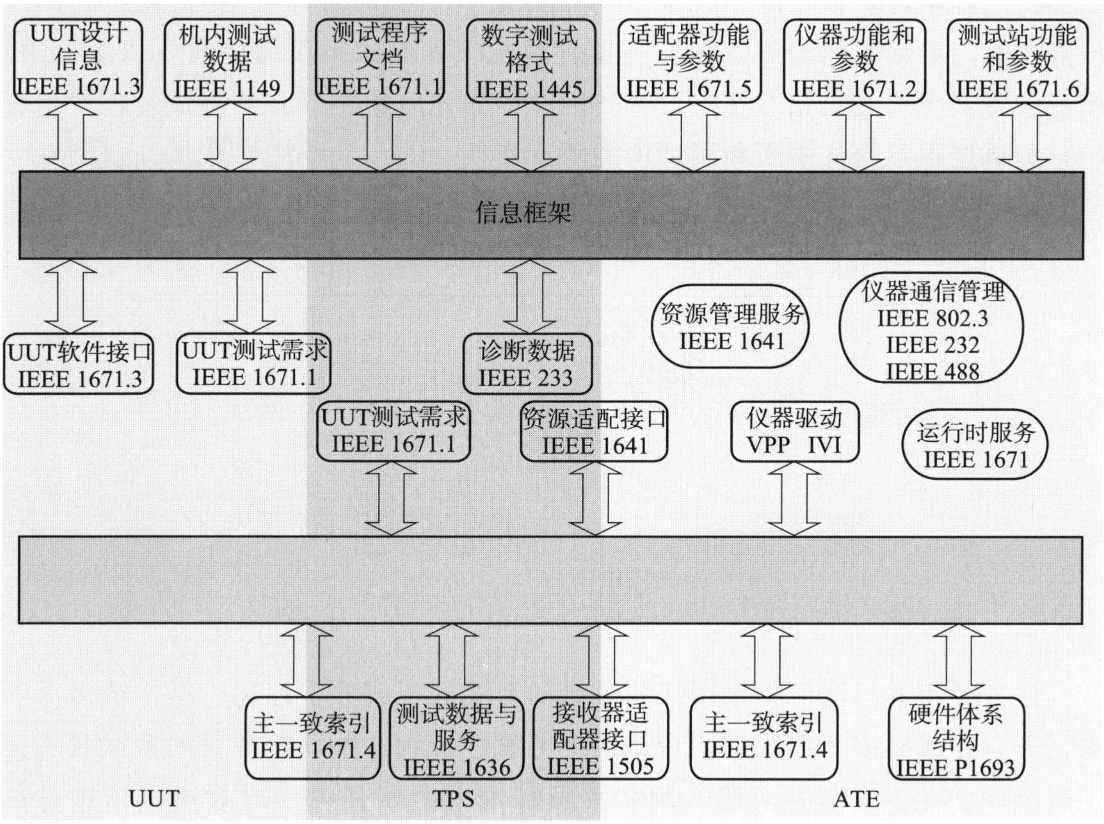

图 4－13　ATML 框架结构

4.4　装备并行测试技术

并行测试指自动测试系统在同一时间内完成多项测试任务，可以是同一时间内完成多个被测对象的测试，可以是在单个被测对象上同步运行多个测试任务完成多项参数的测量，也可以是同时对多个被测对象的多个参数进行测试。并行测试技术是近年来将并行处理技术引进自动测试领域形成的一种先进的测试技术和方法，显著增加了测试系统的吞吐量，大大提高了系统硬件的使用效率，从而减少测试时间，降低测试成本。根据并行测试的对象，并行测试可以分为单 UUT 并行测试和多 UUT 并行测试两种。

（1）单 UUT 并行测试

单 UUT 并行测试通常采用交迭等待和任务分组两种方式。交迭等待并行测试如图 4－14 所示。测试系统按照顺序开展各测试项的测试，当前一个测试项测试过程中需要较长的状态准备时（如被测单机加温等），测试系统利用这段等待时间启动其他的测试项。在这种情况下，测试系统需要具备以下要求：被测设备程序项之间相对独立，调整测试项的先后顺序不会对测试过程产生影响；测试过程不允许中断和测试项的随意切换。

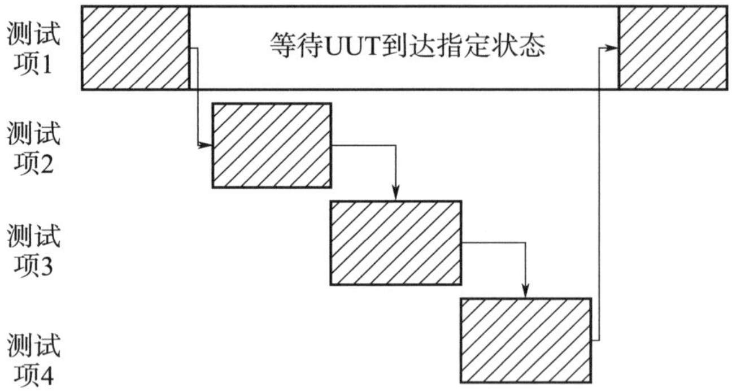

图 4－14　单 UUT 交迭等待并行测试

任务分组并行测试指采用任务分组的形式同步或异步地运行两个或多个测试任务，完成对多个参数的测量。两组测试任务相互独立，各自的测试状态无逻辑关联。在测试准备阶段，测试人员需根据测试任务情况对测试项进行分组，同时需保证每一组的测试项的测试要求基本一致。一般情况下这种测试方式只适用于特定的测试场合，应用较少。

（2）多 UUT 并行测试

多 UUT 并行测试通常采用复制多套测试设备和通过接口转换开关两种方式。复制多套测试设备测试多个被测单元的方式指在统一的测试控制下，采用多套相同的测试设备实现对多个相同的被测单元的测试。如图 4－15 所示，每个被测单元均连接一套测试设备，各测试设备之间相互独立，均接收测试主控机的统一调度控制。由于各测试设备之间相互独立，测试系统组成简单可靠，测试效率高，但由于测试设备需随着被测对象成倍增加，测试系统体系与重量及测试成本也成倍增长。

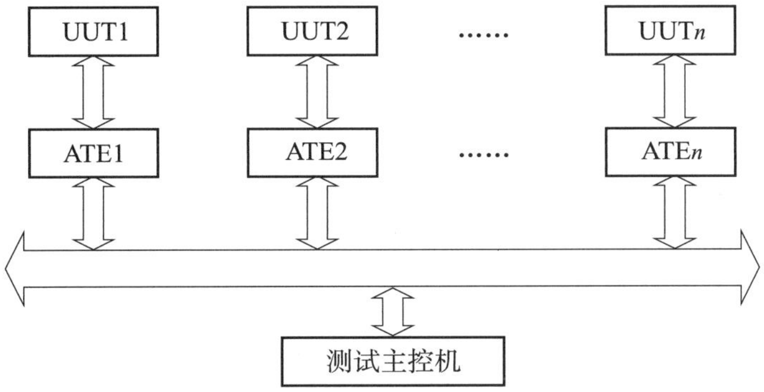

图 4-15　复制多套测试设备测试多个被测单元示意图

通过接口转换开关完成多 UUT 并行测试方式在原有的测试设备中增加一套转换/接口开关，进而实现与多个被测单元的测试连接和管理。如图 4-16 所示，测试系统通过转换开关与第一个 UUT 连接并开展测试，在测试间歇期（如处理器分析测试信息的时间段），转换开关断开当前的 UUT 并连接到另一个 UUT 开展测试，依次循环实现对多个 UUT 的测试。在这种方式下，只要测试间歇期内测试程序转换安排合理，测试设备空闲率较低，系统的测试吞吐量将成倍提升。同时，由于昂贵的测试仪器可以通过转换开关共享，可显著降低测试设备的费用。

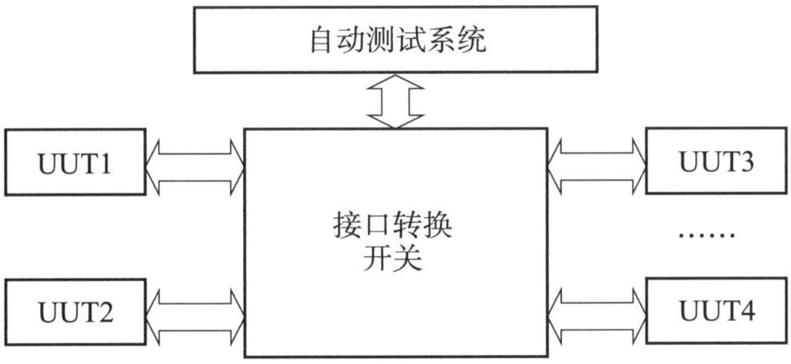

图 4-16　接口开关实现并行测试

一般情况下，武器装备测试除设备自检等流程外，多数测试项目间相互独立，无先后顺序要求。现行装备自动测试系统大多采用的是串行顺序测试，即当对一个被测对象进行测试时，其测试项按预先安排的顺序进行，当前一个测试项没有完成时，随后的测试项无法进行测试。当有多个被测对象时，各被测对象也按照预定的测试顺序开展测试。顺序测试系统的优点是系统搭建及测试程序编写简单，不易出错。但从测试效果看，测试仪器的利用率低，测试时间长，测试成本比较高。采用顺序方式测试时，处理器约有 4/5 的空闲时间。在装备的大密度高效贮存与快速测试出库的需求牵引下，串行测试方式已无法满足需求，并行测试成为解决该问题的主要手段。

典型的并行测试系统组成架构如图 4－17 所示，通过测试资源复用、测试多进程并行等技术手段，实现单一测试设备对多套装备的并行测试，大幅提升测试效率，显著降低成本。

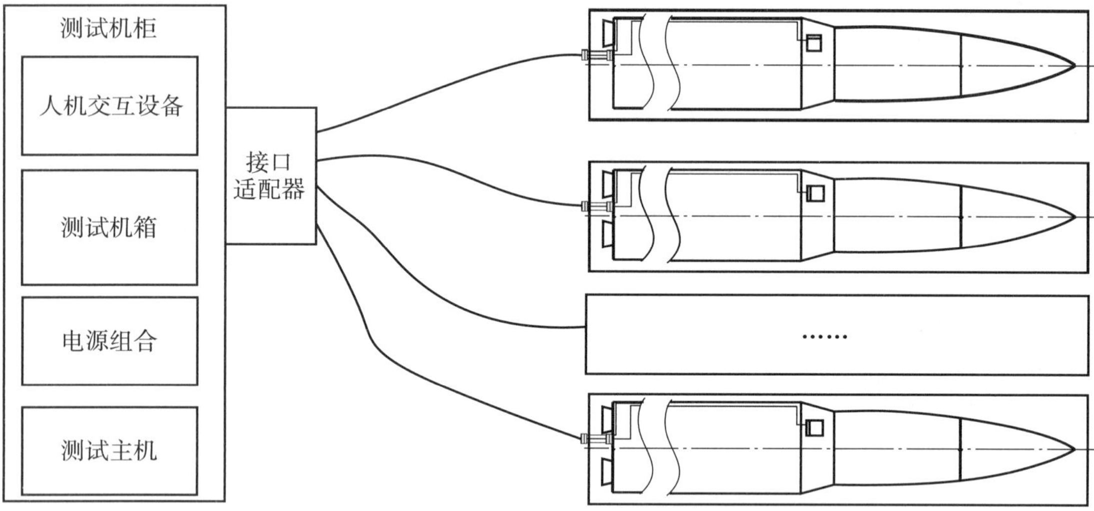

图 4－17　装备并行测试系统组成架构

武器装备并行测试系统的基本层次结构如图 4－18 所示。系统由并行测试设备、测试软件程序、装备测试适配器和被测产品组成。测试软件运行在并行测试设备中，根据被测产品的测试任务需求，按照一定的调度算法，对测试设备的测试资源进行最优化并行调度，实现对多个测试对象的并行测试。装备测试适配器与被测产品连接，在测试程序的控制下，通过适配器内的信号转换、调理等模块，实现对不同测试项目的测试。

近年来，随着网络技术的发展，分布式测试网络技术也逐步应用在装备自动并行测试领域。常见的有基于高速以太网和现场控制总线 CAN 组建的网络化测试结构。在网络化分布式测试系统中，测试设备采用 CAN 总线进行通信，各 UUT、测试设备接入以太网中实现互联和数据交互。CAN 总线上的主控制

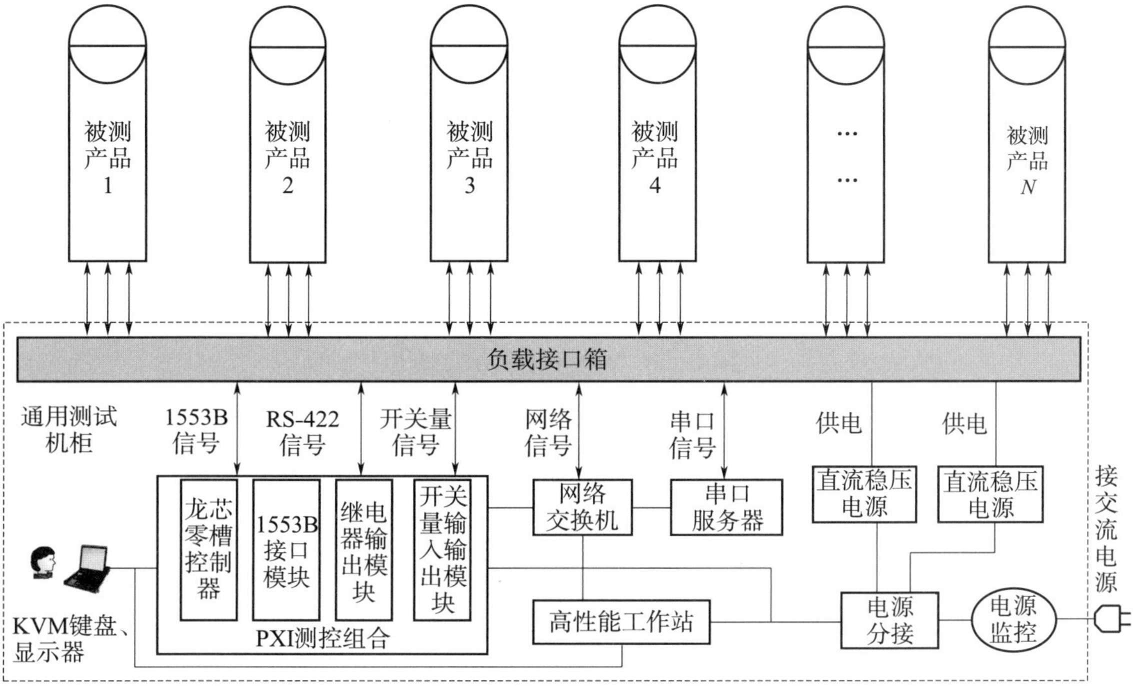

图 4－18　装备并行测试系统组成示意图

器根据测试安排将测试任务进行动态分配，各分控制器控制相应测试任务的执行、管理测试进程的运行、通过网络申请测试资源、协同测试设备间的通信与数据共享交换。

在装备的实际应用中，由于研制配套分工、单一装备集中部署等情况，一般一种武器装备多对应一套自动测试系统。同时考虑到装备测试任务和测试流程顺序对测试任务并行运行的约束，可通过分布式网络将分散在不同区域的被测对象和现场测试设备连接组成网络化并行测试系统，其基本结构如图 4－19 所示。正常情况下，各装备分别利用各自现场的测试设备进行测试。当某装备现场测试设备发生故障时，通过可编程并行测试转换接口，将该装备的测试任务转移到其他装备的测试设备上，同时通过转换开关实现两个装备测试间的供电、通信信息转换。最后由指控中心启动并行测试程序，由转换后的测试设备同时完成对两个被测装备的并行测试。理论上在整个系统一半以上的测试设备发生故障的极端情况下，系统仍能够完成对所有装备的测试任务，有效提高系统的容错性和鲁棒性。

并行测试根植于并行处理技术，并行处理技术在操作系统、实时系统和科学计算等领域得到了深入的研究，主要有 4 种实现方式：

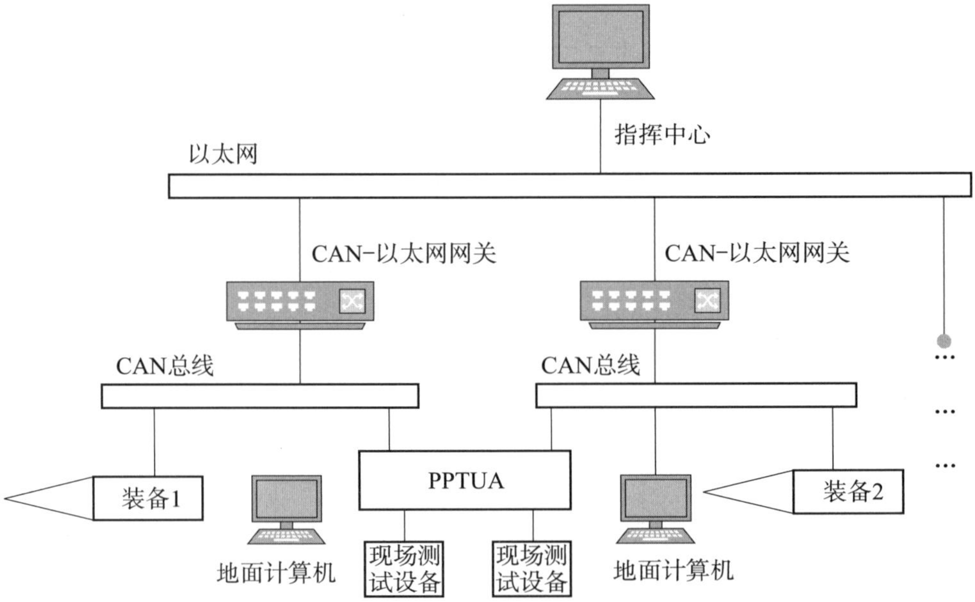

图 4-19　装备网络化并行测试系统

1）多计算机并行，也称分布式并行，即计算机之间通过网络进行通信与同步。

2）多处理器并行，即单台计算机具有多处理器，通过多处理器之间的同时运行和同步实现测试任务的并行。

3）单处理器多线程并行，即单处理器计算机通过一个进程控制多个线程，每个线程并行处理测试任务，实现多线程并行。

4）单处理器多核并行，指在单个物理处理器内集成多个核，从而支持大量的基于硬件的、线程级的并行能力，效率较高。多线程并行在自动测试系统软件开发过程中易于实现，具有较高的安全性和可靠性。

在并行测试系统及其开发过程中，支持并行测试的测试资源可以增强系统的可靠性、提高系统的开发效率，支持并行测试的测试资源包括具有并行处理能力的多通道/多功能仪器、可进行通道重构的测试接口适配器、可进行并行测试任务序列生成的管理软件、支持并行测试的系统软件开发环境等。

测试任务调度是并行测试系统开发的关键环节，并行测试软件一般通过控制各个进程或者线程实现多任务并行执行。但各测试任务之间往往由于任务优先级约束、资源共享、测试参数要求等因素，出现测试资源竞争死锁问题，甚至导致测试系统的崩溃。并行测试任务调度是一个 NP 难题，目前一般有两种解决方法：一种是采用智能调度算法，以某些测试性能指标最优为任务调度目标进行智能算法设计与优化，能够实现在性能指标最优下的最优任务调度序列，但缺少对资源冲突、资源饿死、资源互锁等问题分析；另一种是建立测试任务调度模型，然后采取某种方法对测试模型进行求解，寻求调度最优解。

并行测试系统因其并行特性，存在与传统自动测试系统的明显区别，主要体现在：

1）测试任务的调度：测试任务的调度在传统自动测试系统中影响很小，但测试任务调度直接影响并行测试的测试时间和资源利用效率，在并行测试系统中地位更为突出。

2）测试资源的配置：增加仪器资源可以提高并行测试效率，但系统成本也将随着增加。因此如何在系统测试效率和成本中取得利益最大化，是并行测试系统研究的重点之一。

3）测试软件的开发：并行测试系统主要在软件框架下实现多线程或多核的多任务并行测试，从安全性、软件开发角度看，并行测试系统软件需要实现复杂测试任务的综合调度并确保测试设备安全，软件开发工作难度更大。

综上所述，因测试任务调度、资源配置、软件开发等特点，并行测试系统的开发过程与传统测试系统略有区别，并行测试系统开发流程如图 4 - 20 所示。

4.5　装备远程测试技术

装备远程测试指通过网络或其他连接形式把分散在不同区域的测试仪器、计算机和被测对象连接起来，从而实现测试资源远程共享、测试参数远程测量、测试数据集中管理、测试过程分散操作、远程测量监控等目的。随着武器装备在战场长时间部署且无人值守成为新常态，装备状态则由分布在现场各区域的测试设备和控制终端进行自动化监测。在这种新型作战模式下，需要研发装备远程测试系统，实现在远程指挥下的装备远程自动测试与故障监测，如图 4 - 21 所示。

装备远程测试架构一般可划分为远程分布式、线形分布式两种。线形分布式架构体系中，以局域网为连接载体，所有的测试仪器设备、测试服务器和测试管理设备等均顺序连接到网络上。远程分布式结构体系则将测试仪器和测试控制器分布在一端，所有的测试进程则在另一端进行控制，一般多采取这种模式。根据两端之间功能差异，一般提供远端监测、远端控制两种运行模式。

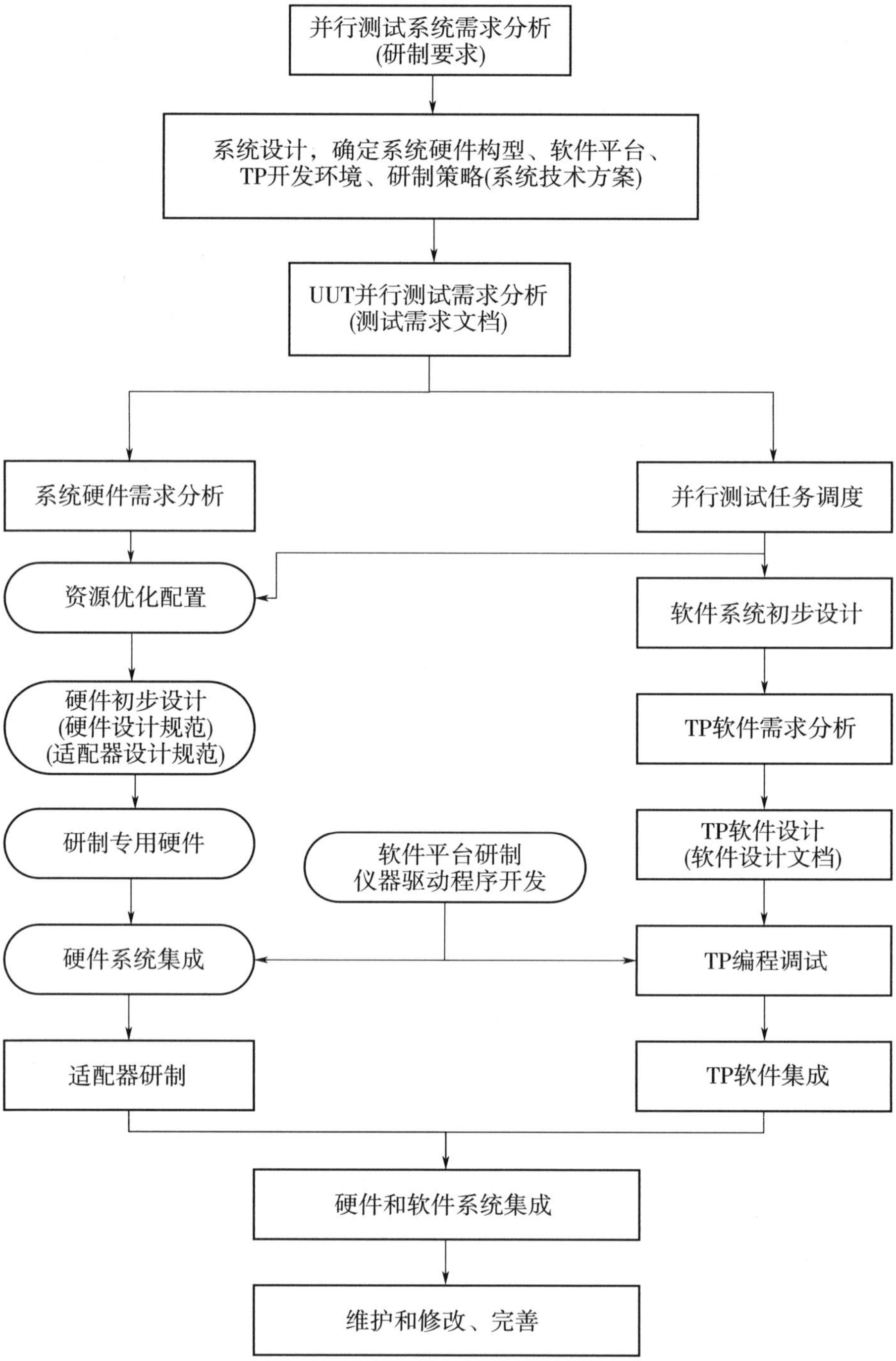

图 4－20　并行测试系统开发流程

（1）远端监测模式

在该模式下，战场上部署的装备测试数据实时回传至指挥中心，作战人员

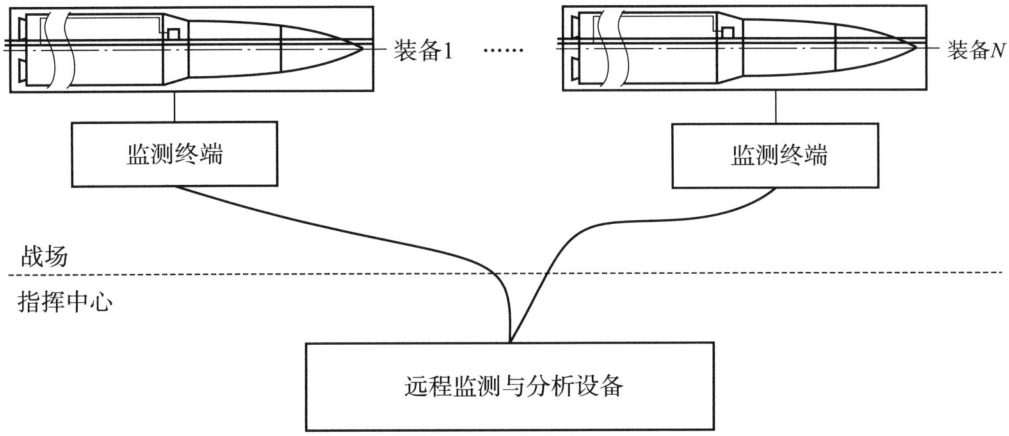

图 4-21　装备远程测试示意图

在远端进行关键测试数据的监视判读和比对分析，对测试发现的问题进行分析，对出现的故障进行排查。这种模式对网络性能要求低，且对测试的实时性、可靠性要求不高，但这种模式获取的数据有限。

（2）远端控制模式

在该模式下，远端的指挥中心远程控制战场上的装备测试设备开展测试活动并对测试现场的装备状态进行监控，作战人员在指挥中心远程分析、处理测试数据。这种模式要求远端指挥中心可以处理战场上装备测试过程的各种数据和状态，要求能够快速、准确地获取战场测试数据并进行处理，对传输网络带宽、传输系统的实时性和可靠性提出了较高的要求。一般情况下，考虑到实时性、安全性要求，测试信息首先存储在现场测试设备中，当需要获取相关信息时，由指挥中心发出信息需求命令，由测试终端设备自动发送信息。

远程测试系统由本地测试系统和远程测试系统两部分组成。这两部分测试系统通过网络实现互联和信息传输，如图 4-22 所示。

4.6　装备智能测试技术

装备智能测试技术指将神经网络、深度学习等人工智能理论和方法引入测试设备中，通过人工智能算法、云网络等技术对装备测试设备和装备本身进行智能化改造设计，进而实现测试感知智能化、测试运行智能化、测试分析智能化。测试感知智能化要求系统能够感知装备状态、测试任务模式、环境信息等；测试运行智能化指能够根据测试数据和历史数据进行进化学习，自主决定

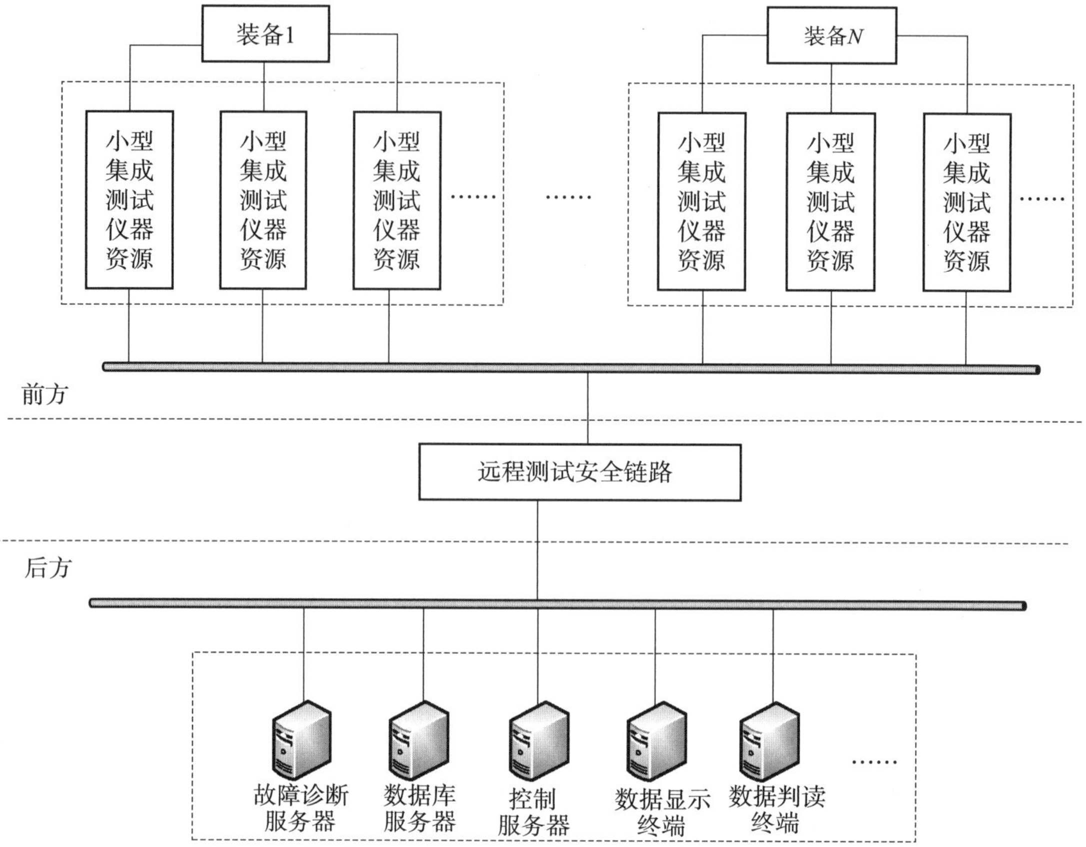

图 4－22　分布式远程测试系统总体架构

采取何种测试机制，自主实现测试控制及测试参数采集、存储、管理；测试分析智能化指通过对测试数据进行分析，对测试故障进行诊断和预测，达到降低虚警率，并提高检测和预测精度等目的。

智能测试的运行原理如图 4－23 所示，包括感知环节、采集环节、交换环节、决策环节、执行环节。其中，感知环节用于感知被测对象状态，获取被测参数数据；采集环节用于对从被测对象获取的参数数据进行调理处理和转换，包括数据放大、滤波、整形，最终转换为计算机可以理解的数据信息；交换环节主要通过网络实现数据交换、传输，确保采集端获取的数据可以不失真地传输到处理端；决策环节采用智能算法实现对被测系统参数辨识、整定，并做出对应的决策控制；执行环节则将决策控制信息转化为对测试激励源和测试仪器的控制信息，确保正确执行决策。

装备智能测试系统通过运行智能测试技术，赋予智能测试相关功能，使测

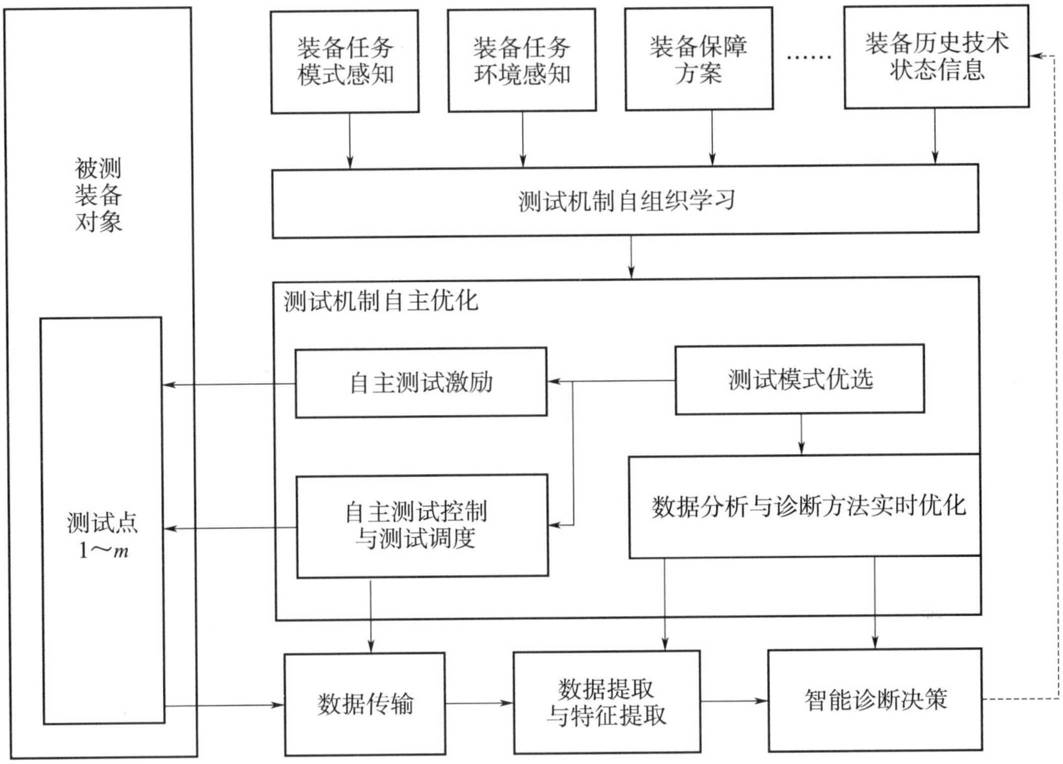

图 4－23　智能测试的运行原理示意图

试设备具有自感应、自适应、自学习和自决策等特点。装备智能测试系统的核心是知识工程，通过应用人工智能的理论与方法提供解决测试系统数据处理难题的手段，实现对知识获取、表达、推理和解释过程的智能化。自感应作为智能测试系统的基础，是对装备信号的智能感应、感知和识别；自适应指能够根据复杂任务、复杂环境需要，自动调整自身工作状态，确保运行在最优或者最合适的状态；自学习指能够通过自身运行的历史经验数据实现对各种算法能力的升级改进，实现对未知问题的处理；自决策指系统能够自主地对感知到的信息进行响应决策，实现对执行的正确控制决策。

典型的装备智能测试系统一般由智能传感设备、智能采集设备、智能交换设备、智能决策设备、智能执行设备和智能协调设备组成，如图 4－24 所示。智能传感设备主要是装备智能 BIT 设备，能够实现被测装备日常过程数据的泛在感知；智能采集设备主要由智能传感器组成，多传感器组成传感器网络，实现被测装备测试过程数据的大规模采集；智能交换设备主要实现对大规模测试数据、控制指令等的高效存储、管理和快速路由交换；智能决策设备能够根据测试数据和历史数据，依托自身的运算能力和资源对收集的数据进行分析，结合历史数据、任务要求等，对测试流程、资源调度等进行决策并不断优化；智能执行设备实现对测试仪器的精准控制。

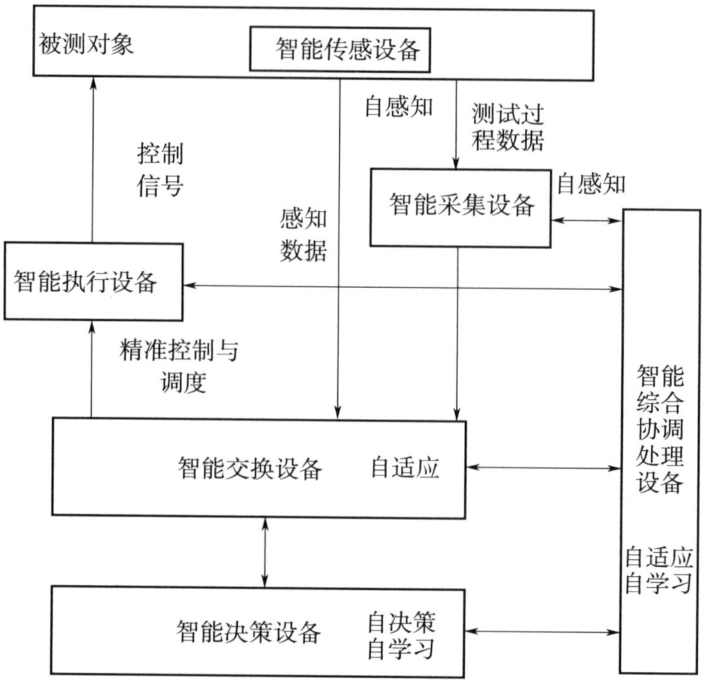

图 4-24　装备智能测试系统组成示意图

基于云的装备智能测试系统组成如图 4-25 所示。智能传感器组成智能传感网，实现对被测对象测试过程数据感知和采集，实现数据上网；云计算提供强大的运算处理能力和计算资源，对数据进行分析；基于云端编程，实现测试软件的快速部署、重构和灵活组装与拓展；应用网络计算与调度算法，实现对测试仪器设备的精准控制与调度。

云化智能测控网络（含运行的人工智能算法）构成了云计算平台，装备研制、生产、使用、保障等环节产生的数据通过云进行存储和共享，通过人工智能算法进行挖掘分析。数据共享、信息推送、边缘计算、云端处理、通用云服务是云计算平台的特征。

（1）数据共享

数据共享指实现装备全寿命周期，包括研制阶段的验证测试、生产阶段的检验测试以及作战应用与保障过程的测试数据、资源数据、使用数据、诊断数据的共享。

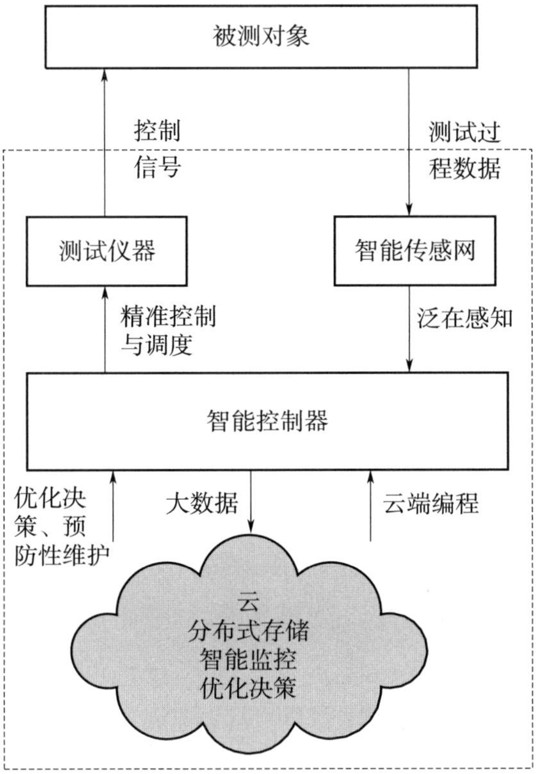

图 4－25　基于云的装备智能测试系统组成

（2）信息推送

信息推送指装备运行产生的数据、装备研制产生的数据以及各类数据经过挖掘分析产生的有用信息在适当场景下的推送。

（3）边缘计算

装备对测试分析运算的实时性要求高，原始数据量大、传输慢、成本高，且包含大量涉密信息，导致数据运行到云端成本高、风险大。通过边缘计算，提取特征数据进行诊断分析，可以大幅提升速度，降低成本。

（4）云端处理

云端在推动测试数据信息时，提供了信息修改配置接口。测试人员可利用云平台提供的测试接口进行信息修改或者进行保障任务的重新规划等。

（5）云服务

云计算架构主要包含软件即服务、平台即服务和基础设施即服务 3 个层次。软件即服务，该层次主要以 Web 方式提供服务；平台即服务，该层次为应用开发和部署提供平台服务；基础设施即服务，该层次将各种底层的计算、存储、网络资源作为服务提供给测试人员。

4.7 小结

随着武器装备的发展和作战使用模式变化，装备测试技术面临高时效性、高可靠性、高环境适应性等挑战，可归纳为“快、全、稳、准”四个特点。“快”即要求装备在测试时，测试流程响应快、测试信息传输快、测试结果分析快，缩短测试时间，提升测试效率。“全”即要求测试项目对影响装备任务成败的功能和性能等参数全面覆盖，各类测试信息全面采集和全面分析。“稳”即要求测试方案合理，测试设备可靠，为装备全寿命周期提供稳定的测试支撑。“准”即要求测试信息采集和引接准确，测试分析精度满足不同测试需求。

目前，国内外专家学者都高度关注装备测试技术发展，积极开展装备测试新体系、新技术的探索应用。在以测试数据为中心的基础上，融合人工智能技术、云计算和大数据等新技术，建立具有演化特征的装备智能测试体系，研发具备智能感知和自主认知的新一代智能测试系统，主要技术发展方向为：

（1）基于智能传感网络的装备高效测试技术

先进传感网络、嵌入式传感器以及非接触测量技术的发展为装备有效测试数据的采集和引接奠定了基础。以智能压电传感器为代表的新型低耗能、小尺寸分布式传感器网络，可把神经末梢深入到装备的结构细节中，和装备融为一体，更全面、更持久地从多个维度获取测试数据，实现测试覆盖性的大幅度提升，也可为装备在作战应用与保障过程中实时监测和快速诊断提供手段。

（2）基于云计算和边缘计算的装备测试信息融合技术

随着数据获取手段的提升，装备在全寿命周期中将会获得大量测试数据，这些数据具有异构、非标准、多来源、海量等特点。需要根据测试数据对装备的状态进行实时准确的评价及对故障进行有效诊断。而随着并行测试和远程测试技术的应用，对测试计算能力有了更高的要求，需要发展云测试系统，通过构建资源共享池并采取多备份存储方式，在提升测试系统的计算分析能力的情况下保证测试数据的安全性。在测试过程中，测试数据如果在短时间内从终端传输到云中心，传输网络可能造成拥堵瘫痪，进而影响测试的实时性。采用基于边缘计算的分布式方法，将计算与存储资源部署到边缘服务器或终端被测设备中，实现就地采集、就地数据处理，将云中心的数据处理压力分解到各边缘，降低网络负荷，减少数据传输和数据处理响应时间。

（3）融合大数据与人工智能的装备健康监测技术

通过利用装备监测数据进行健康状态评价、故障诊断与寿命预测，已逐渐成为装备测试技术发展的主要方向之一。基于数据的健康监测技术主要利用装备功能或性能特征参数来表征故障，基于测试数据进行故障诊断。而故障诊断的准确性又直接依赖于测试数据的质量。然而，由于装备系统组成和任务剖面的复杂性，故障表现形式各异，在故障模式不清晰、不全面的情况下，很难实现对装备故障的准确预测、诊断。而结合大数据的人工智能技术可有效解决故障数据小样本与模型训练需求大样本之间的矛盾。

参 考 文 献

［1］ 张宝琴．用于导弹自动测试系统开发的通用模拟器研制［D］．哈尔滨：哈尔滨工业大学，2020.

［2］ 袁勃．基于 PCI 总线的飞行控制计算机通用测试设备［D］．西安：西安电子科技大学，2014.

［3］ 陈鲁聪，冯玉光，徐望．一种新的海军导弹通用测试系统维修保障机制［J］．兵工自动化，2018，37（12）：46－49.

［4］ 蒋超利，吴旭升，高嵬，等．机内测试技术与虚警抑制策略研究综述［J］．计算机测量与控制，2018，26（11）：1－6.

［5］ 吕克洪，邱静，刘冠军，等．智能装备新型测试保障模式：无人化测试［J］．测控技术，2020，39（3）：1－8.

［6］ 蔡元文，程龙，辛朝军，等．航天装备测试技术现状与发展［J］．计算机测量与控制，2021，29（9）：1－5.

［7］ 刘杰强，张阿真，刘恒毅，等．基于云计算的并行化自动测试系统设计［J］．测试技术学报，2018，32（4）：363－368.

［8］ 陈卓，平佳伟，王有春．云计算在航天测试领域的研究与应用［J］．计算机测量与控制，2016，24（12）：17－19.

［9］ 汪浩洋，吴伟，向超．武器装备测试数据立方体模型的构建［J］．计算机测量与控制，2021，29（9）：142－146.

［10］ 王正元，刘卫东，景慧丽，等．一种并行测试任务调度优化方法［J］．兵工学报，2018，39（2）：399－404.

［11］ 丁超，唐力伟，邓士杰．基于动态优先级的测试任务抢占调度算法［J］．系统工程与电子技术，2016，38（9）：2080－2085.

［12］ 何永丛，吴伟．多航天器异地协同并行测试平台设计［J］．中国电子科学研究院学报，2020，15（1）：50－54.

［13］ 周玉清，薛小乐，母勇民，等．小型战术导弹智能测试诊断技术研究［J］．弹箭与制导学报，2016，36（6）：9－12.

［14］ 颜骥，刘丙杰，潘应华．基于云计算的智能测试保障体系构建［J］．测控技术，2020，39（12）：34－40.

[15] 黄齐来．导引系统智能测试技术研究［D］．北京：北京交通大学，2015.

[16] TOWSYFYAN H，BIGURI A，BOARDMAN R，et al. Successes and challenges in non - destructive testing of aircraft composite structures［J］. Chinese Journal of Aeronautics，2020，33（3）：771 - 791.

第 5 章　装备状态监测与智能诊断技术

5.1　概念内涵

随着测试技术、信息技术和决策理论的快速发展，武器装备系统的集成化、智能化程度不断提高，装备的健康状态直接影响其战斗力和保障力的生成与保持。为应对未来可能发生的局部冲突，武器装备作战运用必须以实战化为导向，并在各种复杂战场条件下，有效遂行作战任务。实战化是武器装备实战能力的考量，是装备最本质的要求。如果武器装备实战化保障力差，将难以形成有效的战斗力，丧失了战略威慑和战术压制能力。因此，需要武器装备具备良好的状态监测与故障诊断能力，能够完成对自身状态的监测，并在发生故障时快速开展故障诊断，转入维修保障场景，实现快速有效的保障实施，支撑装备作战能力的发挥。该能力可有效联通装备的作战应用与保障，显著提升装备的生存能力与持续作战能力，以满足武器装备的实战化要求。

为了赢取未来军事斗争的主动权，必须组织和调动各类武器系统，形成体系化的作战力量，发挥体系作战的威力。这要求武器装备在发挥自身效能的同时，还需要支撑完成体系作战。为了有效融入作战体系中，武器装备必须具有良好的状态监测与诊断能力，通过多维可达的信息流支撑实现体系作战的态势可视化，并在发生故障时，利用精准的故障诊断能力，及时响应保障要求和体系组织重构，实现快速、高效的自主保障与状态恢复。因此，通过装备良好的状态监测与故障诊断能力，使得作战体系的各组成部分能够快速、有效地进行重构，实现基于状态的差异化管理与控制，确保体系作战力量的稳固性与完整性，支撑体系作战力量的充分发挥。

5.2　状态监测技术

5.2.1　特征提取与融合

（1）特征提取

信号特征提取技术是实现故障诊断的重要手段。武器装备结构复杂、部件繁多，采集到的动态信号是各部件信息的综合反映，且由于传递途径的影响，信号变得更复杂。在诊断过程中，利用装备内嵌或外置的传感器获取各种信号，并提取信号中的各种特征信息，结合特征信息与故障模式的映射关系，进行故障诊断。不同产品在动态信号中会表现出不同的特征，针对不同类型产品的故障模式，如何设计特征提取方法对故障诊断至关重要。

常见的特征提取方法主要包括线性特征提取方法和非线性特征提取方法。线性提取方法通过假设数据是全局线性的，将输入数据在某个方向上进行投影，通过使用少量数据来保留输入数据所包含的最重要特征，可显著减少输入数据的维数进而增强后续模型的训练和识别速度，在工程中被广泛应用，例如主成分分析（Principal Component Analysis，PCA）、独立成分分析（Independent Component Analysis，ICA）和线性判别分析（Linear Discriminate Analysis，LDA）等。而在工程实际应用中，全局或局部数据不完全是线性的，为此，许多学者研究提出了诸多非线性特征提取方法，包括基于循环迭代求解和基于特征值分解的方法。前者主要包括人工神经网络方法和主曲线方法，其中人工神经网络方法将输入数据由神经网络映射到低维空间，并使其在低维空间中仍然保持高维空间点之间的近邻关系，而主曲线方法是线性主元分析的非线性推广。基于循环迭代求解的方法主要采用人工神经网络方法，通过将输入数据由神经网络映射到低维空间，并使其在低维空间中仍然保持高维空间点之间的近邻关系，可以比较有效地解决非线性数据的处理需求，但是由于其采用了循环迭代的思路，在循环求优过程中易产生局部最优值，同时计算很复杂。

而基于特征值分解的非线性特征提取方法主要分为流形学习方法和核变换方法，流形学习方法假定数据分布在弯曲的流形上，基于局部线性假设来进行数学建模，通过相应的规则实现全局结构的非线性映射，代表性算法包括等度规映射算法（Isomatric Mapping，ISOMAP）和局部线性嵌入算法（Locally Linear Embedding，LLE）。该方法主要存在两个问题：一是需要人为设定降维后的维数（本征维数）；二是只能得到给定数据集在低维空间的可视化表示，得不到非线性映射关系，无法在不重新进行学习的情况下计算新样本的低维表示。而核变换方法通过核变换将具有非线性结构的输入空间映射到特征空间，然后在特征空间采用线性方法进行特征提取。相对于流形学习方法，核变换方法将空间映射问题交由特定的核函数解决，将高维空间的内积运算转化为低维输入空间的核函数技术，不用显式地给出映射函数。目前常用的核特征提取方法包括核主成分分析（Kernel Principal Components Analysis，KPCA）、核独立成分分析（Kernel Independent Component Analysis，KICA）和核判别分析（Kernel Discriminant Analysis，KDA）等，均为传统线性特征提取方法的核化。

PCA是目前实际工程故障诊断和预测中最为常用的特征提取方法，通常用于提取数据中与系统或设备失效相关的重要特性，其主要功能是通过使用少量的数据来保留其输入数据所包含的最重要特性，通过将数据在某个方向上进行投影得到主成分，进而保留低阶主成分，忽略高阶主成分实现。

由于在故障诊断研究领域中非线性结构数据的普遍存在，上述典型线性特征提取方法的核变换，如KPCA、KDA和KICA近年来也逐步应用于故障诊断领域，在某些应用中获得了相对线性方法更好的特征提取效果。有研究比较了KPCA、PCA进行维数约减的效果，其中KPCA在各类数据集上均取得了最佳的预测效果。通过将KICA用于高维监测数据的维数约减，约减后的数据作为粒子滤波预测模型的输入，得到了比PCA和ICA更好的剩余使用寿命（Remaining Useful Life，RUL）预测效果。

经特征选择后得到的剩余特征虽然与系统的退化过程有一定程度的相关性，但是当变量数目较多时，变量间相关结构的理解仍然比较困难。采用诸如PCA、ICA和LDA之类的多变量分析技术来处理具有复杂相关结构的数据，以期对原有的特征进行线性结合，得到一组相对原有特征更为紧凑且具有更强辨别能力的新特征。由于系统结构通常较为复杂且多为非线性系统，在工作过程中往往还会受到严重噪声的干扰，剩余特征之间或剩余特征与系统的退化行为之间可能呈现复杂的非线性关系，并不能很好地直接表征系统的退化行为，此时采用线性特征提取方法得到的新特征效果不佳，需要采用非线性特征提取方法处理此类非线性问题。KPCA、KICA和KDA等是目前最常用的非线性特征提取方法，它们将空间映射问题交由特定的核函数解决，不用显式地给出映射函数，只需挑选合适的核函数和适当的参数。故障预测的输入特征通常来自多种不同类型的状态监测变量，这些特征往往具有不同的特点，采用单一核函数进行映射的方法对所有特征进行处理并不合理，导致提取的特征不能很好地反映系统的退化行为。

（2）特征融合

状态监测数据经过上述特征提取处理后，往往得到的仍是多维特征。对于复杂系统而言，单个特征无法满足故障诊断的精度需求，每个特征可能只包含部分可以反映系统健康状态的信息，因此需要采用特征融合方法将每个特征包含的部分相关信息有机地结合起来，构建能够表征系统退化行为的健康因子。由于提取后的特征常用于表征被监测系统的健康状态，而这些特征往往并不能线性地表达系统真实的退化过程，因此特征融合方法的功能是准确地构建提取后的特征与真实的系统或设备的健康状态之间的非线性关系。由于不同的特征经融合处理后得到了一维的健康因子，特征融合方法实际上是一种特殊的特征提取方法。对于系统或设备的健康评估而言，最需要关注的是防止特征融合的结果比性能最好的单一特征的性能更差。当进行特征融合的特征集合中包含不具有故障预测能力的特征时可能会发生这种情况，而根据对提取的特征的理解以及实际经验来选择合适的特征融合方法可解决此问题。

5.2.2　状态监测

装备状态监测指装备在运行过程中利用监测手段来获得振动、噪声、温升、磨损量等相关参数的信息。根据监测物理参数及实施技术不同，状态监测技术可分为振动监测、噪声监测、温度监测、无损检测等。

（1）振动监测

振动是设备运行过程中表征是否健康的重要参数。当设备有故障时，往往会表现出振动过大。通过监测振动参量，如振动位移、加速度、频率、相位等，判断设备的健康状况。由于振动在不同程度上反映了设备的特性和它们所处的工作状态，因此振动监测是最普遍、最有效的状态监测技术之一。

（2）噪声监测

声音常伴随设备运行过程，当设备运行不正常或有故障时，会出现噪声过大的现象。

（3）温度监测

一般来说，温度异常是机械设备故障的典型信号，利用这种热信号，可以分析产品缺陷和诊断各种热应力引起的故障。温度监测主要以温度、温差、温度场、热像等热力参数为检测目标。根据故障热信号获取方式的不同，可分为主动式和被动式两类，被动式指通过装备自身的热量来获取状态信息，主动式指通过人为注入一定热量后，再获取其状态信息。目前红外、激光等测温技术已成熟应用于各种领域，不仅可用于查找机械的各种热故障，而且可弥补射线、超声、涡流等无损检测方法的不足，并探测机件内部的各种故障隐患。

（4）无损检测

设备的损伤或缺陷均可能引起设备使用性能的下降，为保证使用中设备的良好状态，需要定期对设备的关键机件进行监测，采用的主要方法是无损检测法，包括：光学检测法、射线检测法、磁粉检测法、渗透检测法、超声检测法、涡流检测法等。利用这些无损检测方法能发现零件损伤或缺陷，并且根据损伤的种类、形状、大小、产生部位、应力水平、应力方向等信息，来预测损伤发展的趋势，以便采取相应的措施排除隐患。

5.3　故障诊断技术

故障诊断指检测故障与隔离故障的过程。故障检测则指发现故障存在的过程，故障隔离指把故障确定到可维修的产品层次的过程。随着系统复杂度的提升以及各类故障诊断技术的快速发展，故障诊断可定义为利用系统各种状态信息和已有的各种知识进行信息的综合处理，最终得到关于系统运行状况和故障状况的综合评价的过程。

故障诊断既是一项与工程实践紧密相关的技术，也是一门具有一定理论深度的学科。故障诊断的发生与人类社会物质文明的发展紧密相关，可以划分为4个阶段：第一阶段是19世纪末至20世纪初，大量机械与电气设备的出现与使用，使得故障诊断技术得到研究与重视；第二阶段是20世纪初至60年代，工业社会的发展不断成熟，其中武器装备的发展对故障诊断的要求日益提升；第三阶段是20世纪60年代至90年代，半导体技术快速发展，传感器技术、检测技术不断提高，使故障诊断技术也得到了快速的进步；第四阶段是20世纪90年代以来，人工智能理论与技术的崛起为智能诊断提供了客观的技术基础，故障诊断技术也涌现出新的发展方向。

根据是否从机理模型出发，故障诊断方法主要分为基于模型的诊断方法和数据驱动的诊断方法。基于模型的诊断方法以系统的物理特性为基础构建故障模式推理模型，是一种“白盒”方法；数据驱动的方法直接构建数据与故障模式之间的关系模型，是一种“黑盒”方法。在工程应用中通常很难严格意义上区分基于模型的诊断方法和数据驱动的诊断方法，往往是两种方法的融合。

5.3.1　基于机理模型的诊断方法

基于机理模型的诊断方法利用系统的结构、行为和功能等方面的知识对系统进行诊断推理，其基本思想就是利用系统内部结构、行为或功能模型来预测系统行为，并将这些模型预测值与系统观测值进行比较，主要包括定量模型、半定量模型和定性模型的方法。

（1）基于定量模型的诊断方法

基于定量模型的诊断方法也叫基于解析模型的诊断方法，其核心思想是用解析冗余取代硬件冗余，以系统的数学模型为基础，利用观测器、等价空间方程、Kalman 滤波器、参数模型估计和辨识等方法产生残差，然后基于某种准则或阈值对该残差进行评价和决策，主要分为状态估计法、参数估计法和等价空间法。

1）状态估计法。用真实系统的输出与观测器或滤波器的输出进行比较形成残差。从残差中提取故障特征，并设计相应的判决分离算法，实现故障诊断。

2）参数估计法。通过对系统模型参数的辨识来达到诊断目的，即由参数的显著变化来描述故障。思想就是把理论建模与参数辨识结合起来，根据参数变化的统计特性来检测故障信息，根据参数估计值与正常值之间的偏差来判断故障的情况。

3）等价空间法。等价空间法的实质是把测量信息进行分类，得到最一致的冗余数据子集，用于系统的状态估计，并识别出最不一致的冗余数据，即可能发生故障的数据。

（2）基于定性模型的诊断方法

定性仿真是一种面向约束的方法，从一个定性约束集和一个初始状态出发，预测系统未来所有可能的行为，作为微分方程的抽象，定性仿真有着精确的数学语义。系统的定性仿真是从已知的系统结构和一个初始状态出发，产生一个有向图。该有向图由系统未来可能的状态和状态之间的直接后继关系组成，系统的行为就是有向图中从初始状态出发的一条路径。定性模型方法可分为因果图法和定性物理法。

1）因果图法。因果关系作为一种系统理解的通用性模式，可用来解释系统。系统间的因果关系可描述为有向图（Signed Directed Graph，SDG）的形式，节点间的有向边表示由原因节点到结果节点。SDG 为图形化描述定性模型提供了非常有效的方法，已经大量用于故障诊断中。

2）定性物理法。定性物理方法可分为两类，第一类就是由微分方程推理出定性方程，第二类是从普通微分方程（Ordinary Differential Equation，ODE）中推理出定性行为，许多不同故障的定性行为可用作知识源。

5.3.2 数据驱动的诊断方法

随着装备系统复杂度与智能化水平的不断提升，基于故障机理模型的故障诊断方法暴露出建模难度大、代价高、模型精度差等问题。与此同时，随着能够用于监测数据的传感器技术、用于传输数据的有线/无线通信技术、用于高效存储数据的数据库技术、用于分析处理数据的智能算法等的快速发展和不断进步，数据驱动的故障诊断方法应运而生。在装备大数据背景下，信号处理、统计分析、特征工程、大数据分析、深度学习、迁移学习、强化学习等数据挖掘分析算法快速发展，为数据驱动的故障诊断方法的发展提供了核心动力。与基于机理模型的故障诊断方法相比，数据驱动的故障诊断方法既不需要对装备或产品开展精细化的故障机理建模，也不需要充足的专家经验知识来构建完善的经验知识库与规则库，仅仅立足于数据本身，通过对数据的整理、分析、学习、处理和融合，实现对装备的健康状态的识别与评估、故障的检测与隔离、剩余寿命的预测与评价等，极大地推动了故障诊断技术在工程实践中的应用。数据驱动故障的诊断方法主要分为基于信号处理的故障诊断方法和基于机器学习的故障诊断方法两类。

（1）基于信号处理的故障诊断方法

针对不同的诊断对象，主要的监测手段有基于声发射、基于振动信号、基于温度以及基于油碎片等。振动信号监测方法由于基础理论比较完备，并且操作上简单易行，具有较好的工程实用性，在系统故障诊断领域中得到了广泛的应用。基于振动信号的故障诊断方法本质上就是通过对采集的振动信号进行时域、频域、时频域、信息熵域等的故障特征提取与选择，以获取表征系统或设备健康状态的特征信息，并将这些故障特征参数作为分类器的输入来实现故障诊断模型的训练和应用。振动信号时域、时频域、熵域的特征参数能够全面、直观地反映振动信号中蕴藏的故障征兆信息。

（2）基于机器学习的故障诊断方法

虽然基于信号的故障诊断方法已经取得了较好的效果，但其在实施过程中，大多时候都要依靠专业的信号处理相关知识才能完成故障特征参数的提取和选择。当需要考虑复杂工况运行时，上述所要求的专业知识和经验将会加倍增长。为此，如何避免人为参与所导致的诊断误差，成为数据驱动的故障诊断技术领域的研究热点。基于信号的故障诊断方法通常需要特征提取和模式识别两大步骤，特征提取环节需要大量的专家经验，能否直接建立采集参数与故障模式之间的关系，提出能够实现特征提取与模式识别过程深度融合的端到端的诊断模型成为迫切需要解决的问题。随着支持向量机、深度学习、迁移学习、强化学习等机器学习方法的兴起和发展，构建智能化的故障诊断方法成为可能，并据此产生了很多性能表现优异的故障诊断方法。在故障诊断领域有着广泛应用的典型机器学习方法有人工神经网络（Artificial Neural Network，ANN）、随机森林（Random Forest，RF）和支持向量机（Support Vector Machine，SVM）等。使用这些机器学习方法不需要大量的信号分析与处理相关的专业知识，仅通过应用带标签的样本对故障特征进行有效的学习，通过故障特征的自主认知实现故障模式的识别和自动分类，简化了装备系统故障诊断的过程，大幅提高了故障诊断精度和诊断效率。在各类机器学习方法中，人工神经网络模型因其在处理多元非线性分类问题中的良好性能受到国内外研究者的广泛关注。在训练样本充足的情况下，可以应用大量的带标签数据来训练人工神经网络模型，以保证其隐层能够学习到数据的高维特征表示，进而实现故障模式的识别和分类。

5.3.3　故障诊断方法分析比较

基于模型和数据驱动两类故障诊断方法的分析比较见表 5－1。在实际工程应用过程中，若研究对象结构组成相对简单、故障机理清晰，则建议使用基于机理模型的故障诊断方法；若研究对象复杂，建立机理模型的成本和代价过高，可采用数据驱动的诊断方法，以历史故障信息构建状态数据与故障模式之间的“黑盒”映射模型，进而对待辨识的系统状态开展诊断。

表 5－1　故障诊断方法的分析比较

方法分类/对比角度	基于模型方法	数据驱动方法
对故障机理的依赖性	严重依赖故障机理	不依赖故障机理

续表

方法分类/对比角度	基于模型方法	数据驱动方法
是否需要状态数据	需要状态数据	需要状态数据
模型可解释性	可解释性强	可解释性弱
模型泛化性能	泛化性能差	泛化性能好
建模难易度	建模困难,代价高	建模容易,代价低

5.4 装备故障智能诊断方法

5.4.1 基于知识推理的故障诊断方法

(1) 基于多信号流的状态传播模型

基于多信号流的状态传播模型的基本原理是通过信号传递关系来描述故障模式与测试之间的相关关系，进而构建故障模式与测试之间的相关性矩阵，生成诊断知识，支撑诊断推理。如图 5-1 所示的多信号流模型表示了测试与故障的相关关系，正方形代表故障模式，圆形代表测试，箭头代表信号流的传递方向，根据多信号流模型的假设，沿着箭头的方向，各测试对信号流的响应是一致的。例如，故障 F_3 发生时，沿着信号流动的方向，T_4、T_7 和 T_8 均可以检测到该故障发生。

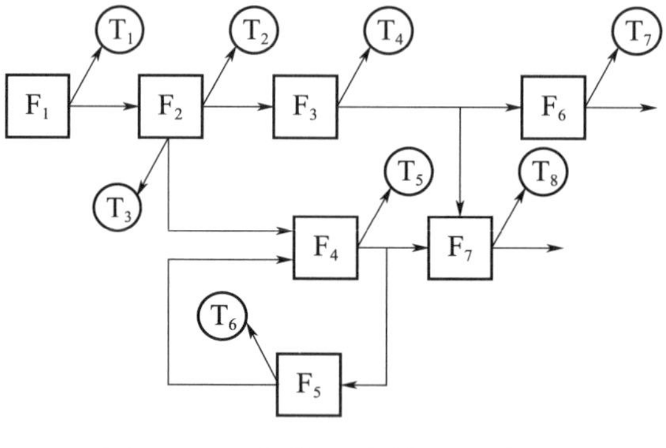

图 5-1　多信号流模型示意图

多信号流模型通过有向图的方式描述故障模式与测试之间的相关关系，还包括数学模式，它是在图示模型的基础上，根据信号传递关系建立故障模式与测试之间的相关性矩阵（dependency matrix），也称为 D 矩阵。在生成 D 矩阵的过程中，首先需要列出所有的故障模式与测试方案，形成矩阵样式。再依据图示模型中的信号流信息，逐个对故障模式进行分析，如果测试方案能够检测到该故障模式，则对应位置的数字为 1，反之为 0，这样就形成了一个可达矩阵，如图 5－2 所示。

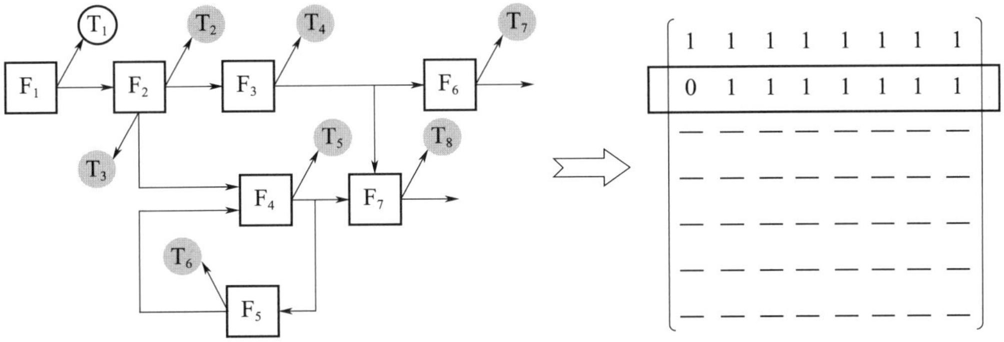

图 5－2　图形模型向数学模型的转化（以 F_2 发生的传递关系为例）

D 矩阵可直接或通过一定转换作为故障诊断中的诊断知识，一般将其进行简化分析，得到故障字典。故障一般是简化的 D 矩阵，它选用的测试比原始 D 矩阵要少，选用的过程包括检测用测试选择与隔离用测试选择。通过测试选用，能够给出优化后的测试顺序。

故障字典是更加紧凑的诊断知识，可以将故障字典转化为二叉树结构，即诊断树，它清晰地描述了故障定位的排查顺序，并且这种树状结构可以采用计算机常见的结构化数据进行表达，以便于诊断知识的存储与加载。在 IEEE 1232 标准（全测试环境人工智能交换与服务）中，采用 xml 形式进行描述与诊断推理。D 矩阵与诊断树的形式如图 5－3 所示。

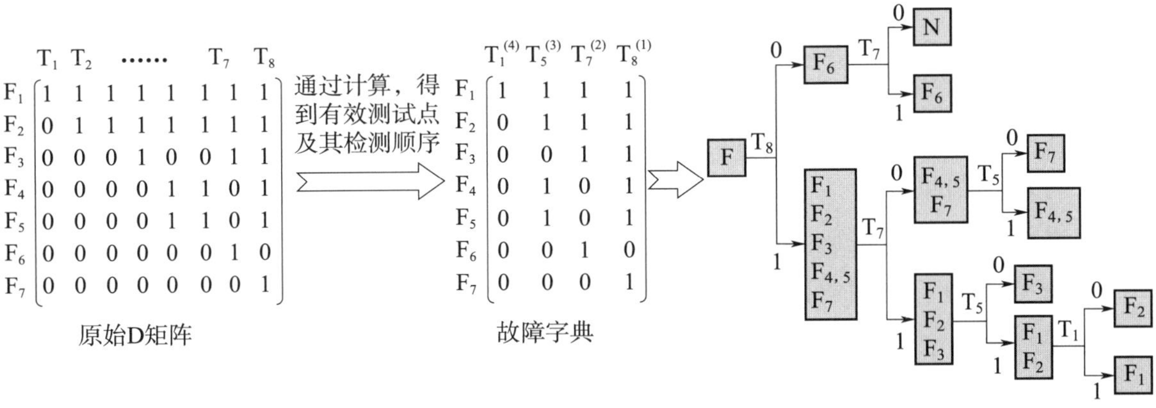

图 5－3　D 矩阵、故障字典与诊断树示意图

对于装备系统，多信号流模型建模原理如图 5 - 4 所示。

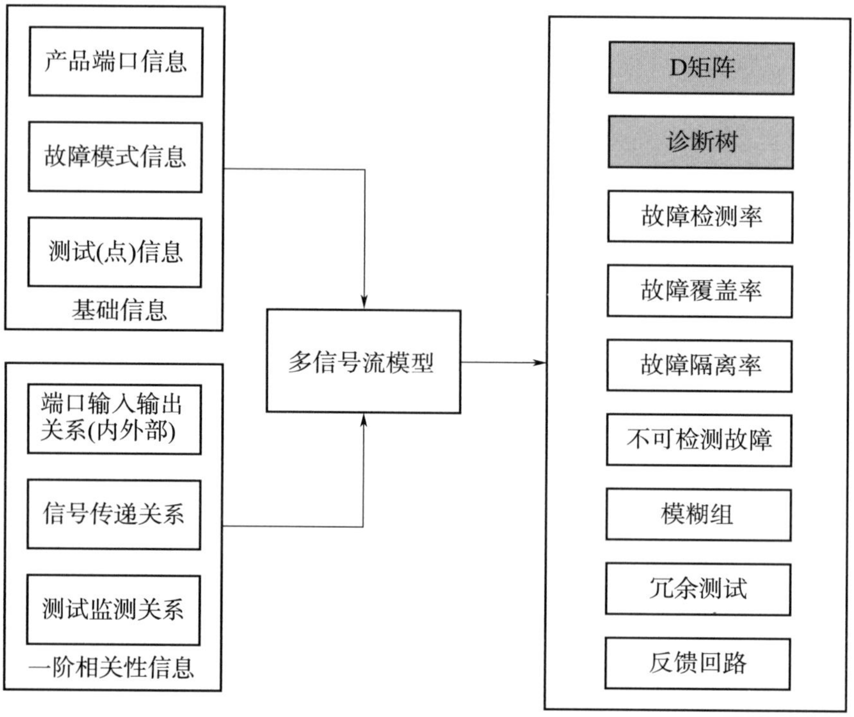

图 5 - 4　多信号流模型建模原理

(2) 基于相关性矩阵的快速诊断方法

通过多信号流建模得到的可达矩阵是一种相关性矩阵，矩阵描述了产品测试与故障之间的相关关系，利用这种相关关系可以支撑快速实现故障诊断。当得到待识别状态的状态向量时，用其与相关性矩阵进行对比，当找到与之一样的行向量时，其对应的故障模式被认为是当前的产品状态，其基本原理如图 5 -5 所示。

在实现过程中，这种直接比对的方法利用一对嵌套循环，逐行、逐元素进行比对查找结果。为了表示诊断方法的计算复杂程度，使用计算机科学中的复杂度进行描述，它采用 O 表述。

由于这种直接比对的方法是一对嵌套循环过程，因此其时间复杂度为 $O(n^2)$ 。可见，当矩阵规模增大后，直接比对方法的效率会随着矩阵规模增大而显著降低。

为了提高诊断效率，先对故障字典的每一行进行求和，将测试向量的和与矩阵中行向量的和先进行比对，如果相等，则展开对该测试向量与矩阵中对应

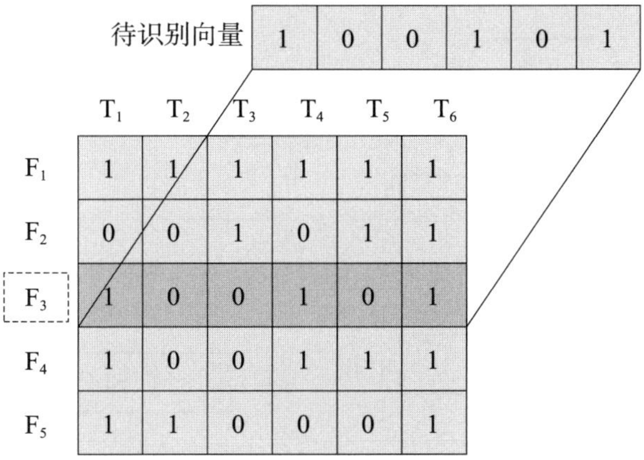

图 5－5　基于知识的快速诊断一般思路

的向量进行逐元素对比。其处理流程如图 5－6 所示。

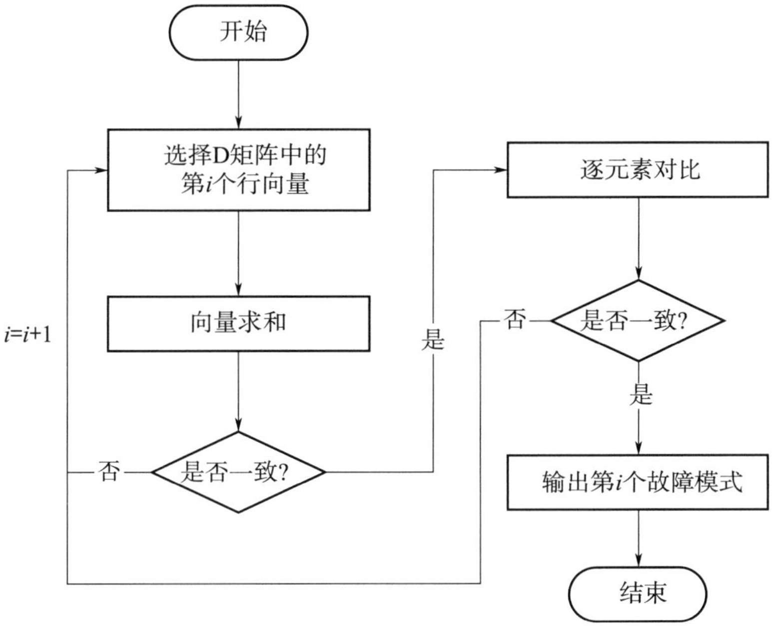

图 5－6　基于求和技巧的快速诊断流程

上述快速诊断方法的本质是，把向量之和作为其粗略的特征值，先利用该特征值做第一次过滤，如果匹配到该特征值，则再进行逐元素匹配。在此基础上为了进一步提高诊断效率，以应对大规模矩阵所带来的计算复杂性，对向量进行分割处理。分割处理的做法是，将诊断知识分成小段，将每小段之和作为其特征值；当进行搜索匹配时，如果各小段向量之和与诊断知识之中的和一致，则再次分割，直至得到结果。其处理流程如图 5-7 所示。

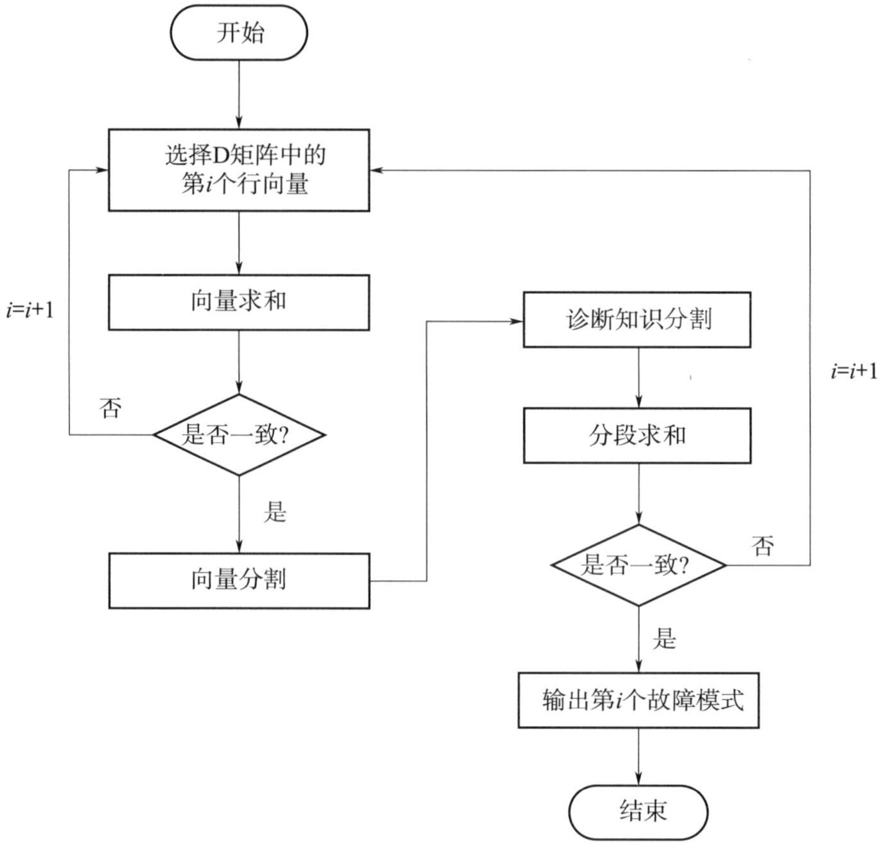

图 5-7　基于向量分割的诊断算法

尽管这种方法能够提高故障诊断的效率，但在极端情况下，算法的诊断效率会退化到 $O(n^2)$。除了直接利用 D 矩阵的快速诊断，也可以用另一种诊断知识——诊断树进行快速故障诊断。诊断树是一种二叉树，基于诊断树可以根据测试的真实结果，在诊断树中选择不同的分支，直至找到叶节点，即诊断结果。例如，当测试向量为（T_1（0），T_5（1），T_7（1），T_8（1））时，则基于诊断树与实际的测试结果逐层搜索得到故障模式为 F_2，其搜索过程如图 5-8 所示。

这种基于二叉树的故障诊断，需要不断在每个节点进行判断，即第一次在根节点判断，第二次在第二层节点判断，以此类推，树的高度是多少就会判断多少次。

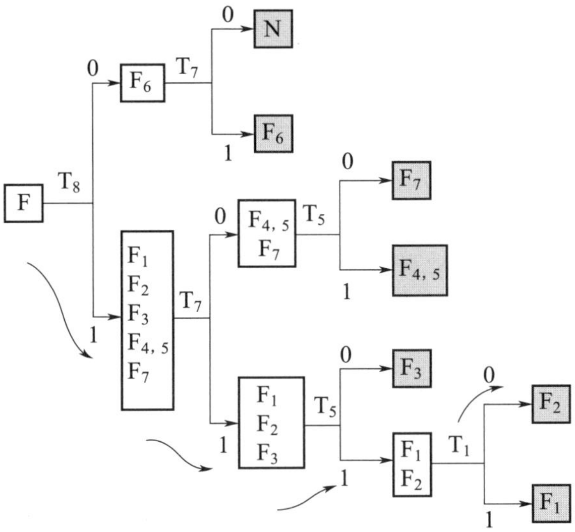

图 5－8　基于诊断树的故障诊断过程

5.4.2　融合机理和数据的故障诊断方法

融合机理和数据的诊断方法指基于装备的故障机理与故障模式信息，通过信号分析方法提取装备的故障特征，再利用人工智能方法构建特征与故障模式的映射关系。融合机理与数据的诊断方法一般适用于机械、机电产品的故障诊断，它的一般处理过程如图 5－9 所示。根据特征提取方法以及诊断模型构建方法的不同，可以将其分为基于信号分析的方法与基于深度学习的方法。

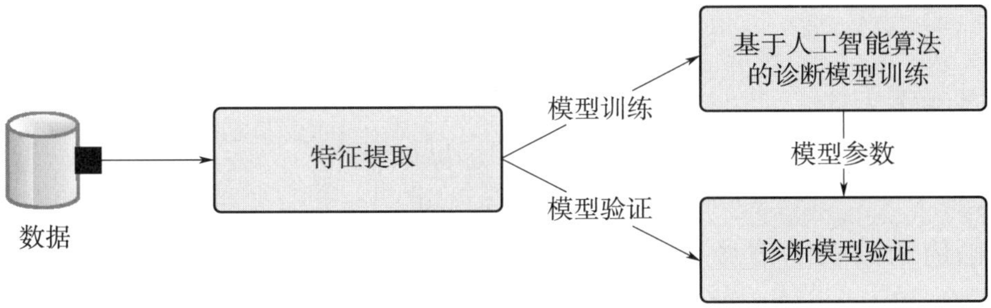

图 5－9　融合机理和数据的诊断方法一般处理过程

5.4.2.1　基于信号分析和机器学习的故障诊断方法

特征提取是故障诊断的重要内容，通过特征提取，找到装备故障模式的特点，进而为诊断提供输入。典型的特征提取方法有希尔伯特-黄变换和时频谱质量距熵。

(1) 希尔伯特-黄变换

希尔伯特-黄变换（HHT）主要由 2 个部分组成：经验模态分解（EMD）和希尔伯特变换。经验模态分解将时间序列分解成一系列被称为固有模态函数（IMF）的单分量信号，一个单分量信号代表了一个近似于最普遍、最基本简谐函数的振荡函数。每个 IMF 有着不同的频率分量，包含信号中由最高到最低的频率分量，有指示不同故障信息的潜能。

通过 EMD 方法，原信号被分解为

$$x(t)=\sum_{i=1}^{n}c_i(t)+r_n(t)$$

式中，$c_i(t)$ 为一个 IMF 分量；$r_n(t)$ 为残余分量，一般为信号的平均趋势，为常数序列或单调序列。

通过 EMD 分解得到 IMF 后，就可以对每一个分量做希尔伯特变换，得到其瞬时频率和瞬时幅值。设 IMF 分量为 $c(t)$，则它的复解析信号为

$$H[c(t)]=c(t)+\mathrm{j}\tilde{c}(t)=a(t)\mathrm{e}^{\mathrm{j}\phi(t)}$$

其中，$\tilde{c}(t)$ 为

$$\tilde{c}(t)=\frac{1}{\pi}\int_{-\infty}^{+\infty}\frac{c(\tau)}{t-\tau}\mathrm{d}\tau$$

$a(t)$ 为幅值函数，其值为

$$a(t)=\sqrt{c(t)^2+\tilde{c}(t)^2}$$

$\phi(t)$ 为相位函数，其值为

$$\phi(t)=\arctan(\tilde{c}(t)/c(t))$$

瞬时频率为

$$f(t)=\frac{1}{2\pi}\frac{\mathrm{d}\phi(t)}{\mathrm{d}t}$$

其中，幅值函数表示信号每个采样点的瞬时幅度能量；相位函数表示信号每个采样点的瞬时相位，对其求导就得到瞬时频率。对每个 IMF 分量做希尔伯特变换并忽略分解余项，数据可以表示为

$$x(t)=\sum_{i=1}^{n}a_i(t)\exp(\mathrm{j}\int\omega_i(t)\mathrm{d}t)$$

根据上式可以将幅度和瞬时相位作为时间的函数表示在三维平面中，幅度的这种时频分布被称为希尔伯特幅度谱，简称为希尔伯特谱。通常用幅度的平方来表示能量密度，如果用幅度的平方代替希尔伯特幅度谱中的幅度，将得到

希尔伯特能量谱。

（2）时频谱质量距熵

信息熵的数学定义为：设 $p(p_1, p_2, \cdots, p_n)$ 为一随机事件的概率分布，k 为任意的常数，一般取为 1，该分布所具有的信息熵定义为

$$s(p)=-k\sum_{i=1}^{n}p_i\ln p_i$$

信号的时频分布描述信号在采样时间内各个频率处的能量分布情况，不同工作状态下时频分布不同，为定量地描述这种差异程度，将信息熵理论引入故障信号时频分布中。不同故障信号在时频分布上的差异表现为时频平面上不同的时频片段能量分布的不同，时频熵可以量化这种差异，进而反映机器的运行状态。如图 5－10 所示，将时频平面等分为 N 个面积相等的时频块，每块内的能量为 $E_i(i=1, \cdots, N)$，整个时频平面的能量为 A，对每块进行能量归一化，得到 $q_i=E_i/A(i=1, \cdots, N)$，于是有 $\sum_{i=1}^{N}q_i=1$，符合计算信息熵的归一化条件，参照信息熵的计算公式，信号的时频熵的计算公式定义为

$$s(q)=-\sum_{i=1}^{N}q_i\ln q_i$$

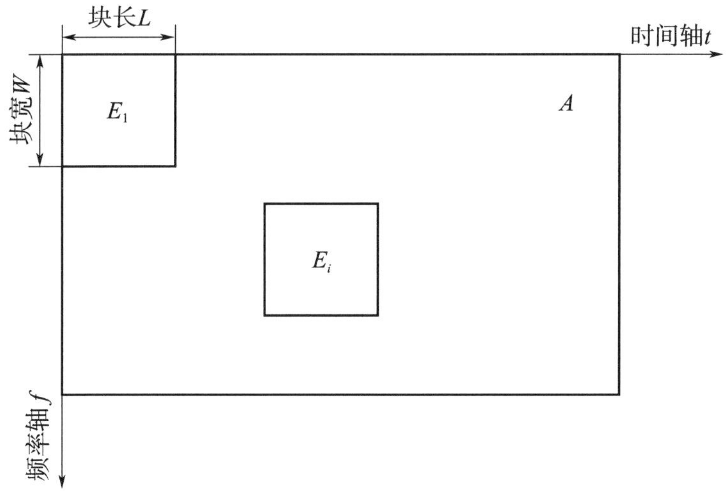

图 5－10　时频熵原理示意图

信息熵、时频熵的定义是在随机变量的假设下进行的，也即变量间没有顺序差异。然而，将信息熵引入故障诊断领域后，不仅要区分各个能量块的能量大小，还应该关注该能量块所在的位置，综合坐标和量值信息准确地衡量故障

信号的分布状态。反过来讲，如果不考虑各个时频块的位置，时频平面各个时频块的能量值不变，打乱原有的顺序，则计算得到的时频熵不变，而顺序差异恰恰常常反映不同的故障信息，这说明仅关注量值的信息熵定义形式并不能准确地刻画故障特征。

为了综合刻画故障信号分布的量值信息和位置信息，在定义熵的过程中考虑当前时频块所在的位置，提出一种适合于故障诊断问题的质量距熵。如图 5 -11 所示，将时频平面等分为 N 个面积相等的时频块，每块内的能量为 $E_i(i=1,\cdots,N)$，该时频块内能量对时间轴 t、频率轴 f 和对原点 O 的质量距分别为

$$\begin{cases}M_{ti}=E_i d_{ti}\\M_{fi}=E_i d_{fi},\\M_{Oi}=E_i d_{Oi}\end{cases}\quad i=1,\cdots,N$$

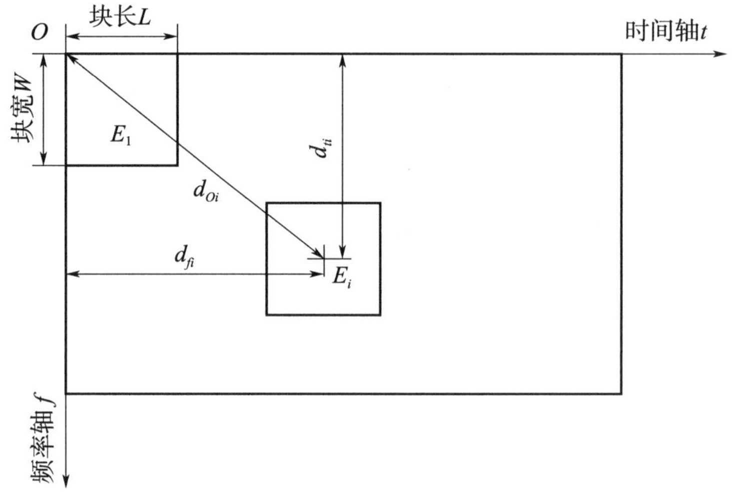

图 5 - 11　质量距熵计算原理图

整个时频平面对两坐标轴和对原点的质量距分别为

$$\begin{cases}M_t=\sum_{i=1}^{N}M_{ti}\\M_f=\sum_{i=1}^{N}M_{fi},i=1,\cdots,N\\M_O=\sum_{i=1}^{N}M_{Oi}\end{cases}$$

对每个时频块能量的质量距进行归一化，得到：

$$\begin{cases}q_{ti}=M_{ti}/M_t \\ q_{fi}=M_{fi}/M_f, i=1,\cdots,N \\ q_{Oi}=M_{Oi}/M_O\end{cases}$$

于是有：

$$\begin{cases}\sum_{i=1}^{N} q_{ti}=1 \\ \sum_{i=1}^{N} q_{fi}=1, i=1,\cdots,N \\ \sum_{i=1}^{N} q_{Oi}=1\end{cases}$$

故障信号时频分布对时间轴、频率轴和对原点 O 的质量距熵分别定义如下：

$$\begin{cases}s_t(q)=-\sum_{i=1}^{N} q_{ti}\ln q_{ti} \\ s_f(q)=-\sum_{i=1}^{N} q_{fi}\ln q_{fi} \\ s_O(q)=-\sum_{i=1}^{N} q_{Oi}\ln q_{Oi}\end{cases}$$

式中，q_{ti}，q_{fi} 和 q_{Oi} 分别为第 i 个时频块能量质量距占整个时频分布能量质量距的比值。

对时间轴的质量距熵 $s_t(q)$ 表征时频分布对频率 f 的复杂性，即故障信号能量在不同频率段的分布情况；对频率轴的质量距熵 $s_f(q)$ 表征时频分布对时间的复杂性，即故障信号能量分布的时变特性；对原点 O 的质量距熵 $s_O(q)$ 表征时频分布的综合复杂性。质量距熵（$s_t(q)$，$s_f(q)$，$s_O(q)$）可以全面地度量故障信号时频分布的复杂性，且维度较低，适合可视化分析，可以作为故障诊断时的故障特征向量。

在得到特征的基础上，就可以利用机器学习方法构建诊断模型。故障诊断过程可以看作一个基于特征的分类过程，常见的机器学习分类方法有很多，考虑到模型的体量与处理速度，工程上常用的方法有基于 Softmax 方法与基于

Multi－SVM 方法。

（1）基于 Softmax 分类器的故障诊断方法

Softmax 回归分类方法简单实用，且训练过程快、参数较少，因此 Softmax 回归分类方法常被用于故障诊断中进行模式识别。

假设总共有 k 个分类类别，在 Softmax 回归中系统的方程为

$$h_{\boldsymbol{\theta}}(x^{(i)})=\begin{pmatrix} p(y^{(i)}=1\mid x^{(i)};\boldsymbol{\theta}) \\ p(y^{(i)}=2\mid x^{(i)};\boldsymbol{\theta}) \\ \vdots \\ p(y^{(i)}=k\mid x^{(i)};\boldsymbol{\theta}) \end{pmatrix}=\frac{1}{\sum_{j=1}^{k}\mathrm{e}^{\boldsymbol{\theta}_j^{\mathrm{T}}x^{(i)}}}\begin{pmatrix} \mathrm{e}^{\boldsymbol{\theta}_1^{\mathrm{T}}x^{(i)}} \\ \mathrm{e}^{\boldsymbol{\theta}_2^{\mathrm{T}}x^{(i)}} \\ \vdots \\ \mathrm{e}^{\boldsymbol{\theta}_k^{\mathrm{T}}x^{(i)}} \end{pmatrix}$$

其中的参数 $\boldsymbol{\theta}$ 不再是列向量，而是一个矩阵，每一行是一个类别对应分类器的参数，总计 k 行。因此，$\boldsymbol{\theta}$ 可以写成形式为 $\boldsymbol{\theta}=\begin{pmatrix} -\boldsymbol{\theta}_1^{\mathrm{T}}- \\ -\boldsymbol{\theta}_2^{\mathrm{T}}- \\ \vdots \\ -\boldsymbol{\theta}_k^{\mathrm{T}}- \end{pmatrix}$。

在采用梯度下降法优化模型参数时，Softmax 回归中损失函数的偏导函数为

$$\nabla_{\boldsymbol{\theta}j}J(\boldsymbol{\theta})=-\frac{1}{m}\sum_{i=1}^{m}[x^{(i)}(1\{y^{(i)}=j\}-p(y^{(i)}=j\mid x^{(i)};\boldsymbol{\theta}))]$$

$\nabla_{\boldsymbol{\theta}j}J(\boldsymbol{\theta})$ 本身是一个向量，它的第 l 个元素 $\frac{\partial J(\boldsymbol{\theta})}{\partial \boldsymbol{\theta}_{jl}}$ 是 $J(\boldsymbol{\theta})$ 对 $\boldsymbol{\theta}_j$ 的第 l 个分量的偏导数。$1\{\cdot\}$ 是一个指示性函数，即当大括号中的值为真时，该函数的结果就为 1，否则其结果就为 0。

为了避免最优解不唯一的问题，在损失函数中加入规则项使代价函数成为严格的凸函数，从而定义新的偏导函数为

$$\nabla_{\boldsymbol{\theta}j}J(\boldsymbol{\theta})=-\frac{1}{m}\sum_{i=1}^{m}[x^{(i)}(1\{y^{(i)}=j\}-p(y^{(i)}=j\mid x^{(i)};\boldsymbol{\theta}))]+\lambda\boldsymbol{\theta}_j$$

通过最小化 $\nabla_{\boldsymbol{\theta}j}J(\boldsymbol{\theta})$，就可以构建一个有效的 Softmax 分类模型。

（2）基于 Multi－SVM 的故障诊断方法

支持向量机（SVM）是一种非常经典的机器学习方法，由于它是通过寻找样本中的支持向量来实现模式辨识的，因此可以实现小样本下的模型训练，同时，它可以通过引入核函数实现对非线性可分数据的分类（见图 5－12）。经典的支持向量机是二分类方法。假设存在训练样本 $\{\boldsymbol{x}_i, y_i\}$，$i=1, 2, \cdots$，

l；$\boldsymbol{x}_i \in \boldsymbol{R}^n$，$y_i \in \{-1, 1\}$；$l$ 为样本数，n 为输入维数。在线性可分的情况下，会有一个分类超平面，使两类样本完全分开：

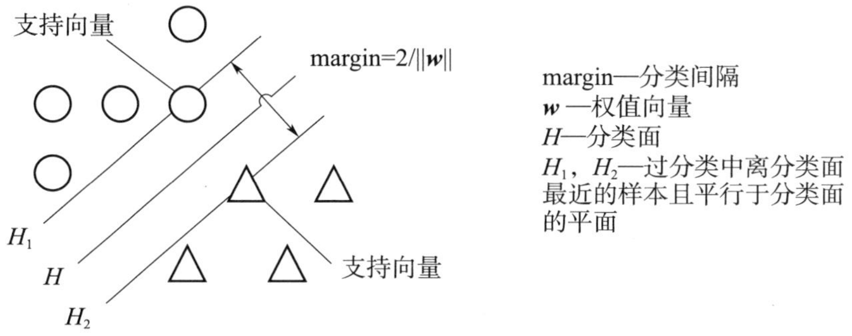

图 5－12　支持向量机原理图

$$\langle \boldsymbol{w}\boldsymbol{x}_i \rangle + b = 0$$

求解分类超平面就是找到给定训练样本的权值 $\boldsymbol{w}$ 和阈值 b 的最优值，故可归结为以下二次规划问题：

$$\begin{cases} \min \dfrac{1}{2} \|\boldsymbol{w}\|^2 \\ s.t.\ y_i(\langle \boldsymbol{w}\boldsymbol{x}_i \rangle + b) \geqslant 0, i = 1,2,\cdots,l \end{cases}$$

通过求解上述二次规划的对偶问题，即可找到对应的最优 $\boldsymbol{a}^*$，$\boldsymbol{a}^* \neq \boldsymbol{0}$ 对应的样本称为支持向量。选择一个正分量 a_j^*，并据此计算 $b^* = y_j - \sum_{i=1}^{l} y_i a_i^* K(\boldsymbol{x}_j, \boldsymbol{x}_i)$，由此得到决策函数为

$$F(\boldsymbol{x}) = \mathrm{sgn}[\sum_{i=1}^{l} a_i^* y_i \langle \boldsymbol{x}_i \boldsymbol{x} \rangle + b^*]$$

在线性不可分情况下，可引入松弛变量 ξ_i 和惩罚参数 C，上式就变为

$$\begin{cases} \min \dfrac{1}{2} \|\boldsymbol{w}\|^2 + C\sum_{i=1}^{l} \xi_i \\ s.t.\ y_i(\langle \boldsymbol{w}\boldsymbol{x}_i \rangle + b) \geqslant 1 - \xi_i \\ \xi_i \geqslant 0, i = 1,2,\cdots,l \end{cases}$$

对于线性不可分问题，可通过引入一个非线性映射函数 φ，把样本映射到某个高维空间，在属性空间将其转化为线性分类问题。只要函数 $K(x_i, x)$ 满足 Mercer 条件，都可以作为核函数，并且 $K(x_i, x) = \varphi(x_i)\varphi(x)$。根据 Mercer 条件，在最优分类面中采用不同的内积函数 $K(x_i, x)$ 就可以实现某一非线性变换的线性分类。同理，通过求解线性不可分条件下的二次规划对偶

问题，可得到线性不可分条件下的分类决策函数为

$$F(\boldsymbol{x})=\operatorname{sgn}\left[\sum_{i=1}^{l}a_i^* y_i K(x_i,x)+b^*\right]$$

由于经典的支持向量机是二分类方法，但在现实中，类别不可能只有两种，因此必须在二分类基础上构建多分类支持向量机（multi - SVM）。多分类支持向量机算法主要是通过组合二分类支持向量机来实现的。目前，基于支持向量机的多分类方法主要有：成对分类法、一类对余类法、纠错输出编码方法及确定多类目标函数方法等。实际问题中常用的是成对分类法和一类对余类法。

以成对分类法为例，假设训练样本集为 $S=\{(x_1,\ y_1),\ (x_2,\ y_2),\ \cdots,\ (x_l,\ y_l)\}$，其中 l 为训练样本集规模，$x_i\in\boldsymbol{R}^n$ 为 n 维特征向量，$y_i\in\{1,\ 2,\ \cdots,\ k\}$ 为第 i 类样本对应的等级。

成对分类法就是用两种不同类别的样本来构造一个分类器 $f_{ij}(i\neq j)$，这样穷尽所有的两两组合，就可以得到 $C_k^2=k(k-1)/2$ 个子分类器。如对第 i 类和第 j 类解如下的二分类问题：

$$\begin{cases}\min\limits_{w^{i,j},b^{i,j},\xi^{i,j}}\ \dfrac{1}{2}\ \|\boldsymbol{w}^{i,j}\|^2+C\sum\limits_{i=1}\xi_t^{i,j}\\ s.t.\ [(\boldsymbol{w}^{i,j}\boldsymbol{x}_t)+b^{i,j}]-1+\xi_t^{i,j}\geqslant 0,\ y_t=i\\ [(\boldsymbol{w}^{i,j}\boldsymbol{x}_t)+b^{i,j}]-1+\xi_t^{i,j}\leqslant 0,\ y_t=j,\xi_t^{i,j}\geqslant 0\end{cases}$$

5.4.2.2 基于深度学习的故障诊断方法

深度学习是机器学习的一个子集，它沿用了神经网络分层结构，利用多层神经网络从大量数据中进行学习。常见的深度学习的模型包括：自动编码器（AutoEncoder）、稀疏编码（Sparse Coding）、限制波尔兹曼机（Restricted Boltzmann Machine）、深度信任网络（Deep Belief Networks）和卷积神经网络（Convolutional Neural Networks，CNN）。

CNN 是深度学习中一种应用最为广泛的方法，由于 CNN 的卷积层与池化层可以对输入图像进行自动处理，实现对特征提取的自动化处理。CNN 在经典神经网络的基础上进行了拓展，它除了神经元相互连接的全连接层，还包括卷积层与池化层。典型的 CNN 组成如图 5 - 13 所示。

卷积层旨在学习输入的特征表示。它通过对输入图像进行卷积操作实现对图像的特征进行提取。卷积操作指卷积核与输入进行乘积求和操作，该过程的目的是降低输入特征图像的维度，如图 5 - 14 所示。

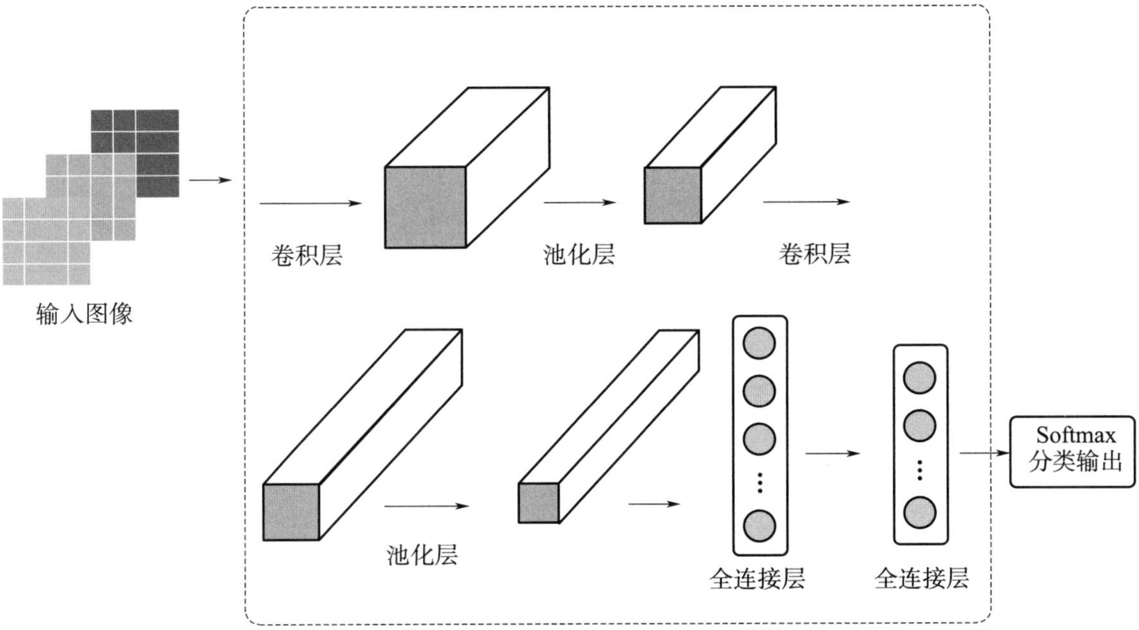

图 5－13　CNN 组成结构示意图

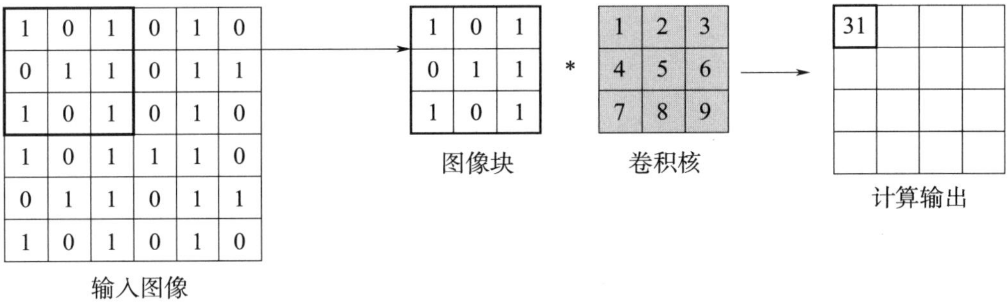

图 5－14　卷积操作示意图

通常，卷积核会沿着输入图像进行扫描游走，直到完成全部的计算。一般来说，标准的 CNN 指的是二维神经网络，这意味着核的滑动方式有两个维度。与标准 CNN 相比，一维 CNN 的核滑动方式只有一个方向。标准 CNN 和一维 CNN 的区别如图 5－15 所示。

池化层旨在通过降低特征图的分辨率实现空间不变性。它通常位于两个卷积层之间。典型的池化操作是平均池化和最大池化。通过叠加几个卷积和池化层，可以提取更抽象的特征表示，如图 5－16 所示。

几个卷积和池化层之后，通常有一个或多个全连接层，旨在执行对原始图

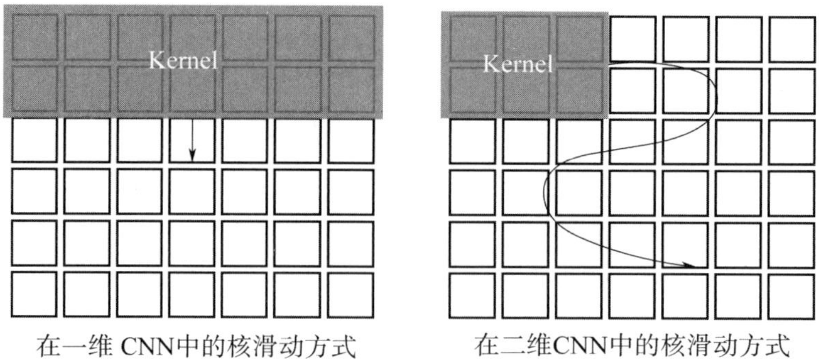

图 5-15　一维与二维 CNN 的卷积核滑动方式

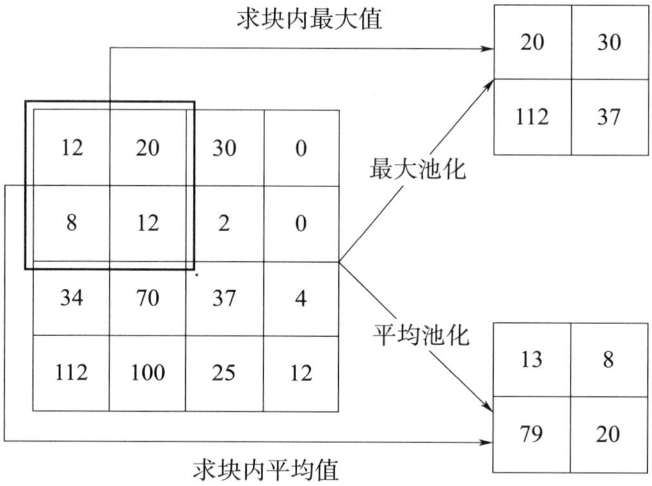

图 5-16　池化操作示意图

像的高级抽象。它们将前一层所有的神经元与当前层的每个神经元相连接，即与标准神经网络各层之间的连接相同，在全连接层不保存空间信息。在全连接层，CNN 的结构与经典神经网络基本相似。

由于 CNN 的输入是图像，因此必须将用于故障诊断的数据转换为图像，便于 CNN 进行模型训练与验证，基于 CNN 的诊断架构如图 5-17 所示。

图像是基于 CNN 诊断的理想输入，为了能够利用 CNN 的优势，在进行诊断时，必须要将诊断的数据转换为图像，这一过程也称为图像预处理，常见的方法主要有以下几种。

（1）基于时频域的可视化方法

时间频率表示一个信号在时间和频率两个领域同时存在。最常见的时频表示法是频谱图和谱系图。频谱图是使用短时傅里叶变换（STFT）在时频域中

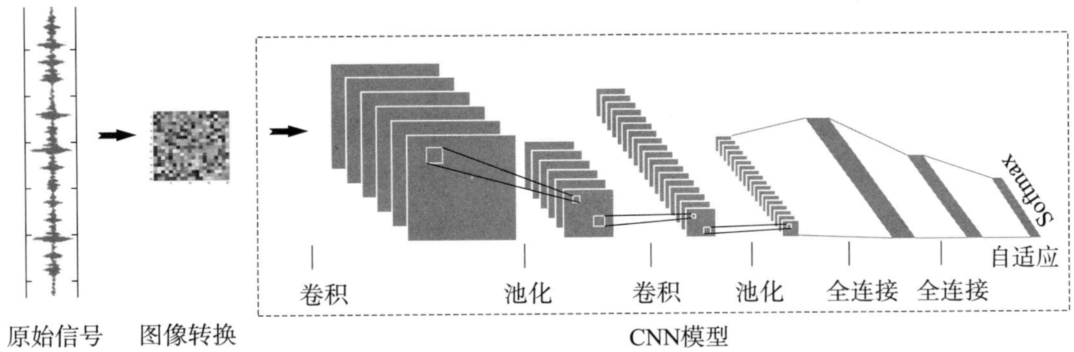

图 5－17　基于 CNN 的诊断架构

对信号的可视化表示，而谱系图则使用小波分析（WT）。

这两种技术的主要区别是，频谱图有一个固定的频率分辨率，取决于窗口的大小，而谱系图则有一个与频率有关的频率分辨率。对于低频信号，一个长的窗口来观察信号中足够的慢速变化。而在较高的频率值上，则使用较短的窗口，这导致了较高的时间分辨率和较差的频率分辨率。另一方面，希尔伯特-黄变换（HHT）不在固定的频率划分分量信号，但不同分量的频率（IMF）是不一样的。STFT、WT 和 HHT 均可以图形的方式将信号表示为图像。

频谱图是 STFT 的一种直观表示，其中 x 和 y 轴分别为时间和频率，并且图像的色阶表示频率的振幅。STFT 表示的基础是一系列的正弦波。STFT 是最直接的频率域分析。然而，它不能充分地模拟时变的和瞬态信号。图 5－18 显示了一个滚动体轴承振动响应的基线频谱图。

谱系图是小波变换（WT）的一种图形化图像（见图 5－19）。小波变换是一种线性时间-频率表示方法，它以小波为基础，而不是正弦函数。由于在时间变量的基础上增加了一个比例变量，WT 对非稳态和瞬态信号是有效的。

（2）基于多传感器融合的可视化方法

基于多传感器的方法将多个传感器数据进行融合，然后转化成可视化图像。每一路传感器都是一个维度数据，多个维度数据构成了 $m \times n$ 的矩阵，这个矩阵正好可以作为图像进行处理，其处理方式如图 5－20 所示。

（3）基于数据归一化的可视化方法

基于数据归一化的可视化方法选取一段时序数据，然后进行归一化，将归一化的数据转化为灰度图像，通常选取 N^2 个点进行转换，以得到正方形的特征图像，如图 5－21 所示。

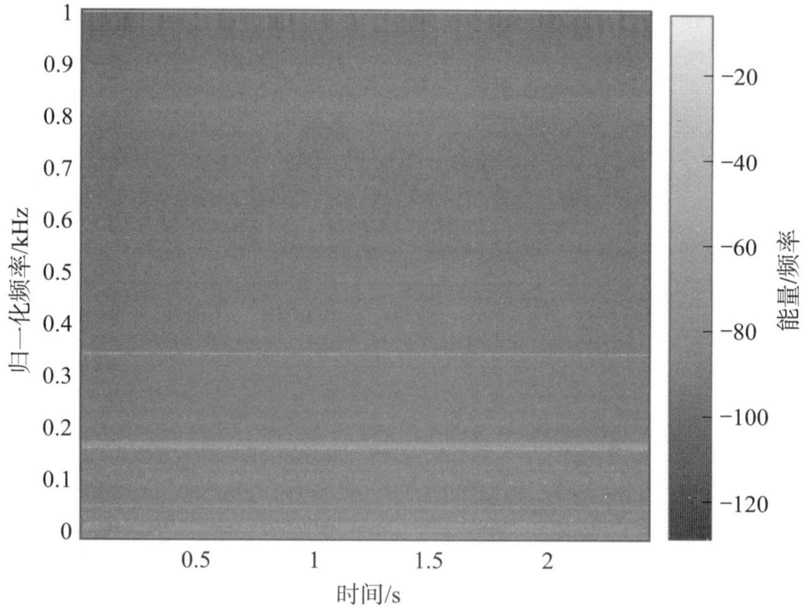

图 5-18　基于 STFT 的频谱图（见彩插）

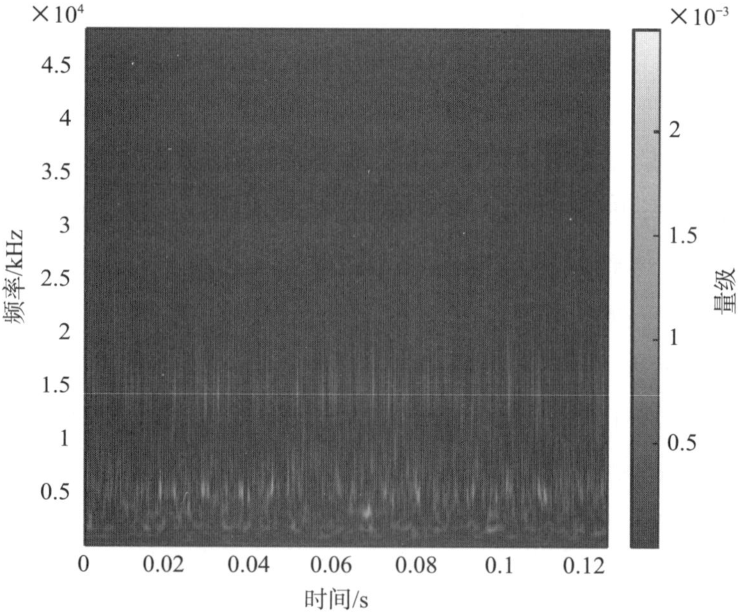

图 5-19　基于 WT 的谱系图（见彩插）

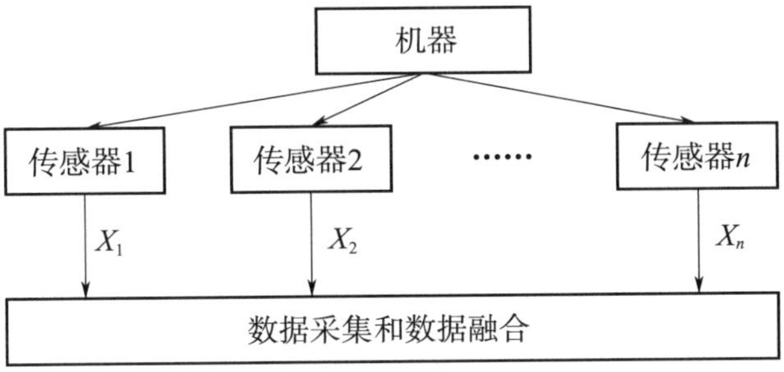

图 5-20　基于多传感器融合的特征可视化

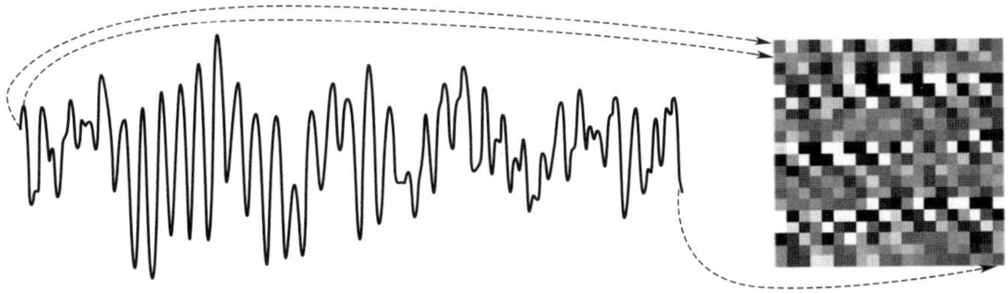

图 5-21　基于数据归一化的特征可视化

5.5　小结

面向装备状态监测与故障诊断需求，从机理模型和数据驱动两个维度出发，总结了故障诊断技术的发展现状。结合装备智能诊断需求，分别阐述了基于知识推理的故障诊断方法以及融合机理和数据的故障诊断方法。基于知识推理的方法，利用多信号流建模理论，生成装备的诊断知识，构建装备的诊断推理模型；融合机理和数据的故障诊断方法则从数据的角度出发，分析了基于信号分析与机器学习的诊断方法，以及基于深度学习的诊断方法，实现了对复杂故障的特征提取与诊断模型构建，可为提高故障诊断的效率与改善诊断效果提供科学、有效的方法。

参考文献

[1] 邵继业．基于模型的故障诊断方法研究及其在航天中的应用［D］．哈尔滨：哈尔滨工业大学，2009.

[2] 张正道．复杂非线性系统故障检测与故障预报［D］．南京：南京航空航天大学，2006.

[3] 李强．基于深度卷积神经网络的数据驱动故障诊断方法研究［D］．济南：山东大学，2018.

[4] HOFBAUR M，WILLIAMS B. Hybrid Estimation of Complex Systems [J]. IEEE Transactions on System，Man，and Cybernetics - Part B：Cybernetics，2004，34 (5)：2178 - 2191.

[5] FRANZ W. Debugging VHDL Designs Using Model - based Reasoning [J]. Artificial Intelligence in Engineering，2000，14 (4)：331 - 315.

[6] FRIEDRICH G，STUMPTNER M，WOTAWA F. Model - based Diagnosis of Hardware Designs [J]. Artificial Intelligence，1999，111：3 - 39.

[7] RAGHURAJ R，LAKSHMINARAYANAN S. Variable predictive model based classification algorithm for effective separation of protein structural classes [J]. Computational Biology and Chemistry，2008，4：302 - 306.

[8] THORSTEN T，ANKE M，OLIVER L，et al. Model - free visualization of suspicious lesions in breast MRI based on supervised and unsupervised learning [J]. Engineering Applications of Artificial Intelligence，2008，21 (2)：129 - 140.

[9] RODRIGUES M，THEILLIOL D，MEDINA M，et al. A fault detection and isolation scheme for industrial systems based on multiple operating models [J]. Control Engineering Practice，2008，16 (2)：225 - 239.

[10] FENG GAO，YONG LU. A Kalman - filter based time - domain analysis for structural damage diagnosis with noisy signals [J]. Journal of Sound and Vibration，2006，297 (3 - 5)：916 - 930.

[11] WEI QIAN，XUEJUN SUN，DANSHENG SONG，et al. Digital Mammography：Wavelet Transform and Kalman - Filtering Neural Network in Mass Segmentation and Detection [J]. Academic Radiology，2001，8 (11)：1074 - 1082.

[12] PIATYSZEK E，VOIGNIER P，GRAILLOT D. Fault detection on a sewer

network by a combination of a Kalman filter and a binary sequential probability ratio test [J]. Journal of Hydrology, 2000, 230 (3-4): 258-268.

[13] YU D. Fault diagnosis for a hydraulic drive system using a parameter-estimation method [J]. Control Engineering Practice, 1997, 5 (9): 1283-1291.

[14] FORBUS K, NIELSEN P, FALTINGS B. Qualitative Spatial Reasoning: the CLOCK Project [J]. Artificial Intelligence, 1991, 51: 417-472.

[15] WILLIAMS B, DE KLEER J. Qualitative Reasoning about Physical Systems: a Return to Roots [J]. Artificial Intelligence, 1991, 51: 1-7.

[16] ENRIQUE E, NICOLÁS J. Fault diagnosis for MSF dynamic states using a SDG and fuzzy logic [J]. Desalination, 2004, 166: 93-101.

[17] ZHANG Z, WU C, ZHANG B, et al. SDG multiple fault diagnosis by real-time inverse inference [J]. Reliability Engineering & System Safety, 2005, 87 (2): 173-189.

[18] MUSCETTOLA N, NAYAK P, WILLIAMS B, et al. Remote agent: To boldly go where no AI system has gone before [J]. Artificial Intelligence, 1998, 103: 5-47.

[19] GENC S, LAFORTUNE S. Distributed Diagnosis of Place-Bordered Petri Nets [J]. IEEE Transactions on Automation Science and Engineering, 2007, 40 (2): 206-219.

[20] CUSIDO J, ROMERAL L, ORTEGA J, et al. Fault detection in induction machines using power spectral density in wavelet decomposition [J]. IEEE Transactions on Industrial Electronics, 2008, 55 (2): 633-643.

[21] DAUBECHIES I. The wavelet transform, time-frequency localization and signal analysis [J]. IEEE Transactions on Information Theory, 1990, 36 (5): 961-1005.

[22] ZHENG H, LI Z, CHEN X. Gear fault diagnosis based on continuous wavelet transform [J]. Mechanical Systems and Signal Processing, 2002, 16 (2-3): 447-457.

[23] BOUZIDA A, TOUHAMI O, IBTIOUEN R, et al. Fault diagnosis in industrial induction machines through discrete wavelet transform [J]. IEEE Transactions on Industrial Electronics, 2011, 58 (9): 4385-4395.

[24] LI R, HE D. Rotational machine health monitoring and fault detection using EMD-based acoustic emission feature quantification [J]. IEEE Transactions on Instrumentation and Measurement, 2012, 61 (4): 990-1001.

[25] DRAGOMIRETSKIY K, ZOSSO D. Variational mode decomposition [J]. IEEE

Transactions on Signal Processing, 2014, 62 (3): 531 - 544.

[26] LAHMIRI S. Comparative study of ECG signal denoising by wavelet thresholding in empirical and variational mode decomposition domains [J]. Healthcare Technology Letters, 2014, 1 (3): 104 - 109.

[27] WANG Y, MARKERT R, XIANG J, et al. Research on variational mode decomposition and its application in detecting rub - impact fault of the rotor system [J]. Mechanical Systems and Signal Processing, 2015, 60: 243 - 251.

[28] ZHANG Y, LIU K, QIN L, et al. Deterministic and probabilistic interval prediction for short - term wind power generation based on variational mode decomposition and machine learning methods [J]. Energy Conversion and Management, 2016, 112: 208 - 219.

[29] XUE Y J, DU H K, CAO J X, et al. Application of a Variational Mode Decomposition - Based Instantaneous Centroid Estimation Method to a Carbonate Reservoir in China [J]. IEEE Geoscience and Remote Sensing Letters, 2018, 15 (3): 364 - 368.

[30] SU Z, ZHANG Y, JIA M, et al. Gear fault identification and classification of singular value decomposition based on Hilbert - Huang transform [J]. Journal of Mechanical Science and Technology, 2011, 25 (2): 267 - 272.

[31] LIU H, WANG X, LU C. Rolling bearing fault diagnosis under variable conditions using Hilbert - Huang transform and singular value decomposition [J]. Mathematical Problems in Engineering, 2014: 1 - 10.

[32] BANGALORE P, TJERNBERG L B. An artificial neural network approach for early fault detection of gearbox bearings [J]. IEEE Transactions on Smart Grid, 2015, 6 (2): 980 - 987.

[33] CERRADA M, ZURITA G, CABRERA D, et al. Fault diagnosis in spur gears based on genetic algorithm and random forest [J]. Mechanical Systems and Signal Processing, 2016, 70: 87 - 103.

[34] DENG F, GUO S, ZHOU R, et al. Sensor multifault diagnosis with improved support vector machines [J]. IEEE Transactions on Automation Science and Engineering, 2017, 14 (2): 1053 - 1063.

[35] 毕天姝，倪以信，吴复立，等. 基于新型神经网络的电网故障诊断方法 [J]. 中国电机工程学报，2002，22 (2)：74 - 79.

[36] 凌维业，贾民平，许飞云，等. 粗糙集神经网络故障诊断系统的优化方法研究 [J]. 中国电机工程学报，2003，23 (5)：98 - 102.

[37] LI C, SANCHEZ R, ZURITA G, et al. Multimodal deep support vector classification with homologous features and its application to gearbox fault diagnosis [J]. Neurocomputing, 2015, 168: 119 - 127.

[38] SUN W, SHAO S, ZHAO R, et al. A sparse auto - encoder - based deep neural network approach for induction motor faults classification [J]. Measurement, 2016, 89: 171 - 178.

[39] LU C, WANG Z Y, QIN W L, et al. Fault diagnosis of rotary machinery components using a stacked denoising autoencoder - based health state identification [J]. Signal Processing, 2017, 130: 377 - 388.

[40] CHEN Z, LI W. Multisensor feature fusion for bearing fault diagnosis using sparse autoencoder and deep belief network [J]. IEEE Transactions on Instrumentatic and Measurement, 2017, 66 (7): 1693 - 1702.

第 6 章　装备健康评估与故障预测技术

6.1　概念内涵

故障预测与健康管理（Prognostic Health Management，PHM）技术始于20 世纪 70 年代中期，涉及外部测试、机内测试、状态监测和故障诊断等多方面内容。PHM 技术代表了一种理念的改变，是装备作战应用与保障从事后处置、被动维护，到定期检查、主动防护不断深入的结果，旨在实现从静态任务执行向动态任务规划转变，从定期维修向视情维修转变，从被动保障到自主保障转变。

随着 CBM（Condition - Based Maintenance）技术研究的深入以及在工程实践中的广泛应用，人们发现在某些情况下，仅仅了解装备的技术状态是不够的。为实现“经济可承受性”目标，要求系统具有对自身故障进行预测以及对健康状态进行管理的能力，PHM 开始受到重视，健康管理关注的焦点从装备的技术状态转变为装备的健康状态。OSA - CBM（Open System Architecture for Condition - Based Maintenance），是美国国防部组织相关研究机构和大学建立的一套开放式 PHM 体系结构。OSA - CBM 体系结构作为 PHM 体系结构的典范，是面向一般对象的单维度七模块的功能体系结构，根据 PHM 的功能，划分为七个层次，主要包括数据获取、特征提取、状态监测与故障诊断、健康评估、故障预测、维修决策和人机接口。

（1）数据获取

分析 PHM 的数据需求，选择合适的传感器（如应变片、红外传感器和霍尔传感器）在恰当的位置测量所需的物理量（如压力、温度和电流），并按照定义的数字信号格式输出数据。

（2）特征提取

对单/多维度信号提取特征，主要涉及滤波、均值、谱分析、主成分分析和线性判别分析等常规信号处理、降维方法，以及基于神经网络等机器学习方法的深度特征提取方法，旨在获得能表征被管理对象性能的特征。

（3）状态监测与故障诊断

将提取的特征与不同运行条件下的先验特征进行比对，对超出正常范围的提取特征，产生报警信号。设计阈值判别、模糊逻辑、深度学习等方法。

（4）健康评估

健康评估的首要功能是判定对象当前的状态是否退化，若发生了退化则需要生成新的监测条件和阈值，健康评估需要考虑对象的健康历史、运行状态和负载情况等。

（5）故障预测

故障预测的首要功能是在考虑未来载荷情况下根据当前健康状态推测未来，进而预报未来某时刻的健康状态，或者在给定载荷曲线的条件下预测剩余使用寿命，可以看作对未来状态的评估。

（6）维修决策

根据健康评估和故障预测提供的信息，以任务完成、费用最小等为目标，对维修时间、空间做出优化决策，进而制定出维护计划、修理计划、更换保障需求。

（7）人机接口

该功能的首要功能是集成可视化，集成状态监测与诊断、健康评估、故障预测和维修决策等功能产生的信息并可视化，产生报警信息后具备控制对象停机的能力；还具有根据诊断和预测结果调节装备控制参数的功能。

6.2　技术发展现状

6.2.1　健康评估技术

健康评估是 PHM 的重要组成部分之一，本质上是一种主动维修的故障诊断技术。通常机械、机电产品在使用过程中可以分为四个状态：正常、性能退化、退化加剧和故障失效。从性能退化状态开始，系统的性能会逐渐降低直至失效。然而，通常在性能退化到相当严重甚至已经发生功能性故障的情况下，故障诊断系统才能实现故障模式的识别。因此，如果能够在性能退化的过程中实时监测系统状态，评估其性能退化的程度，就可以有针对性地开展维修工作，阻止系统退化加剧，进而避免故障失效的发生。

健康评估是构建系统状态参数和健康指数映射关系的过程，常用的 4 种健康指数定义方式见表 6 - 1。

（1）物理健康指数

该指数直接由系统的一个故障物理参数定义，比如齿轮的裂纹长度、转轴的振动振幅等，其健康阈值由产品的设计规格决定。

（2）概率健康指数

例如比例风险模型中的可靠度、逻辑回归模型中系统当前处于健康状态的概率、新过程模型中的 T^2 统计量等。概率健康指数介于 0 和 1 之间，1 表示系统处于健康状态是必然事件，该指数的健康阈值由置信水平给定。

（3）数学健康指数

该指数是当前状态与正常状态特征向量之间的某种测度值，比如马氏距离（Mahalanobis distance，MD）、自组织映射网络（Self - Organizing Maps，SOM）的极小量化误差（Minimum Quantification Error，MQE）、两个分布的 L_2 距离等。

（4）离散退化状态

比如应用隐马尔可夫模型（Hidden Markov Model，HMM）建立的退化状态，不同的状态可依据经验或故障演化机理分析来确定，亦可由连续健康指数离散化获得。

表 6-1　健康指数的几种定义方式

序号	定义方式	举例说明	数值范围
1	物理健康指数	裂纹长度、转轴振幅等	0～1 或其他
2	概率健康指数	可靠度、健康概率、T^2 统计等	0～1
3	数学健康指数	MD、MQE、L_2 距离等	0～1 或其他
4	离散退化状态	HMM 中的状态	离散值

健康状态评估方法主要分成两类，第一类方法利用故障特征模式识别方法评估系统的健康状态，该类方法依据系统当前状态与不同故障程度的历史特征模式之间的距离来确定系统的健康程度，因而需要相同或相似设备完整的历史故障数据。然而，新设备通常没有历史故障数据，该类方法在工程应用中受到了很大的限制。第二类方法依据当前状态与正常状态对应故障特征空间的距离或重合度来量化系统的健康程度，该类方法将故障状态的模式识别转化为健康程度的检测与度量。

两类健康评估方法的分析比较见表 6-2。在实际选用过程中，若存在待评估系统全寿命周期退化数据，则建议选用基于故障特征模式识别的健康评估方法，此方法以健康状态完好态“1”和健康状态彻底劣化态“0”为共同基准，评估结果相对准确；然而，实际中通常只存在待评估系统的正常状态数据，此时只能选择基于状态基线偏移度量的健康评估方法，根据是否量化不确定度，此类方法又分为基于距离测度的方法和基于概率分布重叠度的方法，可根据状态数据情况进行灵活选择。

表 6－2　健康评估方法的分析比较

方法分类/对比角度	基于故障特征模式识别	基于状态基线偏移度量
是否需要性能退化数据	需要退化数据	只需要健康状态数据
评估结果的准确性	准确性高	准确性较高
建模数据量需求	数据量小	数据量大

6.2.2　故障预测技术

对于装备而言，故障预测往往比健康评估更具有意义。如图 6－1 所示，虽然状态 a 比状态 b 更加健康，但其退化速度快、有效寿命短，实际上状态 a 更加危险。

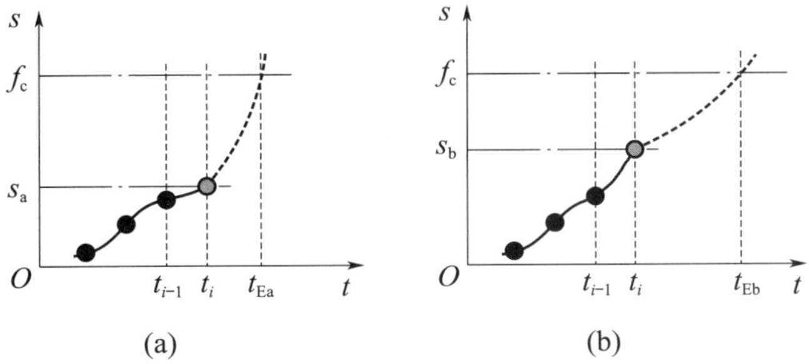

图 6－1　健康状态演变示意图

近年来，许多学者应用统计回归分析、时间序列建模、统计风险分析和人工智能等方法对故障预测技术进行了大量的研究和探索，取得了诸多成果，主要可分为三类：基于模型的方法、数据驱动的方法和基于知识的方法。

（1）基于模型的方法

基于模型的方法是状态评估和寿命预测的常用方法之一。在材料或者组件级的退化建模中经常利用金属疲劳或裂纹扩展的演化机理。机械零件的典型故障机理模型（Physics of Failure，PoF）是故障扩展模型，比如裂纹或者剥落扩展模型。基于模型的故障检测与隔离（Fault Detection and Isolation，FDI）需要建立物理系统的数学模型，通过分析物理系统和数学模型的残差来做出决策。常用的FDI方法有等价空间法、专用观测器法、故障检测滤波器、参数识别方法等。一般而言，基于模型的故障检测与隔离方法不能描述故障扩展行为，它必须和预测工具相结合才能进行故障预测。递归贝叶斯估计器是一种典型的混合模型，它综合运用系统状态空间模型和传感器测量数据进行预测。递归贝叶斯估计器的每个迭代过程都包含预测和更新两个步骤。卡尔曼滤波器和粒子滤波器是递归贝叶斯估计器的两种具体形式。卡尔曼滤波器是在高斯噪声假设下，针对线性状态空间模型的。对于非线性状态空间模型，在局部线性假定下出现了扩展卡尔曼滤波器。对于非高斯、非线性状态空间，粒子滤波是一个更加合适的模型。粒子滤波是结合序列蒙特卡洛仿真而发展起来的一种新的递归贝叶斯估计器，它使用一系列离散点建模概率密度函数。

（2）数据驱动的方法

数据驱动的方法依据系统状态序列（传感器数据或故障特征）的退化特性建立预测模型。大多数数据驱动方法忽略系统的输入参数，只建模表征系统性能状态的测量参数。数据驱动的方法需要递归地预测系统未来的状态，直到满足失效准则为止。回归预测方法通过拟合历史退化数据得到模型参数，然后外延此模型到将来的时间。线性模型、二阶多项式模型和指数模型是经常采用的几种回归模型。回归方法的核心是求解模型未知参数，求解方法有最小二乘法和极大似然法等。模型参数一旦确定，预测问题转化为求解系统在未来时刻的输出。自回归滑动平均（Auto Regressive Moving Average Model，ARMA）用于分析具有自相关特性的时间序列，局限性在于它只适用于平稳时间序列。差分自回归滑动平均模型（Auto Regressive Integrated Moving Average Model，ARIMA）适用于非平稳时间序列。ARMA和ARIMA只能向前单步预测，若需进行长期的状态预测，需要递归地使用该模型，即将当前预测值作为下一步预测的历史数据进行迭代。当前，应用于寿命预测领域的人工智能方法主要有神经网络、模糊逻辑、自适应神经模糊推理系统（Adaptive Nneural Fuzzy Inference System，ANFIS）等。人工神经网络是一个多输入多输出的非线性函数近似模型，可灵活应用于状态估计、状态预测和剩余寿命预测。模糊逻辑也是一种非线性方法，与神经网络不同的是，它通过逻辑规则将简单的局部模型组合为高阶的非线性模型，能将隐藏在函数近似背后的机理清晰地展现出来。然而，在制定模糊系统规则时通常需要专家知识，当系统过于复杂时，逐个设计规则是不可行的，神经模糊（Neural - Fuzy，NF）方法的出现克服了逐个设计规则的缺陷。

（3）基于知识的方法

基于知识的方法在对历史失效案例进行学习的基础上，直接建立状态参数与剩余寿命之间的映射关系，该方法不需要定义明确的失效准则。常用的基于知识的方法有人工智能方法、随机滤波方法和案例学习方法等。

三类方法的关系如图 6 - 2 所示。从金字塔的塔底到塔尖，算法的精度越来越高，开发的成本越来越高，适用对象越来越具体。

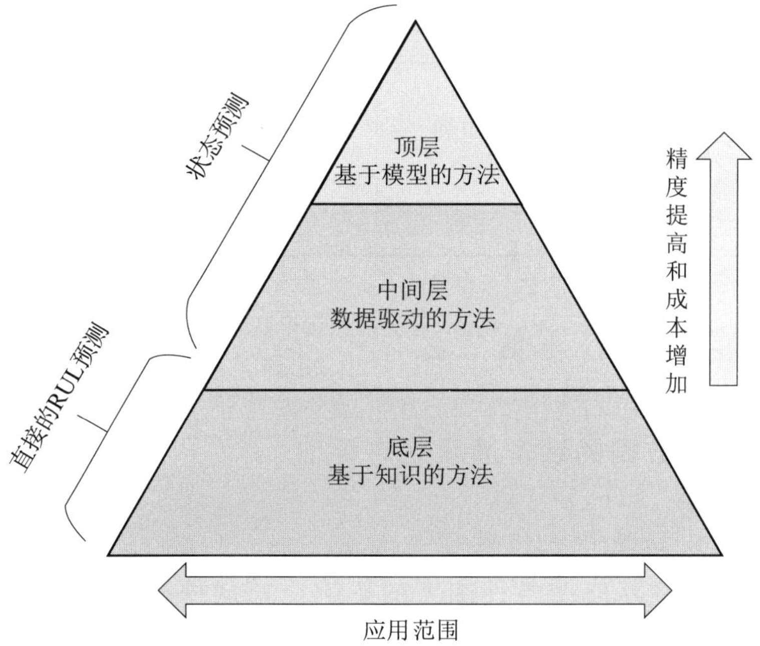

图 6 - 2　故障预测技术层次关系

基于模型的方法和数据驱动的方法都在预定义失效准则的条件下进行状态预测，状态预测包括状态评估和状态外推两个步骤。两类方法的区别是：基于模型的方法需要建立系统的物理模型或数学模型，而数据驱动的方法则应用回归分析、趋势分析和随机过程建模等从历史数据中学习数据模型，然后利用该模型进行预测。与它们不同，基于知识的方法不需要明确定义的失效准则，直接建立系统当前状态、使用时间与故障时间或剩余寿命之间的映射关系。表 6 - 3 总结了三类剩余寿命预测方法的特点。

表 6－3　故障预测方法比较

方法类别	典型算法	主要特征	
顶层： 基于模型的方法	失效机理建模 基于模型的检测与隔离 混合模型（卡尔曼滤波、扩展卡尔曼滤波、粒子滤波）	通过物理或数学模型进行状态预测	在定义失效准则的基础上进行状态预测
中间层： 数据驱动的方法	线性/非线性回归 ARMA/ARIMA 人工智能（神经网络、模糊逻辑、神经模糊等） 隐马尔可夫模型 高斯过程回归	通过回归或随机过程建模进行状态预测	
底层： 基于知识的方法	人工智能 可靠性模型（威布尔分布、比例风险模型、比例集成模型） 随机滤波 案例学习	直接建立当前状态与剩余寿命的映射	根据失效历史直接预测 RUL

6.3　装备健康状态评估方法

6.3.1　基于测试数据的装备健康状态评估

6.3.1.1　测试数据的归一化处理

由于装备的健康状态受各种因素的影响，且这种影响往往无法精确确定，通常利用数据来表征。

基于测试数据的装备健康状态评估，需要对数据进行归一化处理。假定选取 n 个相互独立且能够有效反映装备健康状态的参数，为使这些参数能更好地描述装备健康状态，要将其本次测试值分别与上次非故障测试值、历史非故障测试均值以及标准值加以比较。因此，测试数据的归一化处理包括 3 项：本次测试数据与上次非故障测试数据比较值、本次测试数据与历史非故障测试均值比较值和本次测试数据与标准数据比较值。由于 3 项比较值计算的方法相同，以本次测试数据与历史非故障测试均值的归一化为例进行说明。

（1）计算本次测试数据与历史非故障测试数据均值的偏差

设某参数的本次测试值为 x，其历史非故障测试均值为 x_{L}，则两者的偏差为

$$\delta_L = |x - x_L|$$

(2) 选取归一化量化函数

依据本次测量数据与历史非故障测试均值之间的关系，选取半梯形归一化量化函数，如图 6－3 所示。

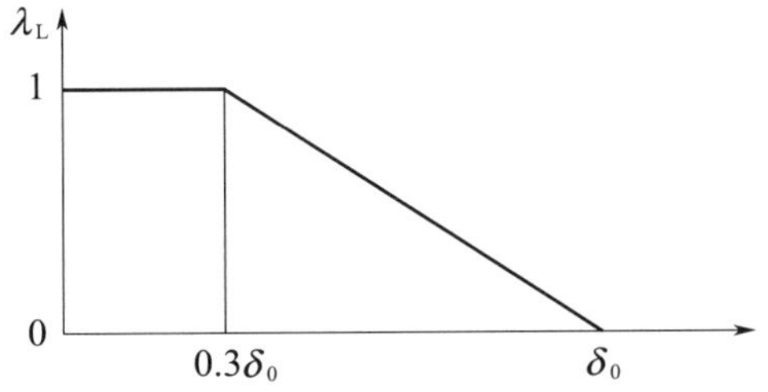

图 6－3　半梯形归一化量化函数

(3) 计算归一化量值

根据归一化量化函数，可得本次测试数据与历史非故障测试数据均值的偏差的归一化量值为

$$\lambda_L = \begin{cases} 1 & (\delta_L \leqslant 0.3\delta_0) \\ \dfrac{\delta_0 - \delta_L}{0.7\delta_0} & (0.3\delta_0 < \delta_L \leqslant \delta_0) \end{cases}$$

按同样的方法可得本次测试数据与上次非故障测试数据比较的归一化量值 λ_s，以及本次测试数据与标准数据比较的归一化量值 λ_B。

若 λ_L、λ_s、λ_B 均等于 1，说明装备健康状态为“健康”，不存在健康隐患；若 λ_L、λ_s、λ_B 均在 0.7 到 1 之间，说明装备健康状态可以接受，健康状态指数取三者的算术平均值；若 λ_L、λ_s、λ_B 中有小于 0.7 且大于 0 的，说明可能存在健康隐患，健康状态指数取三值最小值；若 λ_L、λ_s、λ_B 中任一值为 0，说明装备处于“疾病”状态。于是可得装备健康状态指数为

$$\lambda_L = \begin{cases} \dfrac{\lambda_L + \lambda_s + \lambda_B}{3} & (0.7 \leqslant \lambda_L, \lambda_s, \lambda_B \leqslant 1) \\ \min(\lambda_L, \lambda_s, \lambda_B) & (0 < \lambda_L \text{ 或 } \lambda_s \text{ 或 } \lambda_B < 0.7) \\ 0 & (\lambda_L \text{ 或 } \lambda_s \text{ 或 } \lambda_B = 0) \end{cases}$$

6.3.1.2　D－S 证据合成规则

证据理论主要包括 3 个基本内容：基本可信度分配函数 m、信度函数 Bel 和 Dempster 合成法则。对于一个评估问题，其所有可能的评估结果的集合用 Θ 表示，称作识别框架。对于装备健康状态评估的识别框架 Θ = | 健康、良

好、注意、恶化和疾病｝，装备健康状态评估的任何结论都是 Θ 的一个子集。

（1）基本可信度分配函数

设 Θ 为某一评估问题的识别框架，其幂集记为 2^{Θ} ，如果集函数 mass：$2^{\Theta} \to [0, 1]$ 满足 $m(\varnothing)=0$ 且 $m(A)=1$，称 m 为识别框架上的基本可信度分配函数。$\forall A \subseteq \Theta$ ，称 $m(A)$ 为 A 的基本可信度，$m(A)$ 反映了证据支持命题 A 的程度。

（2）信度函数

设 Θ 为识别框架，m：$2^{\Theta} \to [0, 1]$ 为 Θ 上的基本可信度分配函数，如果函数 Bel：$2^{\Theta} \to [0, 1]$ 满足 $\mathrm{Bel}(A)=\sum\limits_{B\subseteq A} m(B)$，$A \subseteq \Theta$ ，称函数 Bel 为识别框架上的信度函数，表示对每个命题的信任程度。对于 $\forall A \subseteq \Theta$ ，如果 $m(A) > 0$，则称 A 为信度函数 Bel 的焦元，所有焦元的并集称为内核。

（3）Dempster 合成法则

Dempster 合成法则是证据理论的核心，其将来自不同信息源的独立证据组合，产生更可靠的证据信息。设 Bel_1 和 Bel_2 是同一识别框架 Θ 上的 2 个信度函数，m_1 和 m_2 分别是其对应的基本可信度分配函数，则 Dempster 合成法则为

$$m(A)=\begin{cases} 0 & (A \neq \varnothing) \\ \dfrac{\sum\limits_{A_i \cap B_j = A} m_1(A_i)m_2(B_j)}{1-K} & (A \neq \varnothing) \end{cases}$$

式中，$K=\sum\limits_{A_i \cap B_j=\varnothing} m_1(A_i)m_2(B_j) < 1$。

Dempster 合成法则可简记为 $m(A)=m_1+m_2$ ，则对于多个证据的结合为 $M=m_1 \oplus m_2 \oplus \cdots \oplus m_n$ 。

6.3.1.3 健康状态指数的时间修正

装备失效按其是否具有时间累积效应可分为过应力失效和耗损型失效，其中过应力失效是由于瞬时应力过大造成的，这里只考虑耗损型失效，即由于损伤随时间积累达到一定程度所产生的失效，是一个先慢后快的逐渐退化的过程，如图 6-4 所示。

由于装备健康状态指数既与本次测试数据和标准数据有关，还与上次非故障测试数据和历史非故障测试数据均值有关，而上次非故障测试数据和历史非故障测试数据均值是对过去状态的描述，且处于不同阶段其失效退化也不相同。因此，为了更加精确地描述装备健康状态的退化过程，对装备健康状态进

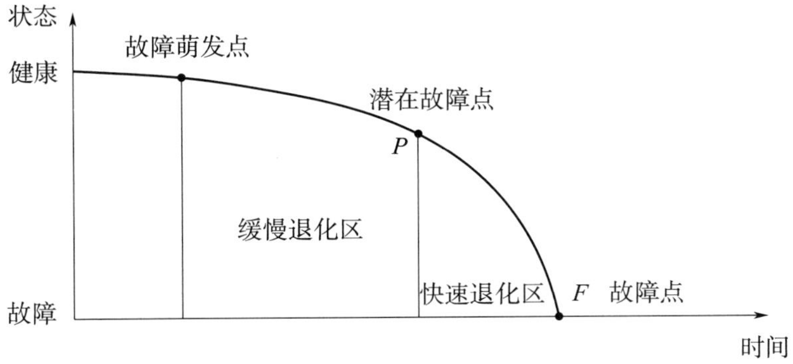

图 6－4　装备耗损型失效退化过程

行更加准确的评估，需要建立时间修正函数对装备健康状态指数进行修正，时间修正函数通常可根据装备的实际退化过程及专家经验来得到，其一般形式如图 6－5 所示。

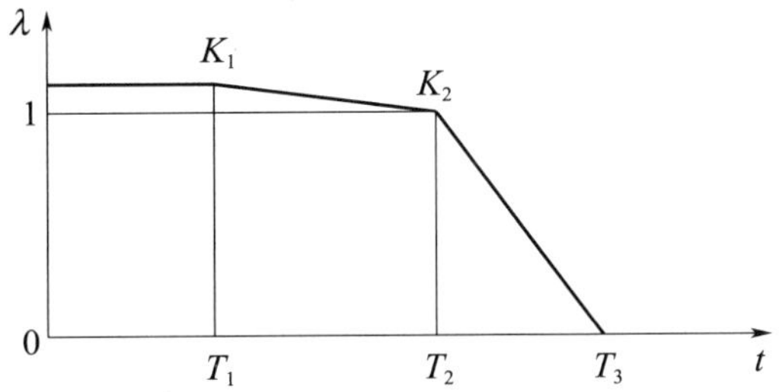

图 6－5　时间修正函数图

装备健康状态指数时间修正函数的数学表示为

$$\lambda'(t)=\begin{cases}1 & (t=T_1)\\ \lambda-\dfrac{K_1-K_2}{T_2-T_1}\cdot\Delta t & (T_1<t\leqslant T_2)\\ \lambda-\dfrac{K_2}{T_3-T_2}\cdot\Delta t & (T_2<t<T_3)\end{cases}$$

式中，λ 为修正前的装备健康指数；t 为要进行评估的时间；Δt 为要评估时间与本次测试时间之差。

6.3.1.4　健康状态等级隶属度函数

根据装备健康状态的退化过程及专家经验，可采用三角模糊函数作为装备健康状态指数的健康状态等级隶属度函数，其数学表达式为

$$\mu_1(\lambda)=\begin{cases}0 & (0\leqslant\lambda<0.8)\\ \dfrac{\lambda-0.8}{0.2} & (0.8\leqslant\lambda\leqslant 1)\end{cases}$$

$$\mu_2(\lambda)=\begin{cases}0 & (0\leqslant\lambda<0.5)\\ \dfrac{\lambda-0.5}{0.3} & (0.5\leqslant\lambda<0.8)\\ \dfrac{1-\lambda}{0.2} & (0.8\leqslant\lambda<1)\\ 0 & (\lambda=1)\end{cases}$$

$$\mu_3(\lambda)=\begin{cases}0 & (0\leqslant\lambda<0.2)\\ \dfrac{\lambda-0.2}{0.3} & (0.2\leqslant\lambda<0.5)\\ \dfrac{0.8-\lambda}{0.3} & (0.5\leqslant\lambda<0.8)\\ 0 & (0.8\leqslant\lambda<1)\end{cases}$$

$$\mu_4(\lambda)=\begin{cases}0 & (\lambda=0)\\ \dfrac{\lambda-0.2}{0.2} & (0<\lambda<0.2)\\ \dfrac{0.5-\lambda}{0.3} & (0.2\leqslant\lambda<0.5)\\ 0 & (0.5\leqslant\lambda\leqslant 1)\end{cases}$$

$$\mu_5(\lambda)=\begin{cases}0 & (\lambda=0)\\ \dfrac{0.2-\lambda}{0.2} & (0<\lambda<0.2)\\ 0 & (0.2\leqslant\lambda\leqslant 1)\end{cases}$$

6.3.1.5　健康状态评估步骤

基于测试数据的装备健康状态评估的步骤如图 6－6 所示。

1）确定测试数据评估辨识框架，如将装备的健康状态分为健康、良好、注意、恶化和疾病 5 个等级。

2）选择反映装备健康状态的关键参数。

3）对关键参数的测试数据进行归一化处理，得到装备健康状态指数。

4）确定各关键参数的权重，并将各权重系数进行正规化。

5）对装备健康状态指数和权重系数利用时间修正函数进行修正。

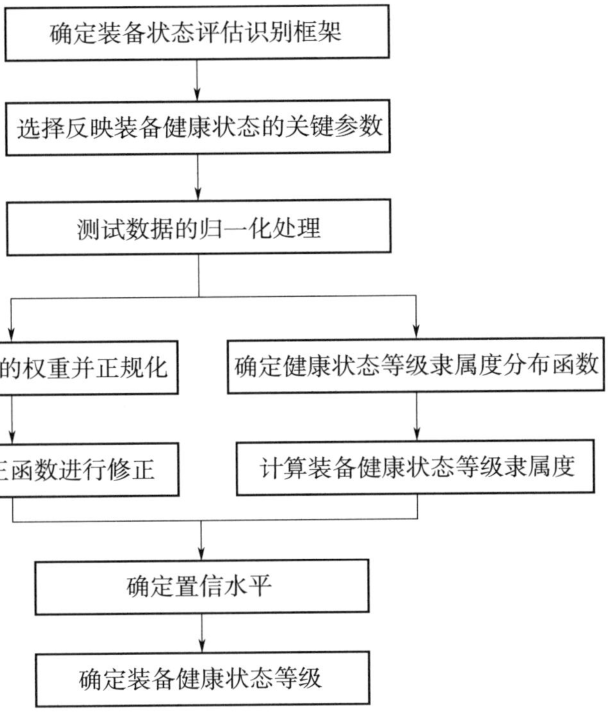

图 6－6　基于测试数据的装备健康状态评估的步骤

6）确定装备健康状态等级隶属度分布函数，并计算装备健康状态指数的隶属度。

7）确定置信水平，计算基本可信度分配函数。

8）进行证据合成，按最大隶属度原则确定装备的健康状态等级。

6.3.2　基于劣化度的装备健康状态评估

6.3.2.1　劣化度

复杂武器装备不仅功能多样而且结构复杂，其健康状态不仅与自身性能和使用方式有关，而且还会受到地理环境和气候因素的影响。因此，需要从装备的拓扑结构和影响关系出发，综合运用模糊理论、层次分析法和定量化方法，基于装备性能劣化过程进行装备健康状态评估。装备健康状态由一系列状态特征参数表征，状态特征参数是时间的函数，即随着装备使用时间的延长而产生劣变。劣化度可定义为装备状态偏离了良好状态向极限技术状态发展的程度。因此，在衡量劣化程度时，要同时考察参数实测值与良好值的偏离程度以及与极限值的接近程度。

6.3.2.2 健康状态评估模型

基于劣化度的装备健康状态评估，不仅可用于评估装备整机，还可对其组成设备或零部件的健康状态进行评估，当装备的劣化度接近零时，则认为该装备处于健康状态，若劣化度接近或达到了1，则认为该装备处于极限状态；当劣化值处于0～1之间时，则认为是中间过渡状态。由于装备的状态是一个模糊的概念，故采用以劣化度为依据的模糊综合方法进行装备健康状态评估，其模糊综合评估模型如图6-7所示。

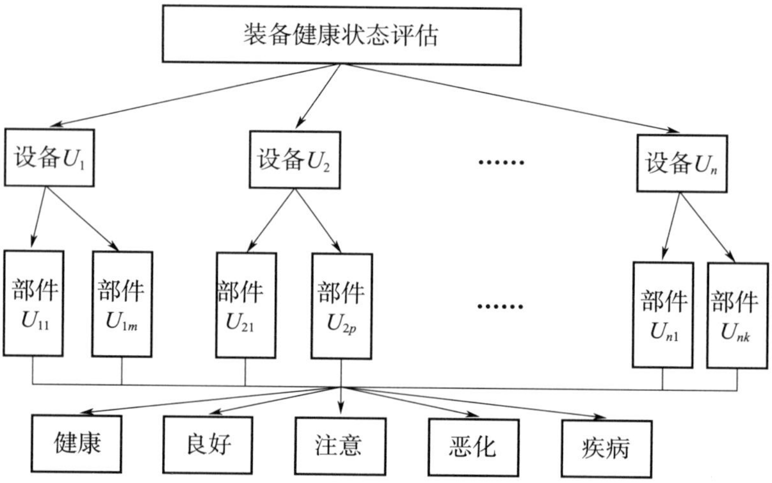

图6-7 装备健康状态的模糊综合评估模型

6.3.2.3 健康状态评估过程

依据装备组成的层次结构特点和装备健康状态的模糊特性，可采用层次分析法（AHP）与模糊综合评价相结合的评估方法，其评估过程如下：

（1）建立装备状态集和状态评价集

依据装备组成结构，假设装备由n个设备组成，则其状态集可表示为$U=(U_1, U_2, \cdots, U_i, \cdots, U_n)$，相应的第$i$个组成设备的状态集为$U_i=(U_{i1}, U_{i2}, \cdots, U_{ij}, \cdots, U_{im})$。其中，$U_i$表示装备第$i$个组成设备的状态，$U_{ij}$（$i=1, 2, \cdots, n$；$j=1, 2, \cdots, m$）表示第$i$个设备的第$j$个部件的技术状态。根据装备健康状态等级的划分，装备健康状态分为“健康”“良好”“注意”“恶化”和“疾病”5个等级，则状态评价集可表示为$V=$（Ⅰ，Ⅱ，Ⅲ，Ⅳ，Ⅴ）。

(2) 计算设备和部件的重要度

采用层次分析法确定设备的重要度权重向量$\boldsymbol{W}=\{\boldsymbol{W}_1, \boldsymbol{W}_2, \cdots, \boldsymbol{W}_n\}$和部件的重要度权重向量$\boldsymbol{W}_i=(\boldsymbol{W}_{i1}, \boldsymbol{W}_{i2}, \cdots, \boldsymbol{W}_{im})$。

(3) 建立部件级劣化度模糊判断矩阵

根据部件的劣化度求其健康状态等级的隶属度，采用岭形分布隶属度函数：

$$r_{\text{I}}(l_i)=\begin{cases}0 & (l_i=0)\\ 0.5-0.5\sin[\pi(l_i-0.10)/0.2] & (0<l_i\leqslant 0.2)\\ 0 & (l_i>0.2)\end{cases}$$

$$r_{\text{II}}(l_i)=\begin{cases}0 & (l_i=0)\\ 0.5+0.5\sin[\pi(l_i-0.10)/0.2] & (0<l_i\leqslant 0.2)\\ 0.5-0.5\sin[\pi(l_i-0.35)/0.3] & (0.2<l_i\leqslant 0.5)\\ 0 & (l_i>0.5)\end{cases}$$

$$r_{\text{III}}(l_i)=\begin{cases}0 & (l_i\leqslant 0.2)\\ 0.5+0.5\sin[\pi(l_i-0.35)/0.3] & (0.2<l_i\leqslant 0.5)\\ 0.5-0.5\sin[\pi(l_i-0.65)/0.3] & (0.5<l_i\leqslant 0.8)\\ 0 & (l_i>0.8)\end{cases}$$

$$r_{\text{IV}}(l_i)=\begin{cases}0 & (l_i\leqslant 0.5)\\ 0.5+0.5\sin[\pi(l_i-0.65)/0.3] & (0.5<l_i\leqslant 0.8)\\ 0.5-0.5\sin[\pi(l_i-0.90)/0.2] & (0.8<l_i<1)\\ 0 & (l_i=1)\end{cases}$$

$$r_{\text{V}}(l_i)=\begin{cases}0 & (l_i\leqslant 0.8)\\ 0.5+0.5\sin[\pi(l_i-0.90)/0.2] & (0.8<l_i<1)\\ 0 & (l_i=1)\end{cases}$$

由此可得到以劣化度为评价标准的模糊评判矩阵为

$$\boldsymbol{R}_i=\begin{pmatrix} r_{\text{I}}(l_{i1}) & r_{\text{II}}(l_{i1}) & r_{\text{III}}(l_{i1}) & r_{\text{IV}}(l_{i1})\\ r_{\text{I}}(l_{i2}) & r_{\text{II}}(l_{i2}) & r_{\text{III}}(l_{i2}) & r_{\text{IV}}(l_{i2})\\ \vdots & \vdots & \vdots & \vdots\\ r_{\text{I}}(l_{im}) & r_{\text{II}}(l_{im}) & r_{\text{III}}(l_{im}) & r_{\text{IV}}(l_{im})\end{pmatrix}$$

(4) 计算设备的健康状态评估矩阵

设备级的健康状态模糊判断矩阵为

$$\boldsymbol{B}=\begin{pmatrix}\boldsymbol{B}_1\\\boldsymbol{B}_2\\\vdots\\\boldsymbol{B}_n\end{pmatrix}$$

其中，第 i 个组成设备的健康状态隶属度向量为

$$\boldsymbol{B}_i=\boldsymbol{W}_i\cdot\boldsymbol{R}_i=(b_{i\mathrm{I}}\quad b_{i\mathrm{II}}\quad b_{i\mathrm{III}}\quad b_{i\mathrm{IV}}\quad b_{i\mathrm{V}}),i=1,2,\cdots,n$$

（5）计算装备的健康状态评估向量

装备的健康状态评估向量为

$$\boldsymbol{E}=\boldsymbol{W}\cdot\boldsymbol{B}=(b_{\mathrm{I}}\quad b_{\mathrm{II}}\quad b_{\mathrm{III}}\quad b_{\mathrm{IV}}\quad b_{\mathrm{V}})$$

（6）按最大隶属度确定装备的健康状态

按照最大隶属度原则，可确定装备的健康状态等级。

6.3.3　基于故障特征参数距离测度的评估方法

6.3.3.1　评估框架

当系统性能出现衰退之后，系统当前状态故障特征向量和正常状态故障特征向量之间的距离会越来越大，可以将距离值作为衡量系统性能退化程度的量化指标，基于距离测度的健康评估原理如图 6－8 所示。

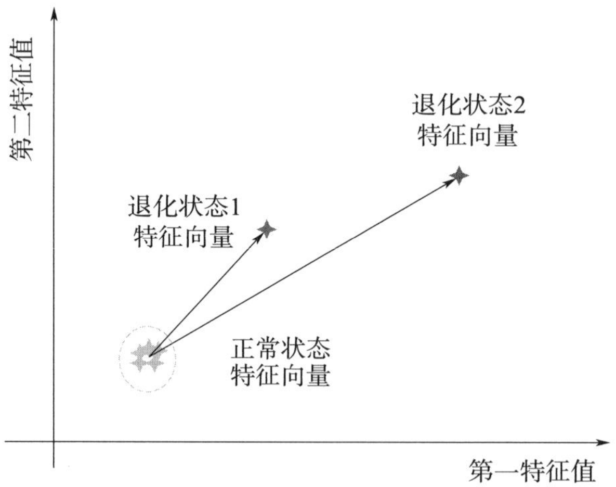

图 6－8　基于距离测度的健康评估原理

基于距离测度的健康评估流程如图 6－9 所示，主要包括三个步骤：首先，提取系统的故障特征，包括正常状态和当前状态的故障特征；其次，在特征空间内计算当前状态与正常状态故障特征之间的距离；最后，应用归一化公式将

故障特征距离转换为健康度 CV 值，CV 值越接近于 1，表示系统越健康，CV 值越接近于 0，表示系统退化程度越严重。

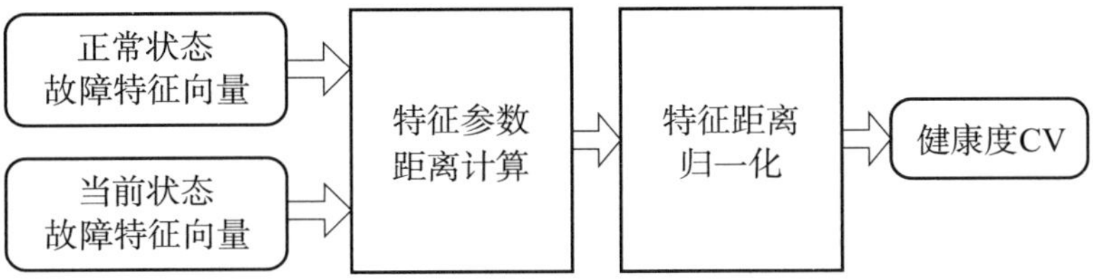

图 6－9　基于距离测度的健康评估流程

6.3.3.2　距离测度方法

距离测度方法主要包括欧氏距离、标准欧氏距离、马氏距离和谷本距离等。

记两个高维变量分别为 $\boldsymbol{x}=(x_1, x_2, \cdots, x_N)$ 和 $\boldsymbol{y}=(y_1, y_2, \cdots, y_N)$，则它们之间的欧氏距离定义为

$$D_{\mathrm{EU}}(\boldsymbol{x}, \boldsymbol{y})=\sqrt{\sum_{i=1}^{N}(x_i-y_i)^2}=\sqrt{(\boldsymbol{x}-\boldsymbol{y})^{\mathrm{T}}(\boldsymbol{x}-\boldsymbol{y})}$$

欧氏距离在计算两个样本距离时，将样本的各个维度都等同处理。实际上，样本的各个分量所代表的物理意义不同，其量纲也不同，因此各个维度数值在量级上可能差异很大。在计算距离时，数值小的维度将被数值大的维度“淹没”，不能有效量化样本之间的差异。

马氏距离的优点是能充分考虑到样本各个分量之间的相关性，是一种与尺度无关的距离测度，即能消除各个分量量纲不同而带来的影响。

记一个多维向量为 $\boldsymbol{X}=(x_1, x_2, x_3, \cdots, x_N)^{\mathrm{T}}$，均值向量为 $\boldsymbol{\mu}=(\mu_1, \mu_2, \mu_3, \cdots, \mu_N)^{\mathrm{T}}$，则协方差矩阵为 $\boldsymbol{\Sigma}=E\{(\boldsymbol{X}-\boldsymbol{\mu})(\boldsymbol{X}-\boldsymbol{\mu})^{\mathrm{T}}\}$，则马氏距离为

$$D_{\mathrm{M}}(\boldsymbol{x})=\sqrt{(\boldsymbol{x}-\boldsymbol{\mu})^{\mathrm{T}}\boldsymbol{\Sigma}^{-1}(\boldsymbol{x}-\boldsymbol{\mu})}$$

马氏距离也能够定义为两个服从同一分布，且协方差矩阵为 $\boldsymbol{\Sigma}$ 的随机变量 $\boldsymbol{x}$ 与 $\boldsymbol{y}$ 之间的差异程度：

$$D_{\mathrm{M}}(\boldsymbol{x}, \boldsymbol{y})=\sqrt{(\boldsymbol{x}-\boldsymbol{y})^{\mathrm{T}}\boldsymbol{\Sigma}^{-1}(\boldsymbol{x}-\boldsymbol{y})}$$

若协方差矩阵为单位矩阵，马氏距离就简化为欧氏距离；若协方差矩阵为对角阵，马氏距离简化为标准欧氏距离。马氏距离在计算过程中引入了样本协方差矩阵，充分利用了各个分量之间的相关性，有效地抑制了样本波动产生的

影响，提高了距离量化的鲁棒性。

欧氏距离是两个向量终点连接线段的长度，忽略向量之间的夹角信息；余弦距离是两个向量间的夹角大小，忽略了向量的长度信息。谷本距离（Tanimoto Distance）能够同时测度两向量的长度和夹角信息。

记两个 n 维向量 $\boldsymbol{x}=(x_1, x_2, \cdots, x_N)$ 和 $\boldsymbol{y}=(y_1, y_2, \cdots, y_N)$，则它们之间的谷本距离定义为

$$D_{\mathrm{Tan}}(\boldsymbol{x},\boldsymbol{y})=1-\frac{\boldsymbol{x}\cdot\boldsymbol{y}}{|\boldsymbol{x}|^2+|\boldsymbol{y}|^2-\boldsymbol{x}\cdot\boldsymbol{y}}$$

$$=1-\frac{x_1y_1+x_2y_2+\cdots+x_ny_n}{(x_1^2+x_2^2+\cdots+x_n^2)+(y_1^2+y_2^2+\cdots+y_n^2)-(x_1y_1+x_2y_2+\cdots+x_ny_n)}$$

其中，$\dfrac{\boldsymbol{x}\cdot\boldsymbol{y}}{|\boldsymbol{x}|^2+|\boldsymbol{y}|^2-\boldsymbol{x}\cdot\boldsymbol{y}}$ 称为谷本系数（Tanimoto Coefficient），其量化两个向量的相似程度。

6.3.3.3 距离归一化方法

归一化就是将计算的距离映射为 0～1 之间的健康度 CV 值，用以表示系统的健康程度。常用的归一化方法有负指数归一化和反正切归一化。

（1）负指数归一化

利用指数函数性质可将距离值归一化，具体公式如下：

$$\mathrm{CV}=\exp(-a\cdot dist)$$

式中，a 为调节系数；$dist$ 为距离；CV 为健康度。

（2）反正切归一化

反正切归一化公式为

$$\mathrm{CV}=1-\frac{\arctan(dist+a)-\arctan a}{\dfrac{\pi}{2}-\arctan a}$$

式中，$dist$ 为距离；a 为调节参数，用于调节 CV 值对距离变化的敏感程度。

6.3.4 基于故障特征分布重叠度的评估方法

（1）健康评估框架

实际中系统监测状态通常具有概率分布的形式，而不是确定性结果，在这种情况下，可以通过计算当前状态与正常状态故障特征分布的重叠度来量化系统的健康程度。基于重叠度的健康评估原理如图 6－10 所示。

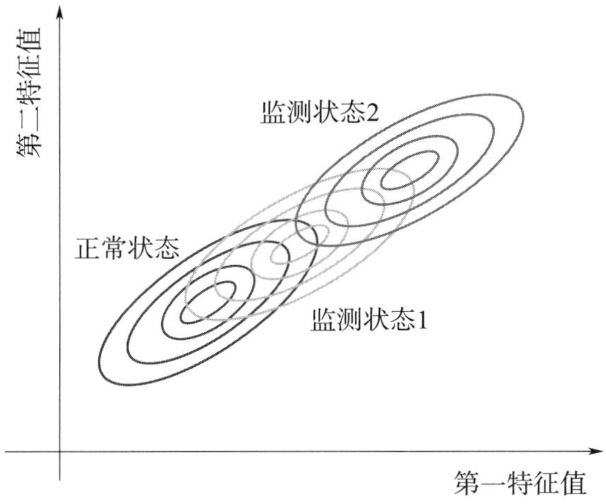

图 6-10　基于故障特征向量空间分布重叠度的健康评估原理

从图 6-10 可以看出，正常状态的故障特征分布于一定的空间之中，监测状态 1 是系统在轻微性能退化条件下的故障特征分布，与正常状态相比有较小的“偏移”，评估出的健康度略小于 1。监测状态 2 是系统在严重性能退化条件下的故障特征分布，与正常状态相比有较大的“偏移”，评估出的健康度接近于 0。

使用高斯混合模型（Gaussian Mixture Model，GMM）来建模系统状态的特征分布，依据两个分布的 L_2 距离来量化系统的健康度。基于高斯混合模型的健康评估方法计算当前运行状态特征参数分布和健康基线特征分布之间的重叠度，用重叠度来描述设备的健康状态，健康评估流程如图 6-11 所示。高斯混合模型是一种无监督学习方法，其可用于估计数据空间的密度分布情况。设备状态参数在空间上也是一个分布，不同健康程度的状态所在的特征空间不同。利用 GMM 对这些空间进行拟合，然后计算当前状态特征空间与健康状态特征空间的重叠度，实现设备健康状态评估。

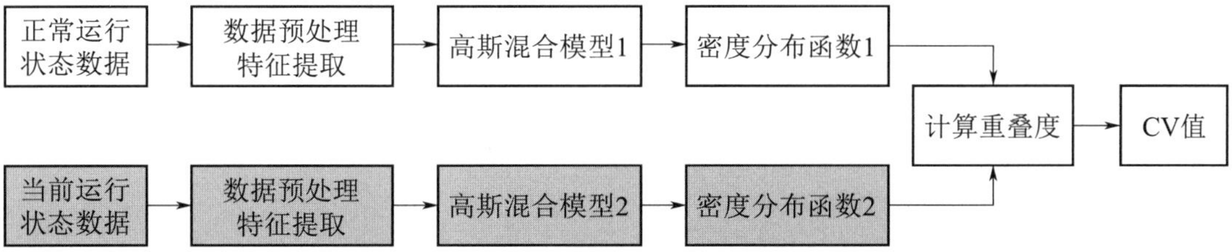

图 6-11　基于 GMM 的健康评估流程

（2）高斯混合模型及其参数估计

设 n 维空间点为 $x_i(i=1, 2, \cdots, n)$，若这些点的分布近似于椭球体，则可用高斯密度函数 $N(\boldsymbol{x};\boldsymbol{\mu},\boldsymbol{\Sigma})$ 来描述产生这些数据点的概率密度函数：

$$N(\boldsymbol{x};\boldsymbol{\mu},\boldsymbol{\Sigma})=\frac{1}{(2\pi)^{n/2}\left|\boldsymbol{\Sigma}\right|^{1/2}}\mathrm{e}^{-\frac{1}{2}(\boldsymbol{x}-\boldsymbol{\mu})^{\mathrm{T}}\boldsymbol{\Sigma}^{-1}(\boldsymbol{x}-\boldsymbol{\mu})}$$

式中，$\boldsymbol{\mu}$ 为均值，即密度函数的中心点；$\boldsymbol{\Sigma}$ 为密度函数的协方差矩阵。

若点的分布不是椭球状，采用单一高斯概率密度函数来描述这些点的概率密度是不合适的，此时可采用若干个高斯概率密度函数的加权平均来表示点的分布，即高斯混合模型（GMM）。高斯混合模型的定义如下：

$$p(\boldsymbol{x})=\sum_{i=1}^{m}w_i p_i(x)=\sum_{i=1}^{m}w_i N(\boldsymbol{x};\boldsymbol{\mu}_i,\boldsymbol{\Sigma}_i)$$

式中，m 为模型的混合数；w_i 为混合模型的权重系数，且 $\sum_{i=1}^{m}w_i=1$；$N(\boldsymbol{x};\boldsymbol{\mu}_i,\boldsymbol{\Sigma}_i)$ 为第 i 个单一高斯分布的概率密度函数。通常采用最大期望值（EM）算法对高斯混合模型的参数进行估计。

（3）基于 GMM 的评估模型

对系统正常状态和当前状态分别建立 GMM，依据分布之间的重叠度来量化系统的健康度。重叠度描述两个 GMM 的“接近程度”：

$$overlap=\frac{\int g_1(\boldsymbol{x})g_2(\boldsymbol{x})\mathrm{d}\boldsymbol{x}}{\sqrt{\int(g_1(\boldsymbol{x}))^2\mathrm{d}\boldsymbol{x}}\sqrt{\int(g_2(\boldsymbol{x}))^2\mathrm{d}\boldsymbol{x}}}$$

式中，$g_1(\boldsymbol{x})$ 和 $g_2(\boldsymbol{x})$ 分别表示两个 GMM 的概率密度函数。

如图 6－12 所示，初始运行状态处于一定的空间之内，当系统发生性能退化后，当前状态与初始状态分布之间的重叠部分不断减小，最后趋近于 0。因此，当前状态和初始状态概率密度函数重叠部分的面积值可定义为健康度 CV 值。依据公式可以准确地计算出系统当前状态的健康度，来定量描述其健康程度。

6.3.5　面向多层次的装备健康状态评估方法

6.3.5.1　健康评估框架

为支撑装备系统级健康评估，首先进行设备级健康评估，再逐层进行融合。通过充分利用装备全寿命周期内的各类有用信息，包括故障诊断结果、寿

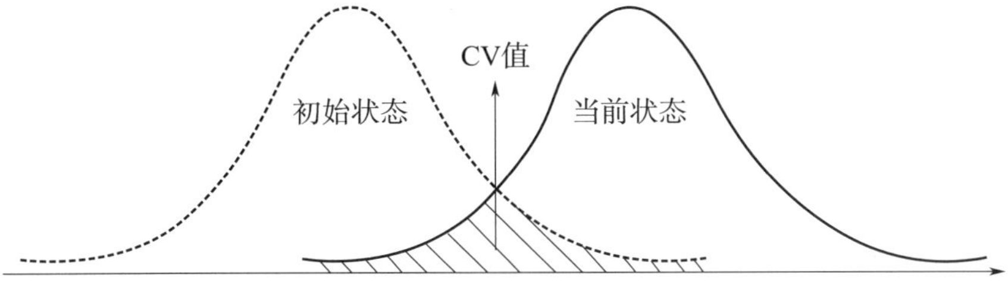

图 6－12　GMM“重叠度”计算原理

命预测结果等 PHM 系统输出信息，使用与维修过程中的人工检查信息及装备综合信息（如通电时间、运输里程、贮存时间等），给出设备级健康状态评估模型。

针对装备数据类型多样性的特点，可采取多源数据分层融合方法实现部件到分系统再到装备系统健康度的逐层推理与综合。基于多源数据分层融合的健康评估方法的原理如图 6－13 所示。

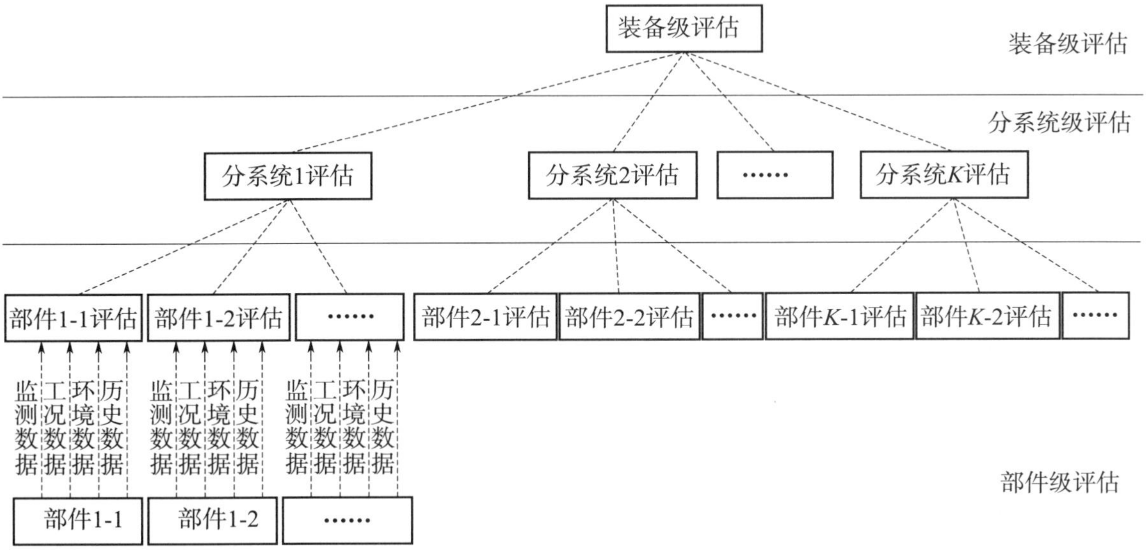

图 6－13　多源数据分层融合健康评估方法原理图

6.3.5.2　多源信息融合评估方法

信息融合技术是一种模拟人类大脑处理复杂多维信息的技术，它充分利用多种信息之间的信息冗余或信息互补条件，在某种准则的指导下进行信息的组合处理与操作，从而形成研究主体的统一描述，实现比多维输入信息的子集形成的研究主体描述更好。信息融合按照不同的融合层次，可以分为数据层、特征层以及决策层三种融合方法。

（1）数据层融合

对于采集到的原始数据，依据一定的准则，在进行特征提取之前，进行数据的分析处理。数据层融合强调数据之间的匹配精度（见图 6－14）。

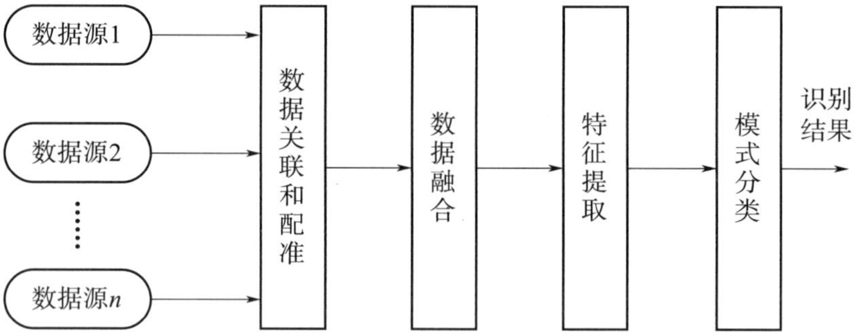

图 6－14　数据层融合模型

（2）特征层融合

首先对各采集参数的原始数据分别进行特征提取，然后对提取的特征进行联合分析处理。特征层融合能够获得比数据层融合更有效的模式分类与回归分析的效果（见图 6－15）。

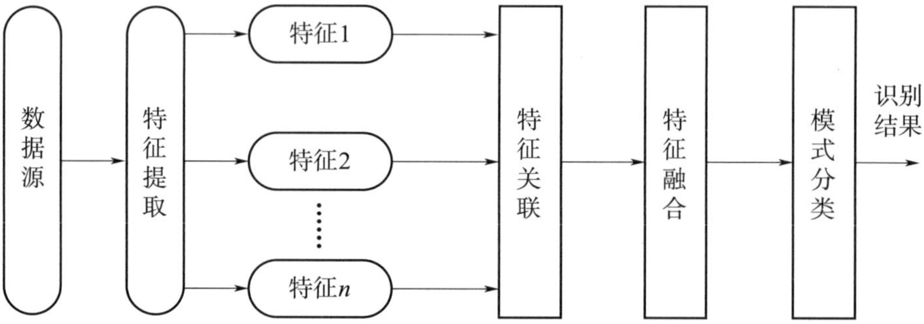

图 6－15　特征层融合模型

（3）决策层融合

对各采集参数分别完成数据预处理、特征提取、特征约减、模式识别或回归分析等处理，分别获得研究主体的初步分类或回归结果，然后以上述结果为输入，通过关联分析实现多分类或回归结果的统一融合决策（见图 6－16）。

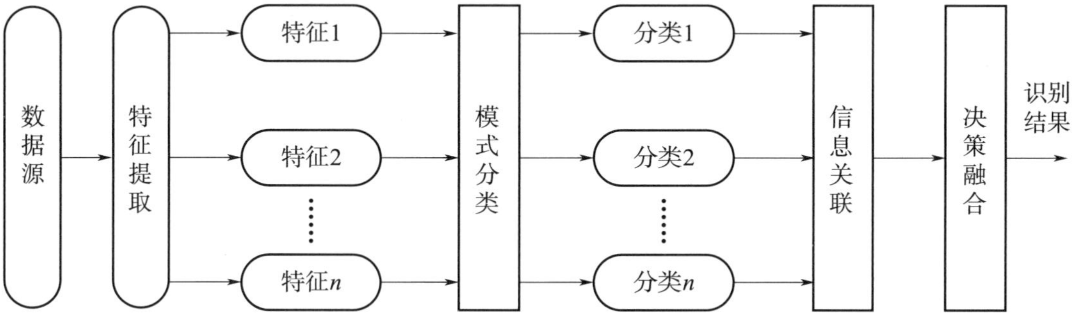

图 6－16　决策层融合模型

在系统级健康状态量化评估的基础上，进行健康状态分级评价。根据装备的使用剖面和类似装备的保障效果，确定分级原则，给出装备的健康分级结果，其健康分级如图 6－17 所示。

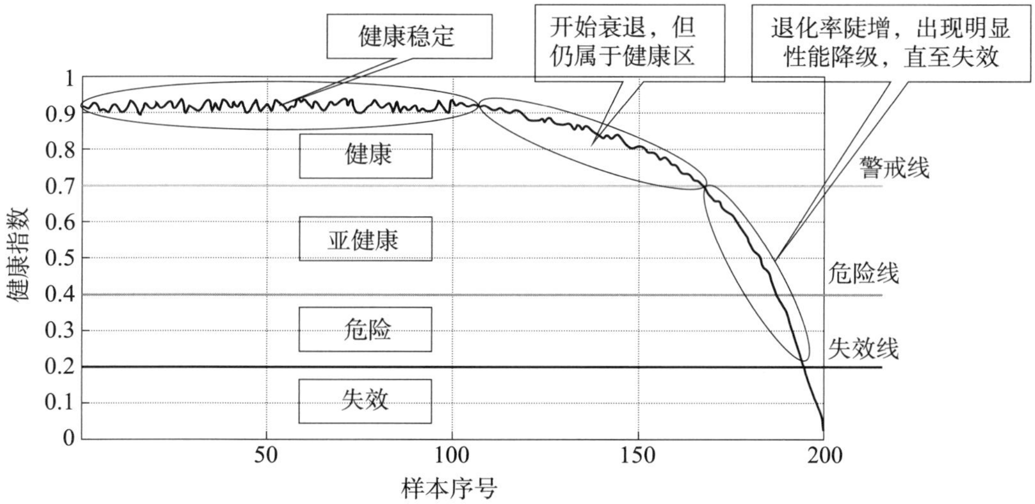

图 6－17　CV 取值范围及对应健康状态示意图

6.4　装备故障预测方法

数据驱动的故障预测技术不需要对象精确的物理模型和先验知识，以监测获得的装备运行状态数据为基础，建立对象故障演化过程的数学模型，通过各种数据分析处理方法挖掘其中的隐含信息进行预测操作，这种方法具有很好的适应性和工程实用价值。数据驱动的装备故障预测技术总体思路如图 6－18 所示。考虑到实际工程中历史数据情况的差异性，针对有全寿命历史数据的情形，开展基于退化规律迁移学习，实现历史退化模式在待预测对象上的迁移应用；而对于没有全寿命退化数据的情况，依据当前对象历史退化数据，开展退化状态参数的递推，实现状态预测。

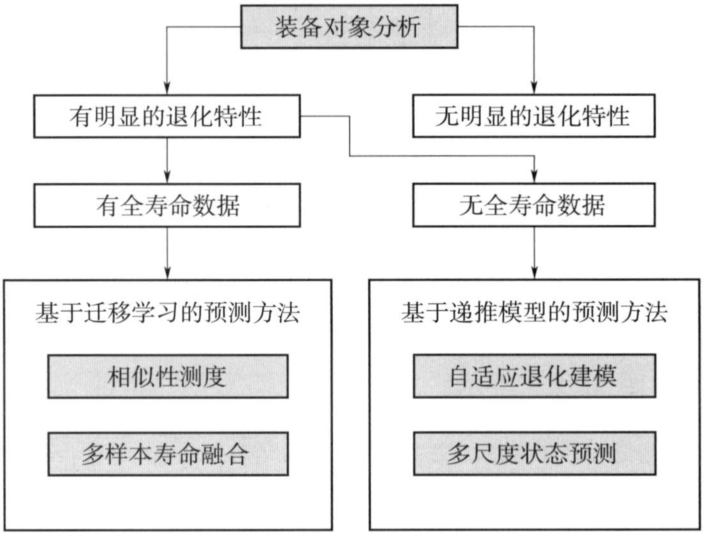

图 6-18　数据驱动的装备故障预测技术总体思路

6.4.1　基于递推模型的故障预测方法

6.4.1.1　故障预测框架

基于递推模型的故障预测框架如图 6-19 所示。根据预测长度的不同，主要分为单步预测和多步预测，单步预测只预测下一个时间点的状态，多步预测可以预测多个时间点的健康状态或剩余寿命。基于递推模型的故障预测方法主要包括自适应性能退化建模过程和多时间尺度状态预测过程，自适应性能退化建模通过设备的历史退化数据完成退化模式捕捉并解析获得模型参数，多时间尺度状态预测从多个时间维度实现装备状态的预测，在此基础上进行多尺度信息融合，提升预测的准确性。

6.4.1.2　基于时间序列的故障预测方法

基于时间序列的故障预测算法有多种，自回归滑动平均模型（ARMA）是一种比较成熟的模型，由自回归（AR）模型和滑动平均（MA）模型组合而成，适用于短期预测。该模型为

$$y_t = \sum_{i=1}^{p} \varphi_i y_{t-i} + \varepsilon_t - \sum_{j=1}^{q} \theta_j \varepsilon_{t-j}$$

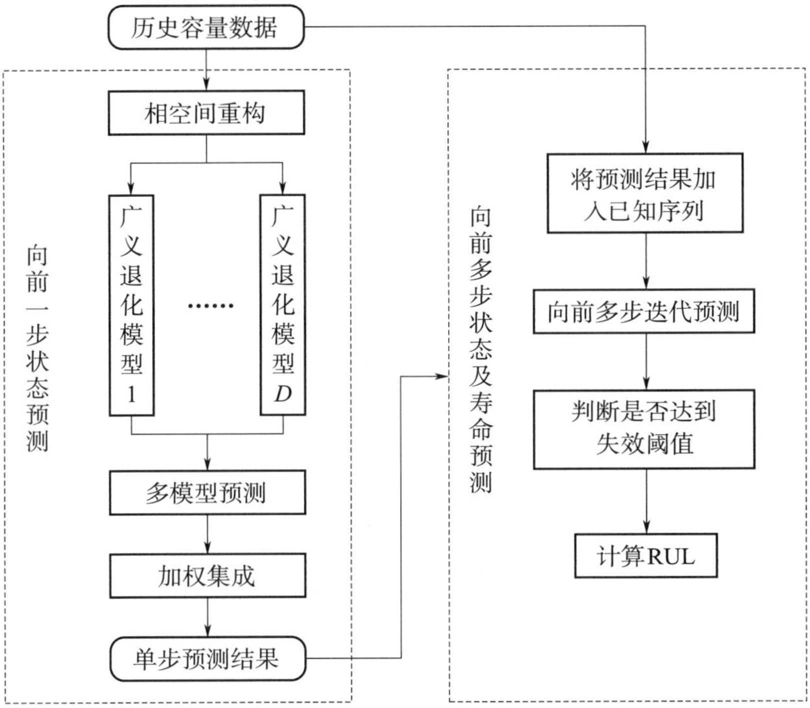

图 6-19　基于递推模型的故障预测框架

式中，p、q 分别为自回归和滑动平均的阶数，简记为 ARMA（p，q）。实数 φ_i 称为自回归系数，实数 θ_j 称为滑动平均系数。特殊地，若 $p=0$，此模型即为 MA 模型；$q=0$ 时，模型为 AR 模型。对于模型预测，首先要找到与其拟合最好的预测模型，则阶数的确定和参数的估计是模型辨识的关键。

对于 ARMA 模型，应采用最佳准则函数法则来确定模型阶数，这里选择最小 AIC 作为定阶准则，AIC 函数定义为 $\hat{\sigma}_e=\hat{\rho}_k-\sum_{j=1}^{p}\varphi_j\hat{\rho}_j$，则 $\mathrm{AIC}(l)=\ln(\hat{\sigma}^2(l))+\frac{2l}{n}$，其中 $\hat{\sigma}^2(l)$ 为相应于各种算法的 $\hat{\sigma}_e$ 的估计值，l 为模型待估参数的个数。这样，从低阶到高阶对 p，q 的不同取值分别建立模型，并进行参数估计，比较各模型的 AIC 值，使其达到极小的模型就确定为最佳模型。

6.4.1.3　支持向量回归故障预测方法

对于给定的非线性时间序列 $\{x_1, x_2, \cdots, x_t\}$，利用已知历史数据 x_t 来预测 x_{t+1}，则可建立映射：$R^m\rightarrow R$，满足

$$x_{t+1}=f(x_t, x_{t-1}, \cdots, x_{t-(m-1)})$$

式中，m 称为预测嵌入维数。对于 m 阶预测模型，SVM 预测模型结构如

图 6－20 所示。该预测模型的关键是采用合适的准则选取 SVM 预测模型的输入节点数。

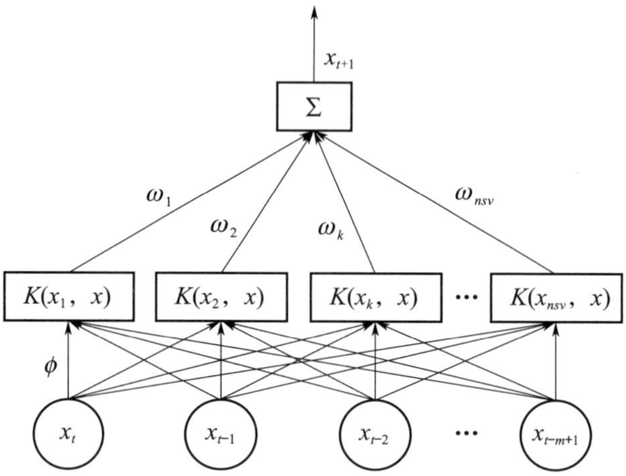

图 6－20　SVM 预测模型结构

根据图 6－20 所示的预测模型结构，对原始时间序列 $\{x_1,\ x_2,\ \cdots,\ x_n\}$ 进行相空间重构，以获得数据间的关联关系，从而挖掘到尽可能多的信息量。即将一维时间序列 $\{x_1,\ x_2,\ \cdots,\ x_n\}$ 转化为如下矩阵形式，作为支持向量回归的学习样本：

$$\boldsymbol{X}=\begin{pmatrix} x_1 & x_2 & \cdots & x_m \\ x_2 & x_3 & \cdots & x_{m+1} \\ \vdots & \vdots & \cdots & \vdots \\ x_{n-m} & x_{n-m+1} & \cdots & x_{n-1} \end{pmatrix}$$

$$\boldsymbol{Y}=\begin{pmatrix} x_{m+1} \\ x_{m+2} \\ \vdots \\ x_n \end{pmatrix}$$

对支持向量机进行训练的回归函数为

$$y_t=\sum_{i=1}^{n-m}(\alpha_i-\alpha_i^*)K(x_i,x_{n-m+1})+b \quad t=m+1,\cdots,n$$

那么得到第一步预测方程为

$$x_{n+1}=\sum_{i=1}^{n-m}(\alpha_i-\alpha_i^*)K(x_i,x_{n-m+1})+b$$

式中，$x_{n-m+1}=\{x_{n-m+1},\ x_{n-m+2},\ \cdots,\ x_n\}$，则下一步预测为

$$x_{n+2}=\sum_{i=1}^{n-m}(\alpha_i-\alpha_i^*)K(x_i,x_{n-m+2})+b$$

式中，$x_{n-m+2}=\{x_{n-m+2},\ x_{n-m+3},\ \cdots,\ x_{n+1}\}$，一般可得到 l 步预测为

$$x_{n+l}=\sum_{i=1}^{n-m}(\alpha_i-\alpha_i^*)K(x_i,x_{n+l-1})+b$$

式中，$x_{n+l-1}=\{x_{n-m+l},\ x_{n+1},\ \cdots,\ x_{n+l-1}\}$。

6.4.2　基于迁移学习的故障预测方法

6.4.2.1　故障预测框架

由于装备在不同退化阶段的规律可能不同，基于递推模型的方法无法捕捉全寿命周期的退化特性，仅能依据历史数据进行递推计算，在性能退化特性变化明显的情况下，预测精度较低，因而对于存在全寿命退化数据的产品，应充分利用全寿命产品的退化规律。

针对存在相似产品故障历史数据的关键设备，给出基于相似产品衰退数据知识挖掘的故障预测技术。基于相似性的剩余寿命预测原理如图 6－21 所示，首先沿时间轴横向滑移待预测样本退化轨迹使其与参考样本全寿退化轨迹最优匹配，获得待预测样本的剩余寿命估计值与样本相似度，然后对多个寿命估计值进行相似度加权来获得待预测样本的剩余使用寿命。

基于迁移学习的故障预测流程如图 6－22 所示，主要包含退化样本集构建、截取样本集各样本、相似性计算、获取寿命概率分布、寿命估计等五个部分。

（1）退化样本集构建

主要内容有退化数据归一化、删除无明显衰退趋势的样本、剔除序列中的离群值及衰退序列平滑。

（2）截取样本集各样本

按照待预测样本的退化量截取同等程度退化的各模型样本，得到的数据用于后续的相似性测度。

（3）相似性计算

利用时变权重时间尺度伸缩相似性原理，得到截取的历史库中各个样本与待预测样本的最优匹配因子及最优匹配相似度。

（4）获取寿命概率分布

利用最优匹配因子、最优匹配距离生成权重，将其作为对应转换寿命的密

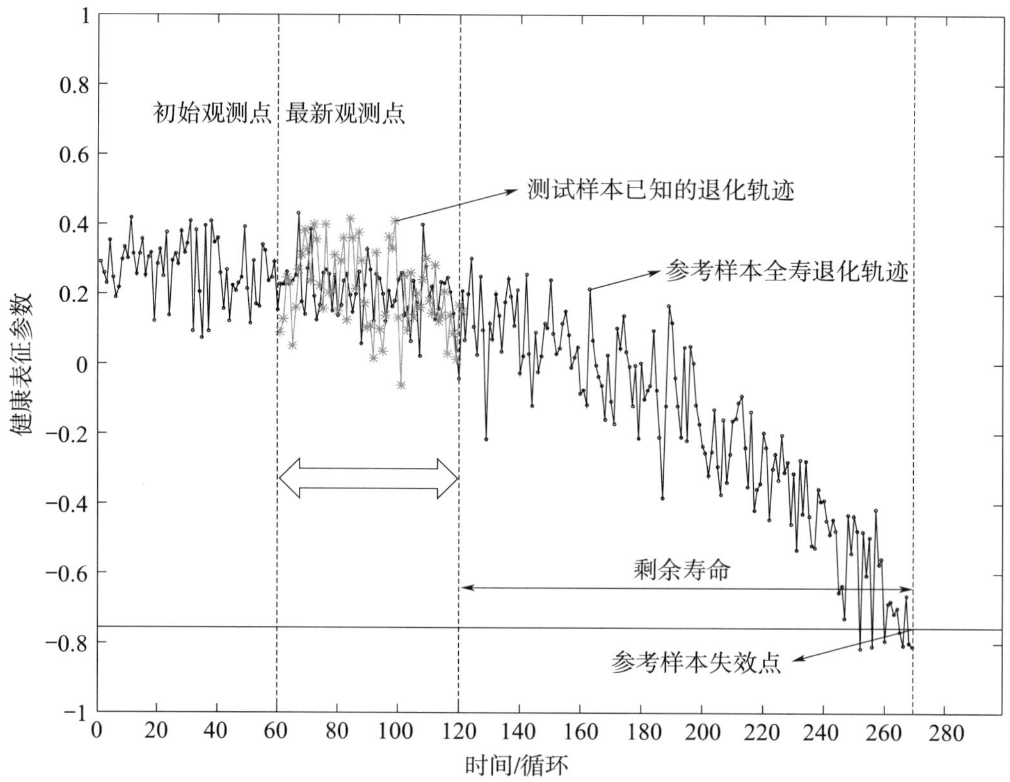

图 6-21　基于相似性的剩余寿命预测原理

度，然后通过正态分布函数拟合，得到待预测样本的寿命概率分布。

（5）寿命估计

通过寿命分布得到点估计和区间估计，比对待预测样本的真实寿命与预测寿命，评价算法的性能。

6.4.2.2　时变权重时间尺度伸缩相似性

（1）传统相似性度量

相似性测度是基于迁移学习的故障预测方法的核心，欧氏距离是常用的一种相似性计算方法。记待预测性能退化轨迹为 $x(i)$，$i=1, 2, \cdots, M$，M 为退化数据长度。L 个样本的性能退化轨迹为 $y_l(i)$，$i=1, 2, \cdots, N_l$，N_l 为第 l 个参考样本的全寿命长度。

取量化时长为 $D=M$，通过待预测轨迹与各参考轨迹的优化匹配获得 L 个待预测样本的寿命估计值 r_l，$l=1, 2, \cdots, L$ 和 L 个相似性距离 S_l，$l=1, 2, \cdots, L$：

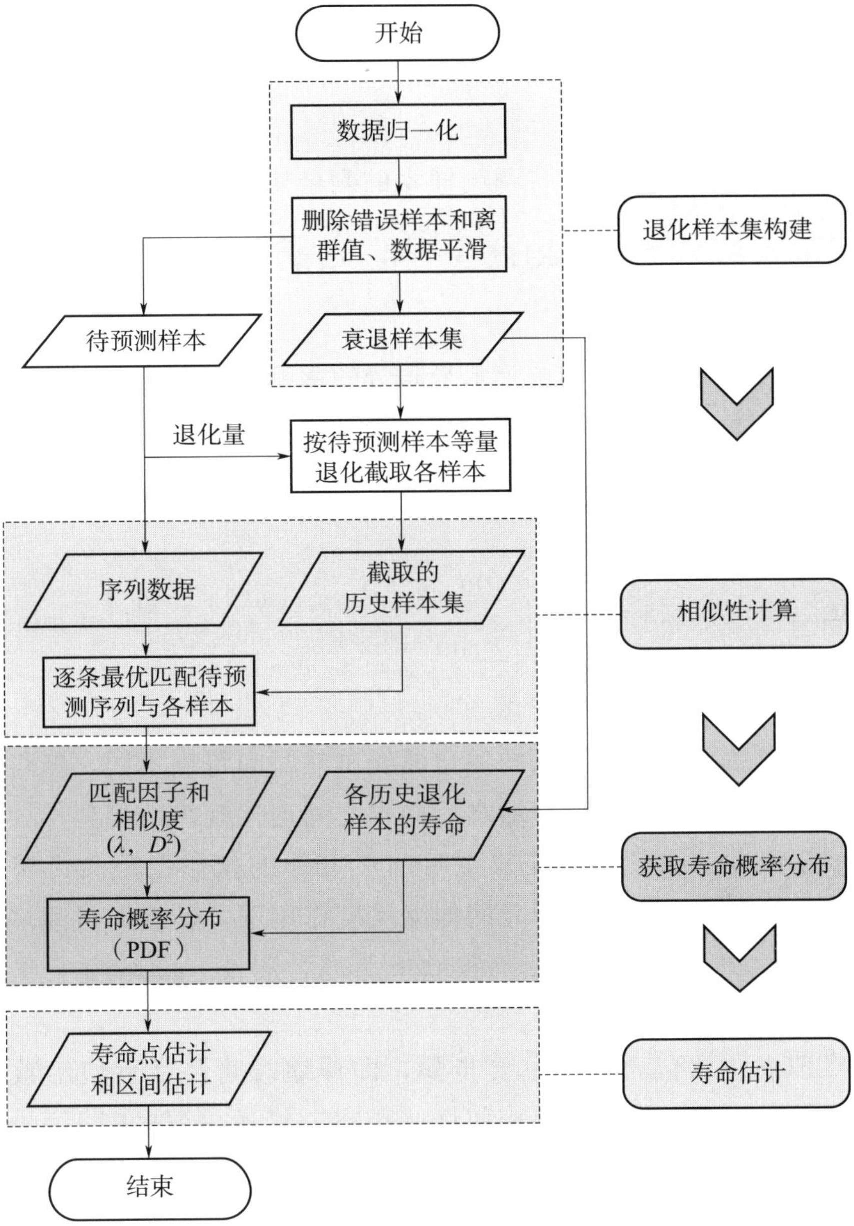

图 6－22　基于迁移学习的故障预测流程

$$r_l = \arg\min_{\Delta}\sum_{i=1}^{M}(x(i)-y_l(N_l-D-\Delta+i))^2, l=1,2,\cdots,L$$

$$S_l = \min_{\Delta}\sum_{i=1}^{M}(x(i)-y_l(N_l-D-\Delta+i))^2, l=1,2,\cdots,L$$

参考轨迹与待预测轨迹之间的距离越小，则它们的相似性越大，相应的寿命估计值应该获得更大的加权权重，权重函数如下

$$w_l = \frac{\sum_{l=1}^{L} S_l}{S_l} \Big/ \sum_{l=1}^{L} \left(\frac{\sum_{l=1}^{L} S_l}{S_l} \right), l = 1, 2, \cdots, L$$

式中，$\sum_{l=1}^{L} w_l = 1$。

最后，通过集成运算获得待预测样本的剩余使用寿命 RUL：

$$\mathrm{RUL} = \sum_{l=1}^{L} w_l \cdot r_l$$

（2）时变权重相似性度量

考虑到状态的不同时刻对系统未来趋势的影响具有较大的差异，在欧氏距离相似性的基础上，按照“距离当前时刻越近的状态对未来状态的影响越大”的假设和衰减规律对各时刻点的状态差异的平方取加权和，获得时变权重相似性（TVWTECS），公式为

$$\mathrm{TVWTECS}(x(t), y(t), \lambda) = \sum_{i=1}^{Q} \left(\frac{\ln i}{\sum_{i=1}^{Q} \ln i} \mid x'(i) - y(i) \mid^2 \right), Q = \min([\lambda M], N)$$

（3）时间尺度伸缩相似性度量

同一类型产品在不同环境下的退化曲线虽然时间跨度不同，但可能形状上有相似性，为了量化时间尺度伸缩之后样本之间退化规律的相似性，提出了时间尺度伸缩相似性的概念。时变权重时间尺度伸缩相似性定义为两个等量退化、同采样率的时间序列在某个时间伸缩尺度作用下，转换后时间序列与待比较时间序列最大公共长度的时变加权欧氏距离，图 6－23 给出了 TVWTECS 的图示。

TVWTECS 方法包含两个主要步骤，即伸缩时间尺度后使用数值方法插值和转换后序列与待比较序列的相似性（距离）度量。记序列 1 为 $x(t)$，$t=1$，2，…，M，序列 2 为 $y(t)$，$t=1$，2，…，N，在序列 1 的时间上附加一个时间伸缩尺度 λ，序列 1 则变为 $x(t)$，$t=\lambda$，2λ，…，$M\lambda$；$\lambda \in R^+$（见图 6－24）。

由于转换后数据采样不规则，亦不在整数单位时刻点，需要使用插值方法得到需求时刻的状态值。分段三次 Hermite 多项式插值（Piecewise Cubic Hermite Interpolating Polynomial，PCHIP）保证各点连续相切的同时也保证了多项式导数在各点的连续性和平滑性，与线性插值（linear）、立方插值（cubic）、三次样条插值（spline）相比，具有优良的保形性，因而也称其为立方保形插值；与此同时，PCHIP 保证了两个相邻点之间插值曲线的单调性。

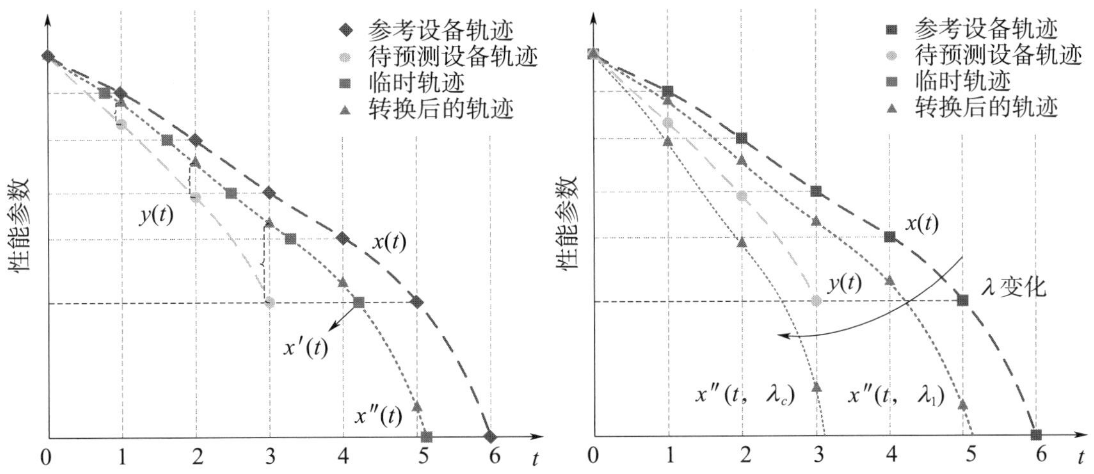

(a)　　(b)

图 6－23　时间尺度伸缩匹配原理（见彩插）

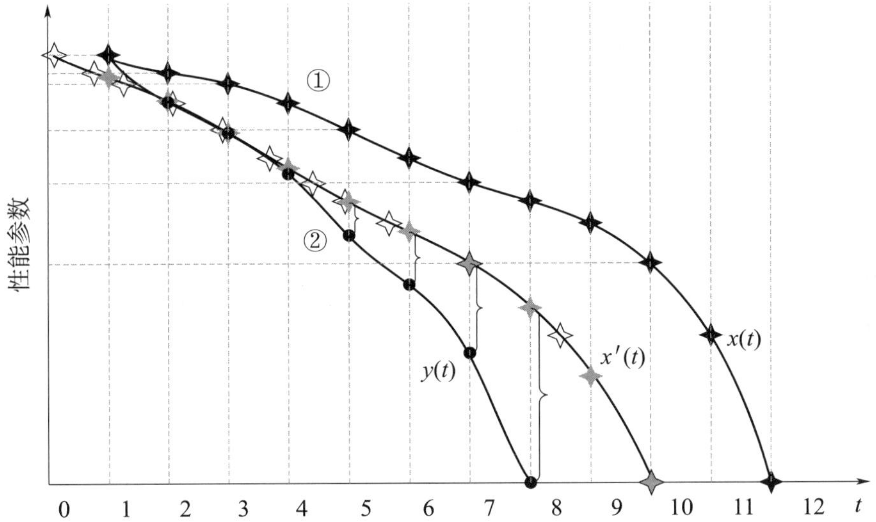

图 6－24　时变权重时间尺度伸缩相似性原理图

PCHIP 的基本定义：

设区间 $[a, b]$ 上有节点序列 $x_i(i=0, 1, 2, \cdots, n)$，$a=x_0<x_1<\cdots<x_n=b$，其对应的函数值为 y_i，$f'(x_i)=m_i$，$h_k=x_{k+1}-x_k$，$h=\max(h_k)$，分段三次插值函数 $I_h(x)$ 满足：

1）定义域 $I_h(x)\in[a, b]$。

2）在任一小区间 $[x_k, x_{k+1}](k=0, 1, \cdots, n-1)$ 上，$I_h(x)$ 为三次样条多项式 $I_k(x)$。

3）满足插值条件，$I_h(x_i)=f_i$，$I'_h(x_i)=m_i$，$i=0, 1, 2, \cdots, n$。

在区间 $x\in[x_k, x_{k+1}]$，PCHIP 函数表达式为

$$I_k(x)=y_i+c_{k,1}(x-x_k)+c_{k,2}(x-x_k)^2+c_{k,3}(x-x_k)^3$$

其中

$$\begin{cases} c_{k,1}=m_i \\ c_{k,2}=\left[\dfrac{3}{h_k}(y_{k+1}-y_k)-2m_k-m_{k-1}\right]\dfrac{1}{h_k} \\ c_{k,3}=\left(m_{k+1}+m_k-2\,\dfrac{y_{k+1}-y_k}{h_k}\right)\dfrac{1}{h_k^2} \\ x\in[x_k,x_{k+1}],k=0,1,\cdots,n-1 \\ h_k=x_{k+1}-x_k,m_k=f'(x_k) \end{cases}$$

应用 PCHIP 插值方法结合序列外推策略得到转换后序列为 $x'(t)$，$t=1, 2, \cdots, [\lambda M]$。

至此，在伸缩尺度 λ 下序列 $x(t)$ 与 $y(t)$ 的均匀权重相似性定义为

$$\mathrm{TECS}(x(t),y(t),\lambda)=\frac{1}{Q}\sum_{i=1}^{Q}|x'(i)-y(i)|^2,Q=\min([\lambda M],N)$$

考虑到状态的不同时刻对系统未来趋势的影响具有较大的差异，距离当前状态较近的状态对系统未来具有更大的影响，因而定义时变权重时间尺度伸缩相似性如下：

$$\mathrm{TVWTECS}(x(t),y(t),\lambda)=\sum_{i=1}^{Q}\left(\frac{\ln i}{\sum_{i=1}^{Q}\ln i}|x'(i)-y(i)|^2\right),Q=\min([\lambda M],N)$$

（4）最优匹配相似性

图 6－25 展示了随着伸缩尺度变化，两个序列 TVWTECS 相似性的变化过程。为有效匹配两个待比较的时间序列，在其中之一的序列的时间上增加一个伸缩尺度，使其在这种伸缩的作用下，实现两个序列由不相似到相似的转换。如图 6－25 所示，随着伸缩尺度的变化，两序列的相似性先由小及大，再由大及小，存在某个临界的伸缩尺度，使两序列在这个伸缩尺度下的相似性最高，至此可得到使两序列实现伸缩最优匹配的匹配因子和最优匹配距离（Time－Varying Weight Best Matching Similarity，TVWBMS），即为

$$\mathrm{TVWBMS}=\min_{\lambda}\mathrm{TVWTECS}(x(t),y(t),\lambda)$$

6.4.2.3　寿命概率分布及分布参数估计

记已有的退化样本集为 G^*，样本集的寿命序列为 $\{{}^lR\}$，$l=1, 2, \cdots,$

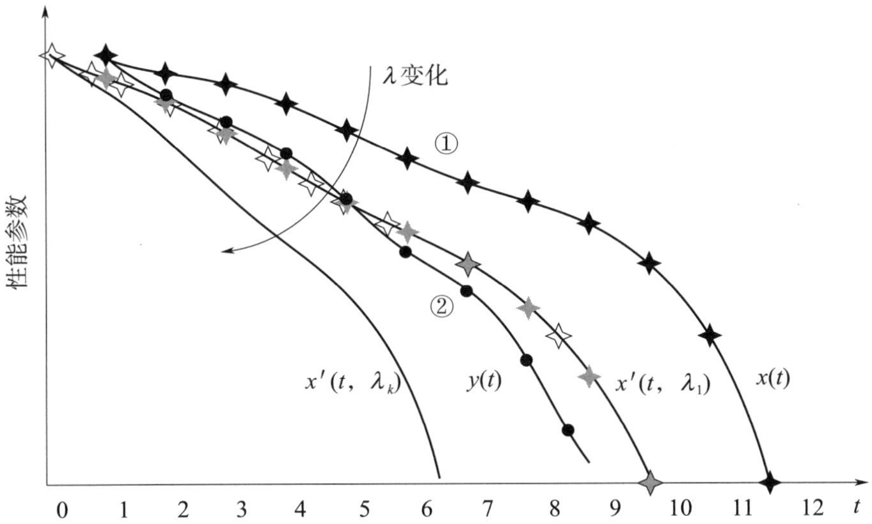

图 6-25　时变权重最优匹配相似性原理

L 。截取后退化样本集为 $G=(x_1(t),\ x_2(t),\ \cdots,\ x_L(t))$，每个退化模型表示为 ${}^lG=x_l(t)$，$l=1,\ 2,\ \cdots,\ L$，最优匹配得到的最优匹配因子为 $\{\lambda_l\}$，$l=1,\ 2,\ \cdots,\ L$ 和最优匹配相似度距离 $\{{}^l\mathrm{TVWBMS}\}$，$l=1,\ 2,\ \cdots,\ L$ 。因而每个模型在当前的待预测样本模式下的模型寿命为

$$\{{}^lr\}=\lambda_l\{{}^lR\},l=1,2,\cdots,L$$

因为最优匹配因子决定了两个序列的原始相似性，匹配因子与 1 越不同，造成误差的可能性越大，因而通过定义最优匹配因子 λ_l 与 1 的差别生成一个权重参数：

$${}^lC_\lambda=\max\{\lambda_l,\frac{1}{\lambda_l}\}$$

由最优匹配距离直接生成另一个权重参数：

$${}^lC_{\mathrm{TBMS}}={}^l\mathrm{TVWBMS}$$

定义待预测样本与每个退化模型的相似性得分为

$${}^l\mathrm{S}=\frac{a}{{}^lC_\lambda}+\frac{b}{{}^lC_{\mathrm{TVWBMS}}}$$

式中，a，b 为两个因子，它们的值需要通过设定初值后训练调优得到。

所有的模型寿命估计结果相应地形成一个二维序列 $H=\{({}^lr,\ {}^l\mathrm{S})\mid l=1,\ 2,\ \cdots,\ L\}$ 。模型集成的目的是集成在 H 中的多个估计结果最终获得待预测样本的寿命估计。最简单的集成方法是使用基于相似性得分的加权平均和，待估

计样本寿命的点估计为

$$r=\frac{\sum_{l=1}^{L}{}^{l}S^{l}r}{\sum_{l=1}^{L}{}^{l}S}$$

6.5　特种车辆健康管理系统

6.5.1　系统组成

特种车辆作为武器装备的重要组成部分，是遂行作战应用与保障任务的重要载体和平台。面对复杂多变的战场环境，车辆自身的健康状态和寿命水平对装备能否完成作战任务至关重要，迫切需要构建具备自适应、自诊断能力的健康管理系统，实现车辆状态信息的获取与传输、智能分析与决策。

以某武器装备特种车辆为典型应用对象，构建基于微机的健康管理系统，架构如图 6－26 所示，具有对信号同步采集信道多、数据处理能力强、信息存储传输方便、可拓展性好等特点。

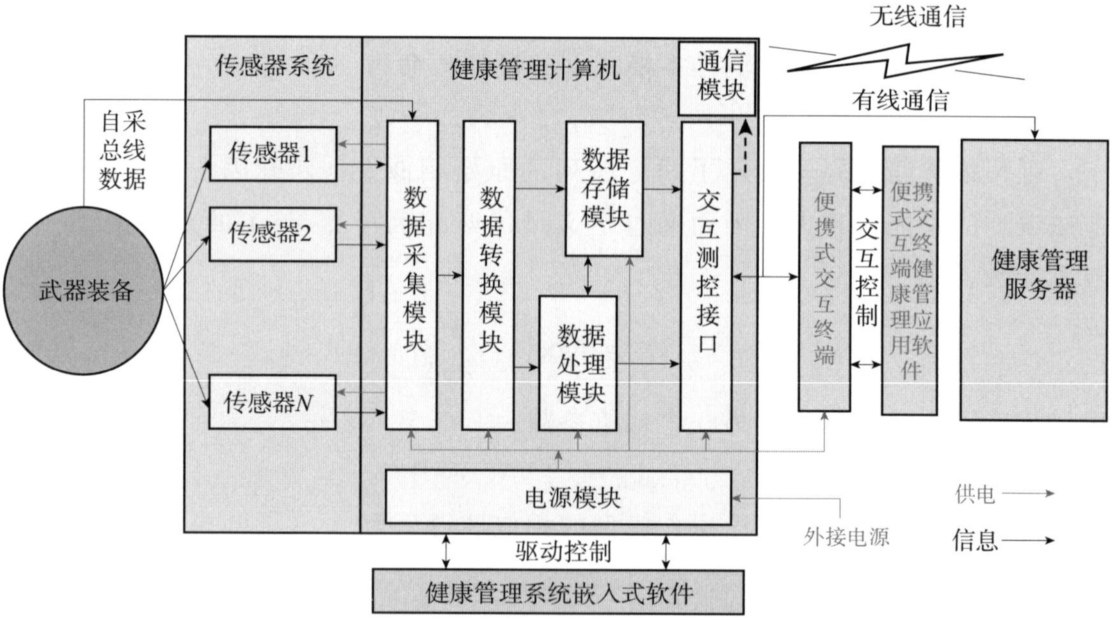

图 6－26　基于微机的装备健康管理系统架构（见彩插）

采用上述架构的特种车辆健康管理系统组成如图 6－27 所示，主要包括车载端和地面端两部分。车载端主要包括数据采集子系统、健康评估子系统、交互应用子系统等。其中，车载端健康评估子系统完成数据的融合、处理、运算，健康管理与故障诊断等，交互应用子系统供系统操作人员与健康评估子系统进行交互，完成装备状态监测结果的按需可视化应用。地面端主要包括数据通信子系统、装备管理子系统等。其中，装备管理子系统完成车载端数据的汇总和深度分析，支撑集群车辆的效能评估及作战辅助决策等。

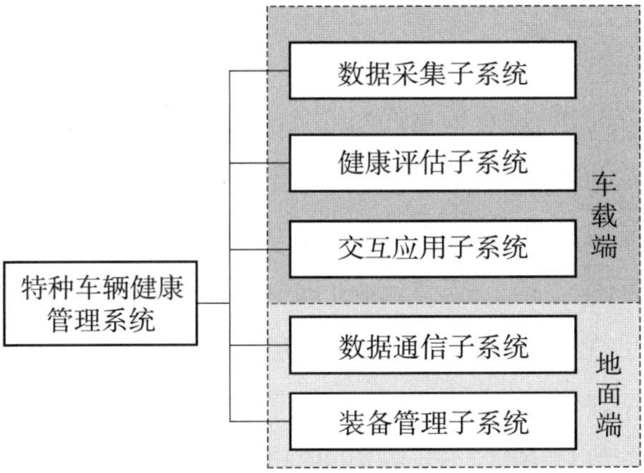

图 6-27　特种车辆健康管理系统组成

（1）数据采集子系统

数据采集子系统作为系统的“感官”，由它完成被测参数的测量与感知。其传感器组件能够完成装备环境数据、性能表征信号的采集；数据采集模块能够并行完成多路传感器信号、装备总线自采数据以及其他数据的信号调理；数据转换模块能够实现所采集数据的 A/D 高精度转换，实现数据的感知、汇总及预处理。

（2）健康评估子系统

健康评估子系统主要组成部分包含数据处理模块、数据存储模块、无线通信模块、电源模块、交互测控模块等，其具备自检功能，可接收数据采集系统的数据，完成数据存储、分析，实现装备状态的在线计算、健康状态评估、异常状态告警等能力。

数据处理模块根据健康管理系统嵌入式软件的驱动，完成数据计算、处理与分析，即健康监测、故障诊断、性能评估等。数据存储模块则能够对所采集到的原始数据和处理结果进行存储。无线通信模块支持装备综合状态信息的上报和基础数据的上传。交互测控模块能够支持系统外设的扩展，连接交互应用子系统，实现更为丰富的可视化应用，同时，也能够支撑更高层级的装备管理的应用拓展。

(3) 交互应用子系统

交互应用子系统负责为装备健康评估结果的可视化显示和人机交互提供软硬件支撑，同时能够拓展仿真操作、远程支援等功能。交互应用子系统可访问健康评估子系统的数据库，实现健康管理分析结果的实时显示、历史查询和参数统计分析等，同时，也作为健康评估子系统的交互工具和显示工具。交互应用子系统分为状态监测模块、故障诊断模块、健康评估模块、趋势分析模块、维护支持模块、智能辅助决策模块等。

状态监测模块从健康评估子系统中实时读取状态数据，在软件界面中进行显示和弹窗提醒。故障诊断模块包括自动诊断和人工诊断功能，其中自动诊断通过读取和解析故障码实现，人工诊断通过输入故障现象执行搜索来实现。健康评估模块读取并可视化显示整车、发动机、变速箱、分动箱等的健康度信息，包括状态监测参数和故障码信息。趋势分析模块的主要功能为历史数据显示（含统计数据和参数阈值）、历史数据趋势提取、参数变化趋势预测。维护支持模块主要完成修复性维修、预防性维修计划的生成、提醒与辅助支持，修复性维修计划由故障模式触发，预防性维修计划由维护规则触发（日历时间或时间累计），维护维修计划显示字段包括维护编号、故障/保养部位、触发模式、维修方式、维护指导等。装备智能辅助决策模块通过引接汇总辖域内所有车辆的基础信息，能够实现所有车辆状态的可视化管控，并根据当前任务的特点、时间、区域、里程等，为作战人员提供充分的信息，确保辅助决策的科学性和合理性。

(4) 数据通信子系统

数据通信子系统主要由多链路传输模块与传输天线模块等组成。其中，天线提供传输通路，多链路传输模块实现数据的破碎、加密和多路传输，完成由车载端向地面端进行远程并行数据传输的工作。

(5) 装备管理子系统

装备管理子系统作为地面端装备，具有超大的信息存储量、超快的信息处理速率、安全的数据灾备手段和功能更为强大的数据-知识融合驱动的装备智能故障诊断与健康管理能力，能够通过基于深度学习、迁移学习、知识图谱的健康管理算法，实现装备故障诊断、装备保障规划、装备维修决策等。

6.5.2　系统功能

（1）在线参数监测及超限报警

通过健康管理系统配置的传感器数据、装备总线监测数据对装备运行状况、油料信息、故障信息等进行实时监测，当参数脱离正常状态时，通过指示灯、警报、语音、窗口推送等形式进行报警提示。

（2）车辆在线故障诊断及修复建议生成

能够对装备机械、电子、机电等典型部件的常见故障进行故障诊断和定位，直接确定故障单元。通过分析实时采集的数据和历史积累数据，提取装备的有效特征参数，应用基于知识和大数据的智能诊断方法给出最具可能的故障原因并推送修复建议。对于偶发故障，则能够通过预置的基于故障树等的推理方法、录入的故障现象和监测参数信息开展故障自动推理，或采用人在回路的方式进行故障逐步排查。

（3）多层级健康评估

通过历史正常状态参数构建各部组件的健康基线，依据实时监测参数周期性多层级地实现从装备各部组件、整机至整车的健康状态评估，并按评估得到的健康度进行健康分档，确定车辆健康程度为正常、一般、严重。

（4）车辆关键部件性能参数趋势分析

根据关键部件的状态监测数据，提取反映其性能退化的特征参数，依据历史性能退化数据构建分析性能趋势变化情况，构建性能退化模型，基于退化模型开展退化趋势分析，在其达到给定阈值时发出故障或失效提醒。

（5）车辆维修建议生成与维护辅助决策

依据超限报警、智能诊断、健康评估、退化预测等结果，能够自动推送维修所需工具和备件、维修步骤、维修过程动画或录像、注意事项等信息，辅助使用人员完成故障修复。

（6）车辆健康状态管理及选用决策

根据车辆不同的健康程度及部件退化趋势分析结果，前瞻性判断车辆所能持续健康服役并执行相应任务的能力，从而针对不同种类、不同环境、不同强度、不同时间的任务，依据车辆可用度进行筛选，进行车辆间健康状态对比分析，并推送合适车辆用于任务的执行。

6.5.3 检测参数

通过分析特种车辆的典型故障模式和故障机理，主要考虑对能够表征监测对象性能状态、故障状态和使用工况的参数进行监测，确定该系统所需监测的参数，见表 6－4。

表 6－4　特种车辆监测参数需求

序号	健康管理对象(部件级)	监测参数需求	备注
1	发动机	发动机转速	
2		发动机摩托小时	
3		发动机水箱水位及水温	
4		发动机机油压力	
5		发动机振动	
6		发动机排气制动能力	
7		空滤器清洁程度	
8	变速箱	变速箱档位	
9		变速箱油温	
10		变速箱输出转速	
11		变速箱振动	
12	分动器	分动器档位	
13		分动器输出转速	
14		分动器振动	
15	差速锁	分动器差速锁	
16		轮间差速锁	
17		轴间差速锁	
18	轴锁轮锁	一桥轮锁	
19		二桥轮锁	
20		三桥轮锁	
21		二轴轴锁	
22	轮毂	各轮轮毂温度	
23	蓄电池	蓄电池电压	
24		蓄电池电流	
25		蓄电池极柱温度	

续表

序号	健康管理对象(部件级)	监测参数需求	备注
26	总线	总线状态	
27	转向液压泵	转向压力	
28		主泵油滤清洁程度	
29		副泵油滤清洁程度	
30	ABS	ABS 情况	
31	油箱	燃油量	
32	车桥	制动气压	
33	整车	整车电压	
34		行驶里程	
35		振动情况	
36		左右倾角	
37		前后倾角	
38		驾驶室外温度、湿度	
39		驾驶室内温度、湿度	

6.6　小结

装备健康评估与故障预测技术代表了一种理念的转变，装备良好的健康评估与故障预测能力，使得装备系统的各组成部分能够快速、有效地进行重构，实现基于健康度的装备调度、维护管理与控制。通过提高作战过程中武器装备状态的感知判断能力，支撑作战行动中的快速重构和规划，确保各作战装备的稳固性与完整性，为装备作战效能的充分发挥奠定坚实基础。本章阐述了健康评估与故障预测技术的发展现状，分别给出了装备健康状态评估方法和装备故障预测方法，并以某武器装备特种车辆作为典型应用，设计了健康管理系统方案。为推动装备健康评估与故障预测在装备作战应用与保障领域进一步应用提供了有力支撑。

参 考 文 献

[1] 曾声奎，PECHT M，吴际．故障预测与健康管理（PHM）技术的现状与发展［J］. 航空学报，2005，26（5）：626－632.

[2] 梁旭，李行善，张磊，等．支持视情维修的故障预测技术研究［J］. 测控技术，2007（6）：5－14.

[3] 邵新杰，曹立军，田广，等．复杂装备故障预测与健康管理技术［M］. 北京：国防工业出版社，2014：1－26.

[4] 许昆明．基于深度学习的 EHA 关键器件故障诊断及预测方法研究［D］. 杭州：浙江理工大学，2020.

[5] POYHONEN S，JOVER P，HYOTYNIEMI H. Signal processing of vibrations for condition monitoring of an induction motor［C］. International Symposium on Control，Communications and Signal Processing. IEEE，2004：499－502.

[6] LEE J. Measurement of machine performance degradation using a neural network model［J］. Computers in Industry，1996，30（3）：193－209.

[7] CASOETTO N，DJURDJANOVIC D，MAYOR R，et al. Multisensor process performance assessment through use of autoregressive modeling and feature maps［J］. Journal of Manufacturing Systems，2003，22（1）：64－72.

[8] MALHI A，YAN R，GAO R X. Prognosis of Defect Propagation Based on Recurrent Neural Networks［J］. IEEE Transactions on Instrumentation & Measurement，2011，60（3）：703－711.

[9] 胡桥，何正嘉，訾艳阳，等．基于模糊支持矢量数据描述的早期故障智能监测诊断［J］. 机械工程学报，2005，41（12）：145－150.

[10] 董国金，巫世晶，王翔，等．Elman 神经网络在起重机安全状态评估中的应用［J］. 装备制造技术，2007（4）：64－66.

[11] 曾庆虎，邱静，刘冠军，等．基于 KPCA－HSMM 设备退化状态识别方法的研究［J］. 兵工学报，2009，30（6）：740－745.

[12] 刘雨．基于支持向量数据描述与信息融合的设备性能退化评估研究［D］. 上海：上海交通大学，2009.

[13] 雷亚国．混合智能技术及其在故障诊断中的应用研究［D］. 西安：西安交通大学，2007.

[14] 宋登巍，吕琛，齐乐，等．基于健康基线和马氏距离的液压系统变工况健康评估 [J]. 系统仿真技术，2017，13 (3)：201 - 208.

[15] 彭宇，刘大同．数据驱动故障预测和健康管理综述 [J]. 仪器仪表学报，2014，35 (3)：481 - 495.

[16] ORCHARD M. A particle filtering - based framework for on - line fault diagnosis and failure prognosis [J]. Transactions of the Institute of Measurement & Control, 2009, 31 (3 - 4): 221 - 246.

[17] WANG W, GOLNARAGHI M, ISMAIL F. Prognosis of machine health condition using neuro - fuzzy systems [J]. Mechanical Systems & Signal Processing, 2004, 18 (4): 813 - 831.

[18] CHINNAM R. A neuro - fuzzy approach for estimating mean residual life in condition - based maintenance systems [J]. International Journal of Materials & Product Technology, 2004, 20 (1): 166 - 179.

[19] BARUAH P, CHINNAM R. HMMs for diagnostics and prognostics in machining processes [J]. International Journal of Production Research, 2005, 43 (6): 1275 - 1293.

[20] CHINNAM R, BARUAH P. Autonomous diagnostics and prognostics in machining processes through competitive learning - driven HMM - based clustering [J]. International Journal of Production Research, 2009, 47 (23): 6739 - 6758.

第 7 章　装备智能训练技术

7.1　概念内涵

21 世纪以来，物联网、大数据、云计算和人工智能等技术的蓬勃发展，推动人类进入了万物智联的新时代。在信息技术、智能技术的影响下，战争由信息化时代逐渐向智能化时代迈进，这对装备训练提出了新的需求。新形势下的装备训练指在打赢未来信息化、体系化、智能化战争的背景下，以充分发挥装备的作战效能为基本前提，以信息技术、智能技术为倍增器，立足装备作战应用场景和使用模式，革新训练理念、技术和手段，打造出的新型训练方式。与传统训练相比，新型装备训练的主要特征包括：

（1）更加聚焦实战，以训代战，战训一体

实战化训练指在实战化的背景下，以实战装备、作战计划与实施方案等开展日常训练，将作战演练融入日常训练中。与传统训练重视装备操作、特情处置和运行原理教学培训相比，新型装备训练更加注重实战化训练。当前，国内外均遵循“以战领训、战训一致”的建设原则，针对新型装备信息化程度高、寿命周期维护简便、操作使用简单、作战运用灵活等特点，新型装备训练强化了信息系统使用、信息流转、数据判读等环节训练，注重信息化、智能化素养的培养和提升，努力推动着装备训练由操装训练向战术运用训练转变。

（2）更加聚焦体系，互联互通，体系对抗

现代战争不再是单一装备和要素的对抗，更多是体系与体系间的对抗，装备训练系统也是如此。传统的训练系统主要在于强调单一要素的技能训练，而忽略了其“侦、察、抗、打、评、保”整个闭环体系的训练，进而导致单一要素优、单一作战力量优而整体协同能力弱、体系对抗能力弱、抗毁重组能力弱的现象出现。新型装备训练系统更加注重各要素训练系统的一体融合与互联互通，实现在作战背景下的全要素、全流程、体系化协同训练，进而促进了体系训练技术的发展。

（3）更加聚焦交互，人机融合，螺旋演进

随着武器装备智能化程度大幅提升，很多以往由人工来完成的工作逐渐由机器来执行，机器的作用越来越突出。然而，这并不会改变人在装备训练中的主体地位，因为智能装备的运维管理、作战使用等活动仍然离不开人的操控。随着智能化装备的运行操控和作战运用对作战人员的综合素质要求越来越高，如何加强人的思维能力、作战筹划能力和应急处置能力训练，充分发挥人与机器的融合作用，已成为装备智能训练急需攻克的重点难题。

（4）更加聚焦信息，数据驱动，智能转型

信息时代向智能时代转型发展的关键在于发挥信息的赋能增效作用，其中算力是基础，数据是核心，算法是保证。智能训练系统将会使“无处不智能、处处可智能”的理念充分应用到装备训练的各个环节，大数据、智能传感、云计算和物联网等技术的运用贯穿装备训练的各个领域和全部过程，促使装备训练内容、方法手段和组织管理等方面发生颠覆性改变。同时，在智能化战争时代，装备训练数据基数更庞大，信息传输更便捷，训练手段更先进。训练活动作为作战人员日常最重要的活动之一，会产生大量的训练数据，智能训练系统将充分利用各类训练活动中产生的海量数据，通过对训练大数据进行充分挖掘，以制定更加科学的训练规划，进行更加精准的训练控制，从而满足智能化战争对装备训练的需求。

7.2　装备智能训练系统架构

针对装备训练需求，提出一种基于 LVC（Live Virtual Constructive）的装备智能训练系统架构，如图 7－1 所示。其中，L 即实况仿真（Live Simulation），真实的人操作真实的武器系统，称为实兵实装训练；V 即虚拟仿真（Virtual Simulation），真实的人操作模拟系统或虚拟的系统，称为实兵虚装训练；C 即构造仿真（Constructive Simulation），虚拟的人操作虚拟的系统，一般指计算机生成兵力，称为虚兵虚装训练。基于 LVC 的体系化智能训练系统综合了实装实兵训练、模拟器训练和构造仿真训练三者的优点，通过联合仿真环境将异构系统综合集成，实现系统互联、互通、互操作，在统一的时空基准条件下进行融合，形成统一的合成训练环境，虚实资源之间完成对抗、协同以及交互，实现虚实结合的联合训练，解决训练资源不足、训练环境不真、对抗性不强的现实训练难题，将训练向实战化靠拢。

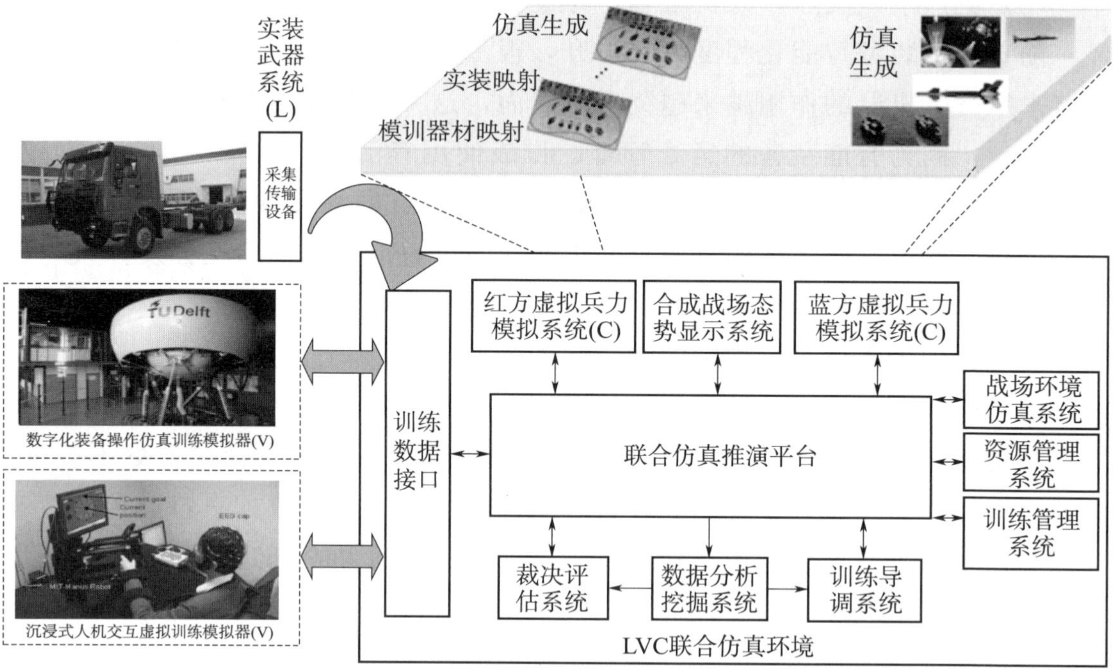

图 7－1　基于 LVC 的装备智能训练系统架构

基于 LVC 的装备智能训练系统由 LVC 联合仿真环境、实装作战装备与采集传输设备、训练仿真模拟器等组成，实装作战装备（通过采集传输设备）、训练模拟器与 LVC 联合仿真环境交互。LVC 联合仿真环境由联合仿真推演平台、训练导调系统、裁决评估系统、合成战场态势显示系统、红方虚拟兵力模拟系统、蓝方虚拟兵力模拟系统、战场环境仿真系统、资源管理系统、数据分析挖掘系统、对外训练数据接口等组成，主要用于导调评估、故障注入、特情推送、态势显示、数据融合处理、对抗仿真等功能，模拟各类技战术故障特情、构设典型战场环境、提供基础支撑平台，辅助开展训练考核管理，用于支撑指挥对抗和作战实验。

（1）联合仿真推演平台

平台实现 L、V、C 三种形态资源集成，用于联合训练的基础支撑，构建适用于作战训练的小型化、轻量化、智能化、灵活易用的 LVC 联合训练支撑环境，可进行红方、蓝方、战场环境模型的推演，可实现作战流程仿真。

（2）训练导调系统

一般由训练想定、训练控制、训练导调、特情注入等模块组成，提供训练方案编辑、训练调度、训练特情编辑注入等功能，是训练的发起者和组织者。

（3）裁决评估系统

一般由评估指标体系与模型管理、评估方案生成与管理、检验评估、复盘分析等模块组成，实现训练结果评估、训练过程复盘。

（4）合成战场态势显示系统

一般由态势数据提取与处理、态势融合与展示、态势显示控制、态势分发、态势标绘等模块组成，实现训练过程的可视化展示。

（5）红方/蓝方虚拟兵力模拟系统

依托联合仿真推演平台，基于兵力和装备体系模型、仿真模型，根据训练想定要求，灵活生成红方/蓝方构造兵力，满足实兵实装、实兵虚装、虚兵虚装联合训练和红蓝对抗训练的要求。

（6）战场环境仿真系统

依托联合仿真推演平台，提供贴近实战的战场环境模型（如气象、电磁等），根据训练想定要求，生成对应的训练环境。

（7）资源管理系统

实现各类训练装备模型、环境模型、态势模型、训练数据库等的综合管理。

（8）数据分析挖掘系统

通过对训练过程数据进行分析、提取，为训练导调系统提供训练想定智能推送，为裁决评估系统提供分析挖掘和规整的训练过程数据与结果数据。

（9）对外训练数据接口

实现实装与模拟器的接入。

基于 LVC 的装备智能训练技术体系框架如图 7－2 所示。

（1）实装训练装备技术体系

实装训练装备包括实装装备和数据采集传输设备，其关键技术主要包括装备数据采集技术、数据引接技术、装备多源数据处理技术和数据传输技术等。

（2）训练模拟器技术体系

训练模拟器包括装备操作仿真训练模拟器和装备虚拟交互训练模拟器。装备操作仿真训练模拟一般通过对装备“硬件仿真＋软件模拟”的形式实现对装备操作、流程等的操作训练，如驾驶模拟器、飞行模拟器、装备仿真训练台等，涉及的关键技术包括装备操作设备仿真技术、装备数字仿真训练技术和装备故障注入训练技术；装备虚拟交互训练模拟器指通过构建沉浸式虚拟训练环境，由训练人员通过各类交互方式（交互设备、手势、语音、思维等）与训练

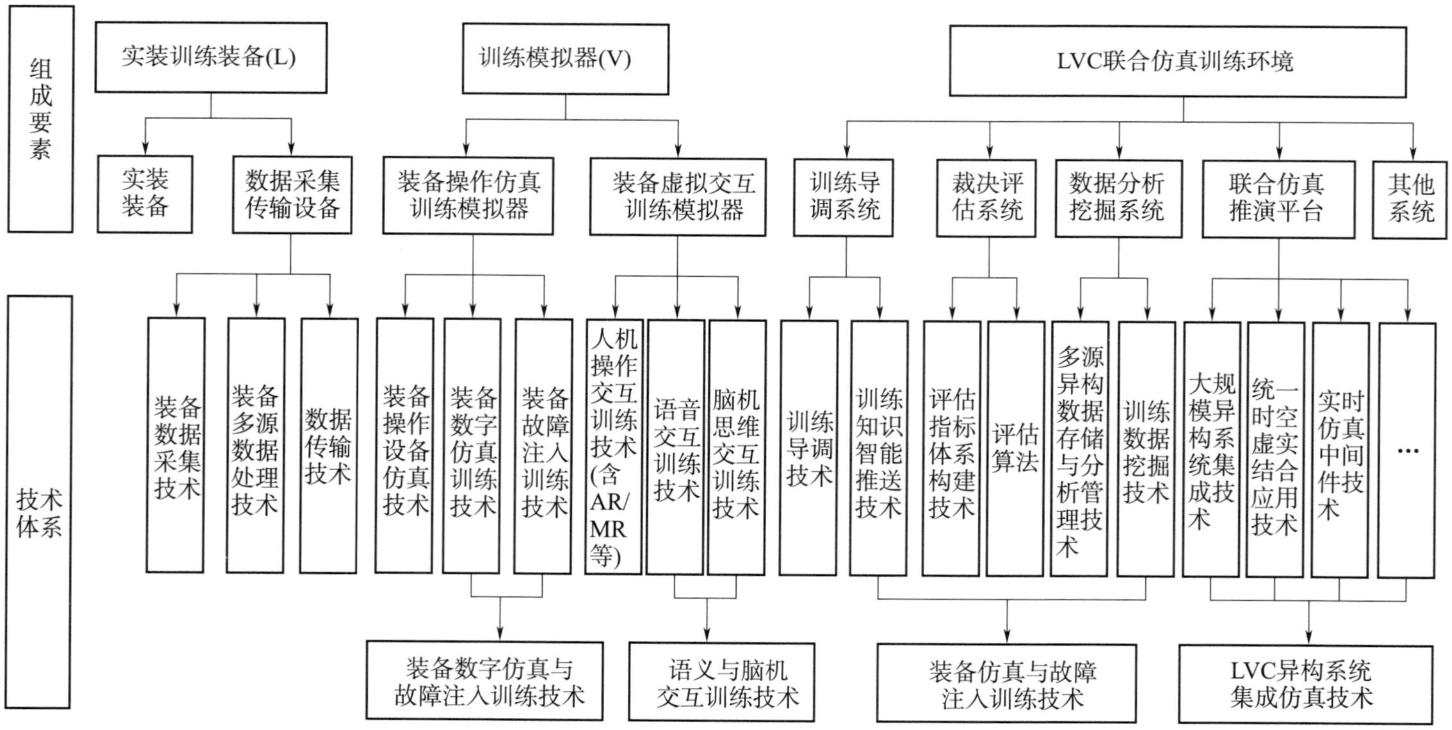

图 7－2　基于 LVC 的装备智能训练技术体系框架

环境进行交互的训练系统，如 VR 拆装操作训练系统、MR 维修训练系统等。根据交互方式，其涉及的关键技术包括人机操作交互训练技术、语音交互训练技术和脑机思维交互训练技术，其中人机操作交互训练技术主要应用于操作类装备；语音交互训练技术和脑机思维交互训练技术则应用于协同训练和指挥决策训练等场所。

（3）LVC 联合仿真训练环境技术体系

数据分析挖掘系统作为 LVC 联合仿真训练环境中数据管理和分析的大脑，主要对多源异构数据进行分析、管理和存储，涉及的技术包括多源异构数据存储与分析管理技术、训练数据挖掘技术；训练导调系统除了涉及常用的训练导调技术外，还将接收数据分析挖掘系统处理后的训练数据进行智能导调，运用了训练知识智能推送技术；联合仿真推演平台需要处理多源异构的数据集成、训练资源集成管理和整个训练流程的实时仿真，运用了 LVC 异构仿真技术，涉及大规模异构系统集成技术、统一时空虚实结合应用技术、实时仿真中间件技术等多项关键子技术；裁决评估系统、合成战场态势显示系统、红方虚拟兵力模拟系统、蓝方虚拟兵力模拟系统、战场环境仿真系统、资源管理系统、训练管理系统等涉及的技术多为基础应用技术。

7.3　装备仿真与故障注入训练技术

7.3.1　装备仿真训练系统架构

传统武器装备作战操作训练多采用实装训练等效器开展训练，鉴于普遍存在训练成本高、训练场地与训练规模受限等问题，无法满足作战人员随时训、随地训、大规模训的实际需求。随着计算机技术、仿真技术的发展，装备操作训练从传统的实装训练向模拟训练、网络训练和数字化训练转变，装备测试、发射等操作训练多采用模拟训练器、计算机虚拟仿真的模拟训练方式，在一定程度实现了操作技能的快速提升。但如何实现装备操作流程真实模拟、低成本状态下的装备虚拟操作与状态反馈，各类故障临机注入与仿真训练是该类技术研究突破的重点。

装备仿真与故障注入训练技术通过对装备进行数字化建模和信号仿真，配合训练模拟设备，能够实现装备实战化作战流程仿真训练。

（1）装备操作流程仿真

考虑扩展性和可重用性，需根据装备使用原理，将装备工作流程与原理转换成数字化、模块化的虚拟模型，并与实物仿真的地面操作设备相配合，实现真实操作感官下的装备作战流程仿真。通过训练系统可以实现对各个时段执行作战任务的数字化仿真，完成测试、模拟作战等的操作训练。

（2）装备数字模型仿真

以数字化形式构建装备系统各组成（如接口、单机、通用电气/机械接口、载荷等）的仿真模型，进而通过模型间的相互关联组成数字化仿真系统。在外观高逼真、具有交互性的仿真系统中，用户可通过对场景模型的操作控制实现与场景的交互。把该系统作为目标，可以进行虚拟测试，完成各项目操作训练以及模拟演示。

（3）作战使用故障仿真

通过模拟/仿真已存在的系统各种故障模式，以训练考核操作使用人员应急分析、处置能力和故障预案的合理性、可操作性。与实验验证目的的故障仿真不同，作战使用故障仿真以训练为目的，其本质是模拟现有的设备逻辑和故障模式、故障逻辑，不涉及产品设计。

装备实战仿真训练系统组成架构，如图 7－3 所示。基础仿真环境是系统的基础，提供统一的软硬件运行支撑环境、仿真资源平台、网络通信资源。在

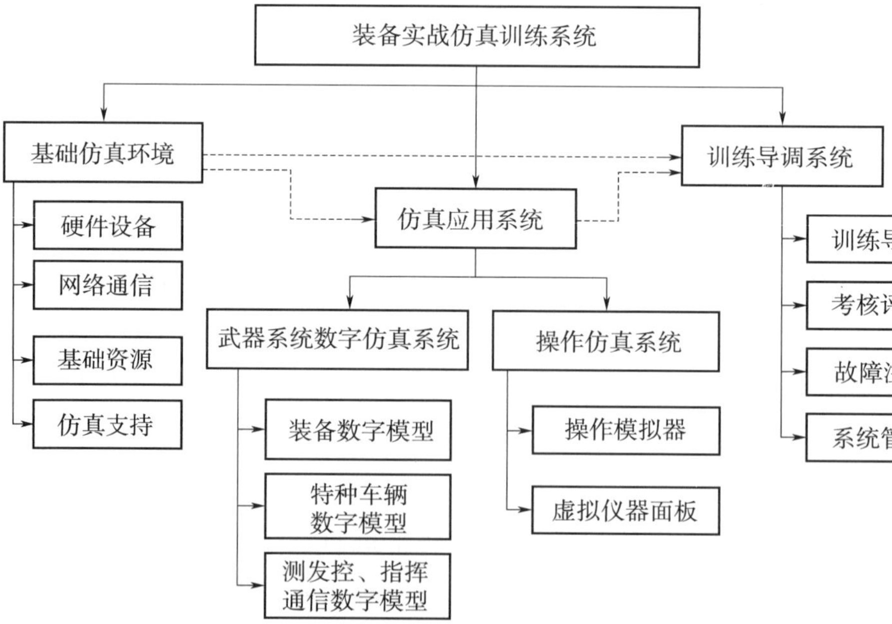

图 7－3　典型装备实战仿真训练系统组成架构

此基础上，搭建武器系统数字仿真系统和操作仿真系统等装备仿真应用系统，实现对装备外形、功能性能、测试发射、系统运行流程、过程故障等仿真功能。在基础仿真环境和仿真应用系统基础上，构建训练导调控制系统，以实现训练仿真导调、故障注入、系统管理、考核评估等功能。

7.3.2　装备仿真应用系统构建技术

装备实战仿真训练系统是一个复杂大系统，对象跨度大（武器系统、分系统、单机设备）、涉及领域多（机械、电子、液压、动力等），在系统设计实现上一般采取由小到大、不断丰富的循序渐进过程。为保证系统的重构和快速拓展，满足不同粒度的仿真需求，多采取高层体系结构（High Level Architecture，HLA）仿真技术架构。HLA 如图 7－4 所示，在该体系下，将每一个仿真对象构建成仿真联邦，在运行支撑环境（Run Time Infrastructure，RTI）中构成更大的仿真环境。

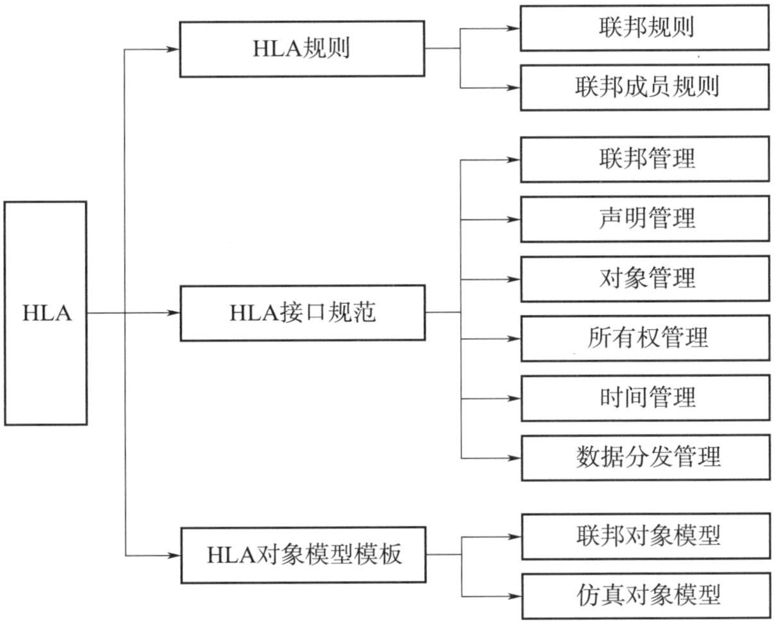

图 7－4　HLA 组成结构

HLA 联邦组件的主要功能组成如图 7－5 所示。所有的仿真对象在 HLA 体系架构中均被视作联邦成员，包括计算机仿真程序、仿真模拟器、人工操作设备、接口转换等。HLA 对联邦成员如何描述和描述什么并未做出规定，但对各成员间的数据交换提出了要求，要求所有联网成员通过 RTI 进行数据交换服务。

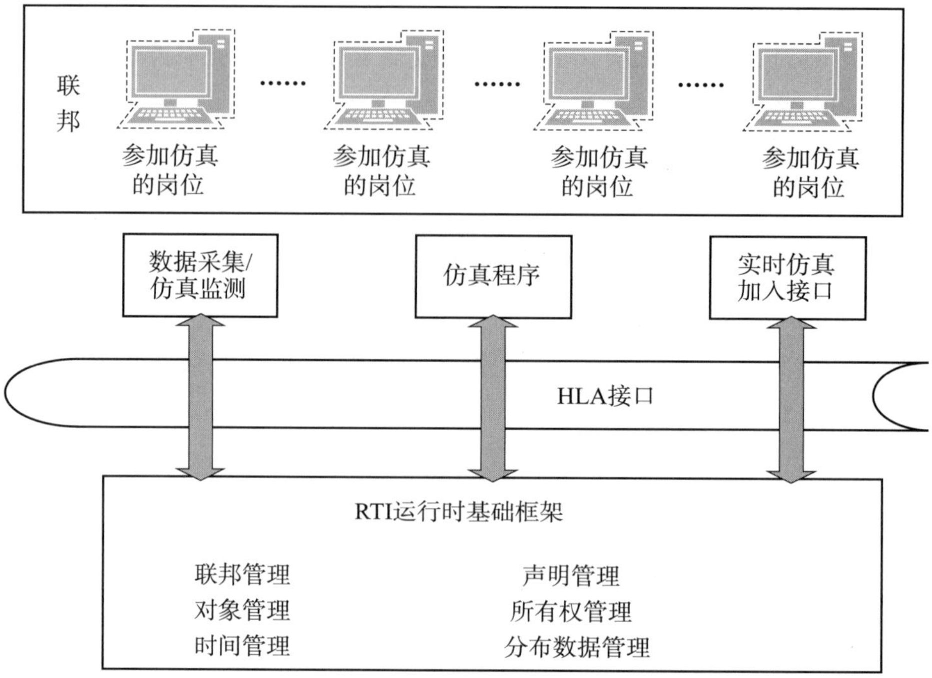

图 7-5　HLA 联邦功能视图

具体到装备实战仿真训练系统，整个系统为一个大联邦，由武器装备数字仿真系统、操作训练系统两个仿真联邦构成。两个仿真联邦又根据自身组成划分为若干子联邦，并根据功能模块组成进一步划分为若干联邦成员。

7.3.3　故障注入仿真技术

装备系统规模庞大、组成复杂，要实现故障仿真训练面临着类型多、逻辑关系复杂、实现困难、响应一致性难以保证、故障模拟控制易出错等难题。当前的故障模拟训练系统往往智能实现一些简单故障的模拟，且多通过人为进行预设，无法实现任意故障触发。为真实反映实际装备的故障状态，满足实战化训练需求，理想的故障仿真系统应满足以下要求：

(1) 能够实现真实系统的全部故障仿真

要实现真实系统的全部故障仿真，要求以真实的逻辑实现系统搭建和故障模拟，不能采取枚举等手段。

(2) 能够通过参数化设置实现故障注入

参数化故障注入则要求故障实现过程完全以仿真系统设计时的模型设计，

故障的产生、传递、响应、现象、处理等均由模型特性决定。这种方式最能够直观地反映真实系统的故障特性。

（3）故障响应和传递应与实装一致

现有的故障分析多采用现象和数据推理故障机理，当故障能够真实观测时，故障源可能已经经过了多次传递。在仿真训练时，要受训人员能够根据故障现象分析故障原因，给出应对措施，则要求系统实现真实故障响应和传递流程模拟。

（4）应能够实现临机导调和自动触发两种模式

在训练模式下，为实现训练的突然性和随机性，要求训练系统故障仿真采用自动触发方式。在考核模式下，为实现对应人员的训练，则要求组训人员具备故障临机导调下发能力。

从故障模拟的角度分析，将装备作战活动中可能发生的故障划分为图 7－6 所示几类。产品故障模型和逻辑故障模型是故障模拟/仿真中最多也最复杂的故障模型类型，是故障模拟/仿真系统的基础模型，状态故障、干预故障和时序故障这三类故障模型均是在产品故障和逻辑故障模型的基础上实现的。

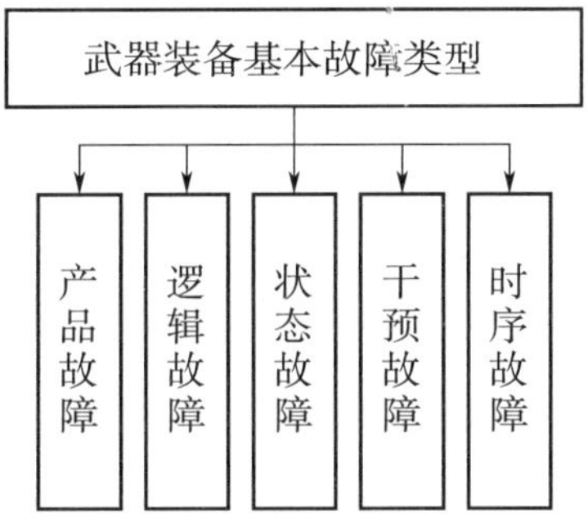

图 7－6　武器装备基本故障类型

（1）产品故障模型

产品故障模型指产品本身设计和组成特性所带来的故障，一般与产品组成直接相关，通常表现为组成模块或元器件故障。在实现上，考虑到训练的层次，一般产品故障模型多集中到单机层，可以将其看成黑盒子，只需定义黑盒子的输入、输出和传递函数即可。这种故障模型的传递函数是参数化的，参数是其固有特性的体现。通过修改配置参数可进行故障模拟，如图 7－7 所示。

产品故障模型是系统故障仿真系统中最重要的故障模型，是设计其他故障模型的基础。广义上所有的故障模型都可以看作产品模型，区别在于是否考虑

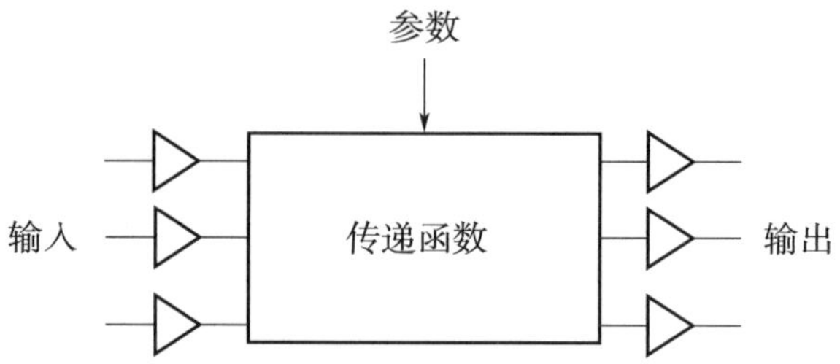

图 7－7　产品故障模型

内部更低层的故障模型，即只是黑盒与白盒的区别。

（2）逻辑故障模型

逻辑故障模型指复杂系统内各单机之间、各分系统之间的逻辑关系错误导致的故障。为了实现故障模拟，在模型设计时必须设计相应的连接状态参数和条件判断，如图 7－8 所示。

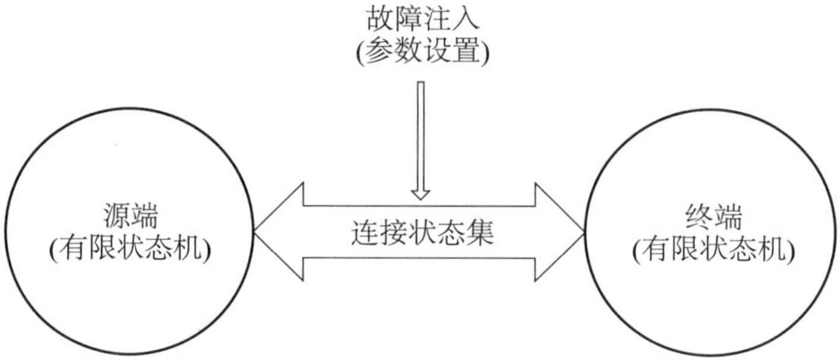

图 7－8　逻辑故障模型示意图

（3）状态故障模型

状态故障模型指在某工作项目中，因系统状态不满足要求而引起的故障，包括参数设置错误、初始位置不满足要求、连接关系不正确等。以系统测试为例，在测试开始前，操作人员均需要进行状态准备，确保测试设备和被测产品处于所需测试的故障状态。

故障模拟/仿真的基础是 Agent 理论和自动状态机技术，状态设置错误其实就是 Agent 的状态机初始状态被设置为非正常初始状态，因此其状态迁移路径和最终状态必然导致故障现象。状态故障的注入比较简单，一是由操作人员随机设置，根据每个故障模式的固有发生概率自动发生故障；二是在可控模拟方式下，人为设置初始状态错误。

(4) 干预故障模型

干预故障模型又称误操作故障模型，指因操作人员未按流程进行操作或操作不正确引起的故障，一般采取状态触发方式进行模拟。

(5) 时序故障模型

时序故障模型指表征工作项目先后顺序并进行故障触发的模型。在复杂的装备系统中，各系统工作时序有严格要求，因操作或者系统故障引起的时序故障会造成不可预知的后果。

7.4 脑机交互训练技术

7.4.1 脑机接口交互训练原理

脑机接口（Brain Computer Interface，BCI）系统能够采集使用者脑电信号并对其意图进行分析，进而实现对外部设备的控制干预，使用者根据视觉、触觉或听觉等获得反馈信息，调整控制指令输入，实现系统的闭环控制，是有别于四肢和肌肉神经信号传导的新的信号通路，一般可用于指挥决策层面的训练。

典型的脑机接口交互训练系统如图 7－9 所示，使用者佩戴混合现实头盔后，通过观察液晶屏幕或其他交互设备的状态，通过意念选择自己期望的操作动作，借助脑电放大器将操作信息传送至数据处理器中，完成一次信息交互的操作，系统原理如图 7－10 所示。

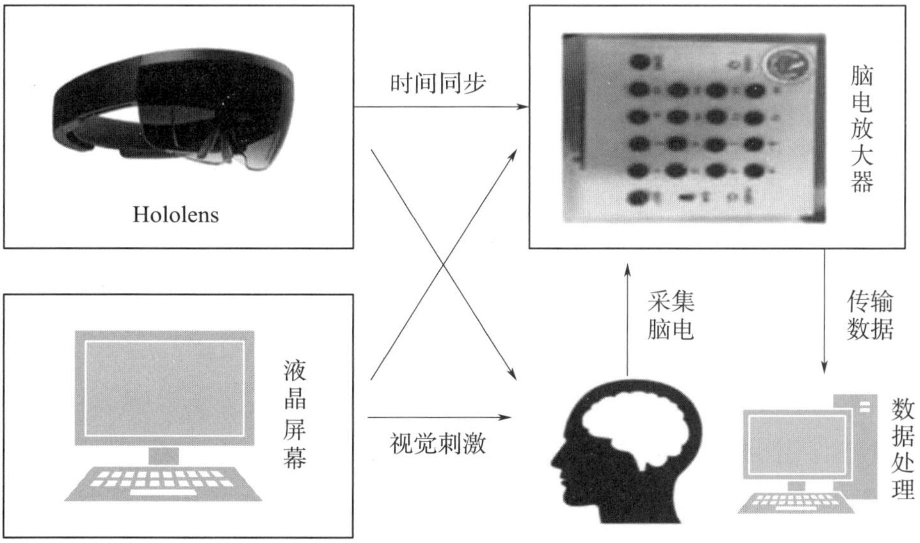

图 7－9　基于脑机接口交互的增强现实系统架构

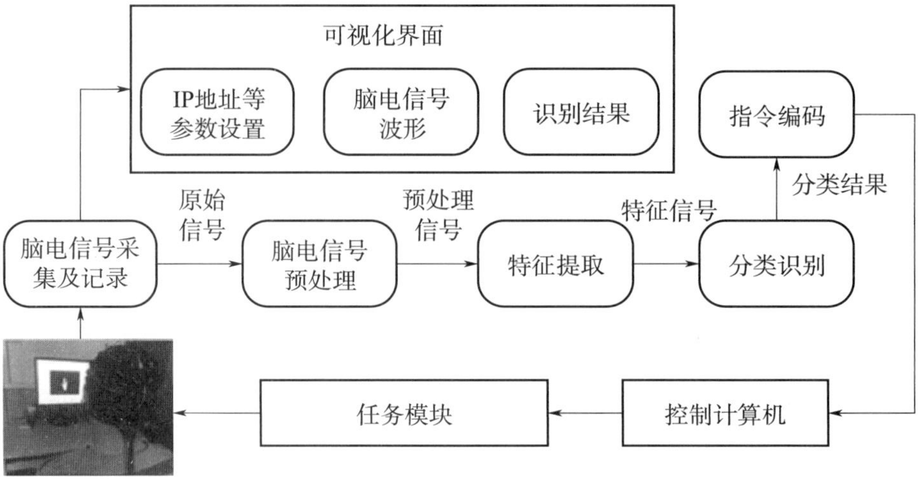

图 7－10　脑机接口训练系统原理

7.4.2　脑电信号采集技术

脑电（Electroencephalogram，EEG）是大脑皮层的神经组织的电活动，主要是由大脑皮层内大量神经元突触后电位同步总和所形成的，是许多神经元共同活动的结果，记录和分析脑电是人们了解大脑的重要途径之一。脑电信号图是通过电极在头皮记录下来的大脑细胞群的自发性、节律性电活动，反映了大脑组织的电活动及大脑的功能状态，脑电的电位（振幅）、时间及位相是脑电图的基本特征。大脑皮层神经元持续的、有节律性的、较缓慢的电位变化，称为自发脑电活动。自发脑电图的波形分类，主要是依据其频率的不同来人工划分的。

目前在 EEG 的采集中，一般通过电极记录方式采集，包括植入式电极和头皮电极两种。植入式电极记录是人为通过脑部手术，将微电极（或微阵列）植于颅内进行脑电信号采集记录，这种记录方式具有如下优点：

1）频率分辨率高，即便是附近较小范围内神经元的电活动信息也能够记录。

2）定位性好，空间分辨率高，记录的脑电信号信噪比高。

3）稳定性好，由于直接潜入颅内，电极不受肌肉动作影响。

4）对外信息通信和接收控制信号稳定方便。

但考虑到植入式电极需要对人体脑部进行有创操作，安全性往往是考虑的重点，一般仅用于特别严重的瘫痪病人。当然随着技术的发展和相关医学技术的进步，植入式电极法也在不断发展。

头皮电极记录（见图 7 - 11）是将电极直接贴附于人体头皮处进行脑电信号采集，具有无创口、安全性高的特点，使用较为广泛。但由于无法直接与采样点进行接触，这种记录方式分辨率较低、信号较小、信噪比较低，无法满足精细控制需要，对于复杂精细动作一般不采取这种方式。为了获取有用的信号，记录后的脑电信号要选择合适的信号处理方法提取特征。

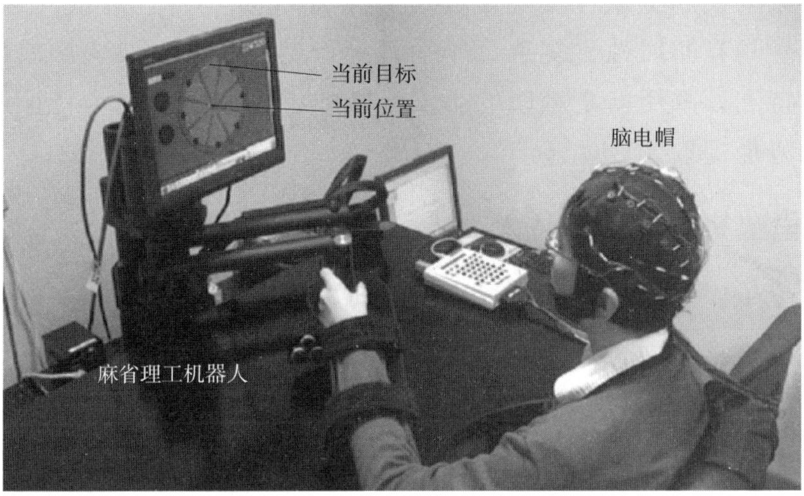

图 7 - 11　头皮电极记录设备佩戴效果

7.4.3　脑电信号特征提取技术

BCI 系统要实现对外部设备的控制，必须采集使用者对不同设备控制所产生的脑电信号并将其转化为不同的控制命令，一般通过模式识别的方式进行脑电信号特征提取。BCI 系统可以当成一个模式识别系统，脑电特征识别则是要寻找到合适的特征提取与分类算法。提取过程一般包括预处理和特征提取两步。预处理的目的是提高信噪比。常用方法包括滤波、主分量分析法、独立分量分析法等。特征提取方法常用的有以下几种。

（1）单一特征提取法

脑电信号的特征包括时域特征、频域特征两类，单一特征法方法简单、使用较为广泛，但也存在识别准确性不高、信息获取单一等不足。脑电信号的时域特征指幅度的变化，提取方法一般为滤波。脑电信号的频域特征一般比较明显，通过频率幅度的变化进行特征提取，例如 Mu 节律幅度、Beta 节律幅度，在 BCI 系统中利用诱发脑电的频谱作为特征。

（2）时域-频域特征组合提取法

组合提取法是将脑电信号的时域特征和频域特征组合形成特征向量进行特征提取。

（3）自回归（Autoregressive，AR）模型法

该方法认为脑电信号服从一个 AR 模型，从脑电数据估计该 AR 模型的参数，再利用 AR 模型的参数，作为脑电信号的特征。

（4）小波变换和小波包变换方法

脑电信号具有非线性、复杂、非平稳等特点，利用小波变换或小波包变换多分辨率的特点，采用特定频段的小波系数或者小波能量作为特征进行脑电信号的分析和特征提取。

7.4.4 脑电信号分类识别技术

BCI 系统的分类器总体上可以分为线性分类器和非线性分类器两种，线性分类器因其简单易实现、需要的计算量和存储量小等特点，在 BCI 系统中得到了较为广泛的应用。对脑电分类的线性方法和非线性方法进行的比较分析表明，由于当前对脑电信息认识还十分有限，应该本着简单实用的原则，尽可能采用线性分类方法。常用的线性分类器是 Fisher 线性判别分析，具有简单、速度快、分类结果好的特点。但线性分类器也有其不足，在复杂和大型数据处理场合，该方法处理结果难以满足要求，一般多采用非线性分类器，如人工神经网络和支持向量机等。

7.5 训练数据挖掘及知识推送技术

7.5.1 训练数据分析与挖掘技术

训练过程会产生大量的训练数据，这类数据为训练数据的深度分析与挖掘，实现训练知识的智能推送以及训练过程的优化提供了绝佳的材料。通过人工智能技术的应用，训练系统充分分析各类训练活动中产生的训练记录、状态和进度，并通过大数据分析更加全面地了解训练的各种状况，为受训人员推送最有效的训练知识，制定更加科学的训练计划和训练方案，提高训练进度控制的精准性，最终提高训练的效果。

结合人工智能的训练数据分析，其作用在于对训练的知识、训练进度和效果等训练过程要素进行综合分析，精确判断其训练的效果和特点，根据训练整

体目标向受训者提供有效的训练知识，帮助其在合适的训练时机获得有效的训练，从而提高训练的效果。具体来说，训练数据分析和深度挖掘可通过受训人员画像构建，基于训练进度数据对受训人员的训练进度、知识长处和短板、训练知识的接受程度和学习模式进行全面的分析和计算，抽象为若干条受训人员特征描述。同时，通过全体受训人员和训练项目知识的深度数据分析，构建训练知识本体模型，搭建基于训练任务的多元训练知识库。图 7－12 则采取一种基于“用户–情境–知识”适用匹配的训练知识推送技术，分别通过知识维、用户维和情境维的匹配，将训练任务相关的知识资源对受训人员进行推送，实现在特定训练情境中训练知识的精准推送。

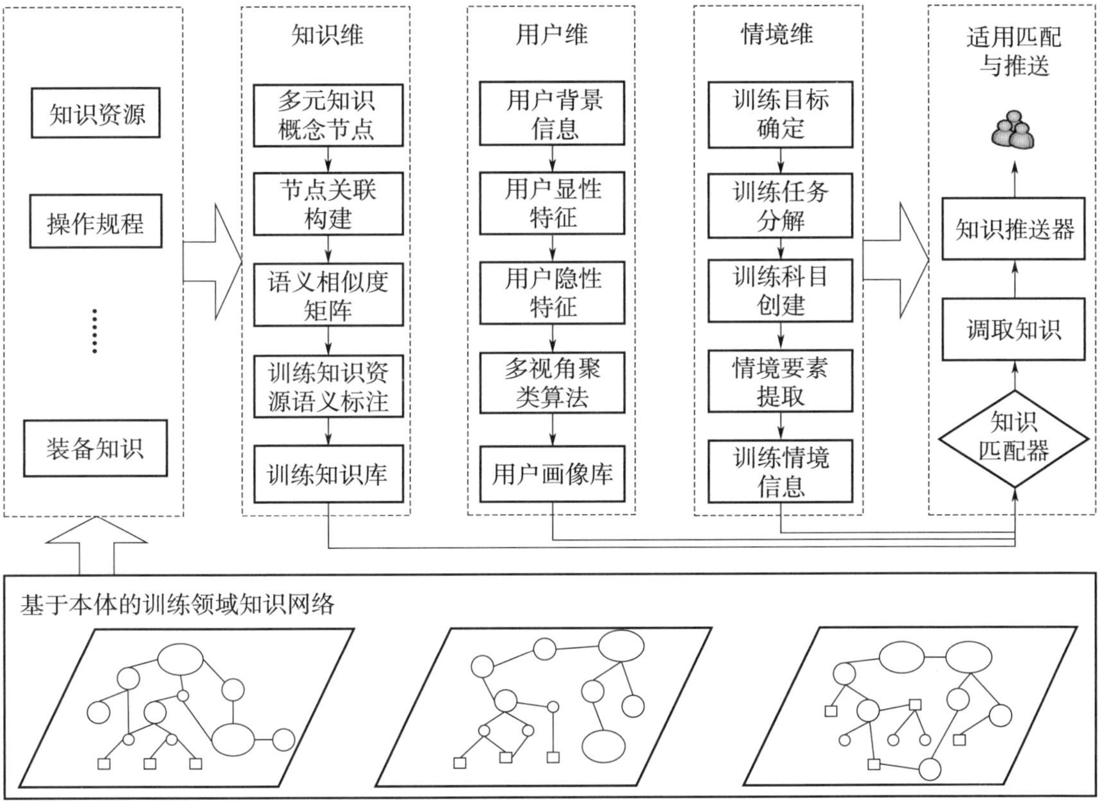

图 7－12　训练数据分析与深度挖掘

7.5.2　受训人员画像构建技术

通过基于多视角聚类方法实现受训人员用户画像自适应构建技术，以典型的装备训练场景为例，其技术框架如图 7－13 所示。

受训人员画像构建主要依赖于训练大数据的分析和应用，包括数据清洗、

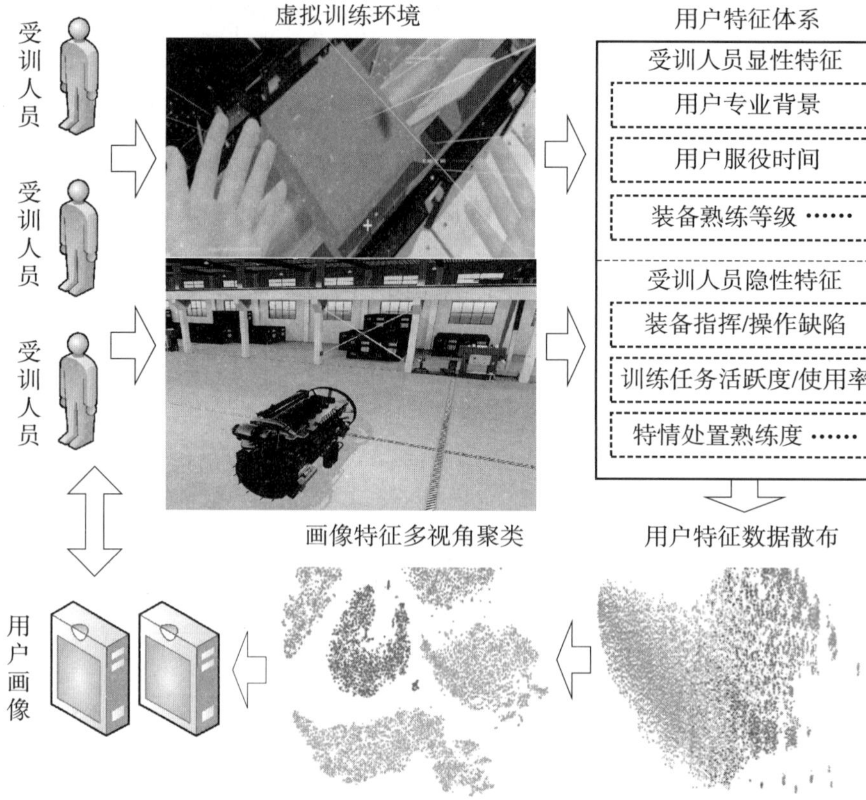

图 7－13　受训人员用户画像自适应构建技术框架（见彩插）

数据聚类和标签建模等步骤，最终输出一个由受训人员特征构成的集合。该集合可用于用户个性化特征的刻画，最终支持对用户进行针对性的预测及推荐。

受训人员学习画像是受训人员在训练和学习方面的虚拟代表，包含了用于描述受训人员的所有特征。该画像能将受训人员区分为不同的类型，对每个受训人员提供其基本信息、训练成绩特点、偏好等描述，提供受训人员的学习画像。受训人员画像还包括模拟训练的进度和效果、培训及学习的次数、学习状态等，从而对受训人员当前训练效果的成效和预期的训练进度进行分析和预计，进而帮助组训人员掌握每个训练人员和训练人员集体的训练进度和战备水平。此外，根据用户集体画像中包含的训练特征数据，能够支撑后续训练规划，使训练任务更符合每一位受训人员的特点和偏好，提高后续的训练效率。因此，受训人员画像构建主要包括数据采集、数据预处理、数据挖掘和标签模型构建 4 个步骤。

（1）受训数据采集

受训数据包括三类数据：基础信息、教学数据、训练数据。

1）基础信息采集。通过连接受训人员的个人信息系统获得各训练学员的各类基础信息数据，包括受训人员的年龄、学历、籍贯、政治面貌等。另外，还可根据受训人员的体测、演习活动记录，获取受训人员的身体素质、体能、专注能力等方面的数据。

2）培训数据采集。从原理培训采集受训人员的各类数据，包括理论课成绩、平时作业数据等。还可通过教学和训练考勤等数据，获得受训学员接受培训的数据，作为用户画像的输入数据。

3）训练数据采集。对实战训练、模拟训练的成绩数据进行采集，作为受训人员基础训练数据，如：完成模拟训练任务的耗时、准确率、完成各训练指令的响应时间等训练方面的数据。

（2）受训数据预处理

上述的采集数据通常不是完全结构化的数据，可能存在空缺、错误或噪声等问题，不足以用于训练人员画像标签模型构建。受训数据的预处理工作能够提高挖掘建模的效率和模型的精确度，使画像标签模型能够准确反映受训人员的所有特征，避免训练数据挖掘的结果出现错误和偏差。

1）处理空缺值。数据空缺值的处理包括忽略和填补。忽略，就是直接把缺乏多个属性的训练数据元组从数据库中删除。填补，就是对只缺乏少量属性的训练数据元组进行数据项填补，包括主观填补、全局均值填补和所属属性下的均值填补。判定树等推导方法提供了自动处理空缺值的一种思路，能够通过受训人员的其他训练数据进行空缺值的推断，从而使训练数据完整，便于进行受训数据挖掘。

2）处理错误数据。处理错误数据是对错误的训练数据进行判别和修正。通常，错误数据的判别可通过基于规则的逻辑阈值判断和基于人工智能的模糊判别方法两类。在判断出错误数据后，将该数据项删除，再按照处理空缺值的方法进行填充，即完成了错误数据的处理。

3）处理噪声数据。噪声数据指因系统误差或主观误差产生的明显偏离期望值，而不能反映真实情况的数据。在训练数据中，受训人员反应时间、准确率等数据项可能受训练过程中的客观因素影响较大，部分数据剧烈抖动，形成孤立数据点，即数据噪声。一般用平滑技术处理这类孤立点。噪声的消除方法包括数据分箱、聚类、回归等。在处理数据中，可采取人机结合的方式，由机器自动判别，人工进行确认，从而辅助计算机进行快速的噪声数据辨别。

（3）受训数据挖掘

受训数据挖掘是人员画像构建技术的核心。通过对训练数据不断地学习，从中挖掘规律和信息。受训数据挖掘主要包括聚类分析、分类分析、关联分析等方法：

1）聚类分析。聚类分析指将物理或者抽象对象的集合分组成为由类似的对象组成的多个类的分析过程。根据受训人员不同特征变量，按照一定标准和算法计算受训个体之间的“距离”，将相近的变量划为一类，距离较远的变量作为不同的类别。一种典型的受训人员聚类分析思路是，将受训人员的理论课成绩、训练成绩、体能测验水平、参训和考勤等数据作为聚类的参考变量，将受训人员分为若干群体，建立各群体的数据标签，从而更好地刻画受训人员的特点。

2）分类分析。分类模型是依据特征分类规则，在特征判别的基础上对受训人员实体进行分类。常见的分类算法包括决策树、遗传算法、神经网络等。利用分类分析中决策树的算法，可以将具有类似聚类特征的受训人员的各数据项进行分类，从而根据分类规则输出受训人员的特征标签。

3）关联分析。关联分析通常用于判断两个数组之间的联系，输出受训人员受训环境、强度和效果之间的关系。通过关联分析，可判断受训人员的受训效果与训练的参与过程是否存在关联性，从而辅助组训人员科学地制定训练计划，对受训人员进行更有科学性、针对性的培养。

（4）受训人员标签模型构建

建立标签模型是将受训人员的基本兴趣、训练特征、训练成效、偏好等特征转化为受训人员标签。在受训人员标签模型构建中，将上阶段收集到的数据进行整理，根据装备训练需求形成特定用户群体特征，从而为受训人员确定训练计划，并确定执行任务时的战位。在这个阶段，需要用到模型来给受训人员贴标签，常见的模型有属性标签模型和训练标签模型。

1）属性标签模型。根据受训人员的资历属性、户口属性、身体状况、部队所在地属性等属性数据，建立受训学员属性标签模型。

2）训练标签模型。根据受训人员的各种训练课程的成绩，如：实装训练、模拟训练、军事演习、体能训练、业务测试等数据，来搭建受训学员的训练标签模型。

构建得到的受训人员标签模型包括的特征参数见表 7－1。

表 7-1　受训人员标签模型

标签模型	标签名称	标签参数类型
属性标签模型	性别	布尔值
	年龄	整数值
	服役年限	整数向量(X 年 Y 月)
	军衔	文本
	专业技术等级	文本
	户口属性	文本
	所在地域	文本
训练标签模型	实装训练成绩	整数向量,包含每次训练成绩
	实装训练次数	整数值
	实装训练成绩特征量	浮点数向量,包含均值、方差、中位数、极差等
	实装训练能力评价等级	文本
	模拟训练成绩	整数向量,包含各科目的训练成绩
	模拟训练次数	整数值
	模拟训练成绩特征量	浮点数向量,包含均值、方差、中位数、极差等
	模拟训练能力评价等级	文本
	演习个人成绩	整数向量,包含各科目成绩
	参加演习次数	整数值
	演习成绩特征量	浮点数向量,包含均值、方差、中位数、极差等
	演习能力评价等级	文本
	体能训练成绩	整数向量,包含每次训练成绩
	业务测试成绩	整数向量,包含每次测试成绩
	训练反应时间	浮点数向量,包含各科目的反应时间

7.5.3　训练任务多元知识库搭建技术

训练任务知识库是训练数据库和智能知识联想与管理的集成品，其功能是使模拟数据库具备与人类接近的知识联想功能，便于训练者和管理人员对训练数据的收集、整理和提取，实现自动化的训练数据的分析和学习任务的推送。知识库主要分为文本知识库和图谱化知识库两种形式，文本形式的知识库在应用中主要通过语义分析等手段与输入的诉求进行文本匹配。当前成熟的知识库构建与应用方法仅停留在文本分析层面，缺乏在专业领域背景下对知识进行分类分析的能力，导致知识联想的功能不满足领域学习的需求。而图谱型知识库能够建立专业背景下的知识模型联系，能够对实体之间的关系进行更精准的描述，更加切合训练任务知识库的搭建。

形式概念分析方法融合了统计学分析和图论的优点，提供了一种数据关联和智能检索与提取的方法，能够帮助分析事物动态本体之间结构的关系。在原有动态本体知识库的基础上，对本体数据库进行实时数据更新，从而确保知识库中的知识模型实时有效。针对装备训练过程中知识体系庞杂，涉及多元训练业务信息，尚未对不同训练任务及科目所涉及的知识网络形成统一的知识体系架构，导致知识引擎搜索速度慢、知识推荐内容与需求不一致等问题，难以支撑高效的训练过程知识服务应用，可采用一种基于领域本体的训练任务多元知识库搭建技术，如图 7 - 14 所示。

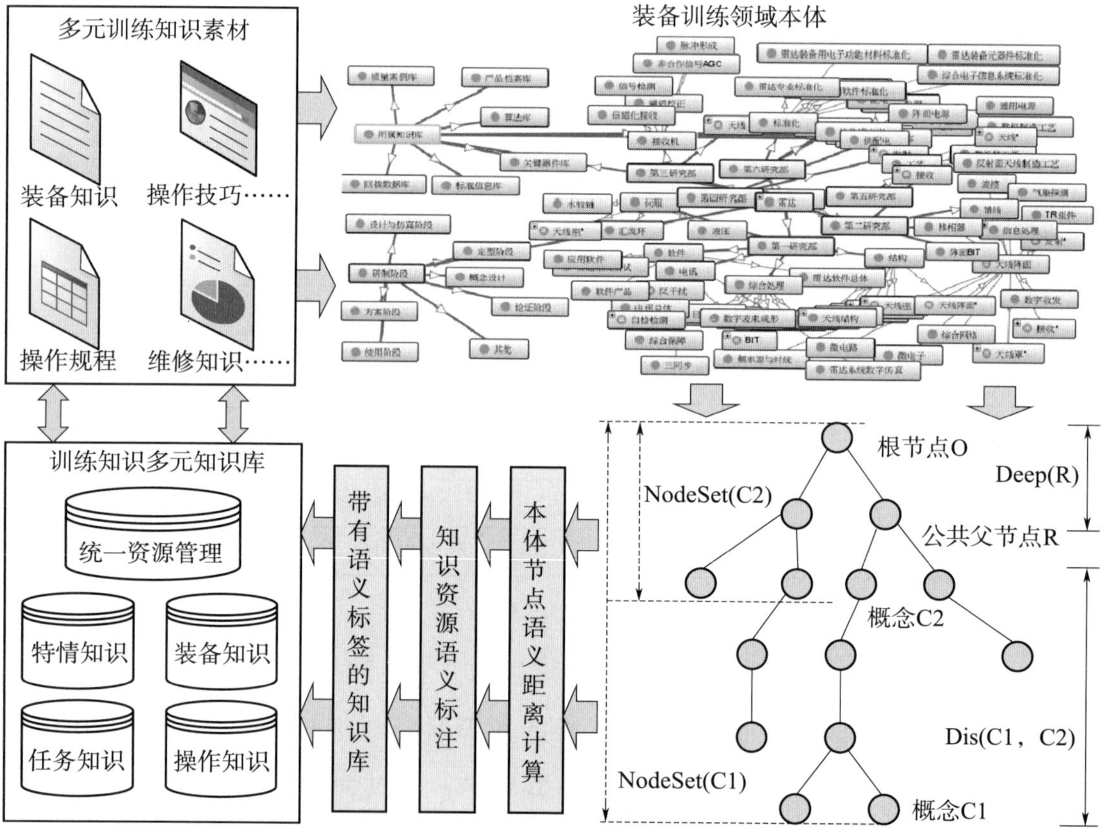

图 7 - 14　基于领域本体的训练任务多元知识库搭建技术

7.5.4　受训知识适用匹配与推送技术

7.5.4.1　受训知识适用匹配与推送技术原理

训练任务知识库中存在着海量多维异构数据，有文本、视频、数值、相关关系数据等。如何利用这些数据为训练任务知识库提供知识来源，是训练任务知识库面临的重大技术挑战。多维数据融合能够降低知识挖掘与发现过程的复杂性，提高训练任务知识库的构建和应用效率。训练任务的适用匹配与推送技术包括训练数据维度划分、受训者特征模型构建以及训练任务推送服务模型三个部分。

为满足受训人员在训练环境中对于定制化知识的需求，避免出现“知识过载”及“知识迷航”等现象，提出基于协同过滤的“用户-情境-知识”适用匹配与推送技术，实现在虚拟训练环境中“人找知识”到“知识找人”的知识重用模式转换。基于协同过滤的“用户-情境-知识”适用匹配与推送技术如图 7 - 15所示。

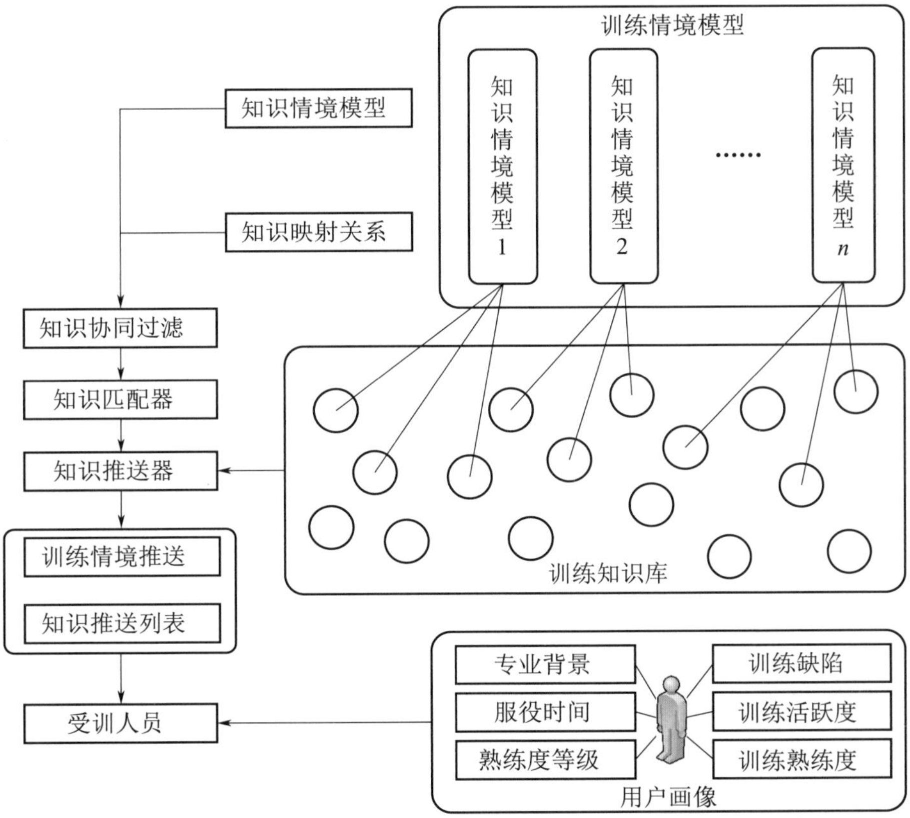

图 7 - 15　“用户-情境-知识”适用匹配与推送技术

7.5.4.2　训练数据维度划分

训练任务系统的用户知识需求包括原理培训知识需求、训练任务规划需求以及训练考核评估需求。多维数据融合主要支撑受训人员训练需求与训练任务知识库中各类知识数据的匹配。训练任务系统中用户的数据也是训练任务推荐的基础。用户需求是训练任务知识库知识推荐的依据，接受训练任务知识库的推荐后，将推荐的效果以训练效果和进步程度反馈给训练任务知识库。根据用户需求将训练任务知识库中的数据进行数据融合和匹配，可以有效提高训练人员分类效率，提取受训人员的特长偏好，从而为用户推荐符合其需求的训练素材，使训练过程具有准确性和针对性。因此，训练知识需求的锚定和刻画、知识需求与知识间的匹配是决定训练任务知识库知识推荐质量的两个重要影响因素。

7.5.4.3　受训者特征模型的构建

受训人员特征模型的确定主要分为三个阶段：第一个阶段，受训人员在接受训练之前需要进行前测，主要基于用户画像技术，利用用户固有信息和历史训练数据提取受训人员的基本特征标签；第二个阶段，在受训人员的训练过程中，实时收集训练数据，进行训练行为分析，建立受训人员实时训练特征；第三个阶段，对前两个阶段构建的受训人员特征进行对比分析，对受训人员特征标签进行相应调整，达到训练的自适应性的效果。

（1）利用先验数据构建受训人员基本特征模型

在受训人员接受训练前，主要利用受训人员画像数据，根据其历史训练数据和受训者固有特征属性初步建立受训人员特征库，该受训人员特征库仅包含受训人员显性特征。

（2）利用动态数据再次构建受训人员特征模型

这一阶段挖掘训练过程的受训效果，构建受训人员的实时训练特征。利用受训数据关联挖掘、文本语义网络分析等方法进行受训人员特征分析，构建更新的受训人员特征标签模型。

受训人员特征数据库还包含二次构建的受训人员训练特征，包括受训人员的生理和心理两个维度。生理维度主要包括受训人员训练偏好属性，包含受训人员对各类培训教材和训练项目的偏好程度；心理维度包括个人训练习惯、模式、训练内容偏好等。

另外，在受训人员个体训练行为方面还对受训人员训练过程中的路径，利用智能算法进行分析和处理，随时更新训练进度和训练状态。如图 7－16 所示，受训人员初次进入训练时，训练系统首先基于受训人员固有特征信息进行前测，初步推荐并执行相应的训练内容推送。在训练过程中，定期接受训练考核，对训练效果进行过程监测。根据考核结果，挖掘弱势训练项目和理论知识，进行针对性的训练计划更新，推送新的学习和训练资源。训练结束后，系统会自动标记或记录训练和学习的记录，当受训人员再次进入训练时，根据最优的训练路径进行训练。

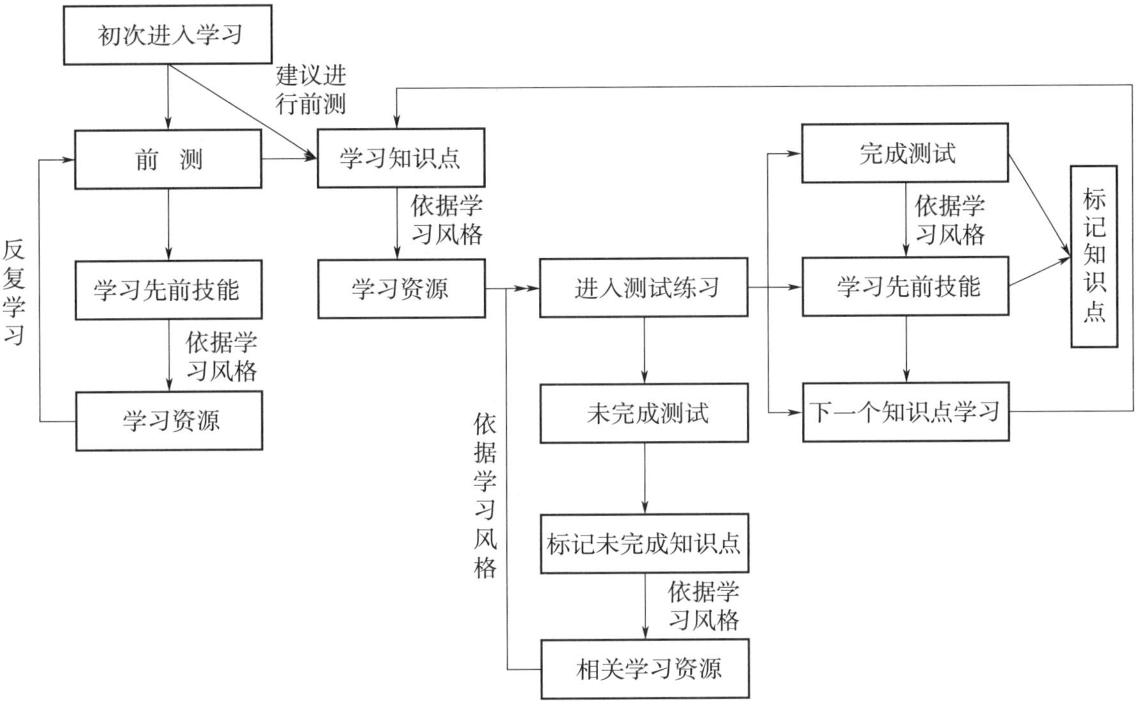

图 7－16　受训人员训练过程路径模型

在构建受训人员训练特征时，主要进行训练行为特征聚类和训练效果特征聚类。行为特征聚类是针对训练过程中受训人员的受训行为，包括训练和培训参与度、自主参与学习、知识浏览等行为。心理特征聚类考虑训练过程中受训人员的训练过程路径、自我效能感、注意力表现水平等。

（3）完善受训人员特征模型

随着训练过程的持续进行，通过训练考核、过程跟踪能够获取受训人员训练特征的更多数据。借助训练分析技术，将前两个特征构建阶段得到的特征模型进行进一步迭代，将第一阶段和第二阶段中受训人员所表现出的相似特征做同类合并处理，并将这些特征固化在受训人员特征模型中。

7.5.4.4 训练任务推送服务模型

受训人员的特征模型确定是构建资源推送服务模型的基础，个性化资源推送服务的最后一步是进行受训人员特征与训练资源特征的相似匹配。在训练任务库中，训练任务是一个由知识点组成的树状的层级结构。自上而下分别是基本知识点和各层次的细化知识点。

训练资源库主要通过资源关联矩阵库实现，其本质是在建立训练知识资源特征时将具有关联关系的知识、训练任务等用矩阵形式进行相关程度标记；在本体知识特征构建的同时，可以构建基于本体的训练资源网络。资源推送服务模型完成资源特征库和受训人员训练特征模型的确立后，进一步执行训练资源特征和受训人员训练特征相似匹配。采用基于特征向量欧氏距离的匹配算法，计算受训人员特征与资源特征的欧氏距离后，按照欧氏距离排序推送训练资源。在到达某个阶段时，系统会根据受训人员的特征信息，按照匹配算法提取最适合的训练资源，并依据训练状态和路径进行综合分析，形成最终的资源推送。

（1）基于个体训练特征的资源推送

基于个体训练特征的资源推送是依据受训人员本身的特征进行的训练资源推送。按照个体训练特征的信息，对相似用户做归类处理，建立相似用户矩阵。根据受训人员的受训时长、内容、进度等情况，首先定位受训人员所需的训练资源类型，然后根据受训人员所需的训练资源，推送相关形式和内容的训练知识和训练项目。另外，根据受训人员的训练路径，系统能够根据训练个体在训练路径上的特点而推送不同的训练知识模块。

（2）基于群体训练特征的推送

基于群体训练特征的推送是以受训人员群体为单位进行训练资源推送的，适合于集体参与的培训和训练项目。这些受训人员群体往往具有相同的受训特征。在此模式下，主要对网络受训人员共同体参与的活动中体现出的群体行为特征和心理特征进行数据挖掘，完成群体特征构建，实现群体特征库与资源特征库的匹配计算，最终完成基于群体训练特征的推送。

7.6　LVC 异构系统集成仿真技术

7.6.1　大规模异构系统集成技术

基于 LVC 的装备智能训练系统涉及的设备种类繁多，来源复杂，技术接口定义缺乏统一标准，交互频繁，实现这些异构系统的互联、互通和互操作极为困难。训练仿真推演时大量的并发数据通过仿真平台进行中转，在仿真引擎的支持下实现模型解算和交互，数据分发、异源数据的解析、数据的实时交互较为困难。实现途径：一是设计高效可靠的训练接口，采用代理封装、中间件，使异构系统的互联建立在统一的架构上，屏蔽底层和具体的软硬件差异，提高系统交互的实时性。二是采用统一规范的系统数据标准和交互协议，采用高效的数据分发服务，精简各系统间的冗余数据传输，提高数据传输效率。针对训练过程涉及的数据类型，为统一数据标准和交互方式，按照基础数据、想定数据、导调控制数据、过程数据、评估数据分别定义了数据类型，并给出了数据交换方式。各类数据的关系与来源如图 7－17 所示。

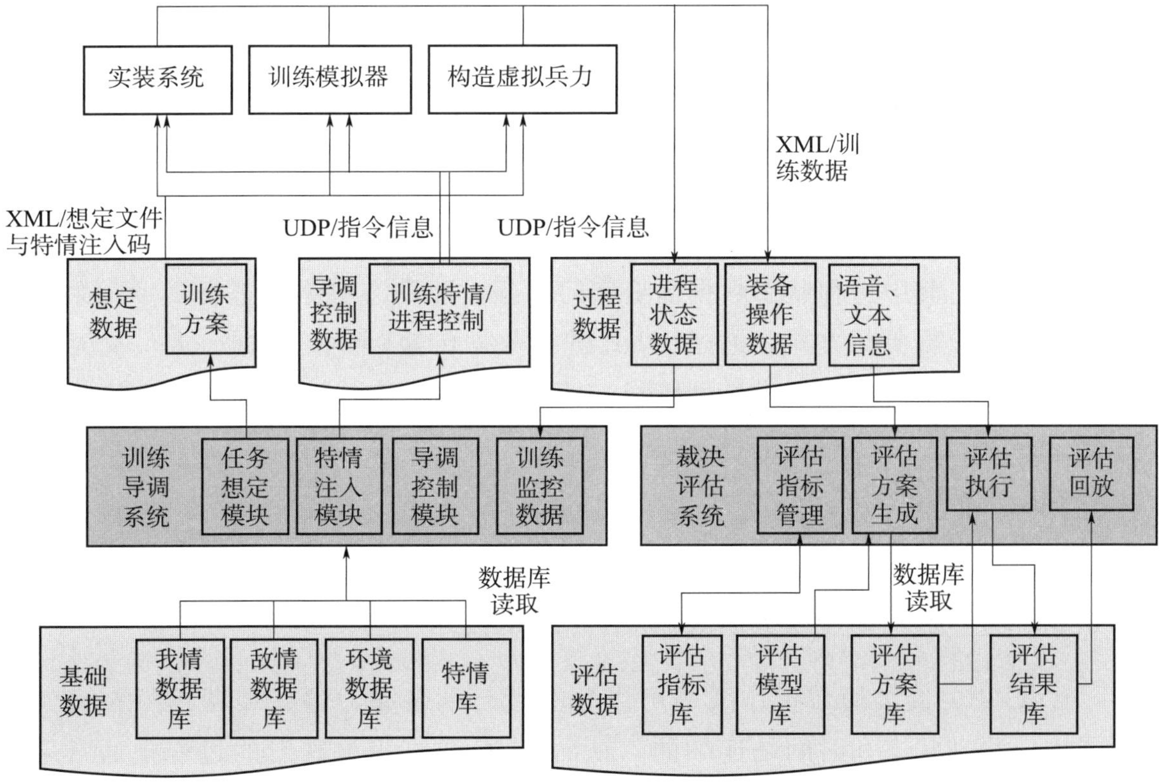

图 7－17　基于 LVC 的智能训练系统数据关系

（1）基础数据

主要是用于驱动智能训练系统运行的预定义数据，一般包括我情数据、敌情数据、战场环境数据等。该类数据采用固定的基础数据库存储和管理，其中我情数据包括作战装备（如各类车辆）、作战人员编队等，主要通过定义内码实现区分；敌情数据包括作战目标数据、预警侦察数据、先制反制数据、防空反导数据等；战场环境数据包括地理环境、交通环境、气象环境、水文环境、电磁环境、人文环境等，除地理、气象、电磁以相应的性能参数描述外，其余以文本性描述为主；基础数据主要为静态数据，以标准格式存储在数据库中，各应用系统通过访问接口读取。

（2）想定数据

主要是用于训练方案编制所需要的数据（如参训人员、装备、岗位、训练任务、打击目标等），由训练导调系统从基础数据库读取后进行编辑生成。考虑到想定数据一般内容较多，且对时效无要求，主要采用 XML 文件存储并下发到各训练节点中，以事件触发进行响应。

（3）导调控制数据

主要是用于训练过程的特情注入、进程控制数据，其中特情主要由各训练系统模拟，采用故障码触发，但各系统故障码长度、格式、识别方式不一，为统一管理，采用 XML 文件定义，由各模拟训练系统自行转化；进程控制数据主要为固定的指令格式，采用 UDP 指令传输。

（4）过程数据

主要是各训练系统的操作数据、进程状态数据、人员交互语音或文本等非格式化数据。其中进程状态数据需要实时上报，驱动态势系统进行展示，采用基于事件的数据更新方式，通过 UDP 进行数据传递；操作数据、人员交互语音或文本等非实时数据则由各训练设备存储成 XML 文本，待训练结束后上传至评估系统。

（5）评估数据

主要是评估指标、评估方案、评估结果等，一般采用静态数据库存储。

7.6.2 基于统一时空维度的虚实结合应用技术

LVC 中的实装通常指作战中可以独立运行的装备，这些装备运行在真实世界中，物理状态和时间是连续的，在向 LVC 仿真平台映射的过程中通常采用计算机采样的方式，转换为离散的数据点。LVC 中的虚拟装备，即有人操作的模拟器或半实物仿真设备虽然运行在物理世界，但是这些模拟器通常以固定的仿真周期来模拟真实的装备。这些仿真系统在集成到 LVC 中时，通常采用一个仿真网关，实现 LVC 仿真平台与模拟器逻辑时间的对齐。构造仿真中，通常是虚拟的兵力系统，这些仿真系统具有统一的仿真步长，可以直接与 LVC 仿真平台中时间管理策略实现互操作。在 LVC 仿真平台集成过程中，实现实装、模拟器和构造仿真系统的时空逻辑统一是实施仿真的前提。为了实现各分系统的仿真时间、进程的统一调度，需要建立统一的时空基准，为实兵和虚兵进行时空维度实时动态交互提供时统服务。实现途径：一是采用统一化的基准服务，由服务器提供统一的基准时间进行时间分发；二是定义统一的时间调用接口规范，并设计时间基准适配器，对应为网络传输、数据分发等导致的时延误差进行校准，满足不同软硬件条件下的虚实时间统一。

7.6.3　基于人员操作与状态映射的虚拟兵力构建方法

一般的仿真平台虚拟兵力大多基于预设状态进行仿真，虚拟人员的熟练程度、操作手法等在虚拟兵力中无法体现，由此导致仿真的真实度不够。为此，提出一种基于人员历史操作数据的虚拟兵力映射构造方法，在虚拟兵力模型中，除其静态属性、动态属性外，增加人员席位属性，并实现人员席位属性与动态数据的关联，如图 7 - 18 所示。

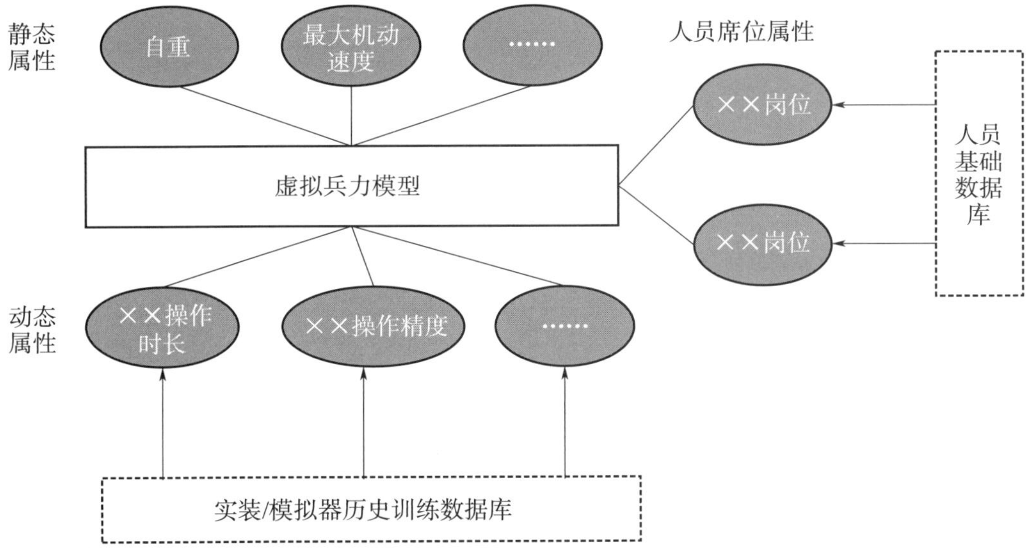

图 7 - 18　虚拟兵力构造方法示意

7.7 作战指挥训练技术

7.7.1 作战指挥训练平台架构

结合装备作战应用需求，指挥训练系统需具备的功能主要包括：训练任务编排、导调控制、战场态势展示、特情模拟和注入、红蓝对抗及仿真推演、考核评估等。指挥训练平台需具备可扩展性和通用性，即能够快速应用于不同装备，需支持共性功能和流程。指挥训练平台面向指挥人员和参谋人员，由导调控制系统、作战方案编排与推演系统、作战要素模拟系统、考核评估系统、仿真支撑系统、基础数据管理系统、指控代理软件以及辅助终端系统组成（见图 7－19）。

（1）导调控制系统

导调控制系统是训练的导演席和发起者，向训练导调员提供训练导演功能。系统可以编辑生成任务背景、作战想定、上级作战命令/数据、训练科目等，并对训练过程进行控制，对战术特情、故障特情进行调理。

（2）作战方案编排与推演系统

作战方案编排与推演系统是进行作战方案编制训练的相对独立的系统。根据任务背景和战场想定信息，以图上作业的形式完成作战方案或保障方案编制并生成计划文书；根据作战方案或保障方案调用虚拟兵力完成方案推演，形成最优作战方案，供战时调用。

（3）作战要素模拟系统

提供红方兵力、蓝方兵力和战场环境模型，为导调员和参训人员提供完备的作战要素和动态战场信息。红方兵力可在指挥系统专项训练或训练战位分配不够的情况下配合指挥系统完成训练；蓝方兵力实现敌方目标的仿真推演；战场环境模型实现地理、气象、电磁等环境仿真。

（4）考核评估系统

针对训练任务制定评估指标体系，通过对训练过程、进程数据等进行采集分析，为导调员提供训练结果评估；在作战方案编排训练时，能够围绕作战方案的科学性、合理性和经济性，设定作战方案考核评估指标体系，自动化完成作战方案评估并支持手动修改。

（5）仿真支撑系统

提供开放组件化插入接口，提供平台化的统一时钟管理、运行调度和数据

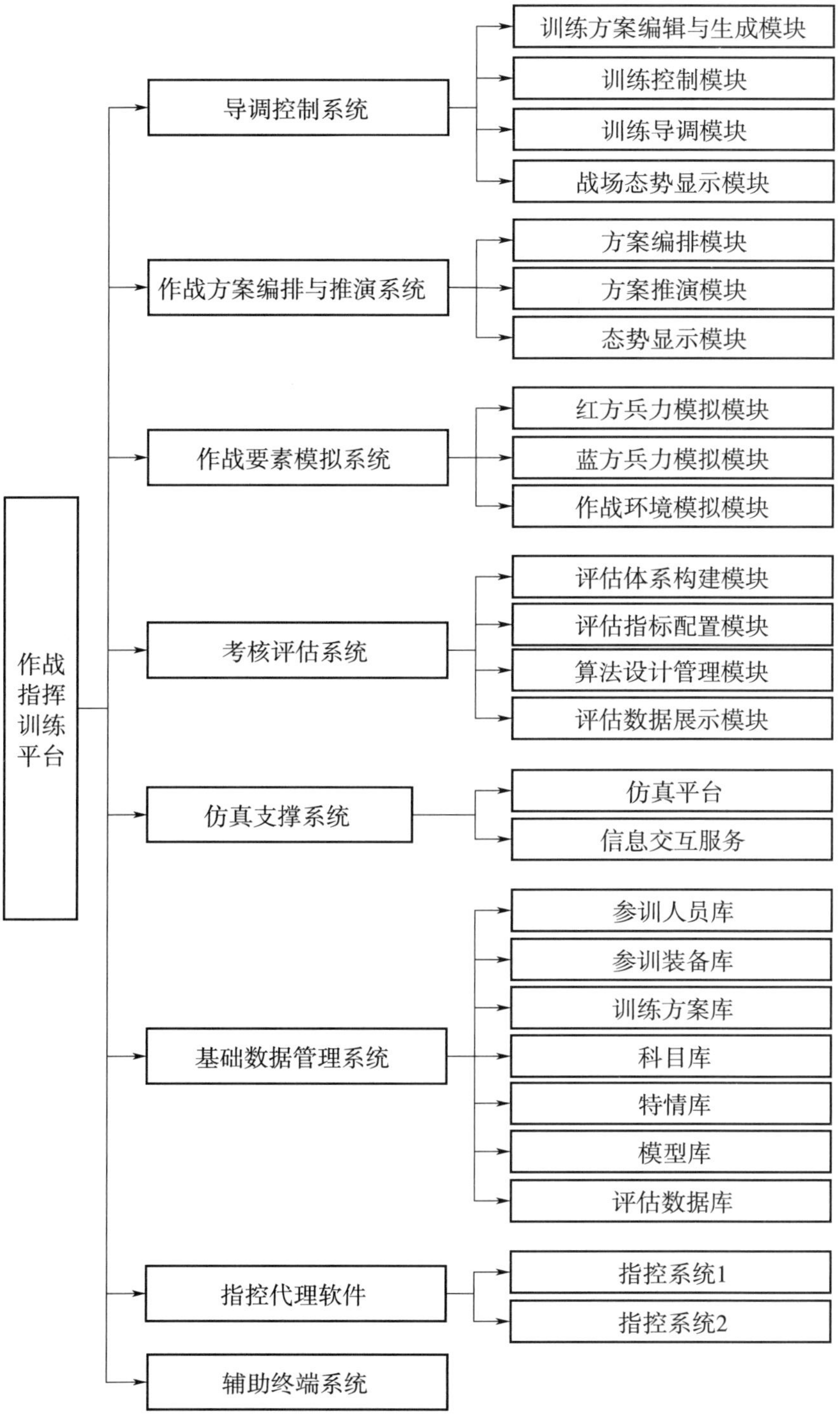

图 7－19　作战指挥训练平台组成图

同步，提供数学模型和人机交互过程的统一运行支撑，为其他系统提供基础资源库作为底层的支撑；提供外部系统间流转信息流转服务，为训练效果评估提供支撑。

(6) 基础数据管理系统

实现训练人员/角色、训练设备、训练数据、系统运行日志管理，提供训练目标库、训练方案库、特情库和作战要素模型库等管理功能。

(7) 指控代理软件

作战指挥训练一般采用实装指挥训练系统，提供和实装一致的训练环境，因此指挥训练平台需和实装软件进行接口适配，指控代理软件根据实装软件进行定制开发，实现指控系统接入。

(8) 辅助终端系统

每个指挥训练结点配置一台训练终端，用于提供训练登录验证、训练引导、训练控制（配合训练导调控制系统进行开始、暂停、结束、继续等流程控制）、末端节点故障特情注入、辅助教学等功能。

平台按照层次化、模块化、组件化结构设计，能够快速兼容不同装备，便于系统开发组织和灵活部署，既可开展单向技能训练，又可联合运行进行综合指挥训练。系统体系结构包括基础支撑层、资源层、服务层、应用层（见图 7-20）。

1) 基础支撑层包括基础硬件和基础软件。基础硬件包括计算机、服务器、网络设备等；基础软件包括操作系统、文字处理软件、数据库平台、地理信息系统（Geographic Information System，GIS）平台等。

2) 资源层资源分为数据资源和模型资源。数据资源包括作战部队编制数据、战场环境数据、模型参数数据、规则数据、训练方案数据、评估指标数据、训练记录数据、考核评估数据等。模型资源包括指挥通信仿真模型、环境仿真模型、作战实体仿真模型、目标设施仿真模型、行动规则模型、物理效应评估模型、训练评估模型等。

3) 服务层为系统训练应用提供仿真推演服务、态势显示服务、训练记录服务、席位/节点互联网络通信服务等。仿真推演包括模拟蓝军、作战实体仿真、环境仿真、指挥通信仿真、自动裁决等。

4) 应用层提供训练组织管控与系统训练应用，包括训练方案编排、作战方案拟制训练、作战指挥训练、训练过程控制、训练讲评与考核评估等。

7.7.2 训练使用模式

作战指挥训练平台的通用部署方式如图 7-21 所示，包括导演席、指挥训

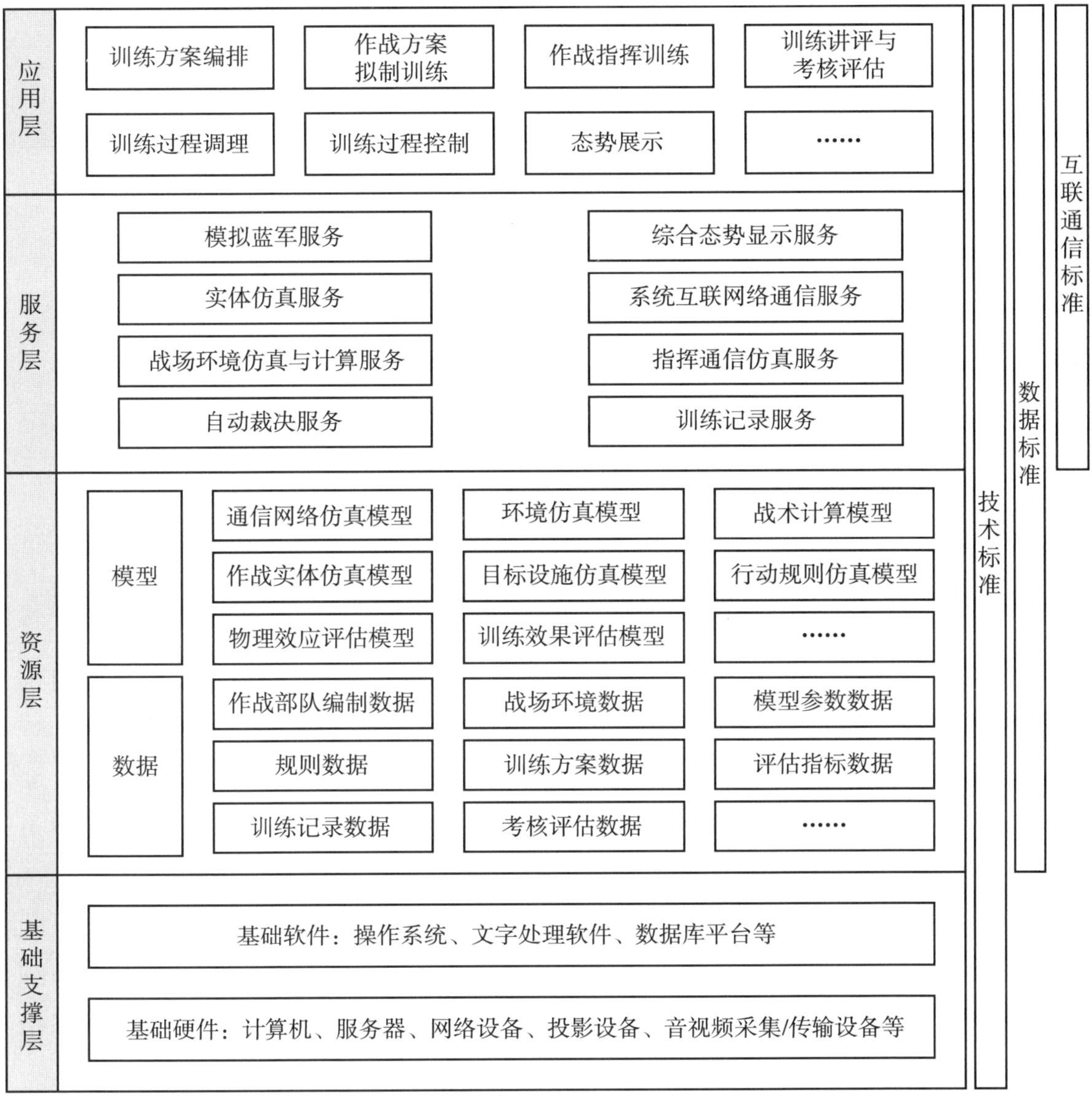

图 7-20　作战指挥训练平台架构图

练席以及其他训练席。其中，导演席设置三个席位，分别是导调控制席、态势展示席、考核评估席。指挥训练席包括方案编排与推演席以及普通指挥训练席。方案编排与推演席主要训练指挥员的方案编排和优化能力。普通指挥训练席是基于各实装指挥系统设置的训练席位，每个参训席位配置一台辅助终端，指挥训练席位和辅助终端之间通过 IP 地址进行绑定。其他训练席是作战指挥训练系统可接入的其他训练系统，如实装操作训练装备、半实物操作训练装备、虚拟现实技术（Virtual Reality，VR）操作训练装备等。

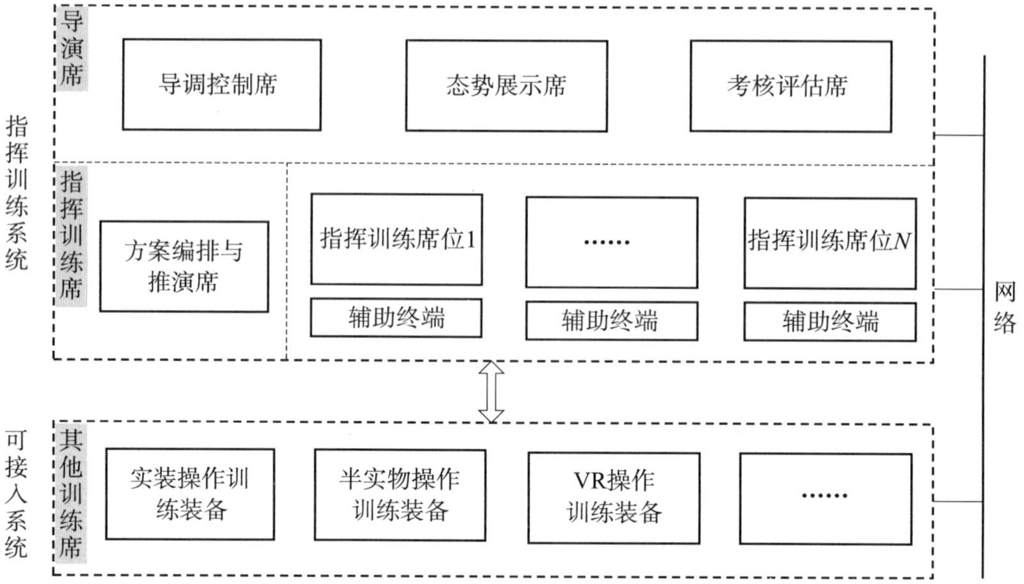

图 7-21　作战指挥训练平台席位部署示意图

作战指挥训练平台支持专项训练模式、协同训练模式、作战方案编排与推演训练模式三种典型训练使用模式。

（1）专项训练模式

该模式下需将装备指挥控制系统接入作战指挥训练平台，主要训练指挥员的指挥操作能力、复杂环境下火力突击行动能力和特情处置能力等。

（2）协同训练模式

该模式下，作战指挥训练平台需接入实装操作训练装备、半实物操作训练装备和 VR 操作训练装备等，实现全要素全流程的作战指挥训练，重点训练指挥员的协同作战能力。

（3）作战方案编排与推演训练模式

该模式不需接入指挥控制系统及其他外部系统，主要训练指挥员的作战筹划能力和作战方案拟制能力。系统对指挥员拟制的作战方案进行仿真推演，供指挥员进一步优化方案。

这三种训练模式均在导调控制系统的统一控制下，受训人员通过指挥控制系统或作战方案编配与推演系统完成相应的指挥操作，实现对作战要素的控制。在红方作战行动过程中，通过导调控制系统控制蓝方作战要素，实施与红方的对抗，进行作战推演。系统运行原理如图 7-22 所示。

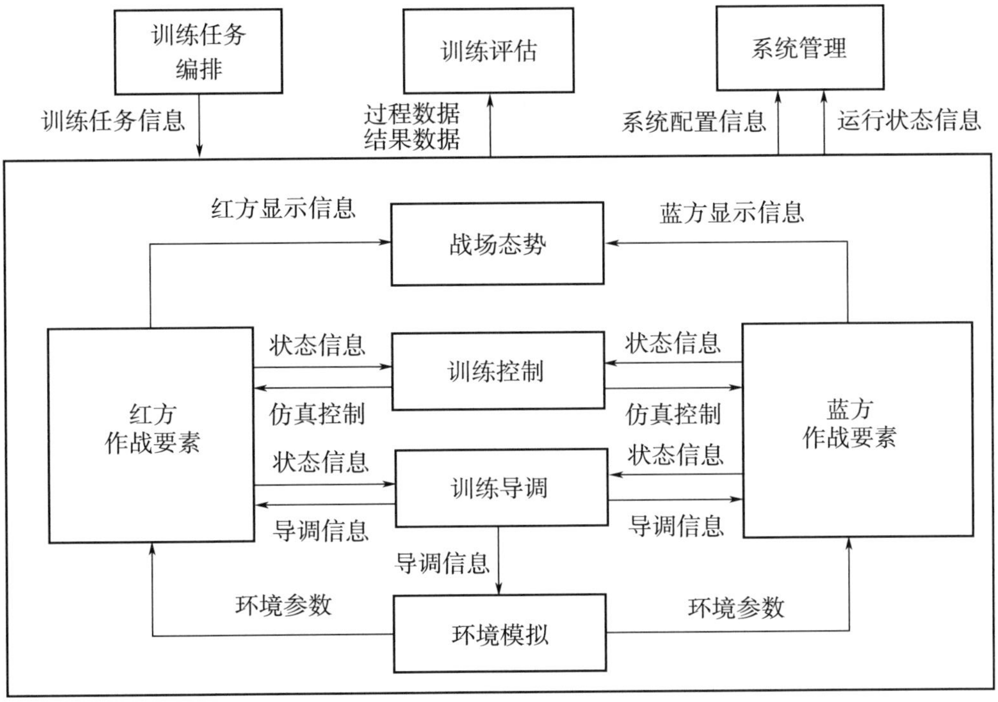

图 7 - 22　通用指挥训练平台原理图

7.7.3　接口关系

常规指挥训练模式下的系统数据接口关系如图 7 - 23 所示。训练导调控制系统是指挥训练平台的核心，产生训练方案、作战想定、作战数据包、导调控制指令等。其中，训练方案信息需发送给辅助终端系统、基础数据管理系统：辅助终端系统根据训练方案完成训练席位的状态准备；基础数据管理系统存储本次训练方案，可重复使用。作战想定信息发送给仿真支撑平台：仿真支撑平台根据作战想定完成模型准备和初始态势发布。作战数据包通过接口代理发送给指挥控制系统，作为其开展作战指挥训练的输入。导调控制指令发送给仿真支撑平台、辅助终端系统：自上而下的敌情通报和战术特情通过指挥链路或仿真平台发给指挥控制系统，自下而上的末端技术特情发送给辅助终端系统，供末端指挥人员开展特情处置和上报训练。

仿真支撑系统是训练平台运行的基础技术支撑，提供统一的数据发布、订阅接口以及和外部系统的数据流转服务。在训练时，根据训练方案和导调控制指令对作战要素模拟系统进行仿真控制，将仿真结果反馈信息发送给指挥控制系统，将仿真过程信息反馈给导调控制系统，由导调控制系统同步存入基础数

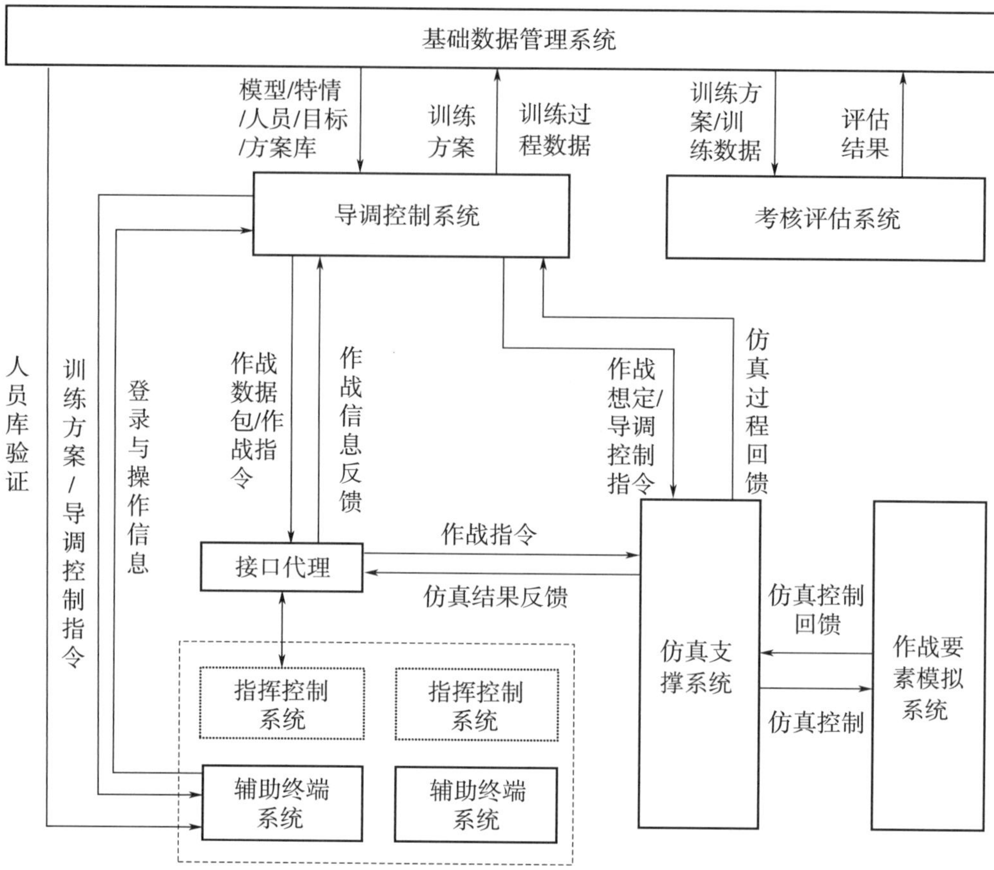

图 7－23　作战指挥训练平台数据接口关系图

据管理系统，并为训练过程回顾和考核评估提供数据支撑。

训练管理系统是训练平台的数据管理中心。训练过程中，导调控制系统拟制训练方案所需的人员、装备、模型等基础信息均从基础数据管理系统中获取；辅助终端系统产生的人员登录与操作信息、训练过程受训人员操作信息等需要存入基础数据管理系统；考核评估系统指定的考核评估体系、评估算法、评估方案、评估数据均需要存入基础数据管理系统并可供多次调用。

辅助终端系统主要进行受训人员登录验证和管理、末端特情注入和导调控制指令接收，训练过程中和相应的指挥控制席位绑定。

指挥控制系统在实装软件的基础上加以改进，为指挥员提供和实装一致的训练环境。训练过程中产生的作战方案以及指令指挥的交互信息反馈给仿真支撑系统和导调控制系统。其中，仿真支撑系统根据作战方案和指令指挥信息驱动作战要素模拟系统中的红方模型，进行图上展示。导调控制系统接收导调控制指令执行情况的回馈信息。

7.7.4　训练流程

在各种训练模式下，作战指挥训练流程可划分为训练筹划阶段、训练实施阶段和训练评估阶段三个过程（见图 7－24）。

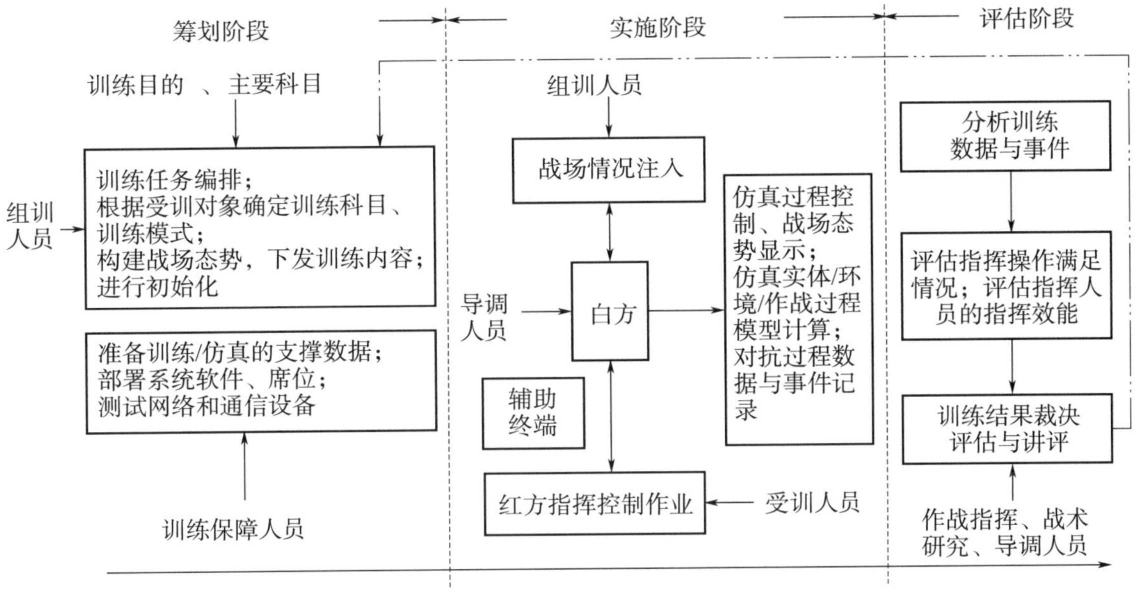

图 7－24　作战指挥训练平台训练流程图

（1）训练筹划阶段

训练保障人员进行支撑数据准备、席位布设及软件状态确认、系统网络状态测试，确保训练系统各项状态准确且运行良好。导调人员进行训练方案编排，包括编制任务背景，指定参训对象（包括部队、人员、模型等）、训练科目、训练模式以及构建初始化态势，形成一套完整的训练方案。

（2）训练实施阶段

导调人员下发训练方案和训练开始指令，并实时监控训练状态。受训人员接受训练任务后，根据实际情况开展任务规划、行动筹划、发射控制等相关操作。过程中，组训人员根据实时态势注入战术特情，训练受训人员的特情处置和决策能力；其中战术特情可为环境特情，也可为蓝方模型的行为特情。

（3）训练评估阶段

训练结束后，组训人员分析训练数据，评估指挥操作满足任务需求情况，同时开展训练过程中的指挥效能评估，并对考核评估结果进行讲评。

7.8 小结

基于实装演习以及仿真系统的训练通常侧重于有限作战要素、有限作战进程的模拟，可实现对作战人员业务流程的训练，而弱于对作战人员谋略的训练和体系作战下武器装备能力训练。传统装备训练尚缺乏对作战方案进行研讨分析和推敲决策以及对装备运用、新型战法实施等能力训练的手段。本章将LVC架构体系与人工智能技术相结合，提出基于LVC的装备智能训练系统架构，并分别阐述了仿真与故障注入、脑机交互训练、训练数据挖掘与知识推送、LVC异构系统集成以及作战指挥训练等技术。基于LVC的装备智能训练系统综合了实装实兵训练、模拟器训练和构造仿真训练的优点，通过联合仿真环境将异构系统综合集成，实现系统互联、互通、互操作，在统一的时空基准条件下进行融合，形成统一的合成训练环境，虚实资源完成对抗、协同以及交互，可重点解决装备训练中仿真模拟作战要素局限、战场态势认知不全面、作战决策智能化水平和运行效率低等问题，必将成为装备智能训练技术的主要发展方向。

参 考 文 献

［1］王雪，鞠晓杰，喻涛，等. 新型战术联合训练系统架构研究［J］. 电子设计工程，2019，27（4）：30－33，37.

［2］白爽，洪俊．美军面向 LVC 联合训练的技术发展［J］. 指挥控制与仿真，2020，42（5）：135－140.

［3］李进，吉宁，刘小荷，等．美军新一代支持联合训练的 JLVC2020 框架研究［J］. 计算机仿真，2015，32（1）：463－467.

［4］杜晓明，牟卫，卜昭锋，等．美军装备数字化训练的现状及发展［J］. 飞航导弹，2019（1）：53－59.

［5］张昱，张明智，胡晓峰. 面向 LVC 训练的多系统互联技术综述［J］. 系统仿真学报，2013，25（11）：2515－2521.

［6］涂亿彬. LVC 联合试验体系结构及关键技术研究［D］. 长沙：国防科技大学，2016.

［7］高昂，董志明，李亮，等. 面向 LVC 训练的蓝方虚拟实体近距空战决策建模［J］. 系统工程与电子技术，2021，43（6）：1606－1617.

［8］常晓飞，蒋邓怀，姬晓闯，等．无人作战系统仿真发展综述［J］. 无人系统技术，2021，4（6）：28－36.

［9］罗永亮，张珺，熊玉平，等．支持 LVC 仿真的航空指挥和保障异构系统集成技术［J］. 系统仿真学报，2017，29（10）：2538－2541.

［10］蔡继红，卿杜政，谢宝娣．支持 LVC 互操作的分布式联合仿真技术研究［J］. 系统仿真学报，2015，27（1）：93－97.

［11］阳加远，周畅，邱煌彬，等．装备虚拟操作训练考核评价方法研究［J］. 电子设计工程，2021，29（19）：75－83.

［12］许雪梅．分布式 LVC 联合试验环境构建［J］. 遥测遥控，2017，38（4）：58－63.

［13］何晓骁，王秉涵. 美军“实况－虚拟－构造”仿真技术发展及应用研究［J］. 航空兵器，2021，28（6）：14－18.

［14］陆志斌，王洪军，李佳桢，等．基于发布/订阅的 LVC 互操作方法［J］. 指挥控制与仿真，2019，41（3）：37－42.

［15］胡鹏，沈建京，郭晓峰．基于本体的 LVC 仿真联邦构建技术［J］. 计算机工程与设计，2014，35（7）：2487－2493.

［16］ 唐景昇，郭瑞斌，代维．基于脑机交互的未来混合智能系统设计与实现［J］．探索与创新，2021（6）：106－112.
［17］ 刘晨阳．基于 AR－BCI 的脑机交互方法研究［D］．郑州：郑州大学，2020.
［18］ 张昕．多模式脑机交互系统及其应用研究［D］．西安：西安电子科技大学，2018.
［19］ 李兵．基于 HLA 的大型航天系统测试发射故障仿真研究［D］．哈尔滨：哈尔滨工业大学，2013.
［20］ 陈家照，何全明，关正西．基于 HLA 的某导弹发射训练仿真系统开发［J］．系统仿真学报，2006，12（18）：3393－3402.
［21］ 王雪，洪东跑，阳加远，等．通用指挥训练平台设计［J］．火力与指挥控制，2022，47（11）：147－152.
［22］ 陈会，余馨，李琳，等．基于大数据技术的大学生学习画像构建［J］．软件工程，2021，24（3）：36－38.
［23］ 刘应杰．基于数据挖掘的远程教育用户画像构建研究［D］．西安：西安电子科技大学，2018.
［24］ 王恒，杨淑群．基于形式概念分析的制造业动态本体知识库构建［J］．制造业自动化，2021，43（4）：136－140.
［25］ 李泽中．多维数据融合的虚拟知识社区个性化知识推荐研究［D］．长春：吉林大学，2020.

第 8 章　装备智能兵棋推演技术

8.1　概念内涵

进入新时代，战争已明显不同于过去的战争，以网络信息体系为支撑的一体化联合作战逐渐演变为现代战争的核心形态，战争已然成为各国之间的综合对抗。当前武器装备作战仿真与训练正处于起步和发展阶段，指挥决策、作战训练和能力检验并不健全。实装演习以及作战仿真系统通常侧重于有限作战进程的模拟，实现对作战人员业务流程的训练，而弱于对作战人员谋略的训练和体系作战下武器装备能力的检验，缺少对作战方案进行研讨分析和推敲决策以及对装备运用规律、新型战法进行探索性实验的手段。

兵棋推演被誉为导演战争的“魔术师”，通过量化战场环境和作战实体，以“人在回路”的决策模式和概率分布体现战争的不确定性，依据从战争经验、演习训练和研究实验中抽象积累的规则和数据进行结果裁决，并采用博弈对抗的方式和科学的推演机制来反映作战指挥决策与战术行动过程的虚拟推演。作为研究战争的利器，兵棋推演能够有效模拟作战方案的实施过程及可能遇到的问题，主要具备以下三个基本特征：

(1)“人在回路”的决策模式

人在回路，是对“人在决策，规则做裁决”这一过程的表达。兵棋推演着重体现了由作战指挥人员在认知域的决策判断，由兵棋规则在物理域和社会域的交战结果裁决的过程。这其中，加入了“人的有限理性决策”带来的不确定性与战场随机事件带来的不确定性，从而为寻找达成战争目的的决策方案提供了合理的“分而治之”的解决办法。这种不确定性充分反映了“战争阻力”，因此能体现兵棋推演对“胜战不复”这一特征的模拟。

(2)“博弈对抗”的运行形式

兵棋推演以人为核心，关键因素是人，推演过程中的作战行动结果和事件结果完全依靠对抗双方的决策随机产生，这种“博弈对抗”的运行形式符合“决定战争胜负最活跃的因素是人”的基本规律，因此推演结果将更贴近实战。

（3）“动态演化”的兵棋规则

战争实践经验和历史积累的数据，可以客观反映战争态势与战场形势的变化，通过对经验数据进行统计分析，为兵棋行动规则、交互关系和裁决准则等兵棋规则的动态演化提供基本依据。

面向智能化战争对武器装备建设和作战运用的需求，结合体系化作战特点和装备运用规律，将人工智能技术与兵棋推演理论相结合，通过对武器装备作战应用和保障等过程中主要要素进行特征提取、聚类和融合，构建作战智能网，利用战场态势智能动态认知、兵棋推演自主学习以及人机融合智能等技术，建立多智能体自适应学习机制，实现对作战的智能认知、推理、规划和决策。

8.2　技术现状及发展趋势

兵棋在西方经历了200余年的积淀，目前已进入一个蓬勃发展时期。在主要发达国家，作为一种模拟、研究战争的重要手段，兵棋在计算机化的基础上，已朝向多层级、多种类，适应多种不同目的、用途和面向不同群体的完整体系发展。兵棋推演在西方的发展脉络如（见图8－1），可分为三个阶段。

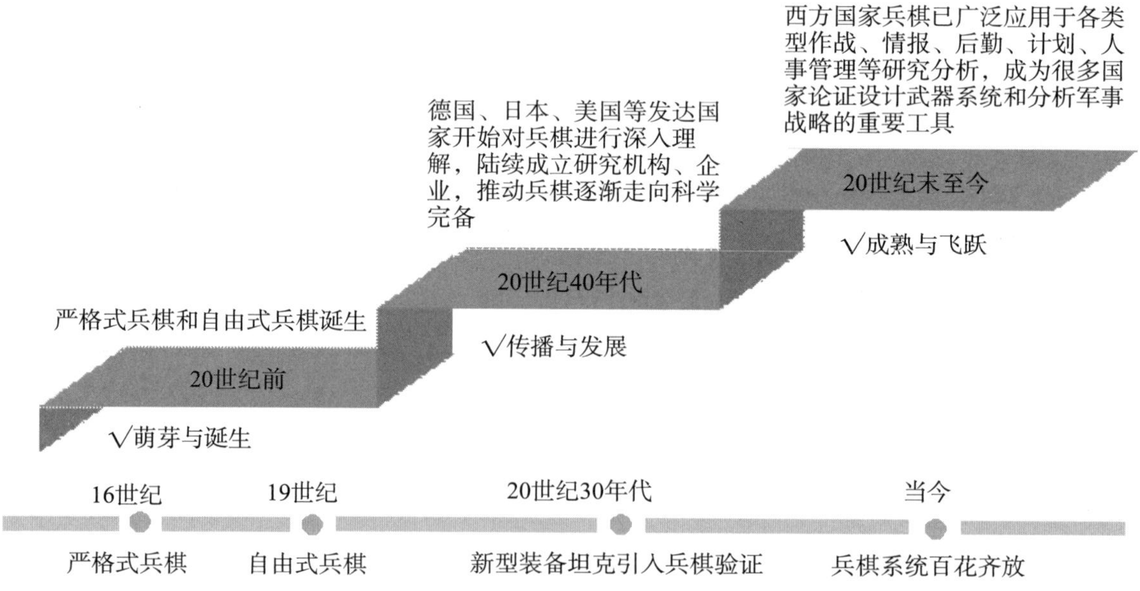

图8－1　国外兵棋推演发展脉络

(1) 第一阶段是萌芽与诞生期

这一时期诞生了严格式兵棋和自由式兵棋。

(2) 第二阶段是传播与发展期

这一时期受军事需求影响，德国、日本、美国等发达国家开始对兵棋进行深入理解，陆续成立研究机构、企业，推动兵棋逐渐走向科学完备。

在这一时期，德国有两种风格迥异的兵棋得以发展。一是玩法有点像中国的跳棋的“斯拉坦恩贝尔”，但运动的建筑、地形等受限；二是像国际象棋的“维尔斯查士”的战棋，但更为复杂和抽象。兵棋在这一时期在德国得到了崭新发展，并最终从战术级兵棋发展到战役级兵棋和战略级兵棋。

在日本，兵棋起源于普鲁汉诺威军校。刚开始日语将德国的“克里格斯贝尔”翻译成“战争游戏”，随着理解逐步加深，将其更正为“兵棋演习”。这也是世界上第一次把它正式翻译成“兵棋”。随后，日本在首都东京建立了陆军大学，从德国总参谋部特聘了陆军少将来教授德国的军制、兵学、演习等军事课程，兵棋开始被大规模地在日本军队推广运用。

美国当属兵棋的集大成者。1910 年，在著名发明家爱迪生的建议下，美国成立了专门用于兵棋推演的实验室。1915 年，美国海军部建立了由爱迪生主持的海军咨询委员会。1916 年，美国最早运用兵棋研究军队装备和战术的机构——海军研究实验室成立，该机构由爱迪生领导。随后，该实验室被更名为海军军械研究所。其实早在 1901 年，在宾夕法尼亚州的卡莱尔兵营内，美国陆军就建立了陆战学院，并开展兵棋教学。

(3) 第三阶段是成熟与飞跃期

随着信息技术和计算机性能的不断发展，计算机兵棋成为主要发展方向，以美军为代表发展了“JAS”“JSIMS”“JSAF”“EADSIM”“JTLS”“JICM”“CMANO”等一大批作战仿真系统，得到广泛的应用（见图 8－2）。

联合战区级模拟系统（Joint Theater Level Simulation，JTLS）是一种支持陆、海、空、天、电和网联合作战交互式仿真系统，目前已广泛应用于北约、日本等 20 多个国家和地区。该系统包括五个模块，分别为模拟地面作战、模拟海上作战、模拟空中作战、模拟后勤支援和模拟情报保障。根据美军此前开展的过饱和测试结果分析，该系统最多可以支持 10 个国家、20 个集团、1 500 个单位进行联合推演。

美国兰德公司开发的联合一体化应急模型（JICM）也是一款应用广泛的兵棋系统，它包含世界多个地区，涵盖政治、经济、军事、地理等多方面的模

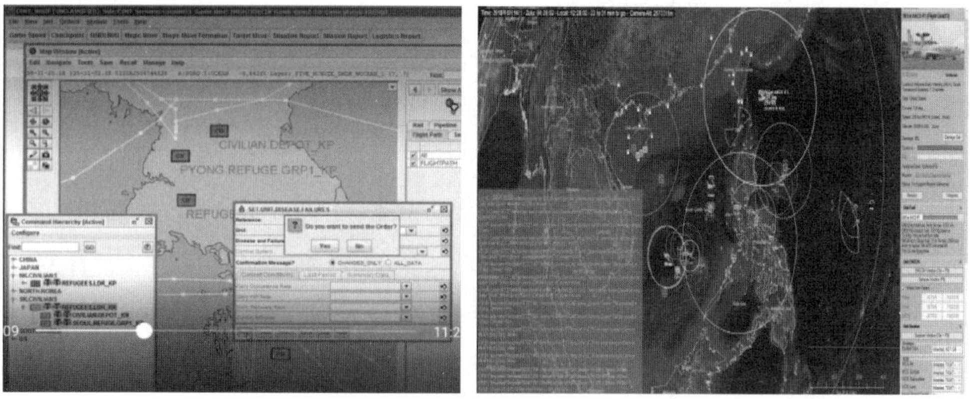

（a）JTLS系统　　　　　　　　（b）CMANO系统

图 8－2　美军作战仿真系统

型库和数据库。该系统主要用于评估各作战方在预期冲突中，实现其冲突目标的能力、军事行动的资源需求和作战的可选方法等。美国等多个国家军事院校一致将现代海空行动（Command：Modern Air/Naval Operation，CMANO）系统专业版纳作模拟推演平台。

这些作战仿真系统的一个共性特点是具有完备的模型体系、高速的仿真运行性能、配套齐全的工具软件，特别是仿真模型的驱动建立在以 C^4ISR 为核心的仿真引擎基础上，实现了基于想定、规则和条令的仿真，提供了对武器装备作战规则、作战人员能力特点的描述。对这些系统开展研究，剖析仿真系统的组织架构、运行机理、模型框架体系、效能指标体系、战术调度机理、指挥及通信传输机理、数据融合、对抗毁伤机理，能为研究兵棋推演技术起到借鉴指导作用（见图 8－3）。

国内从 20 世纪 70 年代末以来广泛开展了建模与仿真技术应用研究，80 年代达到高潮，先后研制出了几百种作战模型，应用于武器装备效能评估和训练，并逐渐开始用于作战指挥系统。近年来，在体系效能评估方法、体系结构优化、分布式交互仿真、战场综合仿真环境、体系模型综合集成等领域取得了显著进展，战术级模型已基本覆盖了各军种主要的作战样式。随着人工智能技术的快速发展，国内逐步将人工智能技术引入兵棋推演领域，开展了智能兵棋推演的探索性工作。大致可以分为三类：一是基于星际争霸人工智能平台开展了算法验证和探索；二是在传统六方格、回合制等为主要特征的手工兵棋基础上，嵌入人工智能模块，支持人工智能算法设计与验证；三是以墨子联合作战推演系统为基础，开展了军事人工智能模块研发和应用。

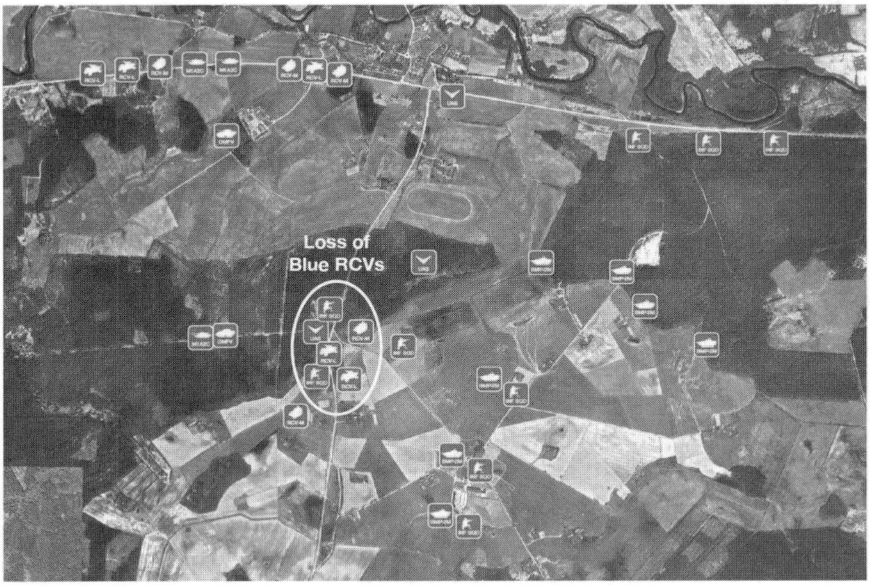

（a）兰德公司运用兵棋推演论证机器人战车（RCV）运用

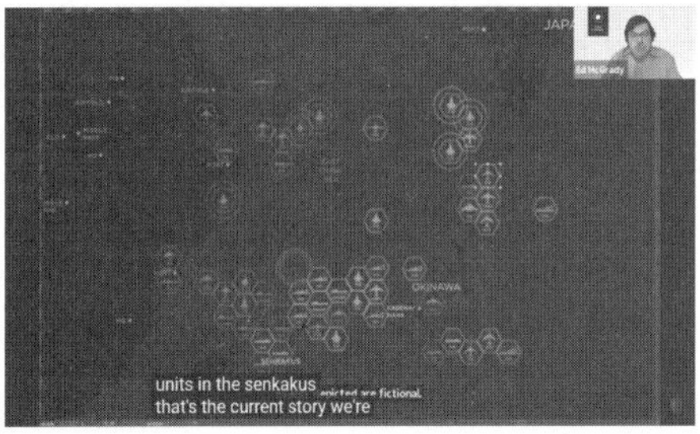

（b）美军推演2030东海危机

（c）兵棋被引入美国各军种学院

图 8－3　兵棋典型应用

兵棋推演作为训练作战人员和研究战争的重要工具，目前已经发展成为现代信息化战争的至关重要一环。在现代以及未来高科技信息战争中，兵棋推演正在不停地改写着世界军事发展方向。以 AlphaGo 为代表和标志的技术突破预示着一个具有认知和自我进化能力的新人工智能时代的到来，同时激起了人工智能技术深度融合应用于兵棋推演领域的潮流。兵棋推演技术将朝着以下四个方面发展：

一是强调在建模阶段着手解决模型的重用性、可信性、语义一致性问题。随着信息技术的发展，战场态势朝着一体化联合作战演化，相应的仿真推演系统从集中式走向分布式，从单一军种模拟走向联合作战模拟，这种趋势要求在建模阶段就着手解决模型的重用性、可信性、语义一致性问题，保证正确地反映一体化联合作战的本质特征和客观规律。

二是武器装备体系建设向着以信息系统为核心方向发展。随着网络化、信息化作战体系发展，信息系统及信息网络已成为体系作战非常重要的组成要素，对体系整体作战效能发挥有着重要的影响。当前，武器装备体系建设侧重于装备实体功能性能模拟，在信息系统、作战实体之间信息链路及网络建模方面不够深入，大多基于信息安全可靠、全方位可达的假设，制约着体系仿真置信度的提升。因而，体系作战仿真必然朝着以信息系统为核心的方向发展。

三是仿真推演技术应用领域向协同作战、联合作战试验方向发展。为打赢未来信息化战争，发展一体化联合作战武器装备体系，美国积极构建联合任务环境试验能力，美军进行的“联合水面作战”联合能力技术演示和“空地一体分层探索”等试验是典型的联合任务试验。在网络化效能仿真评估研究中，重点围绕信息对作战影响的建模与仿真，分析信息优势能力，并评估其在作战中的价值。

四是信息化、无人化、智能化作战给仿真推演技术带来巨大挑战。未来作战将是体系与体系的对抗，武器装备的效能将会日益被体系效能所削减。“人工智能＋兵棋推演＋网络化指挥控制系统＋无人系统”是未来作战体系的核心构成。其中“人工智能＋兵棋推演”是用于辅助决策的大脑，控制系统是神经，无人系统是手臂，将人工智能和兵棋推演进行有机融合是未来作战推演技术发展的新热点，同时也带来巨大挑战。

8.3 作战智能网构建方法

8.3.1 基于知识图谱的作战智能网

为厘清战场错综复杂的逻辑关系，利用知识图谱来构建作战智能网。通过构建武器装备、兵力编制、兵力部署、打击目标、作战想定、历史战例等战争数据知识图谱，把大量不同种类的信息连接在一起得到一个关系网络，在充分挖掘智能体间关联关系的基础上，为想定智能构设、态势智能认知、作战智能决策提供基础支撑。基于知识图谱的作战智能网构建方法建设思路如图 8－4 所示，可以最有效、最直观地表达出知识实体间的关系，提供从“关系”角度分析问题的能力，包括领域知识体系构建技术、领域知识图谱构建技术、作战体系超网络构建技术和领域知识快速匹配优化技术等。

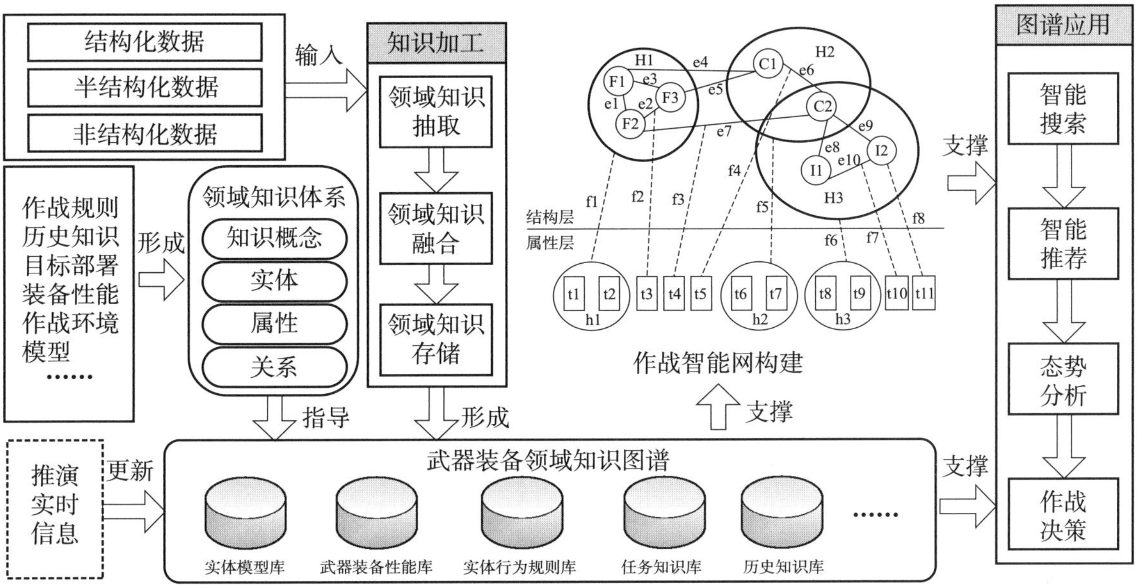

图 8-4　基于知识图谱的作战智能网构建方法建设思路

8.3.2　领域知识体系构建技术

结合装备现实物理表现和行为方式以及“组件化”“参数化”建模方法，围绕历史经验知识、作战条令规则、武器装备性能、作战环境等多方面，提炼作战兵棋推演领域知识概念、实体、属性以及关系，构建作战兵棋推演的领域知识体系，如图 8-5 所示。

1）任务知识：包括侦察、打击、干扰、反导、支援、贮存、值班、机动、训练、保障等。

2）作战规则：用于存储战场实体的行动规则及条例等，如武器使用规则、交战开火规则、对地作战行动、反舰作战行动、电磁辐射管控、撤退重新部署等条令规则。

3）历史知识：源于日常值班和军事演习训练等过程中累积的数据，涵盖目标历史航迹信息、目标历史热点活动区域、目标驻留区域、目标出动时机、目标出动次数及目标历史行为意图等。

4）目标部署知识：指作战双方重要军事部署目标信息，如指挥所、发射阵地、机场、港湾及交通枢纽等重要目标，涵盖目标价值、目标部署位置、目标抗毁性及目标幅员半径等。

5）装备性能：指作战双方导弹等武器装备、作战能力（侦察监测、干扰对抗、通信传输和火力打击、后勤保障等能力）相关属性参数信息。

6）多分辨率模型：指不同粒度的战场实体仿真模型及其描述信息，涉及仿真模型类别、仿真模型描述信息以及仿真模型执行体存储信息等。

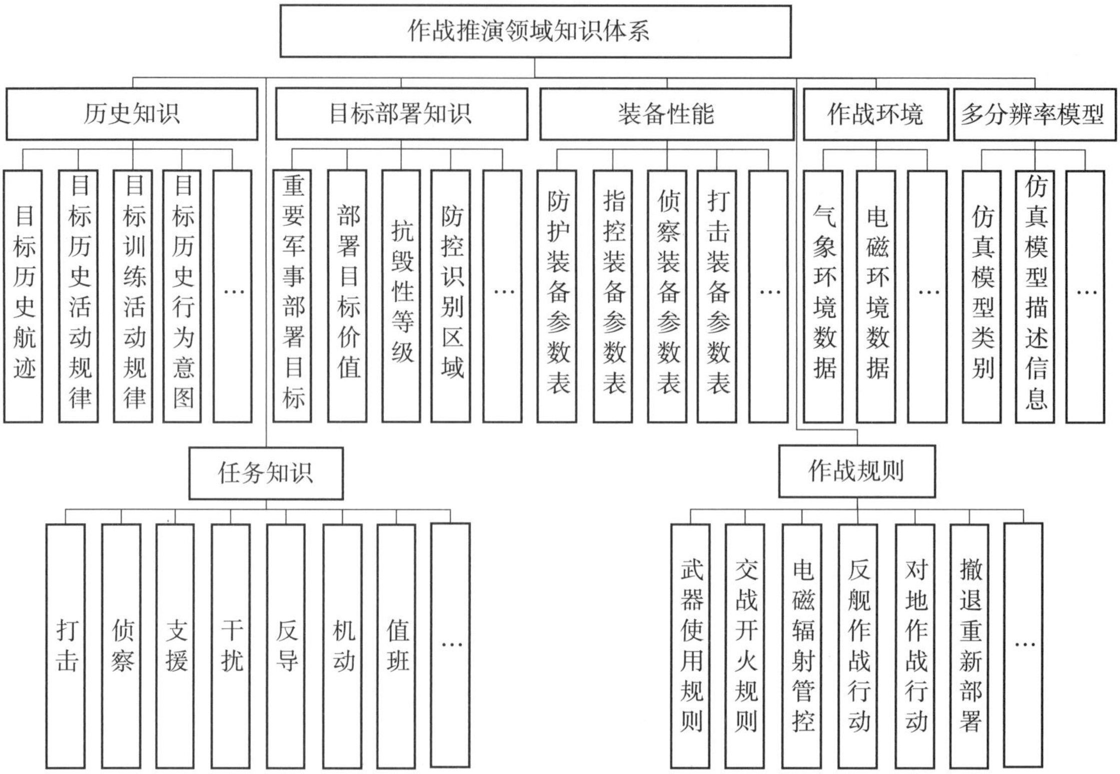

图 8－5　作战兵棋推演的领域知识体系

作战规则是执行作战行动和指挥决策的重要依据，是影响作战推演得出结论的决定性因素之一。作战推演模拟和指挥控制需要面对陆、海、空、天、电和网等全域装备，涵盖多种类型作战兵力，需要控制各类作战单元的通信、机动行进、探测侦察、任务区域调整、目标打击、撤退等作战行动，涉及的作战模型结构复杂，战场要素繁多，特别是模型需处理的战场空间变化复杂，推演中需考虑的情况判断以及相应的处置规则设计难度大，如何建立一套规范有效、灵活可扩展的作战规则体系，使其能够适应多军兵种作战单元、多类作战行动以及适合多种场合和作战人员使用，是实现作战智能化的关键技术难点之一。作战规则体系构建的难点，通常可采用以下技术解决：

一是统一规范作战条令建模技术，根据各军兵种作战行动特性，抽象提炼出有限的、具有一定普适性的共性规则，制定武器交战规则、对地作战行动、反舰作战行动、武器使用数量、撤退和重新部署等类型作战条令库，每类作战条令细分为多个作战条令，每个作战条令提供多种规则选项供选择，由作战人员根据实际作战情况和个人指挥风格确定最终作战规则，在对作战条令进行规范描述的同时，还能满足不同场景使用要求和作战人员个性的发挥。

二是作战条令模型分级继承技术，从上往下设计推演方级、任务级、编队级、实体级等不同层级作战条令模型，条令层级越高，作用范围越大，其中推演方条令适用于推演方所有作战单元，任务条令则适用于执行本任务的所有作战单元，编组单元条令适用于编组内的所有成员，作战单元条令适用于具体的作战单元。对于每项作战条令规则，默认下一级继承上一级的规则，也可以根据需要对下层某一级或某个作战单元单独定制作战条令，该技术在显著提高推演操作效率的同时，既兼顾同一方作战行动的一致性，也突出个别作战单元或任务的特殊个性。

三是作战规则组件化模板建模技术，多军兵种多类型装备的作战模拟所涉及的规则模型多种多样，通常随应用场景变化而变化，采用有限的作战条令库和任务参数规则无法满足所有的规则要求。针对这类作战规则，采用组件化模板建模技术，将作战规则拆分为更细粒度的触发器、条件、动作、事件等要素，通过组合的方法构建灵活的作战规则。

四是任务模型规则参数化建模技术，在下达的作战任务中，通过配置任务规则参数对规则进行实例化定制，例如武器装备机动（横向、纵向）距离、发射准备时间（各种状态下）、目标攻击区半径、命中精度范围、全程突防概率等。

五是内置交战裁决规则，针对各类装备作战平台及其搭载的设备组件模型，内置运动、导航、探测、通信、毁伤、武器使用、自主决策等自动裁决规则。

8.3.3　领域知识图谱构建技术

武器装备兵棋推演领域知识图谱构建技术途径主要包含领域知识抽取、领域知识融合及领域知识图谱存储等内容，如图 8-6 所示。首先，基于军事专家的经验知识，构建作战兵棋推演领域知识体系；然后，基于作战兵棋推演领域知识体系，从实时战场数据、作战规则/条例、敌方历史活动规律与历史轨迹等结构化、半结构化和非结构化数据中，抽取相关概念、实体、关系、属性和属性值，建立武器装备兵棋推演领域知识图谱初始版；最后，通过实体对齐、实体消歧、冲突检测与消除技术消除领域知识图谱中实体间的歧义，剔除冗余实体和错误实体，最终获得实时武器装备兵棋推演领域知识图谱。

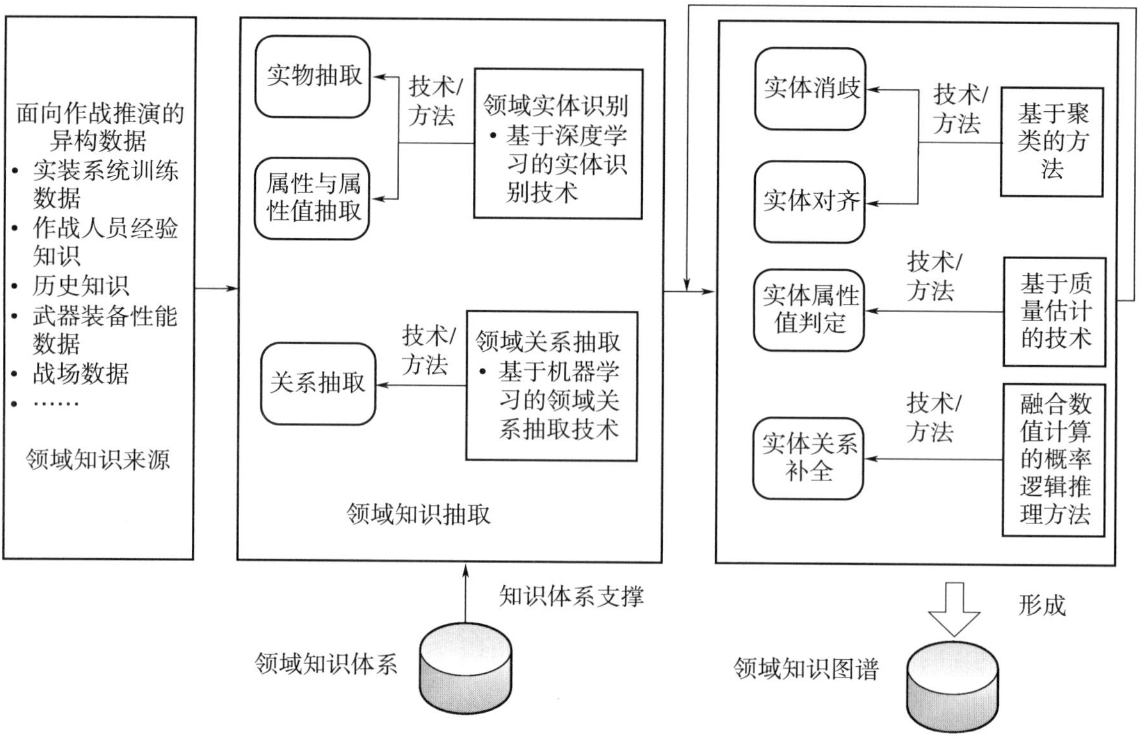

图 8－6　武器装备兵棋推演领域知识图谱构建技术途径

（1）领域知识抽取

领域知识抽取包括实体抽取、属性与属性值抽取和实体关系抽取。领域知识实体抽取一般采用基于深度学习的实体识别技术，实体之间的各类关系的抽取一般采用基于机器学习的领域关系抽取技术。实体属性主要包括武器装备型号、属性、指标参数和作战方向等，实体关系主要包括时间、位置等关系。

（2）领域知识融合

领域知识融合主要解决实体消歧、实体对齐、实体属性值判定和实体关系补全等 4 类问题。

1）实体消歧。取实体上下文构成特征向量，并利用向量余弦相似度等方法将实体聚类到与之最相近的实体集合中，从而解决同名实体产生歧义问题。

2）实体对齐。通过聚类等方法，将对应于同一实体对象的多个指标与实体对象匹配。

3）实体属性值判定。通过质量估计等方法，对不同数据来源、知识来源的实体属性值进行判定，解决实体属性值冲突问题。

4）实体关系补全。利用数值推理等方法，补全实体与实体之间缺失的关系。例如，根据2个武器装备类实体在同一时段对同一个目标进行火力打击的情况，可推断出2个实体之间存在协同攻击关系。融合数值计算的概率逻辑推理过程如图8-7所示。

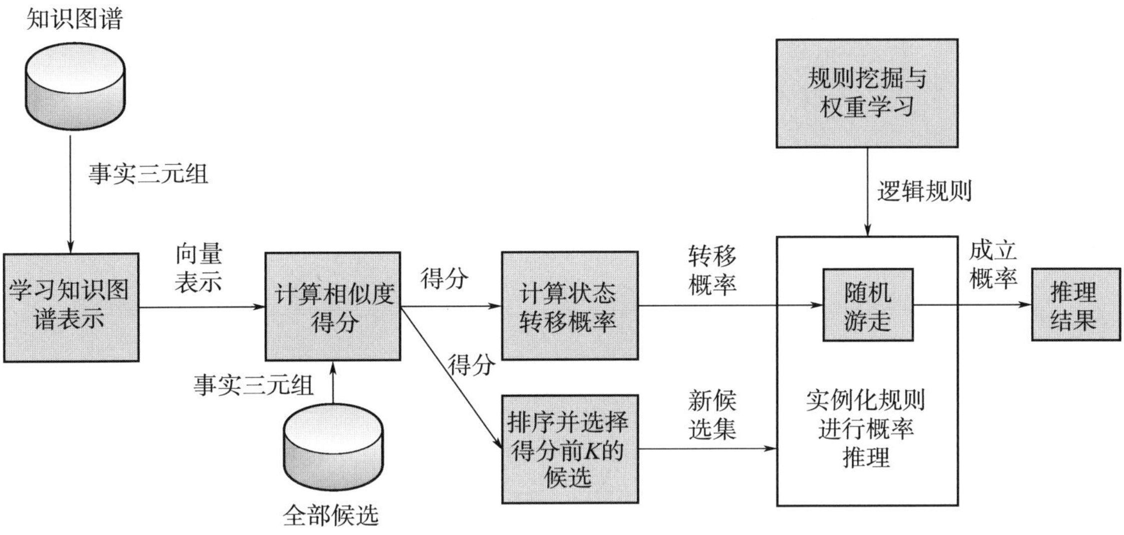

图8-7　融合数值计算的概率逻辑推理过程

（3）领域知识存储

充分利用图数据库易于扩展、构建灵活等特点，领域知识存储可以为武器装备兵棋推演领域知识图谱提供可靠的存储环境。战场实体层行为规则部分的示例如图8-8所示。

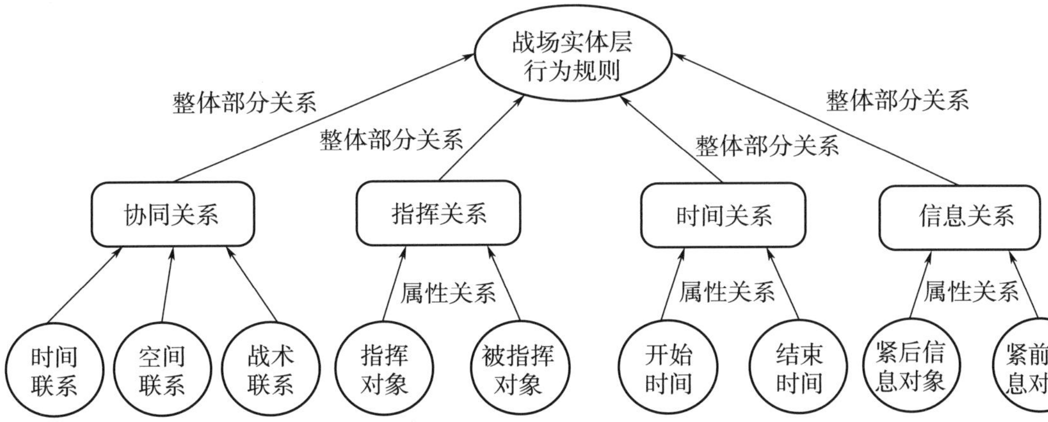

图8-8　战场实体层行为规则知识图谱示例

8.3.4　作战体系超网络构建技术

作战体系由结构层和属性层构成，作战体系超网络示意图如图 8－9 所示。

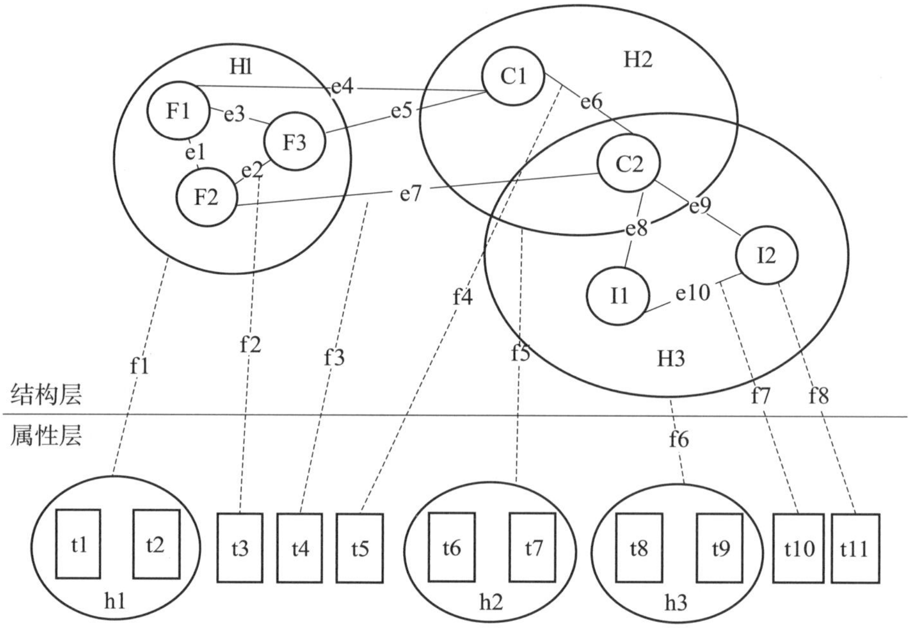

图 8－9　作战体系超网络示意图

8.3.5　领域知识快速匹配优化技术

完成作战智能网构建后，可在实际运用过程中基于种子实体和词条进行领域知识的快速匹配检索。

以检索意图知识为例，输入规定的实体和词条，从意图知识图谱中进行匹配查找，得到相关联的子意图知识图谱，通过对比分析，最终获得与作战相关的意图场。具体意图检索的流程如图 8－10 所示。

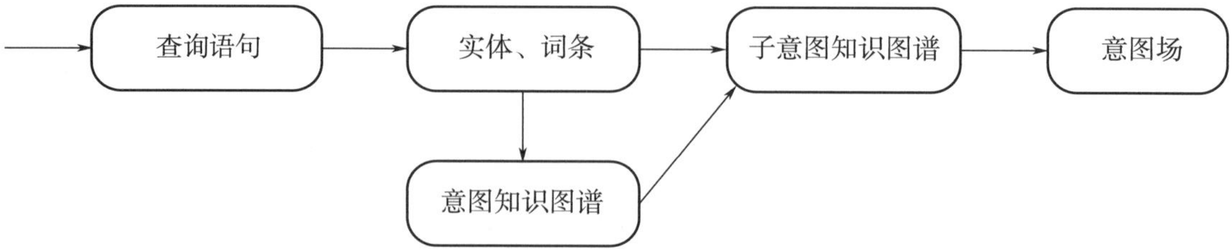

图 8－10　意图检索流程

为了更好地确保查询结果的完整性，在检索过程中，需要将语义等价的意图同步抽取出来。类似于百度等引擎的搜索推荐算法，在检索结果展示中可以一并展示与作战人员检索意图相关的意图，满足查询的高效性、友好性。

8.4　兵棋推演智能体态势认知和决策方法

8.4.1　兵棋推演智能体构建技术

基于传统的人在回路推演是目前作战推演的主要形式，整个推演过程需要大量各类作战人员参与，推演流程复杂、人力成本大、时间周期长，严重限制了作战推演效能的发挥。以深度学习为代表的人工智能技术较为依赖训练样本资源，尤其是数据的规模和质量，但目前对抗样本数据十分有限，且多以冲突消解类数据为主，难以对装备作战特性进行充分挖掘利用。为此，在规则不完备、信息不完全的情况下，基于深度学习和强化学习思想，构建博弈对抗式学习环境和学习架构，通过自博弈对抗仿真过程，形成作战样本自动生成机制，实现在仿真环境中创建、训练和优化高复杂度的作战智能体。在装备作战智能网的支撑下，充分利用数据、知识和规则等信息，构造各类作战实体的自学习决策模型，在作战信号的实时反馈激励下，模型逐步进化和变异，进一步提升模型智能化水平，增强对作战变化的适应性。通过智能体对学习环境的适应性能够提升兵棋推演的智能性和灵活性，实现对作战要素繁多、关系错综复杂、对抗活动高度动态的战场环境的智能认知、推理和作战的规划和决策。

为实现兵棋推演条件下战场态势的智能认知和自适应决策，需构建智能兵棋推演智能体。在兵棋推演中扮演算子角色的智能体应承担整个模型中的基础任务，包括侦察感知任务、火力打击任务等，同时具备通信能力，可以与其他智能体进行相互通信，掌握当前战场局势。经过深入分析抽象，智能体拥有属性模块、机动模块、侦察模块、攻击模块、通信模块、行为逻辑模块 6 个特性。其中通信模块包括通信协议、信息交互逻辑和时序控制等，在兵棋推演中针对在软件层次上的信息交互。

针对智能体 6 大特性，基于领域知识图谱动态生成与修正作战智能体，流程如图 8－11 所示。武器装备领域知识图谱可以为作战智能体的自动生成提供知识支撑，将战场数据提取的实体特征与知识库中的知识进行属性、行为规则等多级匹配，动态构建作战智能体。

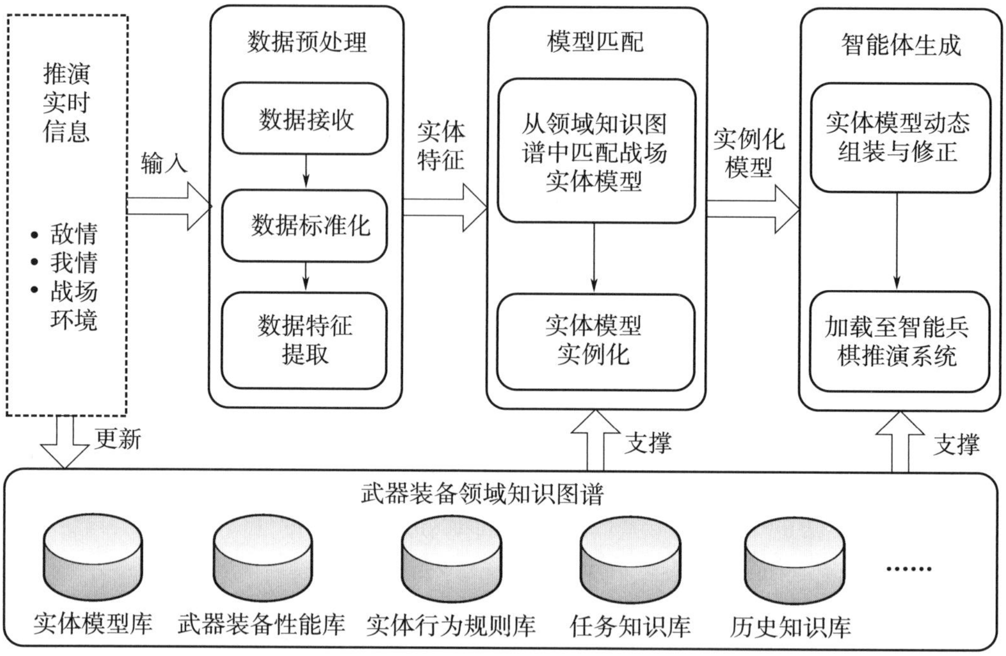

图 8-11　基于领域知识图谱的作战智能体动态生成与修正

8.4.2　战场态势智能动态认知技术

全面准确掌握战场态势是指挥决策的基础，针对兵棋推演中战场态势认知由强调信息优势到强调决策优势转变的需求，为提升战场态势演化的综合掌控能力，通过对态势感知、理解和预测进行研究，提出了先验知识驱动的作战态势智能认知技术，总体技术框架如图 8-12 所示。通过识别、挖掘和评估态势演化过程中的关键决策点，有效降低作战人员的认知负荷，同时突破作战人员主观认知的局限，增强作战人员的认知能力，实现控制活动从信息域向认知域跨越，从而获得更快、更全、更准、更深的认知结果。

态势感知是通过对战场中全要素数据的汇集、信息的初步融合，以机器能够识别理解的方式形成对战场态势的详细认识，主要包括态势要素提取、多源异构态势数据融合、关联分析等功能。

态势理解指根据各作战实体行为和事件反馈结果，将数据提炼为信息，表征当前态势情况，从而实现敌方作战部署、作战意图和作战趋势的判断与识别，主要包括敌我双方作战能力分析、敌方兵力规模分析、敌方目标威胁程度分析和敌我双方战斗优劣评估等。

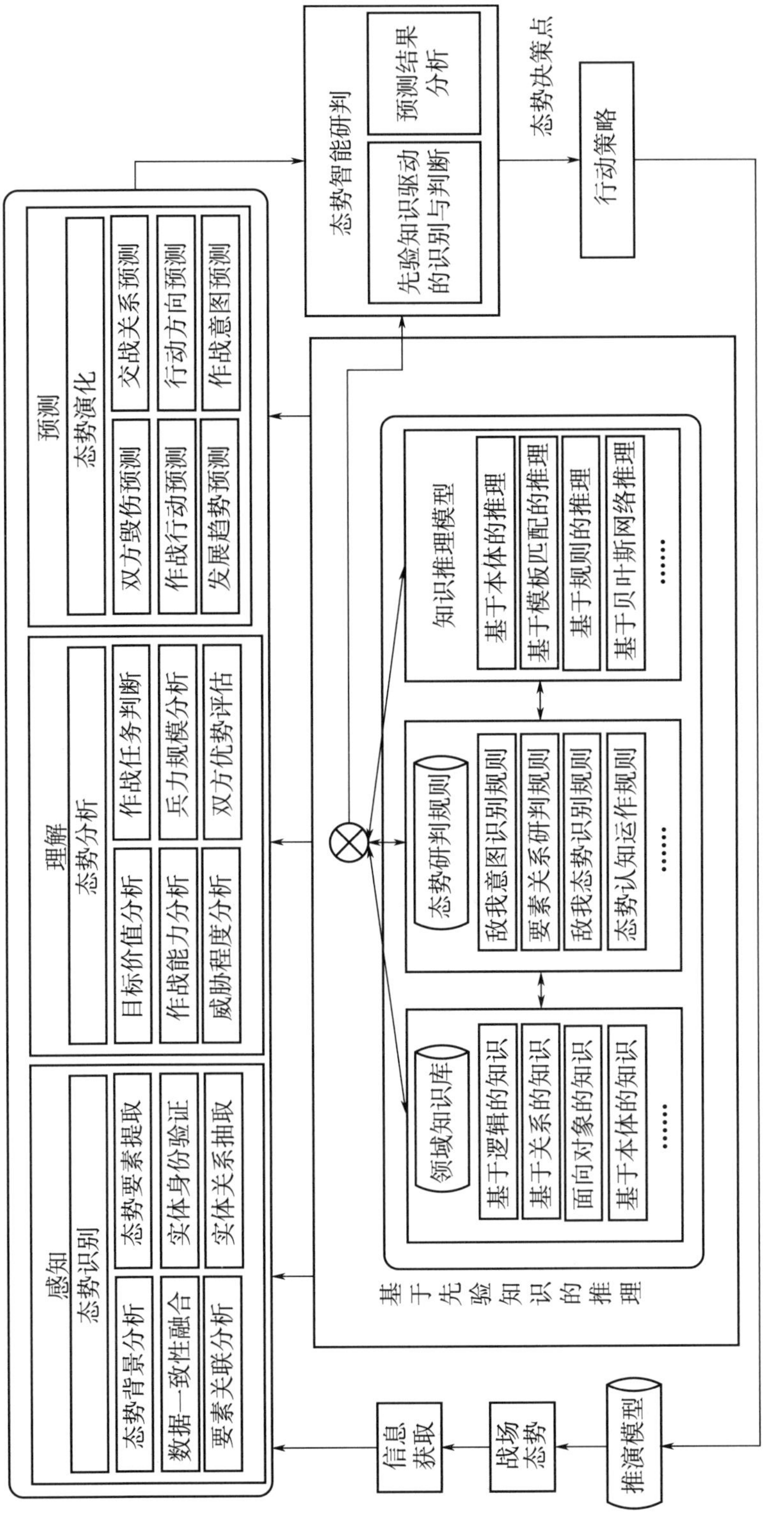

图 8－12　智能态势认知总体技术框架

态势预测指基于态势理解信息预测未来敌我双方战场态势，包括敌我双方实力对比、敌方作战意图、敌方目标威胁程度等。

战场态势要素分类结构如图 8－13 所示，其中每一子类要素均由若干指标组成。战场态势要素包括政治、经济、社会环境类，战场环境类，兵力部署与作战能力类，重要动态目标类及对抗措施类五类。

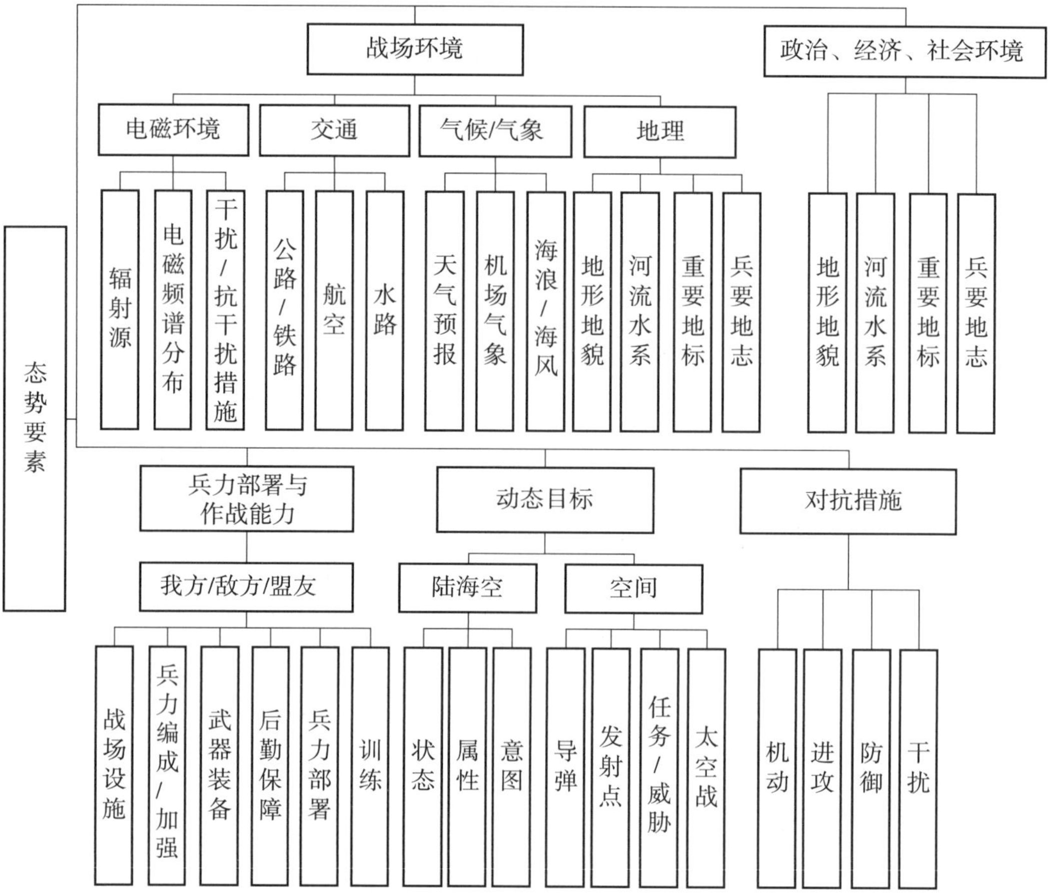

图 8－13　战场态势要素图

先验知识驱动的动态战场态势智能动态认知技术依据作战人员战场态势理解思维过程和深度强化学习运行原理，在智能网建设的基础上，利用深度神经网络的非线性表达能力，以作战人员主观判断和丰富经验作为先验规则知识，表征理解战场态势。战场态势走向预测和态势演变结果评估可采用 Actor－Critic 强化学习模型实现，技术框架如图 8－14 所示。

在战场态势分析、理解层面，首先利用智能网对战场态势数据进行预处理，依据道路、河流等作战环境信息解析地形要素，依据作战单元（武器系

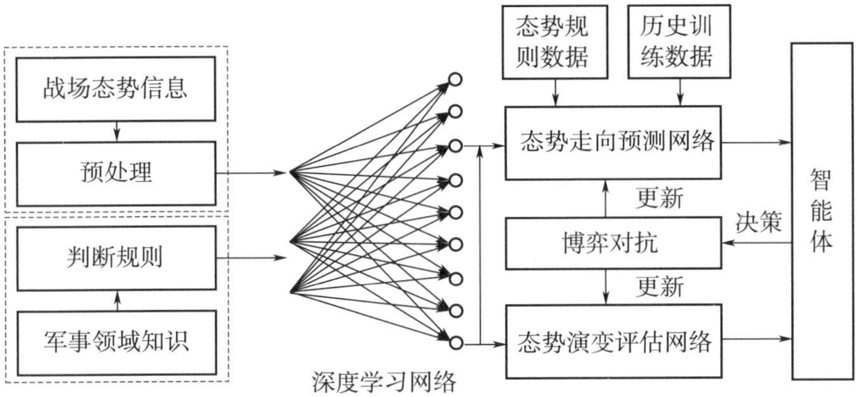

图 8-14　先验知识驱动的动态战场态势智能认知技术框架

统、保障系统等）信息解析武器装备、发射平台、射程、侦察范围等单元特征，结合侦察、机动、火力打击、防抗等一系列作战规则，构建符合战场态势特点的深度学习网络架构；经过大量数据的训练学习，加之先验知识的纠正指导，逐步形成对态势的理解。

在战场态势预测层面，基于深度态势理解网络对当前态势的研判，结合态势规则先验数据以及作战人员训练积累的历史数据，构建战场态势发展预测网络，预测网络输出结果将作为作战人员下发行动决策的依据。博弈对抗过程中，结合实际态势走向，评估网络（Critic 网络）会不断对预测网络（Actor 网络）进行评判更新优化。

8.4.3　智能体自适应智能决策技术

强化学习方法具有自学习、自优化、高效率、自动产生训练样本的特点。采用强化学习方法训练作战对象自主决策器能够在有限时间内得到性能优良的决策器，并且能够随着训练时间的延长继续提升性能。

采用强化学习方法，结合历史战例、试验等样本库，构建智能自主决策进化模型，通过“离线训练＋在线自学习”的模式支撑作战实体快速决策。

多智能体强化学习框架如图 8-15 所示，通过随机博弈过程，构造强化学习环境，战场环境将联合状态 S 传递给多智能体，智能体接收后，依据内部逻辑模型输出决策动作 A，随后战场环境依据决策动作将反馈 R 传递给各智能体，收到反馈的智能体进而给出新一轮应对决策，如此反复开展智能体强化学习训练过程。为加快智能体训练速度，可采用多场景同步训练学习模式，如图 8-16 所示。

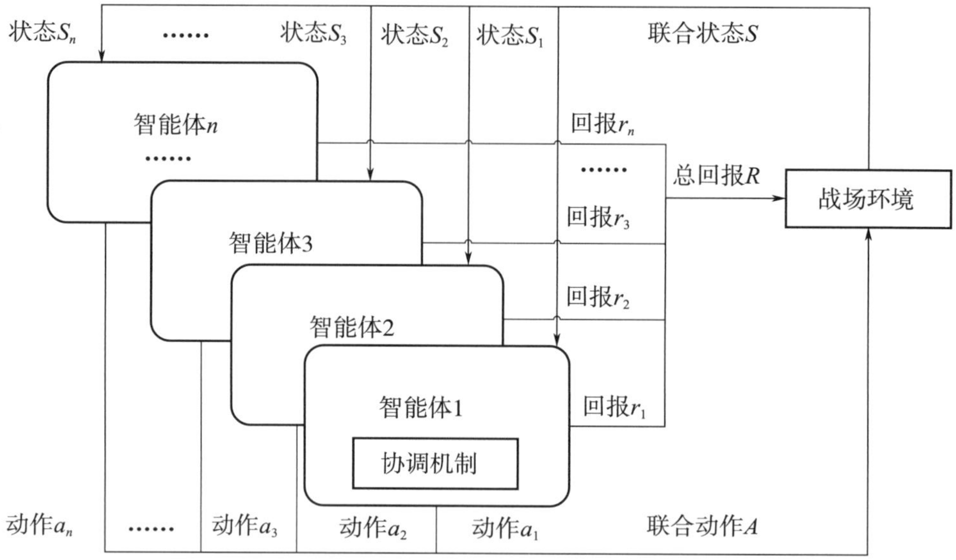

图 8-15　多智能体强化学习框架

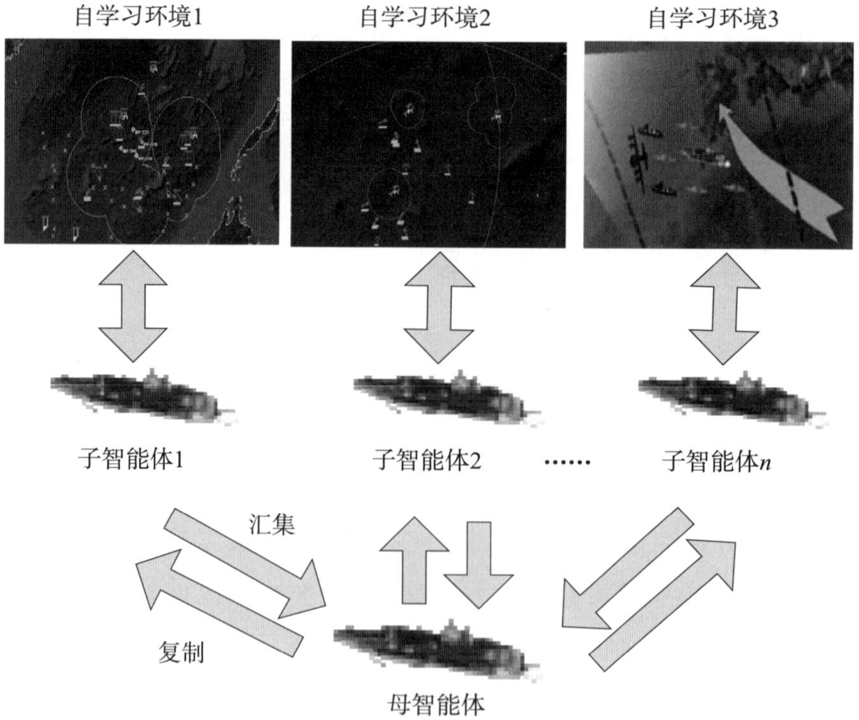

图 8-16　多场景协同训练自学习方法

为避免兵棋在预测和表现未来战争和行动时受到制约和限制，在兵棋设计和规则研发中，需要将装备作战应用经验和理论研究成果融入新型武器装备研制及其运用中，为兵棋推演赋予新的生命和时代特征。

8.5　智能兵棋推演方法

8.5.1　人机融合架构设计技术

面向实时动态重构的战场，针对作战过程涉及的知识类型繁多，知识组织不完善等问题，提出基于人机融合的智能兵棋推演方法，将人的优势和机器的优势相融合，进一步提升面向战训一体兵棋推演的智能化水平和运行效率。在融合交互中，一方面可以向计算机学习还未曾认知的规律，另一方面可以及时纠正计算机显著的错误认知和决策，实现兵棋推演过程中人机智能的有效融合。

智能兵棋推演人机融合架构设计的核心是将人的智能向机器智能迁移，塑造“互理解、互信任、互启发”的人机共生模式。通过兵棋推演，将作战人员的知识、经验逐步转换为机器的知识模型，打造强大的机器大脑，实现真正的“机器战争”。通过打通任务环境到作用对象的 OODA 全过程，建立智能兵棋推演人机融合架构，原理模型如图 8－17 所示。

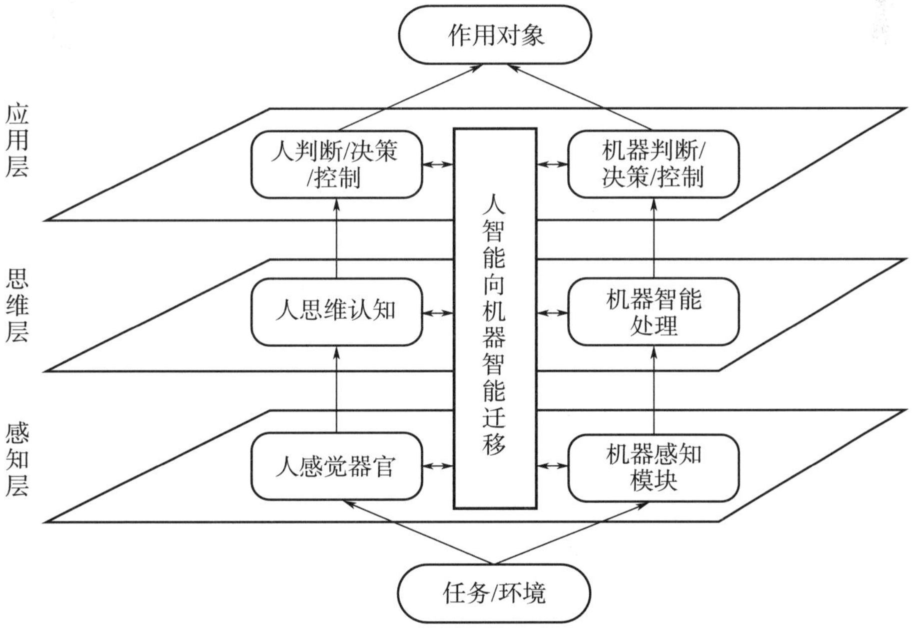

图 8－17　智能兵棋推演人机融合架构原理模型

（1）感知层

融合机器采集的客观战场数据和作战人员感官获得的主观信息，形成一种更为高效准确的战场资源获取手段。

（2）思维层

充分利用机器的高效计算能力，让机器学习模仿作战人员的思维模式，实现作战人员的认知能力向机器迁移，构建一种新的机器学习演化机制。

（3）应用层

为更好地定位机器决策的缺陷薄弱环节，将作战人员的判断、决策和控制信息与机器的运算结果匹配、比较，驱动机器优化算法模型，从而做出更加准确可靠的决策。

智能兵棋推演逻辑关系如图 8－18 所示，人机“知识互联”即是实现战场信息工程化汇聚、智能化推荐与精准化组织呈现，进而转换为高价值决策知识的过程，通过对信息域资源自动关联、分类、过滤、融合与汇聚，建立起与认知域相匹配的信息空间，实现人机共同感知、有机衔接与融合的目标，有效提升作战人员应对各种不确定性作战威胁的能力。

8.5.2 人机融合推演运行机制

面向智能兵棋推演人机融合架构，建立平时和战时运行机制。采用博弈对抗模式，实现人智能向机器智能的迁移，其过程分为人-人、人-机、机-机自主博弈对抗 3 个阶段。平时基于兵棋推演环境，由作战人员驱动机器开展学习、训练，具备作战人员的认知和决策能力，确保战时机器做出准确判断决策。

（1）平时推演训练

在构建的虚拟战场中，首先通过人-人对抗和人-机对抗，促进人脑知识网络向机脑知识网络迁移，依托机-机自主对抗，不间断生成训练样本数据，供机器学习以及机脑模型优化。

人-人对抗依据历史作战案例，在推演环境中构设虚拟任务和作战环境，由作战人员扮演红蓝双方在虚拟环境中开展博弈对抗。在人脑网络的支撑下，所有判断、决策、控制信息均由作战人员下达至虚拟战场，虚拟战场产生红蓝双方的推演数据，发送给机脑知识网络，机脑知识网络进行分析、关联，获取作战人员的目标识别经验、战术战法、决策规律等知识，为作战智能网的构建提供知识源。人-人对抗的运行机制如图 8－19 所示。

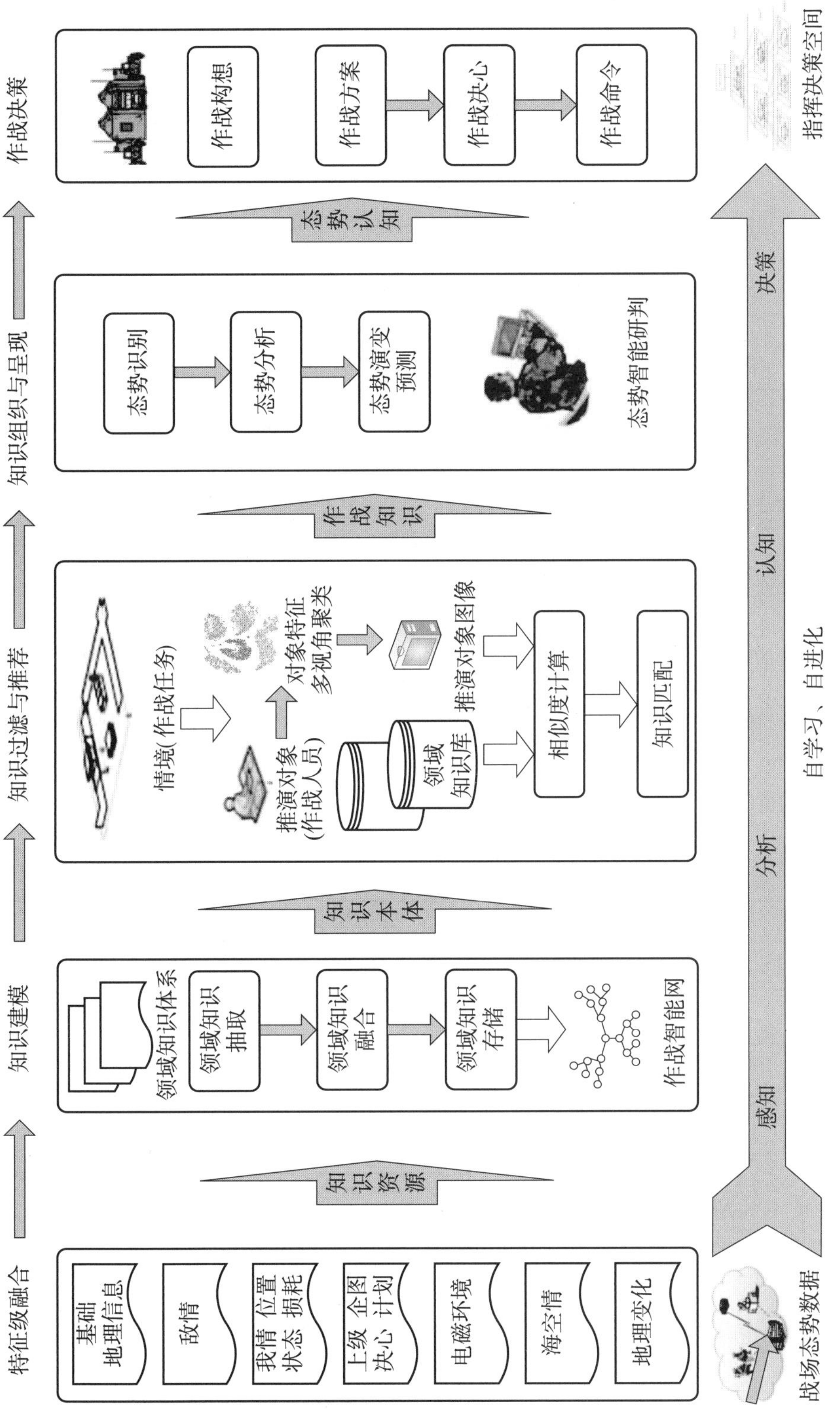

图 8-18　智能兵棋推演逻辑关系

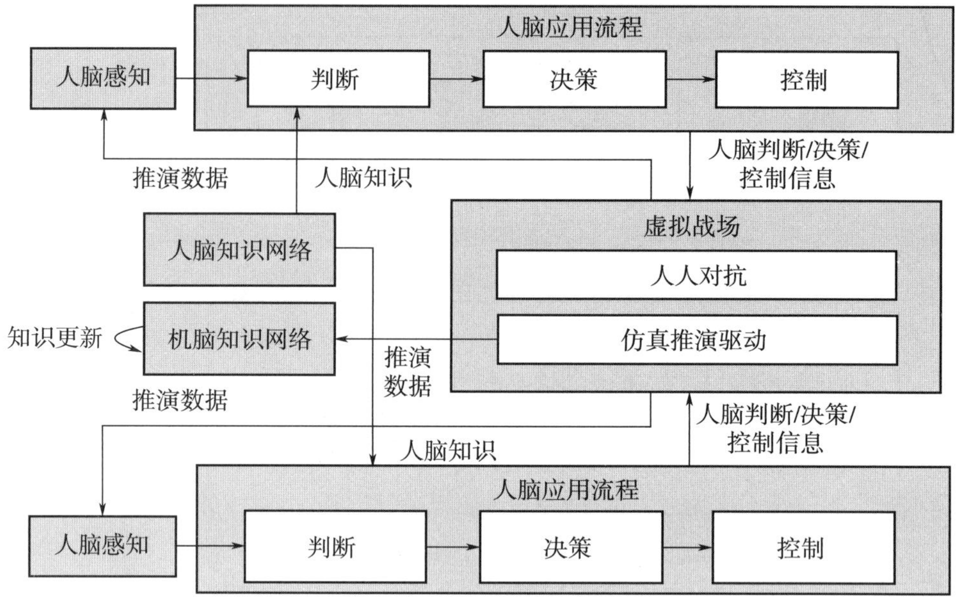

图 8－19　人-人对抗的运行机制

机器学习到一定决策知识后，即可开展人-机对抗。虚拟战场产生的推演数据发送给机脑和人脑知识网络，作战人员和机器经过分析分别将决策信息下达至虚拟战场，机脑知识网络的作战智能网和认知决策模型进一步扩展优化，挖掘深层次的规律，识别决策中的薄弱环节，优化认知决策模型，实现机脑知识网络的演化。人-机对抗运行机制如图 8－20 所示。

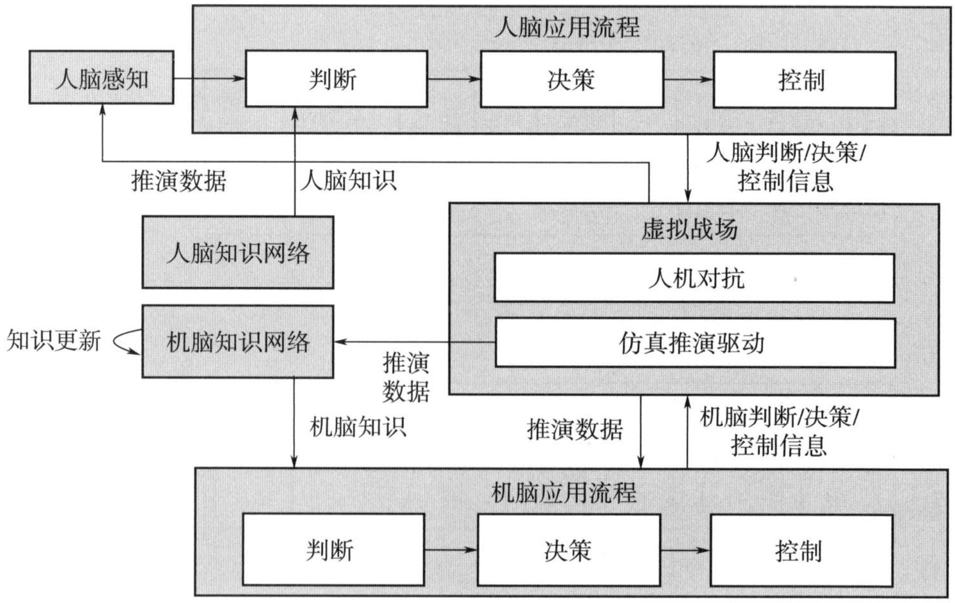

图 8－20　人-机对抗运行机制

机-机对抗运行模式如图 8－21 所示。当机脑知识网络逐渐趋于完善，即可开展机-机博弈。红蓝作战双方均由机器扮演，通过全天候不间断的持续对抗，不断积累训练样本数据，优化机脑知识网络，并进一步探索挖掘人脑无法考虑到的更为复杂场景下的认知和决策思路，实现机器能力的深化自主提升。

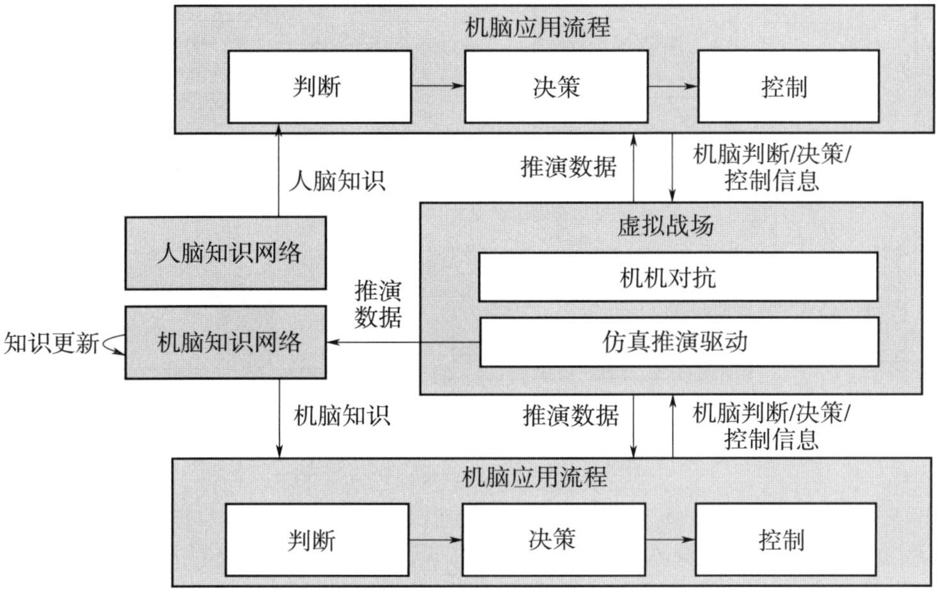

图 8－21　机-机对抗运行模式

（2）战时平行推演

通过平时推演训练，让机器获取作战人员的认知能力，形成能够自主决策的“机器大脑”。在真实作战过程中，以传感器采集的真实情报数据为驱动，运用机器大脑实现与对手的全自主作战，作战人员只需监控机器的作战执行过程，在关键节点做出重要决策，掌握战场态势走向。平行推演运行机制如图 8－22 所示。

8.6　智能兵棋推演系统框架

智能兵棋推演系统将从“信息化、网络中心”向“智能化、知识中心”转变，同时可以向战术边缘延伸。在传统仿真推演系统基础上，共享集成知识与算法，实现智能化技术在态势认知、作战决策、行动控制、支援保障等功能域的应用转化，系统要素架构如图 8－23 所示。

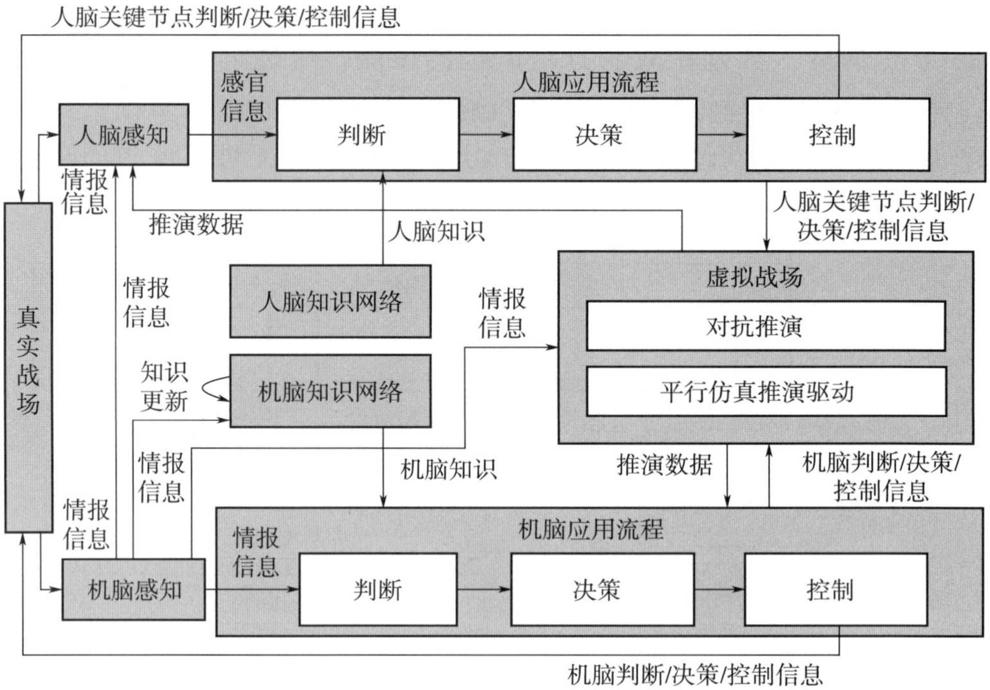

图 8-22 平行推演运行机制

为满足作战评估及算法演化需要，智能兵棋推演系统在上述功能要素基础上，扩展孪生推演仿真与智能训练学习功能域。

1）在态势认知方面，以感知智能、计算智能与认知智能为主，主要实现态势理解、分析与预测，提升信息融合优势。

2）作战决策方面，以计算智能和认知智能为主，生成作战方案，提升指挥决策水平。

3）行动控制方面，以计算智能和认知智能为主，实现作战任务实时监控和临机战术控制，提供如兵力引导、火力协同、集群控制等先验知识驱动的行动优化策略。

4）支援保障方面，以计算智能为主，在先验知识、作战条令规则、智能算法共同支撑下，实现战场保障资源的实时优化调配。

各系统将智能算法与经验知识统一实时上传到知识中心，供战场感知、作战决策、武器装备等异构节点进行即插即享，支撑自主演化学习机制。平时训练人员及算法，战时推演平行方案，将作战、训练结合，打造基于知识中心的智能战场网络。

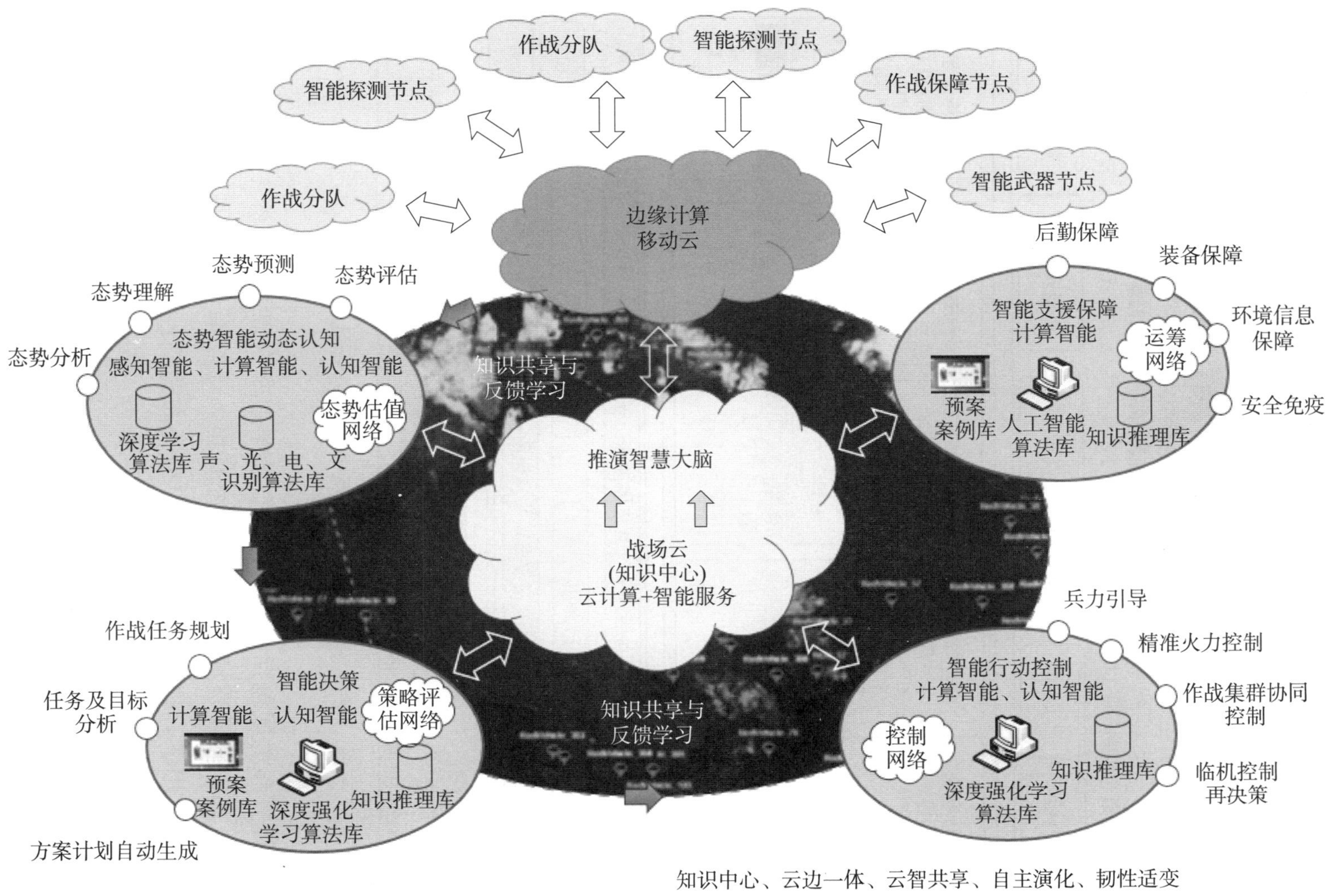

图 8－23　智能兵棋推演系统要素架构

装备智能兵棋推演系统将作战、训练、演习、研究从物理域、信息域延伸到认知域，系统技术架构如图 8 - 24 所示。

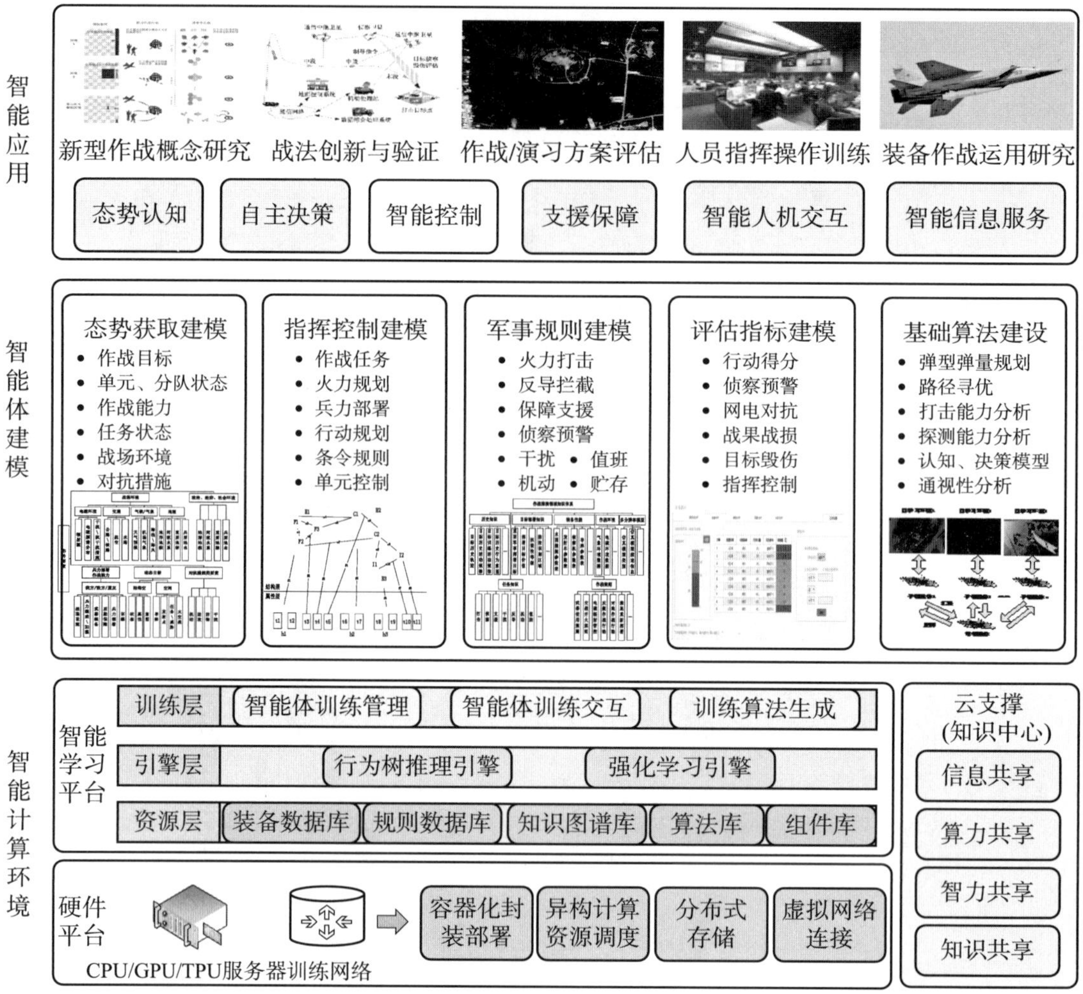

图 8 - 24　装备智能兵棋推演系统技术架构

智能计算环境层包括硬件平台、智能学习平台以及云支撑三部分，智能计算硬件平台基于硬件资源，由操作系统及相关计算平台合理调度硬件资源，在软硬件协同作用下，提供适应深度学习的分布式高性能训练计算能力支撑；云支撑是整体系统的知识中心，共享信息、算力、智力和知识；智能学习平台包含资源层、引擎层与训练层三部分。

资源层主要进行数据、模型、算法等库的管理；为深度强化学习、行为规则决策等人工智能体训练及运行提供模型算法及领域知识资源，模型算法包括人工智能研究领域相关的深度强化学习算法库、神经网络模型组件库等通用模型与算法。领域知识包括基础规则库、装备数据库、知识图谱库等。知识图谱库由知识图谱系统从作战相关军事资料、仿真数据等多种数据源中萃取得到，可为智能兵棋推演演示验证系统的智能体训练提供领域相关知识，提高智能体训练的效率和质量；装备数据库是与仿真环境共用的数据库，可为智能体训练提供模型参数和作战使用规则支撑；基础规则库存储与仿真环境模型密切相关的基础模型规则，是作战中最低分辨率的“原子”规则，例如探测、命中、毁伤等行动效果受战场态势、目标、武器、状态等影响的相关规则。

引擎层主要包括行为树推理引擎和强化学习引擎，分别支持行为规则智能模型的驱动和智能体强化学习的驱动。

训练层主要为智能体训练提供仿真环境交互以及智能体训练驱动和过程管理功能，主要完成样本数据的生成、采集、特征处理、智能体训练支持、智能体应用等过程，辅助快速设计开发智能体应用程序，包括智能体训练交互、训练算法生成工具、训练管理工具等模块，智能体交互组件包括网络通信组件、仿真环境编程接口、仿真环境监控组件，用于实现与仿真环境的交互控制；训练算法生成工具对智能体模型进行超参、算法、训练策略、模型输出等配置；训练管理工具在训练过程中提供训练场景管理，并提供算法收敛曲线图、超参探索曲线图、算法 LOSS 曲线图、奖励值多维图等，对训练过程进行分析监控。

智能体建模层用于创建能够开展作战的智能体模型。通过态势获取建模、指挥控制建模、评估指标建模等创建基于深度强化学习的智能体模型，军事规则建模用于构建能够影响智能体宏观作战策略的规则模型，基础算法模块为智能体模型的构建提供基础算法支撑，便于智能体的高效快速构建。

智能应用层主要提供智能化态势认知、筹划决策、行动控制、支援保障、信息服务、人机交互等功能要素，是系统主要面向用户的功能界面，是智能化要解决的核心问题，支撑新型作战概念研究、战法创新与验证、作战/演习方案评估、人员指挥操作训练、装备作战运用研究等应用。

8.7　小结

作为一类新兴的装备智能作战应用技术，兵棋推演技术在作战规划、筹划及评估等环节起到了关键作用，针对信息不对称、高复杂、强耦合的作战决策情境，为战场态势理解和规划决策提供了一种科学工具。本章将人工智能技术与兵棋推演理论相结合，建立一套面向装备作战应用与保障的智能兵棋推演技术。通过量化战场环境和作战实体，以“人在回路”的决策模式和概率分布体现战争的不确定性，依据从战争经验、演习训练和研究实验中抽象积累的规则和数据进行结果裁决，并采用博弈对抗的方式和科学的推演机制来反映作战指挥决策与战术行动过程。通过对武器装备作战应用和保障等过程中主要要素进行特征提取、聚类和融合，构建作战智能网，建立多智能体自适应学习机制，实现对作战的智能认知、推理、规划和决策，可为装备的智能作战应用与保障提供强有力的支撑。

参考文献

[1] 刘源．兵棋与兵棋推演［M］. 北京：国防大学出版社，2013.

[2] 王桂起，刘辉，朱宁．兵棋技术综述［J］. 兵工自动化，2012，31（8）：38－45.

[3] 王桂起，杜晓明，孙晓．兵棋推演在装备保障领域的应用［J］. 火力与指挥控制，2013，38（2）：107－110.

[4] 张宏铭．兵棋推演在登陆作战任务中的应用研究［J］. 计算机与数字工程，2015，43（4）：601－604.

[5] 高桂清，李承兴，袁覃恩，等．基于 UML 导弹部队装备维修保障兵棋建模［J］. 火力与指挥控制，2019，44（1）：135－140.

[6] 秦园丽，张训立，高桂清，等．基于兵棋推演系统的作战方案评估方法研究［J］. 兵器装备工程学报，2019，40（6）：92－95.

[7] 刘转．基于多智能体系统的兵棋推演模型研究［D］. 武汉：华中科技大学，2016.

[8] 钟剑辉，傅调平，邓超．基于人工智能的兵棋推演作战分析研究与设计［J］. 舰船电子工程，2015，35（1）：30－36.

[9] 欧微，李卫军，廖鹰．基于深度学习的兵棋实体决策效果智能评估模型［J］. 军事运筹与系统工程，2018，32（4）：29－34.

[10] 王保魁，吴琳，李丽，等．基于图嵌入的兵棋联合作战态势实体知识表示学习方法［J］. 指挥控制与仿真，2020，42（6）：22－28.

[11] 张可，郝文宁，余晓晗，等．基于遗传模糊系统的兵棋推演关键点推理方法［J］. 系统工程与电子技术，2020，42（10）：2303－2311.

[12] 刘海洋，唐宇波，胡晓峰，等．面向联合作战评估的兵棋推演实验研究［J］. 指挥与控制学报，2018，4（4）：272－278.

[13] 孟二龙，高桂清，王康，等．智能化战争中计算机兵棋发展建设［J］. 兵工自动化，2020，39（10）：76－79.

[14] 熊先巍，陈琳，王文忠．装备保障兵棋动态评估方法研究［J］. 火力与指挥控制，2021，46（1）：142－146.

[15] 黄书峰，许宏亮，武元元．装备保障兵棋规则研究［J］. 装备学院学报，2015，26（1）：34－37.

[16] 王桂起，杜晓明，古平，等．装备保障兵棋推演基本原理研究［J］. 装备学院学报，2013，24（2）：40－43.

［17］ 蔡纪伟，王桂起．装备保障计算机兵棋推演规则体系［J］．火力与指挥控制，2013，38（11）：28－31.

［18］ 李航，刘代金，刘禹．军事智能博弈对抗系统设计框架研究［J］．火力与指挥控制，2020，45（9）：116－120.

［19］ 顾丹阳，李明倩，权冀川，等．基于本体的主战武器装备知识图谱构建［J］．指挥控制与仿真，2021，43（6）：14－20.

［20］ 邢萌，杨朝红，毕建权．军事领域知识图谱的构建及应用［J］．指挥控制与仿真，2020，42（4）：1－7.

第9章　战场智能保障技术

9.1　概念内涵

现代战争是体系之间的对抗，光靠单一武器平台、单一作战域是很难取得胜利的。以网络中心战、多域战及马赛克战为典型的新型作战概念涌现，战场呈现体系自主智能、跨域协同智能和分布组合智能等能力新特征，多方面技术革新和体系智能增强推动战法和未来战争领域面向动态自主形态加速演变。着眼于战争演化形态，通过一系列智能技术应用，融合战场情报侦察、信息融合、态势预测、自主决策、智能对抗等关键保障要素，支撑体系作战保障能力生成。

（1）战争形态加速演变，战场保障日趋关键

战争对抗将逐步演变成为以全维信息感知为基础，以先进信息技术为纽带，以海量信息的高效处理与认知进化为核心的智能化形态。战场作为装备运用的时空载体，是推动装备保障形态智能化升级的基础环境与关键资源。推进战场智能保障能力生成是夺取装备体系对抗“制智权”的有效手段。

（2）使命任务不断拓展，多域互联大势所趋

革新传统战场保障模式，研究突破战场信息多域融合、决策全局优化等关键技术，建立一种与多域作战相适应的战场智能保障体系。

（3）装备技术快速发展，智能升级至关重要

在人工智能、云计算、物联网、数字孪生和边缘计算等前沿技术的推动下，装备智能化程度日益提升。在智能技术更新换代的洪流下，战场智能保障需形成面向作战任务的智能保障服务，构建动态全域保障网，发展情报挖掘、态势认知和智能决策等核心业务，为装备作战应用与保障智能赋能，以适应装备技术跨代发展。

面向装备作战应用与保障发展需求，战场智能保障技术发展主要聚焦以下四个方面。

（1）全域多维一体保障

先进的探测装置、指挥控制系统和精确制导技术极大地提高了战场纵深侦

察、远距通信、精确打击及深远突击能力。作战行动逐渐突破了固定战场的限制，延伸到全域作战空间，涵盖了陆、海、空、天、电和网等多维空间。急需构建全域多维一体战场保障能力，充分发挥预警探测系统的“千里眼”、信息通信系统的“顺风耳”、指挥控制系统的“大脑”等功能，使战场保障要素融合更紧密，态势信息共享更充分，作战单元协同更显著，体系能力发挥更高效。空间上，突破传统的物理空间概念，实现陆、海、空、天、电和网空间的一体化；行动上，作战单元之间相互支援、密切协同；在指挥控制上，将情报、侦察、监视、指挥、控制、计算机、通信、电子战等系统融为一体，多军兵种装备联动。

（2）敏捷精准伴随保障

战场对抗日益激烈，战争的胜利不仅取决于先进装备的战斗力，还依赖于装备的保障力。一方面，实施实时精确的资源和技术保障，即充分运用以信息融合、数据挖掘、人工智能为核心的信息化保障手段，精准管控和集成保障力量，在准确的时间、准确的地点为作战单元提供准确数量、质量的资源和技术保障。另一方面，实施机动敏捷的伴随保障，即充分运用以电子对抗、无人系统为核心的侦察、防御手段，通过智能布局和迅速调动战场防抗资源，准确识别、及时预警、密切跟踪、精确反制，最大限度地提高作战单元在战场上的生存能力。

（3）临机优化决策保障

战场全域对象和迅捷精准作战模式对战场决策保障提出了高要求。一方面，针对全域行动进行顶层决策，通常通过仿真推演，得出最优决策方案。另一方面，针对战情临机快速变化，进行智能优化决策，主要针对突发事件和紧急威胁情况，挖掘应对非常规事态的策略；针对相应的策略，推演当前事态情景发展；然后根据推演出的情景结果进行态势评估，并优化应对策略，如此反复，直到突发事件得以解决。

（4）无人值守远控保障

随着无人系统在作战中的广泛使用，战场保障亦呈无人化形态发展。一方面，在战场上通过无人作战系统和无人保障系统的无缝连接，实现基于OODA环的杀伤链闭环、指控链畅通和保障链融合。同时，针对复杂作战任务，通过人机交互模式，实现沉浸式操控和远程监控，充分发挥人脑和机脑的智慧。

为实现战场全域多维一体（多）、敏捷精准伴随（快）、临机优化决策

（好）、无人值守远控（省）等保障任务，需要融合运用各种人工智能技术，推动战场保障模式从人力密集型向智慧密集型发展，操纵方式从现场指令流程控制向人机融合远控运维转变，管控能力从单一空间向多域空间拓展。

（1）从人力密集型向智慧密集型发展

发展战场智能保障模式。感知上，实时精准采集并解析资源状态数据，融合处理态势信息；决策上，具备任务推演、拟人推理能力，能够给出精准辅助决策建议；行动上，战场快速伪装、应急防御对抗、资源随点随运、装备自主维修、载荷自动换装等复杂任务并行自主运行。

（2）从现场指令流程控制向人机融合远控运维转变

形成无人化、自主化保障方式。指挥人员可远程集成操作多处战场保障系统，实现火力打击、机动突袭等，控制人员安全风险，缩减战争伤亡；远程操控执行勘测、伪装、物流供给等繁重保障任务，降低战场人力需求。

（3）从单一空间信息管控向多域空间集群管控拓展

构建战场类脑管控平台。具备类脑自组织管控能力，实现大规模复杂场景实时智慧决策与多域战场资源互支援调配，增强战场整体性运维与抗打击能力。

通过注入智能技术，对战场保障筹划环节及作战 OODA 环进行智慧增强，如图 9－1 所示。通过深度学习信息融合对观察环境的数据提取关键要素，实现态势综合预处理；通过多智能体态势预测方法对未来趋势的预示，实现态势一组数、一张图向时间维度拓展；通过数字孪生、云计算，构建态势信息要素池和算力平台，形成推演决策平行环境；通过模拟推演、自主规划技术，为系统提供先进决策运算逻辑，支撑系统核心能力的高阶赋能；群组协同技术通过异构机器人编队与智能控制技术，提升保障行动效能。

随着战争形态智能化进一步演化，突破 OODA 环的集中管控模式，各行动本身实现 OODA 自闭环，而战场整体上通过无中心化自组网机制连接所有行动，通过大规模自组织智能与超脑智能决策实现可重构的马赛克式管控，增强战场对抗生存能力和临机自调整能力；另一方面人机融合技术集成运用到战局远程监控和装备末端操控，综合人与机器的优点，人类行为得到模拟增强，机器功能得到人工补强，实现战场无人化全局可控。

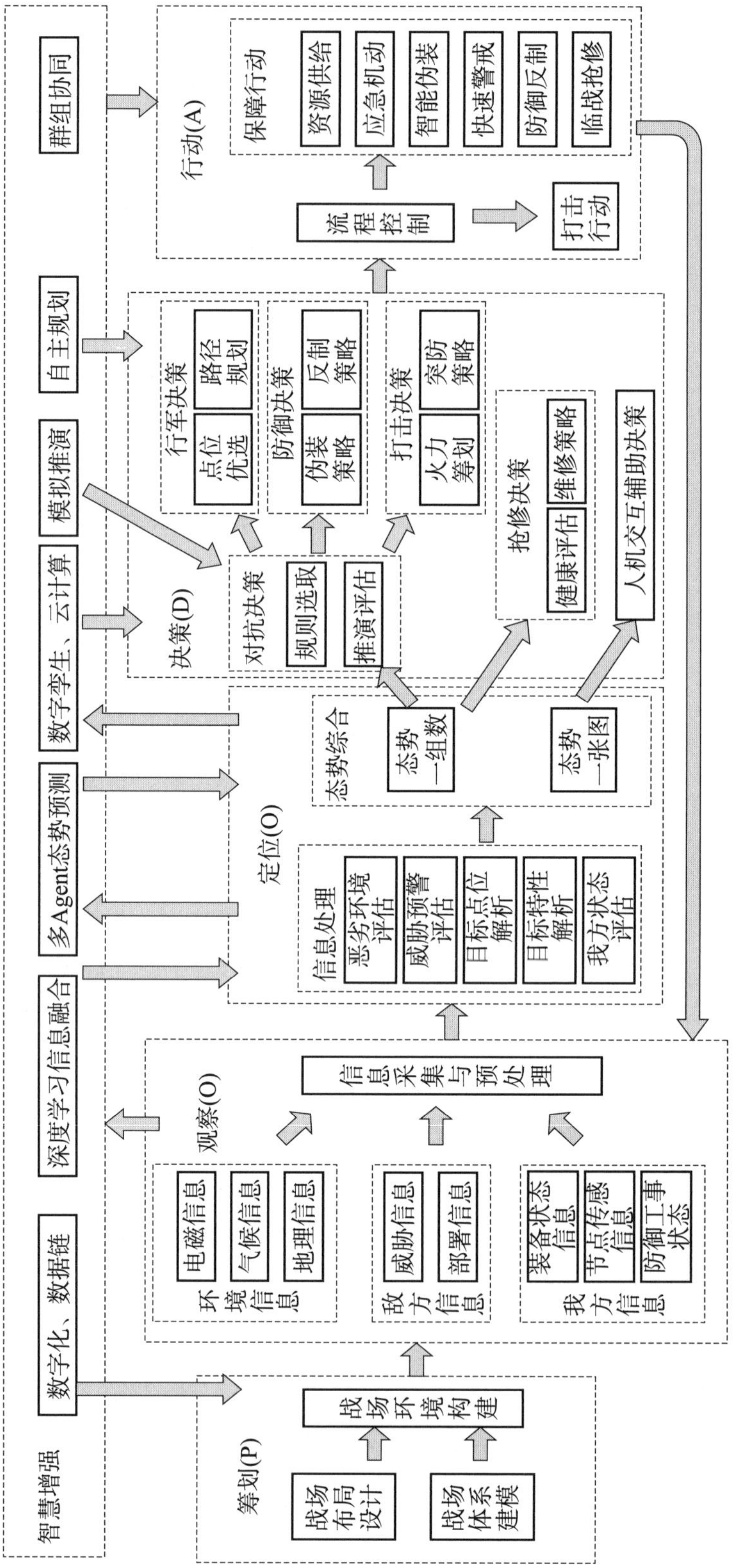

图 9－1　智慧增强的战场保障要素

9.2　战场智能保障技术体系框架

针对战争形态演化需求，瞄准装备作战应用与保障的不同环节，提出涵盖“数智战场构建技术”“信息融合保障技术”“精确侦察保障技术”“智能决策保障技术”“自主行动保障技术”与“智能安防保障技术”六个维度的战场智能保障技术体系框架，并给出相应的技术方向及与全域多维一体（多）、敏捷精准伴随（快）、临机优化决策（好）、无人值守远控（省）等保障技术发展目标的对应关系，如图 9－2 所示。

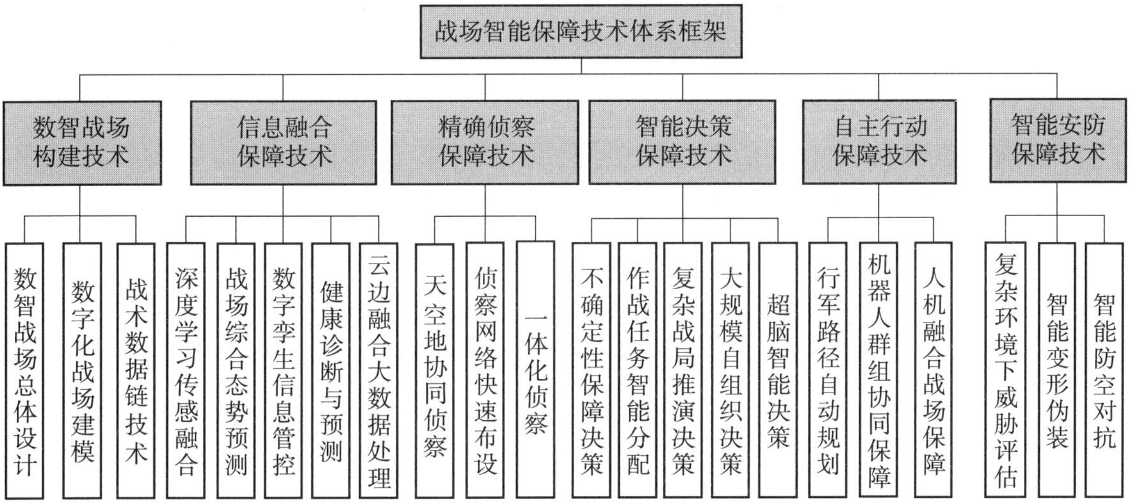

图 9－2　战场智能保障技术体系框架

（1）数智战场构建技术

数智战场构建技术包括数智战场总体设计、数字化战场建模、战术数据链技术。数智战场总体设计技术主要面向战场整体效能最优开展仿真建模及多目标优化设计，仿真建模方面主要依托系统弹性、复杂系统理论，多目标优化方面主要依托现代优化设计方法、智能仿生优化技术，实现战场概念设计、要素提取、指标分解及参数优化。数字化战场建模旨在形成战场多维态势地图，辅助战场决策，主要依托 GIS 集成环境、空域和时域建模，是支撑战场全域态势掌握与推演决策的数据池与核心信息库。战术数据链技术面向战场消息可靠、有效传输，采用面向比定义的、固定或可变长度的信息编码技术，实现战场网络信息互通互信。

（2）信息融合保障技术

信息融合保障技术包括深度学习传感融合技术、战场综合态势预测技术、数字孪生信息管控技术、健康诊断与预测技术、云边融合大数据处理技术。深度学习传感融合技术面向战场态势一致性解释与决策运用，通过多传感器数据融合方法、深度学习多层级态势融合技术，实现面向实时战情变化的态势解释，支撑实时决策的精准快速实施，是临战态势运用的关键技术。数字孪生信息管控技术和战场综合态势预测技术分别详见第 2 章和第 10 章。云边融合大数据处理技术针对各类战场终端产生的海量数据处理计算量大、通信压力大的问题，利用云计算和大数据技术，提取有效信息和数据，实现数据高效共享，在靠近终端的边缘域进行信息数据源处理，既可以确保信息及时传输，又可以防止云中心出现意外时指令和情报的丢失。

（3）精确侦察保障技术

精确侦察保障技术包括天空地协同侦察技术、侦察网络快速布设技术、一体化侦察技术。天空地协同侦察技术面向目标属性的全面精确识别，通过天空地协同探测部署、空地集群地图构建、多尺度目标精确感知，实现战场地理环境勘测以及地面多尺度多形态军事目标识别，是支撑战场地面部队机动及警戒的基础保障。侦察网络快速布设技术面向传感器灵活部署，通过地理信息建模与分析、目标特性分析与建模、资源部署优化等技术应用，实现战场环境感知网的快速部署与重构。一体化侦察技术针对分立式传感系统电磁防护问题，通过多功能通用传感模块设计，实现侦察系统硬件在量上的优化，提高了系统的可靠性，便于向作战人员提供高可信度的综合信息。

（4）智能决策保障技术

智能决策保障技术包括不确定性保障决策技术、作战任务智能分配技术、复杂战局推演决策技术、大规模自组织决策技术、超脑智能决策技术。不确定性保障决策技术针对信息不确定条件下的装备运用问题，通过模糊集理论决策、智能仿生优化决策技术，支持自主有效的保障决策。作战任务智能分配技术面向作战任务统筹资源和匹配能力需求，通过综合解析双方战场力量对比、对抗格局、行动部署关系，算出战场对抗双方势能比，在此基础上智能分配作战任务。复杂战局推演决策技术面向战场复杂多变的临战对抗局势，通过多智能体强化学习与课程学习技术，实现战局由简到难的全局快速推演，辅助指挥决策。不确定性保障决策技术、复杂战局推演决策技术针对战场多变、复杂工况下的实战决策处理问题，能有较好的解决效果。

（5）自主行动保障技术

自主行动保障技术包括行军路径自动规划技术、机器人群组协同保障技术、人机融合战场保障技术。其中人机融合战场保障技术面向多域战场活动远程操控，通过虚拟现实、脑机融合等技术，将人与战争机器在不同时空域进行融合和匹配，可为多域战场联合运用打下基础。机器人群组协同保障技术面向装备贮运与维修保障，通过多 AGV 的协同输送、多智能设备协同无人化对接、移动双臂灵巧协作机器人技术，实现战场装备无人快速转运、状态转化与维修操作，是保障战场装备应用的关键环节。

（6）智能安防保障技术

智能安防保障技术包括复杂环境下威胁评估技术、智能变形伪装技术及智能防空对抗技术。复杂环境下威胁评估技术面向安防目标构建，通过深度学习传感融合、多尺度多目标精确感知技术融合运用，实现威胁意图、威胁方位的评估与预测。智能变形伪装技术面向战场背景光电特性的伪装，通过智能外形伪装和智能迷彩伪装，达到与背景（环境）的光电特征高度融合、匹配。智能防空对抗技术面向空中威胁的末端防御，通过目标跟踪与立体化防御，对来袭空中威胁进行致盲干扰。

9.3　数字化战场建模技术

利用多传感器信息综合技术将采集到的不同特征进行提取整合，再利用图像三维重建技术建立三维模型，并在图中对关键目标信息进行标注。基于 AdaScan 网络工作原理，在时域对光学传感器采集到的实时战场环境数据进行关键帧的检测，并提取出关键帧组成新的视频流，减少之后预测任务以及推演过程的运算量；使用基于 CNN 的目标检测算法，对关键帧中的目标进行检测，并在空域重建模型中加入目标标注，为之后的预测任务以及推演过程提供支持。

9.3.1　GIS 与作战仿真集成环境构建

通过 GIS 二次开发构建数字化战场基础环境，对战场要素进行建模，主要聚焦于包括气候、地理环境、电磁环境、敌方威胁、我方兵力状态及战场工事时变信息融合，其核心在于从数据模型层面实现了对这几类数据的接入及分析运用，将传统的 GIS 技术与智能算法相结合，形成了面向智能军事行动的数字化战场基础环境，作为战场数据的原始容器，可为战场智能行动筹划、指挥、监控功能拓展提供数字仿真基础。

数字化战场平台采用前后端分离式 Web 架构，通过前端计算机和后端计算机分布式部署实现功能。静态 Web 服务器作为前端计算平台只负责解析静态资源。动态应用服务器作为后端计算平台可以解析动态资源也可以解析静态资源。前后端分离模式可以集中管理网络中的共享资源和网络用户，用户通过客户机向静态服务器发送请求，静态服务器获取客户机静态控制指令和相关数据，经过通信网络，发送到不同的后端服务器进行处理，最后返回客户端数据结果，通过前端网页 js 进行解析显示。此架构扩展用户数量的同时，支持多平台用户的数据共享。

在 GIS 基础环境基础上，针对关键区域地理地形数据进行重点建模并链接区域军事态势，集成行动任务规划、地形分析和态势综合等功能：

1）地理信息功能，矢量及像素地图显示，提供地图地理坐标、高程等地理信息，执行地图放大、缩小、回转、选点等操作。

2）战场信息管理功能，增加、删除、查询战场各类数据，并可视化显示，交互查询图形数据和属性数据，并进行统计、分类和集成。

3）战场态势功能，根据战场信息自动标绘环境、敌我双方部署、威胁等战场态势，并支持手工标绘。

4）战场指控功能，生成指令并通过通信网络对战场移动单元进行指令指挥、调度和信息交互，实时监控、显示及历史数据分析和轨迹绘制。

5）辅助决策功能，基于任务需求，进行坡度分析、地形剖面、通视、通行等地形分析，支撑战场单元机动与保障决策。同时，综合气候、电磁、威胁、兵力部署、工事完备度等态势数据，算法抽象简化出任务点位选取数学模型，利用求解目标函数的现代优化方法对动态环境下战术位置选取进行解算。基于任务点位、兵力部署位置和状态，对任务进行规划，包括任务时间、任务单元选择、全局路径规划等。

9.3.2 基于多维信息的空域建模

通过 GIS 主要对基础地理、地形环境进行建模，但关键场景的三维细节需通过基于多维信息的空域建模来实现。利用三维重建技术，能够对人形作战单位、作战车辆等目标及周围环境进行特征提取，进而进行可视化描述，从而辅助决策层快速获取战场信息及危险信号，进行相关决策。

（1）获取多视角图像

利用摄像机获取三维物体的二维图像。相机在成像过程中通过小孔成像、透镜成像等原理在图像平面上形成世界中物体的像，世界中的点与成像的点参照相机中心点构成了相似三角形的关系，因此可以建立图像坐标系和世界坐标系的关系。由于单张图仅是物体一个方向上的投影，无法通过单张图重建三维场景，由此提出多视集合，在多个视图上最小化重投影的误差来求解。

（2）图像特征提取匹配

图像特征提取匹配是将复杂图像数据转化为简单表达，包括特征点提取和特征点匹配。

为了完成精确的特征点提取，可选用尺度不变特种变换（Scale - Invariant Feature Transform，SIFT）方法，对于光强、视角变化、图像缩放和旋转不敏感，而且能很好地局部化尺度空间，可减小噪声干扰。SIFT 方法基本步骤：

1）检测尺度空间极值：通过高斯差分公式检测出潜在的特征点，对比作减相邻高斯尺度空间图像，得到 DoG 响应值图像。

2）定位关键点：确定每个关键点尺度及位置。

3）分配关键点方向：为各关键点分配方向，转换图像数据操作为对特征点属性的操作，保证转化操作不变性。

4）构建特征点描述子：基于梯度统计计算，针对当前关键点尺度周围域，构建特征点描述子。

特征点提取后，于多幅图像间进行特征点匹配。可通过欧拉距离直接计算法、Vocmath、PAIGE 等方法算出每两幅图间特征描述符间距离最短的一对特征点作为一组特征匹配对。

（3）稀疏重建

稀疏重建通过摄像机运动恢复场景结构，当前主流算法主要区别在于摄像机初始位姿计算的模式。计算模式有三种：

1）增量式（Incremental）：增量式要先选择两个图作为初始，一般要求：基线足够宽和匹配点足够多。

2）全局式（Global）：估计所有摄像机的旋转矩阵和位置并三角化初始场景点。

3）混合式（Hybrid）：全局估计旋转矩阵，增量估计摄像机位置，三角化初始场景点。

混合式方法在全局估计旋转矩阵后，根据相机外极几何图匹配稠密情况将摄像机分成几个团体，然后用增量式方法求摄像机位置。

（4）稠密重建

稠密重建的目的为计算每个像素点对应的 3D 点。稠密重建三类基本方法：体素法、点云扩散法、深度图融合法。稠密重建后需要进行建模，三角网格建模通过使用连续的小三角形片这样的离散数据结构模拟现实场景中连续的曲面，得到 mesh 模型，最终对模型进行重建。

9.3.3 多维时变信息的时域建模

通过对多维时变信息进行时域建模，将空域模型与时域模型相结合，在一定程度上为作战预测任务以及推演过程压缩了运算量，并提供了更精准的数据信息。

基于多维时变信息的时域建模，首先利用基于 AdaScan 网络的关键帧检测算法，对包含动目标的关键帧进行提取；然后在关键帧组成的视频流中应用基于 CNN 的目标检测算法，对目标进行识别；最后将识别结果标注到空域模型中。时域建模过程，为后续的预测任务以及推演过程压缩了运算量，并提供了关于战场环境下目标的更精准的数据信息。

（1）基于 AdaScan 网络的关键帧检测算法

基于 AdaScan 网络的关键帧检测算法流程图如图 9 - 3 所示。在战场环境下，使用大量的光学传感器进行环境采集，对于每一个输入光学传感器的视频流，首先利用深度网络（Deep Network）为视频中的每一帧提取代表作战单位或非作战单位动态行为的深层特征（Frame - wise Features）；然后将深层特征传递到自适应池模块（Adaptive Pooling），该模块递归地池化这些深层特征，同时考虑到了它们的区别重要性，这些区别重要性是在网络内部预测的；最后的合并向量（Pooled vetor）用于分类。

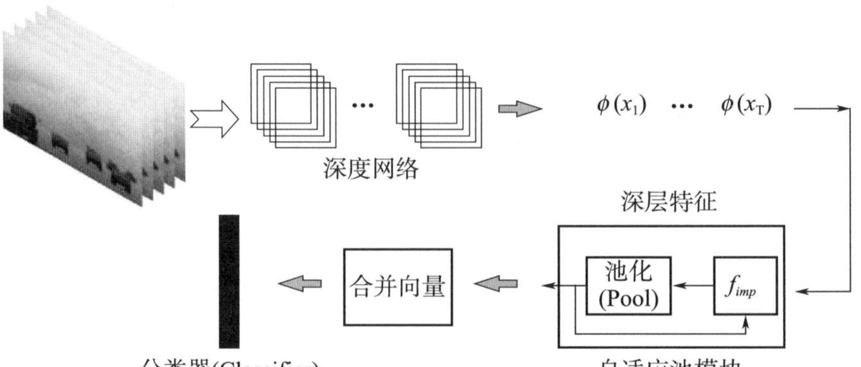

图 9 - 3 基于 AdaScan 网络的关键帧检测算法流程图

在上述过程中，自适应池模块（Adaptive Pooling）实现了对包含战场环境的关键帧的提取。

基于 AdaScan 网络的关键帧检测算法可用于动态作战单位及动态非作战单位的关键帧提取任务。每一个光学传感器，分别对应一个用于关键帧检测的 AdaScan 网络，在输入的视频流中，依据人形作战单位、作战车辆等目标的动作特征，分别保留对应的关键帧。提取到的关键帧将用于目标识别任务，起到了降低后续操作运算量的目的。

（2）基于 CNN 的目标检测算法

在战场环境下，基于 CNN 的目标检测算法既要保证目标的检测的精确度，同时应兼顾检测速度的需求。因此可以选用 two - stage 目标检测算法中检测速度最优秀的 Faster R - CNN 算法。Faster R - CNN 在 Fast R - CNN 基础上，融入区域生成网络（RPN），实现更高效生成 RoI，可满足战场环境变化快、准确度要求高的特点。

区域生成网络将前面卷积网络的输出特征图作为输入，比如 VGG16 的 conv5 特征图。通过 3×3 卷积核滑动，构建的候选区域与类别无关。使用 VGG 网络提取特征的话，每个 3×3 区域会得到一个 512 维的特征向量，然后送到两个独立的全连接层，以预测边界框和两个目标分数（是目标或者不是目标）。其实可以使用回归器计算单个目标分数，但简洁起见，Faster R - CNN 只使用两个类别的分类器：即带有目标的类别和不带有目标的类别，在战场环境下，可以将目标约束为与作战相关的物体。对于特征图中的每一个位置，RPN 会做 k 次预测。因此，RPN 将输出 $4\times k$ 个坐标和每个位置上 $2\times k$ 个得分。图 9 - 4 展示了 8×8 的特征图，且有一个 3×3 的卷积核执行运算，它最后输出 8×8×3 个 RoI（其中 $k=3$）。

图 9 - 5 中每个位置有 3 种猜想，由于只需要一个正确猜想，因此最初的猜想最好涵盖不同的形状和大小。因此，Faster R - CNN 不会创建随机边界框。相反，它会预测一些与左上角名为锚点的参考框相关的偏移量。要对每个位置进行 k 个预测，需要以每个位置为中心的 k 个锚点。锚点挑选需满足多样性和尺度覆盖性目标，满足了作战单位与非作战单位多样化的背景。这可以以更好的猜想来指导初始训练，并允许每个预测专门用于特定的形状。每个预测与特定锚点相关联，但不同位置共享相同形状的锚点。

在战场环境下，利用包含多类作战单位与非作战单位的大量样本，可以对 Faster R - CNN 使用的神经网络进行充分训练，训练得到的网络将用于关键帧

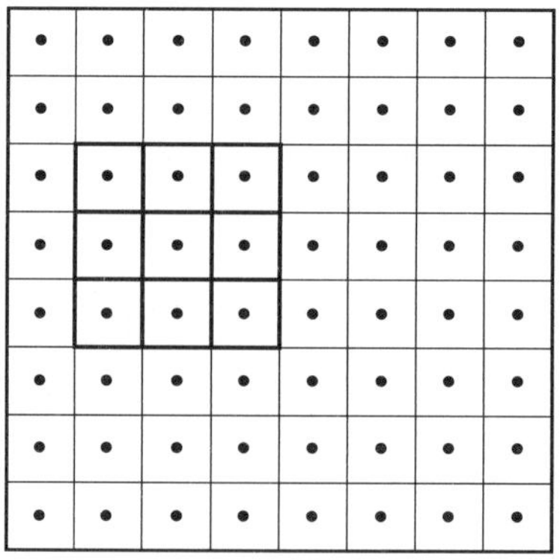

图 9-4　8×8 的特征图

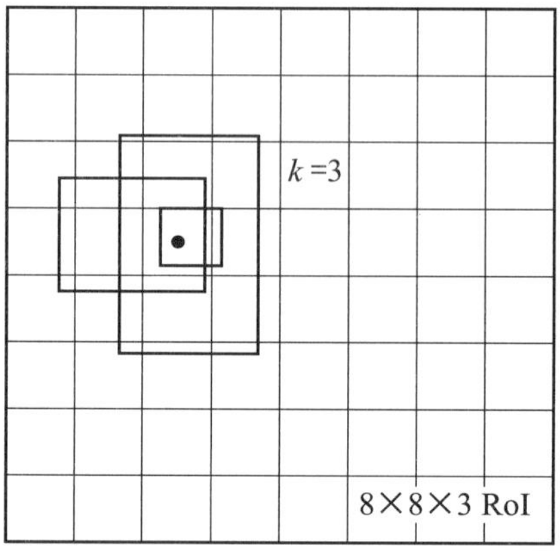

图 9-5　单个位置的 3 个候选区域

中作战单位与非作战单位的识别。最终将识别结果反馈到重建模型中，即在模型中对目标进行标注，如图 9-6 所示，该功能将为预测任务以及推演过程提供更有效、更准确的目标信息。

图 9-6　时域建模后包含目标检测的空域模型

9.4 天空地协同侦察技术

9.4.1 天空地协同战场环境探测方法

在全方位的战场中，可以利用天基搭载的遥感观测平台与空地机器人集群组成的天空地协同态势感知系统来对战场区域进行重点勘探，通过天基平台运行于空间轨道上，可以凭借其较强的抗摧毁能力自由地进出敌方控制区域，实现对全球任何热点区域的连续覆盖并提供充足的战略防御监视时间，可对战场的环境进行精确的定位与初步的测图。

天基的探测卫星主要用于生成战场的遥感图像，通过对遥感图像的分析，可以获得战场的 2D 地图及其他信息。遥感图像目标存在空间、光学、时相等几方面属性。根据这些特征，图像中目标归纳为点、线、区域、结构目标四类。

在获取卫星地图的基础上，再利用空地协同的无人机集群来对战场环境进行探测，该集群利用太空中的探测卫星提供的战场位置信息，把由多个地面无人平台和无人机组成的空地无人机集群分布于战场中的各位置，并指导它们进行协同作业，共同对战场的环境进行细致的探测，以及对战场的环境要素进行语义的识别，并对可疑的目标进行检测，获取战场的空间立体模型、战场中的火力分配、战场中各种作战力量的分布，以及战场中有威胁目标的识别等信息，为战场的态势感知决策提供更合理的信息支撑（见图 9-7）。

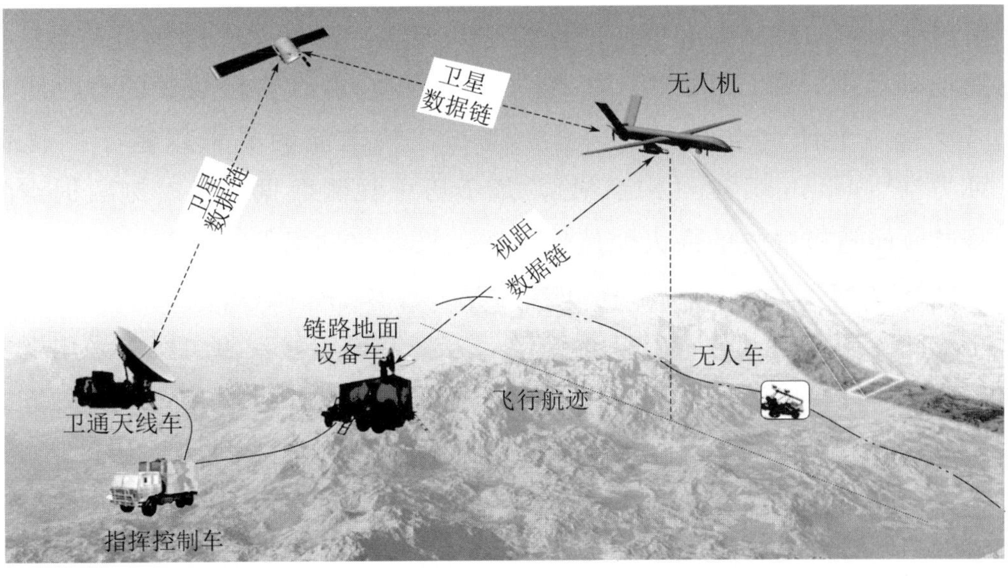

图 9-7 天空地协同战场环境探测系统示意图

9.4.2　空地集群的环境地图构建

传统的地面单一车辆在大范围场景下进行场景感知存在许多缺陷，例如传感器作用范围小，观测角度局限，计算能力不足等。仅仅依靠地面局部传感器信息，会导致全局定位出现困难、建图出现盲区、地图构建与更新速度慢、地图知识库种类不完善且精度难以保证等问题。同时为了提高感知信息的能力，利用无人机提供的空中视角，为整个集群提供了高空的广阔的视角，通过发挥空地机器人各自的优势，实现多机器人的协同建图、协同导航、协同路径规划以及协同完成任务等（见图 9－8）。

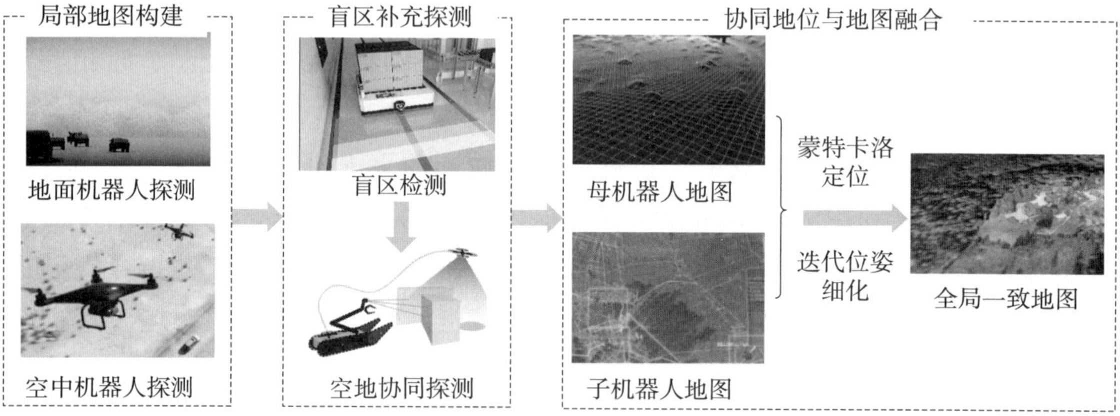

图 9－8　空地协同 SLAM 的地图构建技术路线图

相对于不同的传感器有不同的环境感知方法，由于无人机和无人车是在三维的战场环境中，所以可采用 RGB－D 相机，它可以获得场景的彩色图像信息，以及每一个像素点的深度信息。现在比较主流的是采用基于图优化的 SLAM 方法（graph－based SLAM），基于历史观测数据及各时刻数据空间约束，通过面向随机观测的最大似然估计法，推算移动机器人位姿。用纯视觉传感器进行 SLAM 有诸多缺陷，比如容易受光照条件不稳定因素影响；在环境纹理性较低的场景，SLAM 算法不稳定，容易造成漂移现象。所以采用视觉传感器与惯性元件传感器融合的 VI－SLAM（Visual－Inertial SLAM）的方式来解决纯视觉 SLAM 的稳定性以及可靠性问题，并将建图精度进一步提高。

SLAM 所构建的环境地图只是一堆数据点，无法判断各个点的属性。而在实际的应用中，需要知道地图中每个物体的位置、大小、分布等情况，这就需要对所生成的地图进行“语义”分析。

根据 RGB－D 图像和相机内参，解算相机坐标系下任一像素位置。世界坐标系下所有像素位置，通过机器人 SLAM 算法建图获得。如果把所有像素的空间坐标系都求出来，相当于构建一张 3D 点云地图。采用 RGB－D 相机以及 VI－SLAM 算法，通过机器人集群以及地图拼接算法，得出环境的 3D 点云地图，并将计算出来的点云地图作为深度神经网络的输入，得出具有语义的 3D 地图。

点云是一种有效表征三维信息的数据格式，但是现有的用于点云的三维分割方法要么不对局部依赖性关系建模，要么需要增加计算量。使用了一种三维分割框架，可以有效地建模点云中的局部结构，主要包括三个模块，分别是切片池化层、递归神经网络（RNN）层和切片反池化层。设计切片池化层，实现有序特征向量组上的无序点特征映射，这样就可以使网络进行端到端的学习。网络框架如图 9－9 所示，通过训练，可以对得到的 SLAM 地图进行语义分析，并得到如图 9－9 所示的具有语义标注信息的地图。

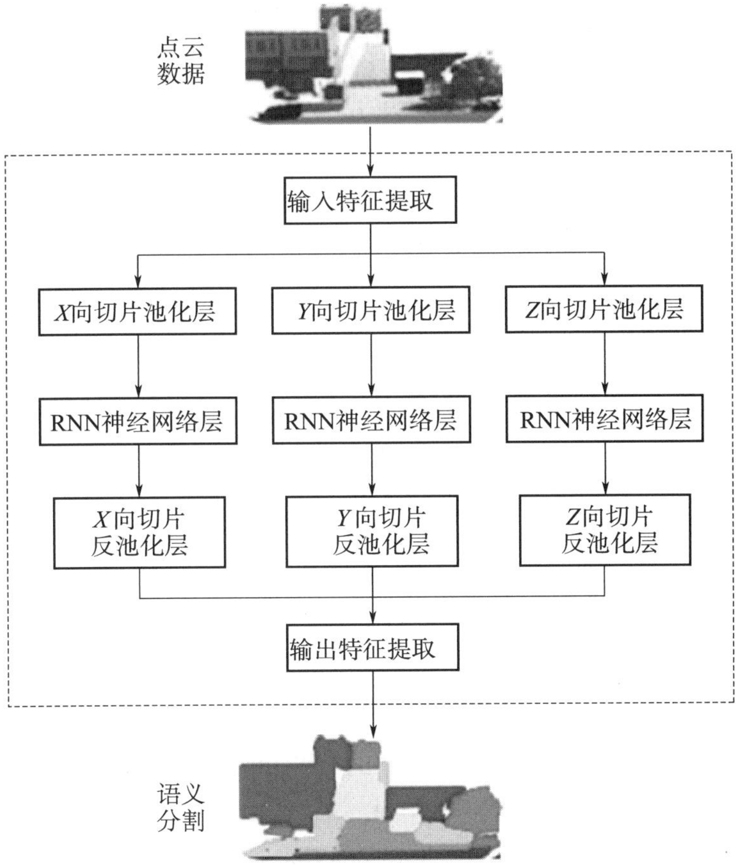

图 9－9　三维点云分割网络

9.4.3 多尺度多形态军事目标精确感知

天空地协同侦察下，可检测到地面多尺度多形态军事目标的属性、状态信息，在传感数据基础上，通过智能化手段对不同军事目标属性进行融合识别。

构建几何形态约束和尺度约束下的二维、三维目标感知深度学习网络。基于军事目标知识库、3D 仿真模型库、3D 仿真场景和实景图像集构建带二维、三维军事目标标注的训练样本，正样本包括无伪装和有伪装两类。设计针对多尺度目标的目标特征提取网络。基于军事目标知识库，可建立图像不同位置的目标候选框长宽比约束，进一步结合 3D 地图和传感器自定位得到的内外参数，还可以构建图像上不同位置的目标候选框尺度约束。在这样的目标候选框约束下，利用多层特征提取网络提取多尺度特征。

运用多传感器协同的立体视角目标感知方法，以及单传感器的跨时空目标感知方法。设计针对遮挡、多形态军事目标的目标检测识别网络。多传感器协同（空地传感器协同或多机协同）时，构建基于 CNN 和 CRF 的立体视角目标检测网络，利用立体视角信息解决变视角、遮挡问题，通过最小化 CRF 能量进行遮挡推理；单传感器情况下，基于 RNN 的时空记忆网络构建时间维上的目标表观和目标运动的模型。

基于军事目标知识库的训练样本库构建方法、目标几何形态约束和目标属性识别方法，进行目标属性识别，进一步确认目标和挖掘目标的信息。基于军事目标知识库，构建目标属性识别网络：基于关系推理的图网络或 LSTM 构建目标局部之间的空间关系；根据属性的语义内在关联，构造基于 LSTM 的互相关联的多属性分类器；引入注意力机制建立目标局部与属性的关系，利用表观与语义的关系辅助识别。根据检测识别得到的二维或三维可疑军事目标以及识别的目标属性，进行判断，支撑态势更新与决策。

9.5 深度学习传感融合技术

9.5.1 多传感器数据融合方法

多传感器数据融合即综合分布部署的异构传感器数据资源，采用大数据分析、智能数据处理等技术对其进行融合，消除和互补多源传感器信息冗余和矛盾，形成一致性态势解释与描述，支撑系统决策、规划的数据保障需求。相比单一传感器信息，有容错性、互补性、实时性、经济性的优点。

多传感器数据融合原理（见图 9-10）：

1）多个异构传感器观测数据并上传。

2）提取传感数据特征，得到关键数据特征矢量。

3）模式识别特征矢量，形成各传感器对于目标的解释。

4）按同一基准分组各目标解释数据，即关联统一目标。

5）利用综合分析算法合成数据，得到一致性目标态势解释与描述。

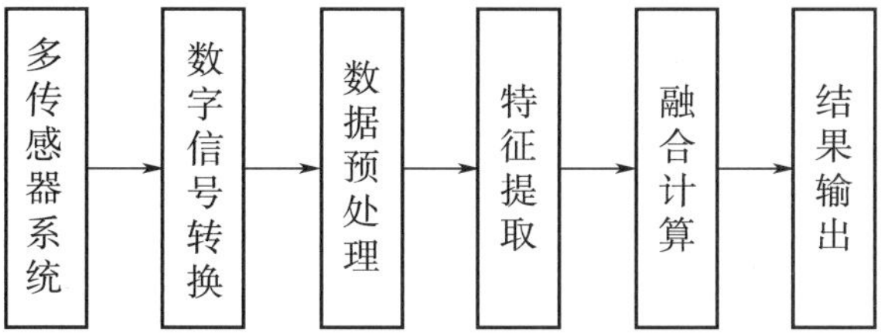

图 9-10　多传感器数据融合流程

在数字化战场环境构建过程中，需要对摄像机、雷达、红外等不同传感器采集的数据进行处理。在可视化环境较差的条件下，红外和雷达能够获取更有用的信息。在各个距离段的数据获取中，雷达和摄像机也可以做到互补。对于摄像机、雷达、红外等数据可对齐的采集信息，通过像素点、激光点、红外点计算相应的角度信息，然后利用三角函数法将这些点投影到相同水平面，从而在相同的坐标系下综合利用相关的数据。对于其他类型的传感器数据，可以利用深度学习神经网络进行处理。利用其强大的非线性处理能力及良好的容错性，对信息源提供的信息进行不确定性推理，继而实现多传感器数据信息态势可视化。

9.5.2　深度学习神经网络信息处理

深度学习可以通过增加样本量，获得优于传统机器学习方法的识别性能。对于时域特征比较明显的脚步信号，直接使用一维卷积神经网络（CNN）或长短期记忆人工神经网络（Long Short Term Memory，LSTM）来实现分类，对于时域特征难以区分的信号，比如不同类型的车辆、语音信号，则使用 STFT 或梅尔频率倒谱系数（Mel - scale Frequency Cepstral Coefficients，MFCC）作为特征量，利用二维卷积神经网络来分类。通过划分不同的应用场景，采集针对性的样本进行训练，使用时选择与实际环境最匹配的训练网络来识别可以进一步提高性能。

战场电磁、红外、可见光、热释电、振动等各类传感器以及雷达和侦察无人机等通过有线/无线通信链路组成传感器网络，对目标进行多源探测、协同识别与定位，有效破解目标的隐蔽与伪装。通过融合各类传感器，得到对周围环境一致性可靠的解释信息，为系统快速决策提供保障数据支持。战场信息多维复杂，主要需进行决策级融合。决策级信息融合是面向目标对象的抽象融合，传统前馈神经网络即可满足需求，但存在局部极值及效率低等缺陷。极限学习机训练速度快，可满足快速训练和战场实时性要求。

图 9 - 11 所示标准极限学习机分类器，含 M 个隐层神经元。无限可微的隐层神经元激活函数可实现极限学习机逼近任意样本。

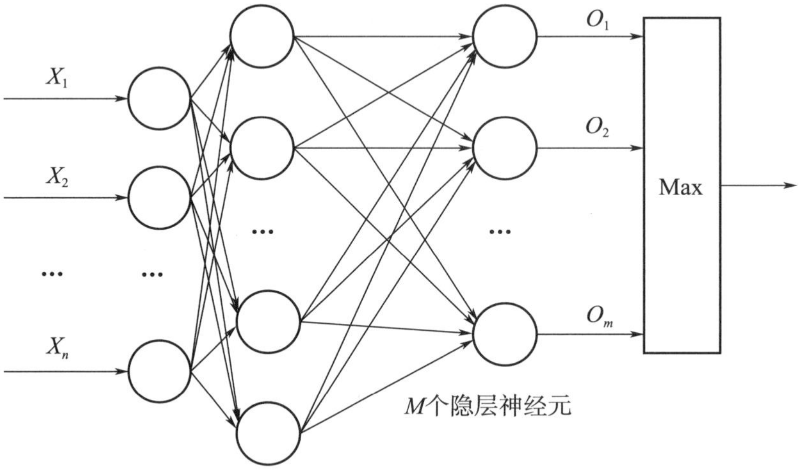

图 9 - 11　极限学习机分类器

如图 9 - 12 所示，针对不同类型信息，采用数据级、特征级神经网络对其特征信息进行提取和初级判决，在此基础上通过深度学习极限学习机，实现多源异构信息的决策级融合。

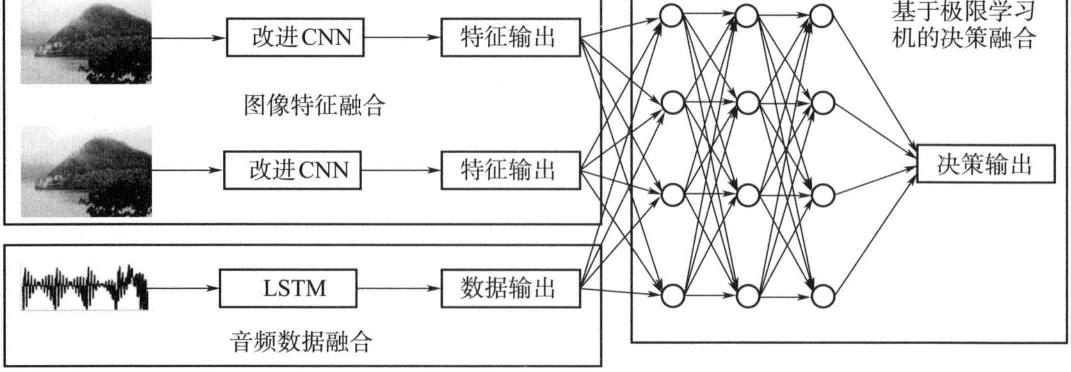

图 9 - 12　深度学习实现决策级融合

9.6　不确定性保障决策技术

复杂战场环境影响因素繁多，其保障决策存在明显不确定性，例如战场的天气、遮蔽等自然环境、敌方威胁和突袭行为，以及己方准备状态等不确定性都对保障决策提出了智能化需求。

（1）基于模糊集理论的保障指挥决策

采集指挥决策数据样本基于装备决策操作过程，构建不完备信息条件下的装备运用决策数据库。显然指挥决策规则存在模糊属性，可采用模糊逻辑的形式表达。接着采用基于粗糙集学习算法从装备运用决策数据中提取装备指挥决策规则。在此基础上，可以基于推理模型进行装备指挥辅助决策。推理模型可采用 Mamdani 型、基于图论的贝叶斯型及模糊决策树推理模型。推理模型运用需进行参数的学习与调整，不断修正和优化模型，实现最优的模糊决策应用。

（2）基于群体进化算法的资源规划与优化调度方法

现代战场保障对时效性和精确性要求高。粒子群、蚁群等启发式方法应用在保障资源组合优化领域，但运算效率和优化效果距离实战还有一定差距。自适应 Memetic 群体进化算法面向大规模战场实体对象组合优化问题的求解，融合自适应免疫遗传算法和随机变邻域搜索算法优势，能够有效提高战场全局资源规划与优化调度能力。

（3）基于多准则群决策的保障装备运用优化决策

战场保障样式和保障智能化水平不断提高，对装备运用方案的优选问题提出了很高要求。装备运用方案涉及保障系统的组合选择、运用排序及择优问题，影响作战行动规划与作战部署效能。涉及不同军种不同类型指挥人员共同参与，具有体系化、复杂性等特征，属于多准则群决策（MCGDM）问题，可采用基于多准则群决策理论实现保障装备运用优化的决策。

9.7　复杂战局推演决策技术

战场防御对抗往往在受到袭击后展开，严重影响战场预警反应能力和生存能力。战场推演基于态势感知与认知，根据作战使命和任务，对作战过程和战局走向进行推测和预先演化分析，通过智能的、具体的效能对比分析和演化展示，指导最优的作战策略、兵力部署和行动决策的生成，是摆脱战争迷雾的有效手段。传统的模拟推演利用单智能体强化学习的方法，由于战场态势是非常复杂且多变的，单智能体强化学习的预测准确性和鲁棒性有限。

通过多智能体强化学习技术，采用中心化的训练和非中心化的执行，来对战场中的各个作战单位进行学习模拟。通过深度课程学习训练技术，在强化学习的基础上，通过由简到难的情景训练，增强每个智能体在实战环境下的决策部署，最终实现复杂战局的精确推演。

战场态势模拟推演主要包括以下三步：

（1）接收态势感知结果，并将各个作战单位抽象

首先依照作战单位集群对抗所处的空间场景搭建仿真环境，设置空间的场景参数，并接收态势感知结果。然后以空域建模和时域建模的结果为基础，生成环境仿真模型。其次依照真实场景中环境与集群作战单位的比例等因素比例缩小应用于仿真环境中，设置作战单位的构型、运动状态和功能属性，搭建集群作战单位的模型，由此实现集群对抗场景的仿真演示。通过该途径构建的模型可进行变位、旋转、缩放等变形，可进行灵活调整，同时具有动画实时预演功能，因此可以实现实时展示对抗的全过程，同时为后续的战场态势预测推演打下基础。

（2）利用深度强化学习方法，推演战场态势

通过基于多智能体强化学习的策略决策生成技术，研究自主生成我方作战单位集群博弈对抗策略的方法。根据双方集群的状态，构建我方作战单位集群博弈对抗策略的生成模型，形成我方各作战单位的一系列提升生存和作战力保持能力的方法。

由于战场态势是非常复杂且多变的，要想对其进行一定的预测且具有一定的鲁棒性，利用单智能体强化学习的方法显然是无法做到的，通常使用多智能体强化学习来实现对战场态势的模拟推演功能。多智能体系统由一群有自主性的可交互的实体组成。多智能体在现实生活中已有应用，如机器人战队，分布式控制和资源管理。虽然可以预先设定多智能体的行为表现，但因为环境太过复杂，有时甚至会随时间而变化，所以很难提前设计一个良好的行为，或者随时间推移，先前良好的行为也会慢慢变差。需要在线学习新的行为，才能提高智能体或整个系统的性能。相比单智能体，多智能体强化学习存在共享经验、并行执行、替代执行、方便拓展等优势，能够实现快速稳定的智能学习演进。

在技术实现过程的每一个单一步骤中，将每一个作战单位均作为一个智能

体。引入的多智能体强化学习算法采用训练中心化、执行非中心化的方法，训练时全局观察员 critic 指导 actor 执行，而测试时仅 actor 进行局部观测行动。每一个作战单位，即每一个智能体的训练同单智能体强化学习算法的训练过程类似，不同的地方主要体现在 critic 的输入上：在单个智能体的强化学习算法中，critic 的输入是一个 state - action 对信息，但是在战场多智能体强化学习算法中，每个 critic 输入还含有其他智能体关联的额外信息。

以两个智能体为例，采用的多智能体强化学习算法输入输出关系如图 9 - 13 所示。

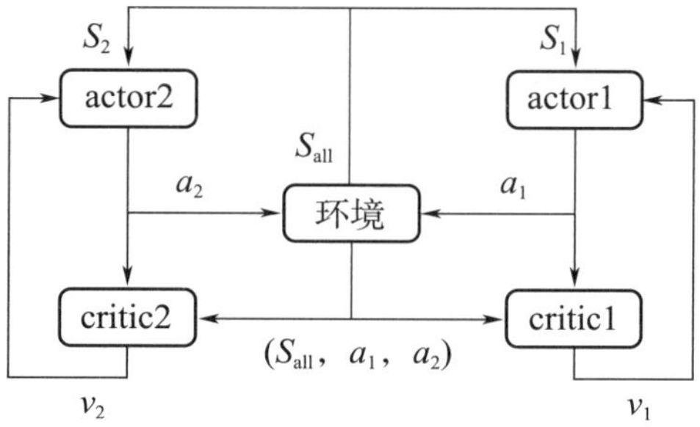

图 9 - 13　多智能体强化学习算法两个智能体的输入输出模型

在每一个单一步骤中，只需要 actor 与环境交互，即只需要绿色的循环。这里区别于单个智能体的情况，每个智能体的输入状态不同。环境 envs 输出 S_{all}全信息状态，actor1、actor2 仅观测到 S_1、S_2部分状态信息。而训练时，critic1、critic2 观测到 S_{all}以及 actor1、actor2 策略 a_1、a_2。actor 虽不能观测到全局信息，但每个 actor 导师观测到全局信息，促进 actor 策略优化。

博弈过程包含多个步骤，将上述单一步骤的流程反复执行，同时将战场态势的变化情况也考虑进去，便可以实现战场态势的模拟推演过程。

（3）面向多场景数据分析的课程学习方法

在多智能体强化学习算法的基础上，还需要融入课程学习的训练思想。面向复杂场景，课程学习将复杂情况分解成难度逐渐增加的多个子任务。智能体从简到难循序渐进进行学习，能力不断提高，逐渐匹配和适应高难度任务，最后实现初始复杂任务解决。在训练各个作战单位时，先使用简单的环境来训练各个作战单位，比如只有敌我双方的少数作战单位进行作战，以保证各个智能体学习到自己的动作。面向简单情境进行训练后，代表敌我双方作战单位的智能体会学习到相应的最优动作。之后再逐渐增加整体场景的复杂性，进而逐渐增强每个智能体在复杂环境下的决策部署，如图 9 - 14 所示。

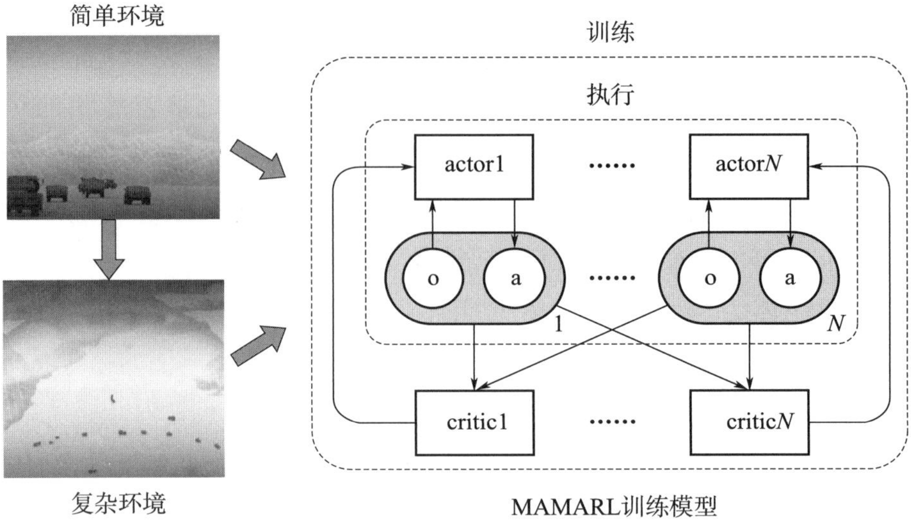

图 9-14　由简单到复杂的学习

9.8　机器人群组协同保障技术

9.8.1　多智能搬运机器人协同输送技术

多智能搬运机器人（Automated Guided Vehicle，AGV）协同输送即是多机器人编队控制问题，主-从编队量化原理清晰，能够保证同步控制精度。多AGV协同输送包含两方面技术：一是编队控制策略技术，二是从车的跟踪控制技术。

顶层控制架构上，采用集中解算分散跟从的策略，通过实时路径和主车的状态解算从车的位姿，再对从车位姿进行控制。多车联动综合控制单元，可以接收从车反馈回来的位置信息（主要是车体四周分布的测距传感器测量的距离信息），通过坐标系解算，可以将四车整体的位姿进行分解，转换成单一车辆的位姿状态，并分发至各从车的控制系统中，实现控制量的整体性解算。

为进一步提升控制的同步性，针对主从车之间的实际位姿偏差进行控制量的补偿，实现高精度的姿态调整。以主车的位姿为基准，调整从车位姿，实现主从车同步。从车控制，其实是对运动轨迹的跟踪控制，从车期望的位姿，以主车相关参考为基准，转换距离和角度得到，进而求解出从车的轨迹跟踪误差。滑模变结构控制非线性、非连续性系统控制响应迅速，鲁棒性强，可用于从车轨迹跟踪控制。为适应系统复杂性，设计参数自动调整的滑模控制。根据实际工况采用基于指数趋近律的滑模控制或基于神经网络模型逼近的滑模控制对从车进行控制。

基于指数趋近律的滑模控制：比例积分（Proportional Integral，PI）形式的滑模面可以适应环境的变化，提高系统在所设置的滑模面的稳定性。设置等速趋近项，在有限时间内到达切换面，避免指数趋近速度逐渐减到零，最终速度过于缓慢；并采用饱和函数，抑制切换面附近跳变抖动。

基于指数趋近律的滑模控制：在滑模控制中，需要保证系统始终运行在所设置的滑模面上，因为 PI 控制可以适应环境的变化，提高系统的稳定性，因此采用 PI 形式的滑模面。在指数趋近的过程中，趋近速度逐渐从较大值变化到零，最终趋近切换面时过程缓慢。因此增加等速趋近项，在有限时间内到达切换面。同时为缓解在切换面附近出现跳变，导致系统的抖动，引入饱和函数。

基于神经网络模型逼近的滑模控制：参考滑模控制率，设计基于径向基函数（Radial Basis Function，RBF）的滑模控制，采用 RBF 神经网络逼近 AGV 滑模控制模型的不确定项，利用神经网络的非线性模拟特性和自适应权值学习特点快速逼近滑模切换面。

9.8.2　移动双臂灵巧协作机器人

在装备测试、维修等保障工作过程中，拔插电缆、拧螺母等人工环节制约作业效率的提升。传统的单臂机械手只能在一个方向上施加作业力，且末端执行机构自由度低、控制逻辑固化、灵活度差，无法满足拔插电缆、拧螺母等复杂多向配合作业动作。面向复杂任务，双臂机器人协调控制问题关键，设计双臂协调控制策略时，需考虑任务剖面，针对不同方面的工况需求匹配不同的控制算法。采用无碰撞冗余双臂轨迹规划关键技术，能解决冗余多自由度机械臂双臂协作过程的避障和轨迹优化问题，实现双臂共同可达空间内对目标的灵巧操作和奇异规避。针对灵巧末端进行工件装配的力封闭问题，通过基于力控感知和视觉伺服的多点接触的接触点规划和机械臂关节力分配算法，实现机械臂对目标的柔顺抓取，以及装配操作过程的力柔顺控制。

9.9　智能变形伪装技术

9.9.1　智能外形伪装

面向战场背景特性变化，智能外形伪装技术需实现自适应调节自身的外观伪装特性，达到与背景（环境）的光电特征高度融合、匹配。主要是设计智能伪装遮蔽，根据差异性周边环境调整自身色彩及外形，适用于战场多类型装备设备的集成伪装，适应作战单元机动转场需求的同时，保证战场及装备的伪装效果。

基于对周围地貌环境特征的分析研究，设计伪装支撑机构，通过面向多目标的结构优化设计、多个活动关节的组合设计和顶棚支撑结构的一体化设计，实现多类型多特征的非规则外形的模拟与调整。使用过程中，可根据周围地貌自主变换伪装区域外形，实现伪装融合和自动调整。

目标外形生成算法方面，为满足伪装外形的自然随机性，研究高欺骗性伪装外观模型生成策略。以地貌环境中山体的外形轮廓为基础数据，提取特征，融合转变为伪装区域的预定形状，然后地形分形生成随机外形，最后进行曲面拼接融合，生成目标伪装外形。图 9－15 为策略流程图。

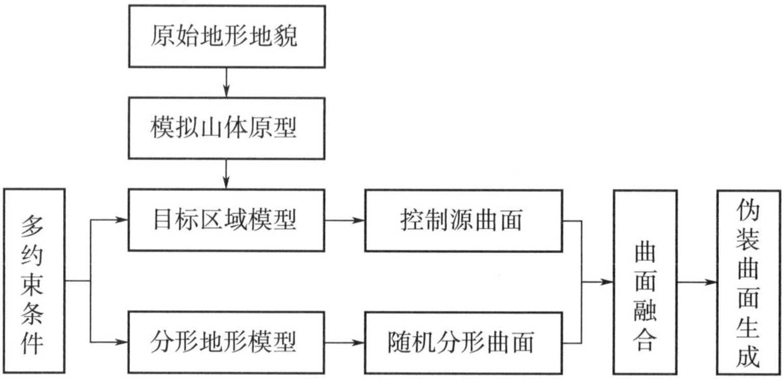

图 9－15　变形伪装外形生成策略

实施伪装变形时，首先基于 GIS 读取原始三维点云，并人工选取目标山体外形源数据。然后结合设计的伪装区域发育模型将选取的山体原形外围轮廓半径、高度缩小到匹配伪装支撑装置内的装备尺寸，得到伪装外形源曲面。随机分形地形曲面基于菱形-方形网算法获得。在此基础上，通过三维软件融合伪装曲面得到伪装目标特性（见图 9－16）。最后，通过机构特征参数反解出伪装支撑机构各自由度，引导自适应变形伪装动作。

图 9－16　车辆变形遮蔽伪装效果图（见彩插）

由于计算量较大，变形指令由上位机（智能保障管控设备）通过解算后给定。伪装支撑装置与智能保障管控设备通过无线通信，进行数据交互。管控平台给伪装支撑装置推送人工辅助操作或一键式展开命令，智能保障管控设备进行伪装展开，伪装过程中，伪装支撑装置通过态势感知实时更新伪装任务，自适应智能伪装设备自动或通过推送数据引导人工实时变更状态，实现智能伪装。

9.9.2　智能迷彩伪装

在变形伪装基础上覆盖自适应迷彩伪装材料，通常能消除遮障与背景的颜色差别，达到较好的伪装效果，较好地应对红外、雷达等远距离智能探测。

主动自适应伪装材料技术包括光致、热致和电致变色等。相较光致变色和热致变色材料，电致变色通过外电路控制变色材料色彩，达到与环境背景一致，进而实现伪装，控制简单、响应迅速。设计自适应伪装网作为伪装支撑装置上的伪装遮蔽物。伪装网当需要进行伪装时，结合周围环境情况控制变色电压，达到伪装效果。

9.10　智能防空对抗技术

9.10.1　目标轨迹跟踪

未来精确制导武器、无人机群等空中威胁将具备抗干扰能力强、打击精度高等特点，单纯的伪装技术难以对抗先进智能空袭机制，通过智能化手段增强空中威胁的跟踪、预测与防御能力，研究动态空中集群目标威胁精准对抗方法，将是战场智能保障的重要发展方向。

运动轨迹检测识别智能化、准确化，结合作战环境需求，利用深度神经网络等智能化技术，对检测出的重要/高威胁目标进行实时追踪，通过目标轨迹提取，可得到运动目标轨迹，进而使用这些轨迹信息来预测下一个时间节点中目标的位置，并对目标的预期位置进行小范围搜索，以准确定位目标。基于传感器的数据，分为基于图像的运动轨迹检测识别和基于雷达的运动轨迹检测识别。在雷达目标跟踪领域，目标数据特征量较少（只有速度位置等信息），通过如卡尔曼滤波、粒子滤波等算法来进行目标追踪。在图像目标跟踪领域，目标特征比较丰富，利用深度学习提取更好的特征，来完成目标追踪。

（1）基于图像的运动轨迹检测识别

图像信息丰富，如遥感图像等，包含物体类别、位置等信息，基于深度学习的多层特征金字塔网络（Feature Pyramid Network，FPN）结构，可以较好地完成大小目标、重点目标的检测，利用检测结果，设第一帧检测信息为元信息，利用匈牙利算法匹配每一帧物体之间的关系，从而完成重点目标的轨迹生成及识别，再利用卡尔曼滤波算法进行动态估计，进而得到对下一时刻重点目标的轨迹判断，可以预判威胁目标。

遥感图像、红外图像等包含纹理、热度、形状等信息，此外图像可以明确物体的位置信息，通过不同帧之间的关系，生成每一个物体的轨迹，从而进行下一时刻的位置估计。基于检测得到的信息包括位置信息和物体类别信息的置信度，通过匈牙利算法进行最大相似度匹配，完成轨迹生成及判别，通过卡尔曼滤波算法更新预测下一时刻物体的位置信息。

（2）基于雷达的运动轨迹检测识别

雷达传感器信息较少，雷达获取的信息序列与动态目标信息表示（目标的类别、方位、距离、速度和旋转角等），无法获取目标的绝对位置信息，进而影响目标轨迹生成和判断，检测信息得到每一时刻的物体类别信息和加速度等信息，通过数据关联等操作，除去雷达检测数据中的杂波，利用当前时刻的位置信息及速度和加速度、旋转角等数据，预估下一时刻的位置信息，通过卡尔曼滤波算法进行动态估计，对下一时刻的位置信息进行修正。

雷达目标跟踪，通过雷达目标检测得到的物体类别信息、物体方位角等位置信息，通过相关性分析等数据关联策略完成轨迹匹配，消除其他杂波的影响，完成重要目标的轨迹生成及识别，通过卡尔曼滤波算法对下一时刻的物体位置信息进行动态估计。

利用数据关联策略算法和卡尔曼滤波算法来估计运动物体的状态变化。完成了数据关联的策略判断后，采用线性或者扩展卡尔曼滤波算法进一步提升目标的位置和速度状态估计。

在目标检测信号处理后，得到目标的距离、相对速度和方位角信息。首先将每个时刻的运动目标从杂波中分离，根据目标的相对速度进行分离，相对速度较小的目标或者静态的物体将会被分离出去。

数据关联的首要策略是对探测到的多个目标属于同一物体的进行聚类，然后取聚类后的目标同已有的轨迹进行关联，目标关联轨迹采用最简单的邻近原则。如果目标不属于已有的任何一条轨迹，则对目标设置新的轨迹。这些轨迹中包含着有效的轨迹和无效的轨迹，只有实际有效的轨迹才会进行后续的卡尔曼滤波状态估计等处理。

卡尔曼滤波的输入是目标在笛卡儿坐标系中的距离和方位角信息。卡尔曼滤波在雷达目标跟踪中的目的是提供当前时刻的系统状态估计，当前时刻状态的估计是基于前一时刻的预测，即这种滤波计算是通过一种递归的方式进行计算的。

9.10.2　立体化防御对抗

（1）激光定向对抗

激光定向对抗技术通过激光/红外告警瞄准、激光定向发射（含激光发射系统、光束控制系统、激光器）、能量辅助技术组合实现定向瞄准对抗。

激光/红外告警单元由激光/红外多波段共口径探测装置、光电传感器、信号处理器、显示与告警装置和光电探测伺服跟踪转台组成。激光/红外多波段共口径探测装置采用共口径卡式系统，分光镜将激光和红外光线分开。光电传感器将光电信号转变为电信号，送至信号处理器。信号处理器一方面将数据传送至态势屏幕进行威胁显示，另一方面将威胁数据传送给光电探测伺服跟踪转台。光电探测伺服跟踪转台由俯仰转动部分和水平转动部分组成，根据威胁目标信息，在检测后找到目标，跟踪目标图像获得跟踪误差，控制系统结合误差、相关控制规律计算控制量而后输出到执行装置，这样激光/红外告警单元实现闭环跟踪目标。光电探测伺服跟踪转台中的干扰模块搭载激光定向发射单元，实现干扰与探测的共轴运动，在目标跟踪的同时，引导干扰光束准确照射威胁目标。

激光定向发射装置中的光束控制系统，具备光路转折、光束扩束等功能，控制激光束发射前的集束。主要利用多种反射镜、自适应光路等设备，控制激光束位置、发散角、相位等参数，确保发射的光束质量。为实现近、中、远三波段红外激光的共口径发射，设计多波段合束镜镜组并配合扩束系统，近、中、远波段激光合成发射，波段范围覆盖常见光电探测器。

（2）多波段探测信息决策层融合

融合处理激光定向干扰装置和被动雷达告警单元的探测信号是调度相关设备实施干扰对抗的信息基础。

被动雷达告警通过无源雷达技术，避免敌方反辐射打击。被动雷达告警融合被动雷达天线和精密仪器技术。典型被动雷达告警系统主要由告警天线阵列、射频前端、中频接收、信号预处理、主控计算机、综合显控、数据存储和交连接口等部分组成。

激光/红外成像探测与毫米波探测为比较独立的系统，因此采用面向最终对象的决策级融合，如图 9－17 所示。分别进行特征提取、初步分类判别探测的距离和热辐射图像，对数据进行预处理。在初步判别的结果基础上，按照决策规则关联两类数据，形成一致的融合解释，获得激光/红外成像和毫米波探测对目标的联合推断结果。

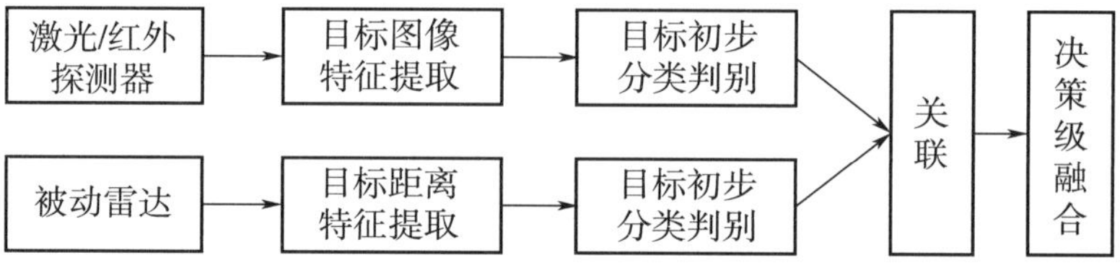

图 9－17　多波段探测信息决策层融合方案

9.11　小结

战场作为装备运用的时空载体，是推动装备作战应用与保障形态智能化升级的基础环境与关键资源。本章针对装备作战应用与保障活动的外在任务约束、内部系统资源和能力约束，实施作战应用过程的智能任务侦察、信息融合、行军支援、任务决策和安全防护，着眼于战争演化形态，通过一系列智能技术应用，融合战场情报侦察、信息融合、态势预测、自主决策、智能对抗等关键保障要素，支撑战场智能保障能力生成。瞄准作战应用的不同环节，分析建立了战场智能保障技术体系框架，给出了技术方向和发展目标的对应关系，以及各技术的内涵与实现途径。为实现战场全域多维一体（多）、敏捷精准伴随（快）、临机优化决策（好）、无人值守远控（省）保障，需要融合运用各种人工智能技术，推动战场保障模式从人力密集型向智慧密集型发展，操纵方式从现场指令流程控制向人机融合远控运维转变，管控能力从单一空间向多域空间拓展。

参 考 文 献

［1］ 李琨．美陆军战场信息系统发展的启示与思考［J］. 火力与指挥控制，2020，45（4）：1－5.

［2］ 杨益，任辉启. 智能化战争条件下军事设施拓扑防护构想［J］. 防护工程，2021，43（5）：68－73.

［3］ 汪李峰，杨学军．战术场景互联网：未来智能化战场的神经系统［J］. 指挥与控制学报，2021，7（4）：359－364.

［4］ 李程，夏丹，董世运，等．复杂陆战场环境下的智能感知理论现状与发展［J］. 国防科技，2021，42（3）：42－48.

［5］ 朱丰，胡晓峰，吴琳，等．基于深度学习的战场态势高级理解模拟方法［J］. 火力与指挥控制，2018，43（8）：25－30.

［6］ 李婷婷，刁联旺．智能化态势认知技术与发展建议［J］. 指挥信息系统与技术，2020，11（2）：55－58.

［7］ 彭亚飞，杨凡德．战场态势认知综述［J］. 兵工自动化，2021，40（7）：24－27.

［8］ 刘科．认知技术在战场态势感知中的应用［J］. 指挥信息系统与技术，2021，12（3）：13－18.

［9］ 刘雅．融合战场态势的车辆路径规划方法与实现［J］. 指挥信息系统与技术，2021，12（3）：91－95.

［10］ 王泽杰，张程．基于大数据的战区联合作战装备保障决策［J］. 国防科技，2018，39（3）：99－104.

［11］ 牛伟，成娟，赵建平. 数据驱动的航空装备协同分析与智能保障决策方法［J］. 科学技术与工程，2021，21（24）：10531－10535.

［12］ 朱国梁，罗德强．基于数据挖掘的装备保障决策系统［J］. 信息技术与信息化，2021（10）：122－124.

［13］ 王龙，许可俊，汪刘应，等．装备隐身技术的智能化发展［J］. 现代防御技术，2020，48（6）：96－102.

［14］ 郝雨川．遥感图像目标智能迷彩技术研究［D］. 哈尔滨：哈尔滨工业大学，2020.

［15］ 张洪瑞，王青海，杜家兴．基于云边融合的指挥信息系统探讨［J］. 信息技术与信息化，2020（9）：14－17.

［16］ 肖圣龙，石章松，吴中红．现代信息条件下的战场态势感知概念与技术［J］. 舰船

电子工程，2014，34（11）：13 - 15.

[17] 方冰，张翠侠．基于时空维度分析的战场态势预测方法［J］. 指挥信息系统与技术，2017，8（1）：59 - 64.

[18] 邓烨，奉祁林，赵健．数字孪生战场建设探讨［J］. 防护工程，2020，42（3）：5 9 - 64.

[19] 潘天宇，楼航飞，刘耀强．基于多 AGV 协同搬运的分布式 PID 队形控制与保持策略［J］. 机械设计与制造工程，2020，49（8）：37 - 42.

[20] 余建平，周新民，陈明．群体智能典型算法研究综述［J］. 计算机工程与应用，2010，46（25）：1 - 4.

[21] 邱天，董敬儒，颉耀文．组件式三维 WebGIS 系统设计与实现［J］. 测绘与空间地理信息，2021，44（5）：21 - 24.

第 10 章　装备智能作战支持技术

10.1　概念内涵

根据作战理论，任何作战行动都是以 OODA 四个环节为基础的循环，作战制胜的关键在于达成先敌发现、先敌判断、先敌决策、先敌行动和先敌再循环。作战理论总体上要求装备具备体系化协同作战能力，突出“以联制散”。装备智能作战支持技术指通过引入无人化、智能化技术而升级形成的战场新型作战支持模式。通过人机协同，采用无人化、智能化设备伴随作战人员加入战斗，为作战人员及装备提供战场态势感知及认知、辅助决策、智能打击支持，提高作战人员的战场态势感知及掌控能力。装备智能作战支持作为体系化作战的主要支撑力量之一，需从战场态势感知、作战过程认知、作战辅助决策及战场主动防御等 4 个维度系统性推进技术升级与运行模式革新。构建装备智能作战支持技术体系框架，如图 10 - 1 所示，覆盖 OODA 整个作战环，包含战场信息采集技术、战场态势认知技术、作战辅助决策技术和决策自主执行技术，典型应用包含无人伴随作战支持系统和敏感区域警戒系统等。

10.2　技术体系框架

10.2.1　战场信息采集技术

战场指敌我双方作战活动的空间，战场态势信息采集技术包含环境信息采集、动态目标信息获取、兵力部署信息获取和战场态势信息融合。

（1）环境信息采集

战场环境是战场及其周围对作战活动有影响的各种情况和条件的统称。战场环境是影响作战的主要因素，任何作战计划的拟定和实施，总是与一定的战场环境相联系。战场环境制约着作战场地的选择和不同军兵种的投入，影响着作战的谋划和战术的运用。环境信息采集主要包括电磁信息感知、气候信息感

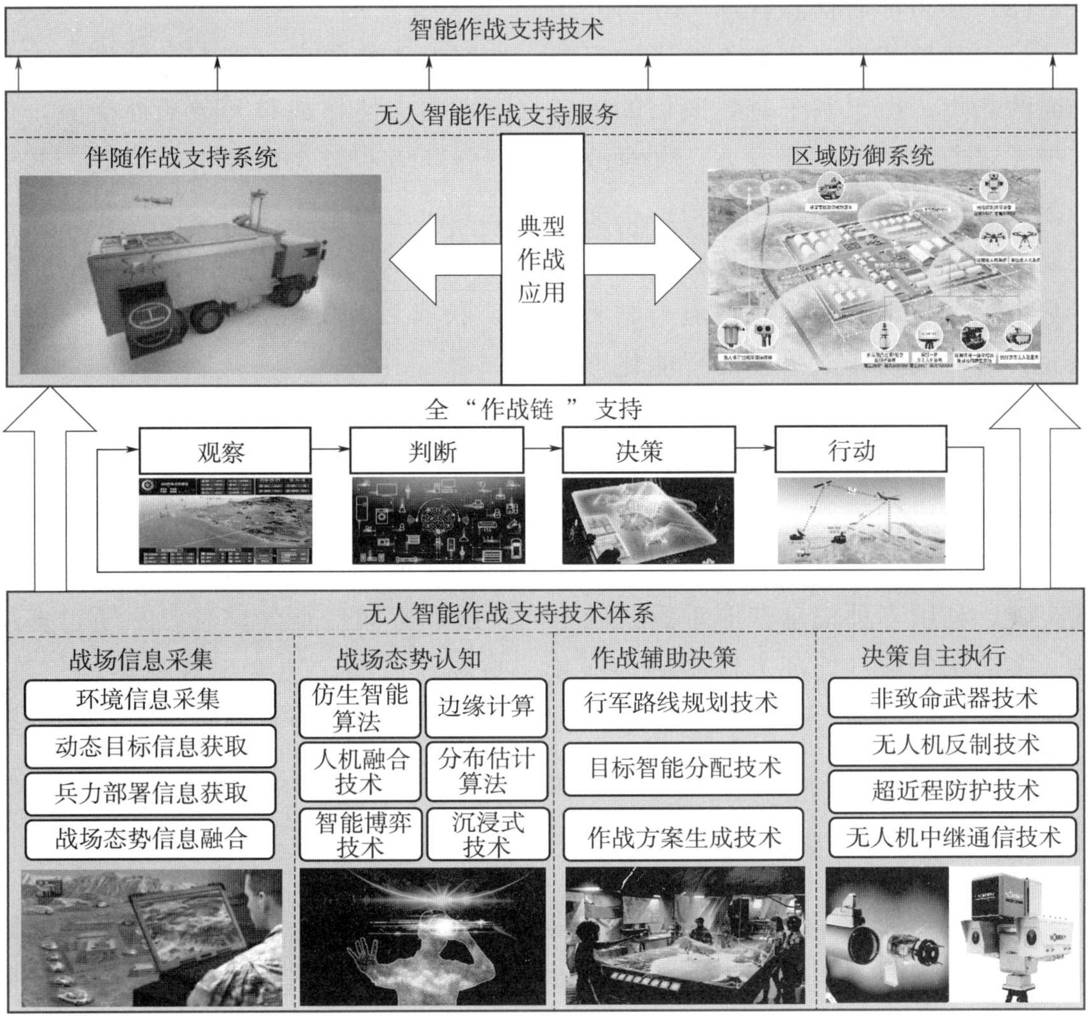

图 10－1　装备智能作战支持技术体系框架

知、地标信息感知和战场工事感知。通过建立环境信息数据库，搭建多源的数据融合架构，进而为完成战场态势感知奠定基础。

（2）动态目标信息获取

动态目标信息是战场态势感知的重要组成部分，动态目标信息可由雷达数据、无人机遥感信息、战场地面传感器系统分析得到，主要包括被探测目标物的方位、距离、速度和旋转等参数信息。同样地，需要通过建立动态目标信息的数据库，搭建多源的数据融合架构，进而为完成战场态势感知奠定基础。

（3）兵力部署信息获取

兵力部署信息对作战指挥影响很大，如何对作战单元进行有效感知一直是研究的热点。由于基于有线通信的信息获取方法会使作战单元灵活性受限，而基于无线通信的信息获取方法又对战场的电磁环境有较高的要求，为此，基于多源传感信息的作战单元感知技术受到广泛关注，利用深度学习网络对传感器获取的可见光图像、红外传感器图像和毫米波雷达回波等信息进行综合处理，并基于综合处理过后的数据进行目标检测，获取目标的种类信息和位置信息，从而实现对战场作战单元的智能化感知。

（4）战场态势信息融合

信息融合处理是实现战场态势感知的基础，战场形势瞬息万变、感知对象成倍增加、感知手段丰富多样，迫切需要信息融合处理技术在融合结构、不确定性信息处理、多模态融合处理、高冲突信息处理、强相关信息处理等方面实现突破。利用多种信息获取手段获取不同层次、不同特征的信息，并通过多层次、多结构的信息处理方法得到高级别、更易于理解、更全面和精确的信息，实现信息获取的最大化。从数据融合的级别划分，可分为数据级融合、特征级融合和决策级融合。

10.2.2 战场态势认知技术

态势认知是在多源信息融合和态势要素分析的基础上，对战场态势的感知、理解和预测，如目标识别、威胁估计、作战行动预判和后续战况走向预测等，是指挥控制活动从信息域向认知域跨越的重要标志。在多域联合作战中，作战空间逐渐由物理域、信息域向认知域拓展，作战力量结构更灵敏轻便且精干高效，可在广阔空间中进行非线式、不规则和广域疏散部署。可根据作战需求进行快速灵活重组，实现物理域、信息域和认知域深度跨域聚能。仅依靠人工处理已无法满足瞬息万变的战场变化，也无法为作战人员提供及时有效的态势信息，因此需借助计算机的分析和处理能力以及人工智能技术，从海量战场情报中提取重要信息，形成作战知识，以支撑作战人员高效完成战场态势的认知活动。

随着智能化联合作战形态的不断演进和发展，战场态势正发生着巨大变化，对战场态势分析与预测的速度和精度要求也不断提升，需要充分利用仿生智能算法、边缘计算、人机融合技术、智能博弈技术、沉浸式技术等技术手段进行战场态势信息融合处理，实时响应装备作战应用与保障决策的关键信息需求，从对战场目标状态的分析预测逐步向战场局势优劣研判和态势可能演变趋势预判等“势”的分析上深化，从而获取快、全、准和深的战场态势认知结果。

（1）仿生智能算法

仿生智能算法中，每一个个体均为具有经验和智慧的智能体，个体间存在互相作用机制，通过相互作用形成强大的群体智慧来解决复杂问题，具有不因个别个体出现故障而影响群体对问题求解的鲁棒性，因此在求解多因素/变量复杂优化问题中显示出强大的潜力，可用于无人平台运动控制、无人编队航迹规划、联合作战力量部署和战场局势优劣评估等，有助于解决多域联合作战敌方可能行动方案的判断、有人/无人协同作战中作战力量的布势等态势认知难题。

（2）边缘计算

边缘计算是一种网络边缘执行计算任务的新型计算模型，将强计算资源与高效服务下沉到网络边缘端，具有时延更低、带宽占用更少和隐私保护性更好等特点。边缘计算与人工智能技术相结合存在着巨大的军事赋能潜力，可用于解决重点目标防卫，战场异常事件检测以及战术作战力量的快速组合、分配与运用等态势认知问题，有助于解决有人/无人自主系统协同作战中作战力量的态势自主认知的难题。

（3）人机融合技术

人机融合智能理论着重描述了一种由人、机和环境系统相互作用而产生的新型智能形式，它既不同于人的智能也不同于人工智能，而是一种物理性与生物性相结合的新一代智能科学体系。人机融合智能将人作为机器或算法的一部分宝贵资源，具有巨大军用应用潜力，是人工智能的重要发展方向。在有人/无人协同探测、协同干扰、协同打击和协同作战等模式中，可用于聚焦战场态势生成、态势信息主动推送等态势认知问题，有助于解决时空推理和作战资源分配等复杂且时间紧迫的计算任务，以及战役布势等态势认知难题。

（4）智能博弈技术

智能博弈指采用模拟仿真技术，对当前战场态势的可能发展变化进行模拟。智能博弈技术通过模拟仿真，将战场状态、作战企图和筹划方案等信息进行关联分析，对战场发展趋势以及可能发生的事件和风险进行推演，实现敌方趋势预判、我方行动构想以及战场环境趋势预报与分析等，为作战指挥员决策、作战筹划规划和作战行动控制等提供支撑，从而缩短作战指挥员对情况的观察判断时间，提升指挥信息系统对战场态势的分析预测能力。

（5）沉浸式技术

近年来虚拟现实和增强现实技术的快速发展，使得计算机生成的虚拟图像可实时和动态地融合到人体能感知到的真实环境中，而沉浸式技术正是虚拟现实和增强现实技术发展的最新成果。与传统的静态沙盘和作战地图相比，沉浸式训练系统不受场地限制，可在作战人员眼前呈现出包含网络和电磁等跨空间的动态逼真场景，从而提供一种身临其境的现场感。采用沉浸式技术构建的虚拟战场，有助于作战指挥员对战争提前具有感性认知，进而对战场态势做出正确而快速的理解与认知。

10.2.3 作战辅助决策技术

辅助决策是作战指挥员分析判断情况、确定作战方针、定下作战指挥决心和制定实现决心的行动计划的重要手段。辅助决策系统以人工智能、军事运筹学和信息处理技术作为工具，以数据库、专家系统和数学模型为基础，通过计算、推理和仿真等辅助手段来实现上述功能。辅助决策包括战前、作战实施及作战结束整个作战过程的各类决策问题，如作战方案生成、作战任务分配、路径与航线自动规划、目标威胁程度评估及排序等。

1）作战方案生成指综合考虑战场态势、任务兵力、作战目标、武器平台、毁伤要求、行动时间等因素，采用智能算法完成相似案例推荐、作战力量部署及方案要素动态修正。

2）作战任务分配是统筹资源和匹配能力的过程，即根据作战任务的能力和时间需求，安排能力与之匹配的作战实体遂行相应作战任务，且任务分配需符合整体作战态势需求。

3）路径与航线自动规划主要着眼于无人作战的需要，实现部（分）队及无人车辆的路径自动规划、无人机的航线自动规划。

4）目标威胁程度评估及排序通过接收技侦情报等信息，经数据融合等预处理后，获得目标的综合信息。根据当前战场态势、目标态势、保卫目标位置等进行企图判断，进行拦截适宜性检查，然后对可拦截目标进行威胁评估排序和火力分配。

10.2.4 自主执行技术

自主执行技术指采用无人化、智能化手段，对辅助决策结果进行自动自主执行，实现作战单元自动防卫、抗毁重构的技术，如非致命武器技术、无人机反制技术、无人机中继通信技术等。

1）非致命武器技术指在不使用致命性力量的前提下，能够用最少附带损伤的方式实现反人员、反物质的能力。反人员能力是可使敌方人员暂时地失去战斗力并且在战斗结束后可恢复的能力。反物质能力是使敌方的武器装备和基础设施暂时失能的能力。

2）无人机反制技术可以分为无人机侦察探测、软杀伤和硬杀伤三类技术。侦察探测技术包含雷达探测、射频探测、可见光成像探测、热成像探测和声学探测等。软杀伤主要通过数据通信干扰、定位系统干扰、接管控制系统等，使目标无人机的电子元件失去作用，达到削弱战斗能力的目的。硬杀伤主要运用导弹、高炮、激光、微波等手段，直接摧毁无人机。

3）无人机中继通信技术可形成基于“空基平台—通信卫星—地面终端”的三层网络体系，极大地提高战时通信的生存、抗干扰能力，实现天基网络、地面网络和空基网络的信息融合，如图 10－2 所示。

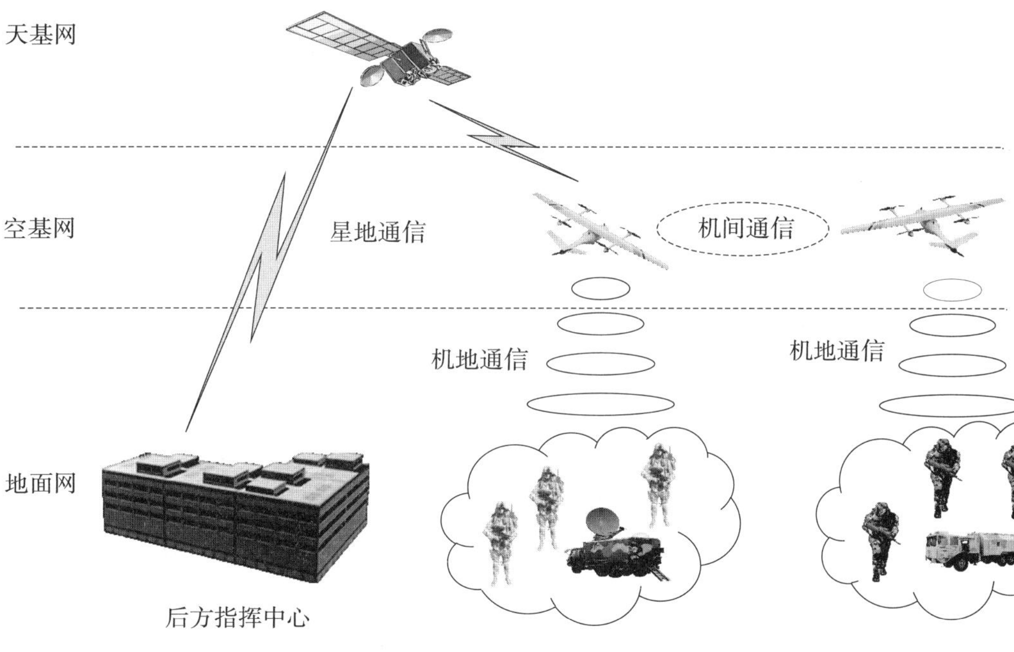

图 10－2　天-空-地一体化网络示意图

10.3　作战支持系统架构

装备智能作战支持系统基于“作战支持云”进行架构设计，由资源层、数据服务层、业务能力层、业务应用层和业务表现层组成，如图 10－3 所示。

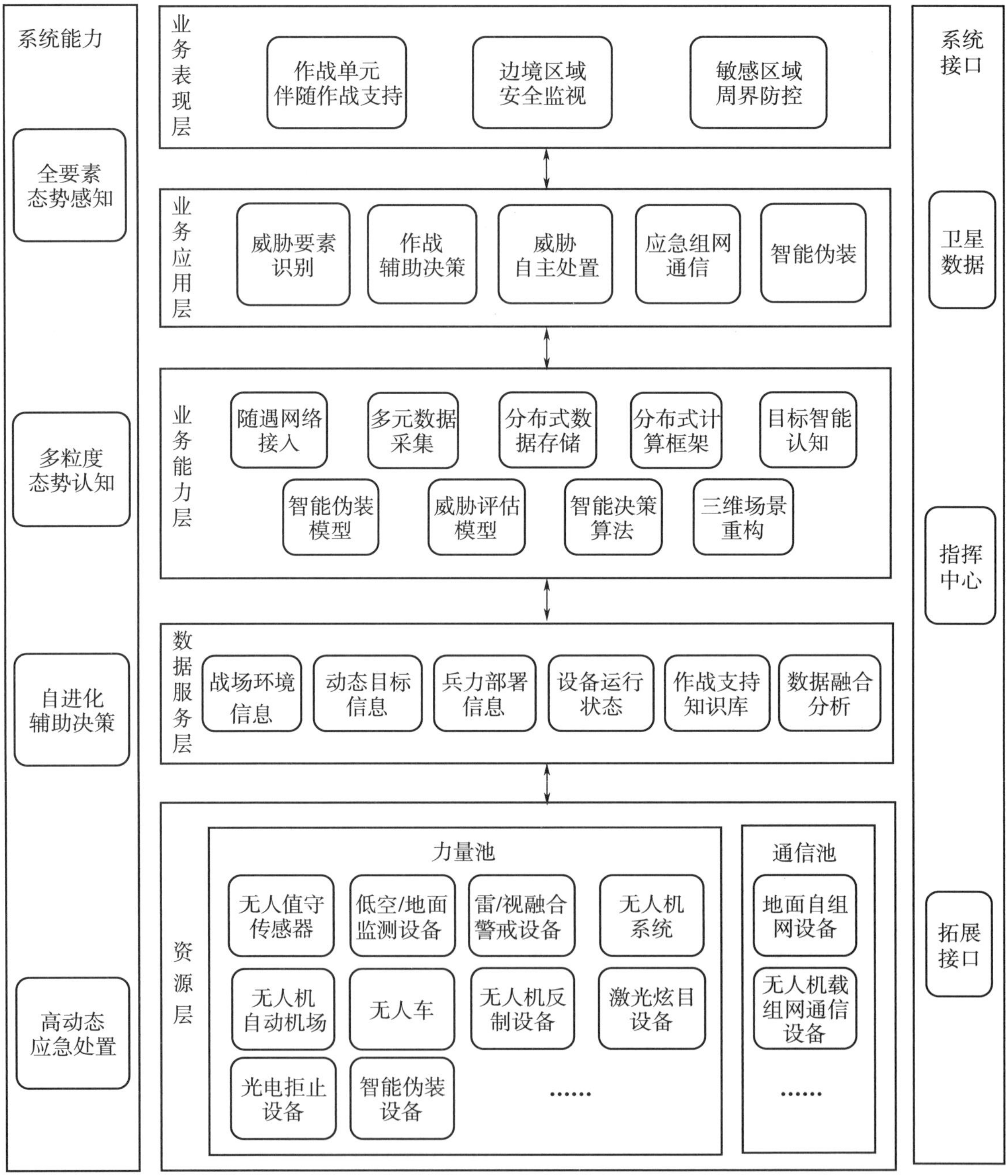

图 10－3　装备智能作战支持系统架构图

“作战支持云”畅连有人、无人平台及智能化系统，旨在解决当前存在的限制互操作性的信息共享能力不足等问题，目标是实现作战支持力量的高效协同。“作战支持云”将成为战略、战役和战术各指挥层级开展战场联合作战支持的关键赋能因素。指挥中心的云服务器、前方战场的智能传感器、无人平台上都将运行相同的技术服务和算法。

1）资源层主要通过虚拟化技术将分散部署的同型异构作战支持资源进行抽象聚合，以形成各类简明易用且弹性可扩的资源池。其内容主要包括力量池、通信池等。力量池包含虚拟聚合化的各威胁感知、伪装及反制设备，传感器及无人平台。通信池主要包含虚拟聚合化的各类战场通信网络。通信池可根据各设备及用户通信等级及当前各网络使用状态，运用负载均衡技术以提高战场网络通信的稳定性、可靠性以及通信网络的利用效率。

2）数据服务层提供全系统数据采集、处理、存储、分析、管理服务，负责对各系统运行参数、图像信息和目标信息等数据的融合，采用统一的数据格式、存储方式，为能力层等上层应用提供数据服务。

3）业务能力层主要依托资源层所提供的各种作战支持资源及数据服务层提供的数据服务，以态势感知、认知、辅助决策、自主防御为目的将其封装成相应的作战支持能力，具体包括随遇网络接入、多元数据采集、分布式数据存储、分布式计算框架、目标智能认知、智能伪装模型、威胁评估模型、智能决策算法、三维场景重构等能力。

4）业务应用层将能力层封装好的能力按装备作战使用场景、作战阶段及流程组合成具体的作战支持应用，具体包括威胁要素识别、应急组网通信、智能伪装、威胁自主处置等业务应用功能。

5）业务表现层由基于业务应用层提供的作战支持功能来按作战行动的类型需求进行动态组合所形成的业务模块构成。业务表现层可进行的业务主要包括作战单元伴随作战支持、边境区域安全监视、敏感区域周界防控及其他业务。

10.4　智能作战支持技术应用

10.4.1　伴随作战支持系统

10.4.1.1　系统组成及功能

伴随作战支持系统指在作战过程中，采用无人化、智能化手段，使用无人平台及若干辅助配件伴随作战人员、装备提供战场态势感知及认知、辅助决策、智能打击支持的系统。伴随作战支持系统将人与机器的硬件、软件匹配起来，在任务环境中进行资源的分配和控制，支撑作战人员在作战过程中进行正确的决策，减少人为低级错误造成的损失，使得人、机、环境发挥更高的效能。人的智能在于事前的无数据，机器的智能在于事后的有数据，并且人决定了数据的价值和意义。

伴随作战支持系统由载车平台子系统、无人机子系统、无人机反制子系统和管控终端子系统组成，如图 10-4 所示，系统效果图如图 10-5 所示。

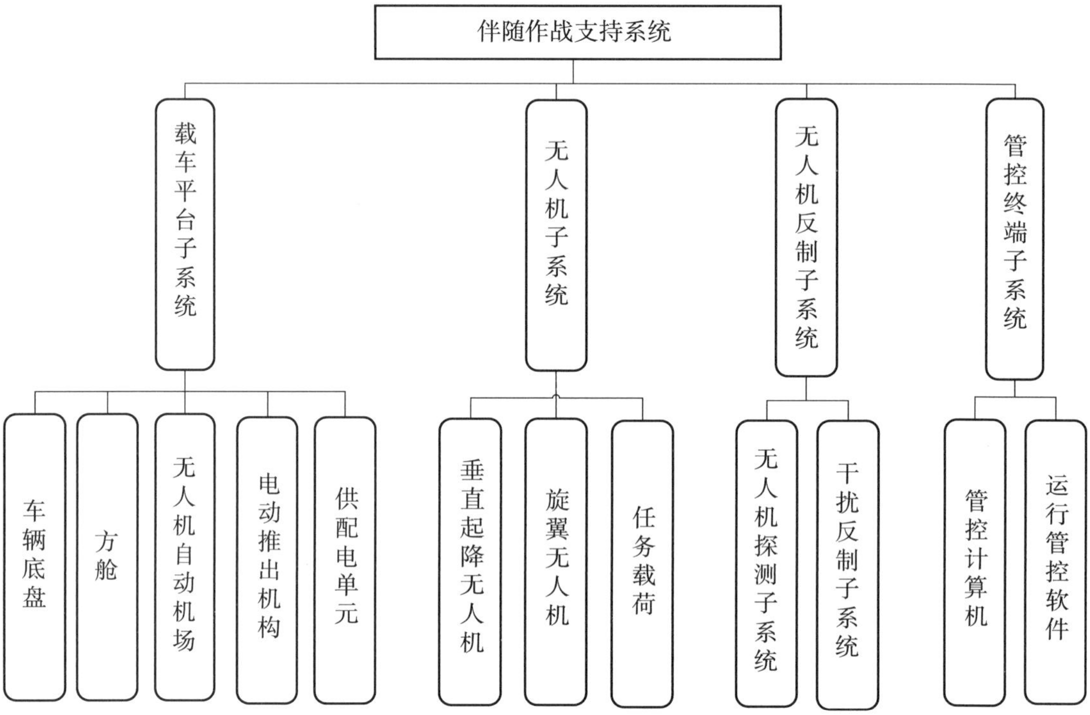

图 10-4　伴随作战支持系统组成图

（1）载车平台子系统

由车辆底盘、方舱、无人机自动机场、电动推出机构和供配电单元组成，主要功能为提供机动部署能力，实现无人机和反无人机系统自主维护，具备无人机存储、放飞、回收、充电功能以及反无人机系统自动推出功能。

（2）无人机子系统

由旋翼无人机平台、垂直起降固定翼无人机平台、光电吊舱载荷、人员驱离载荷等组成。垂直起降固定翼无人机由于航程、航时长，飞行速度快，主要

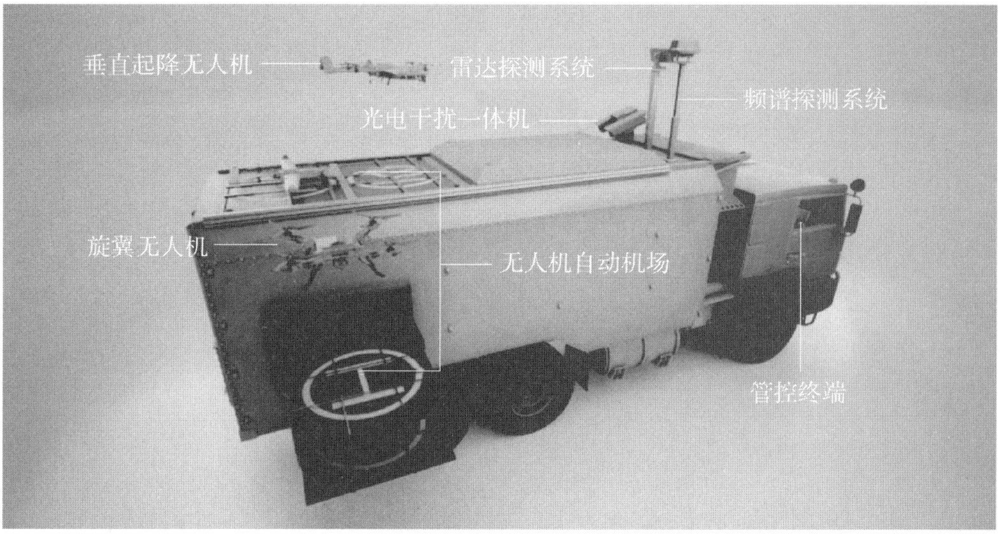

图 10－5 伴随作战支持系统效果图

执行伴随监视和前突探测任务。旋翼无人机具有低空、低速巡航，挂载灵活，可以悬停执行任务等优势，主要执行可疑人员驱离任务。

（3）无人机反制子系统

由雷达探测系统、光电跟踪系统、频谱探测系统、干扰反制系统组成，主要执行入侵无人机预警及反制任务。

（4）管控终端子系统

由管控计算机和运行管控软件组成，是系统的信息中心、控制中心、处理中心与决策中心，通过对各分系统协同调度，为系统运行提供全面保障。可对系统运行状态进行监测及控制、信息融合分析、威胁及异常检测识别、提供智能辅助决策服务。

10.4.1.2 作战使用流程

（1）行军环境立体感知

作战单元进入待机/发射阵地过程中，作战人员通过管控终端发送“立体感知”指令，管控终端根据各设备状态及任务情况自主分配任务并规划无人机飞行路线。行军机动过程中无人机使用方式及作战使用流程如图 10－6 所示。管控终端自动显示无人机搜索到的适宜发射场地、可疑目标及道路异常情况，并进行语音告警，推送备选行军路线方案；当反无人机装置发现无人机入侵后，管控终端显示无人机位置、速度信息，并根据操作人员指令控制无人机干扰仪进行反制（见图 10－7）。

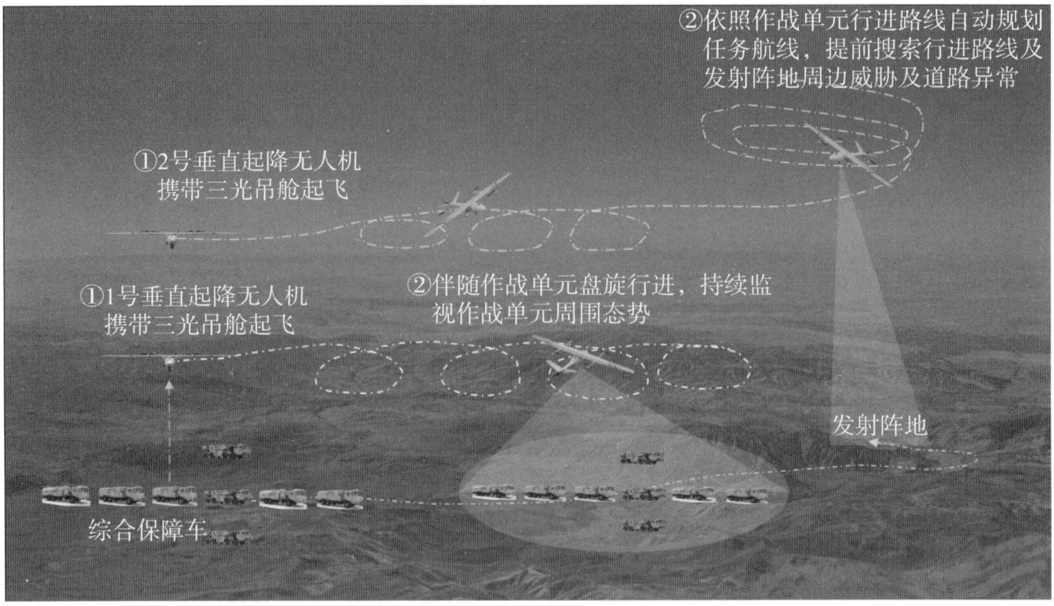

图 10-6　行军机动过程中无人机使用模式示意图

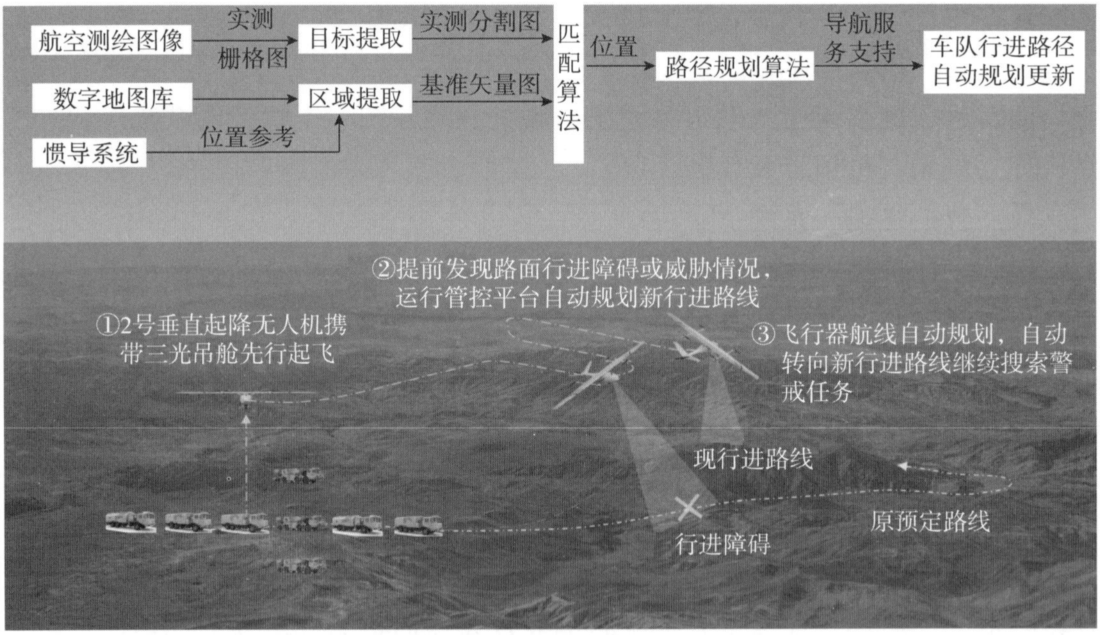

图 10-7　行军路线自动规划示意图

（2）发射/待机阵地区域监视

伴随作战支持系统与发射单元共同机动进入发射阵地。进入发射阵地后，需对非法分子入侵和无关人员闯入进行预警防控，操作人员通过管控终端发送

“区域监视”指令。无人机使用方式及作战使用流程如图 10－8 所示。当垂直起降无人机发现可疑目标后，管控终端显示威胁情况并进行语音告警，同时协调多旋翼飞行平台搭载驱离载荷起飞，飞临目标位置上方执行驱离任务；当反无人机装置发现无人机入侵后，管控终端显示无人机位置、速度信息，并根据操作人员指令控制无人机干扰仪进行反制。

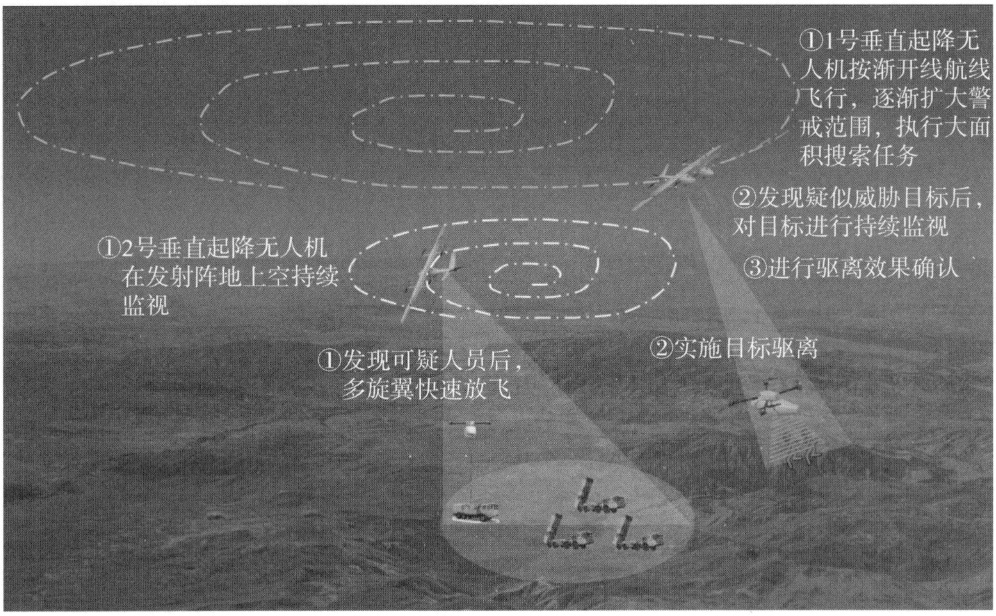

图 10－8　发射/待机阵地无人机使用示意图

（3）作战装备互通互联

在作战过程中，当特种车辆间通信受到山体、丛林阻挡导致信号衰减或者车辆超出通信距离范围时，可根据作战任务情况，依托旋翼或垂直起降无人机搭载中继通信设备，实现特种车辆与指挥中心之间中继通信（见图 10－9）。

10.4.2　区域防御系统

（1）系统组成及功能

区域防御系统，即通过在需防护区域周围及内部布设态势感知设备及智能打击设备，实现争议地区、军事基地、试验区、高价值目标等敏感区域的战场环境感知、威胁预警、辅助决策及威胁处置等功能。区域防御系统由地面/低空探测设备、无人机反制系统、雷达视觉融合区域警戒设备、无人机自动机场、无人值守传感器系统、非致命武器系统组成。系统组成及部署图如图 10－10 所示。

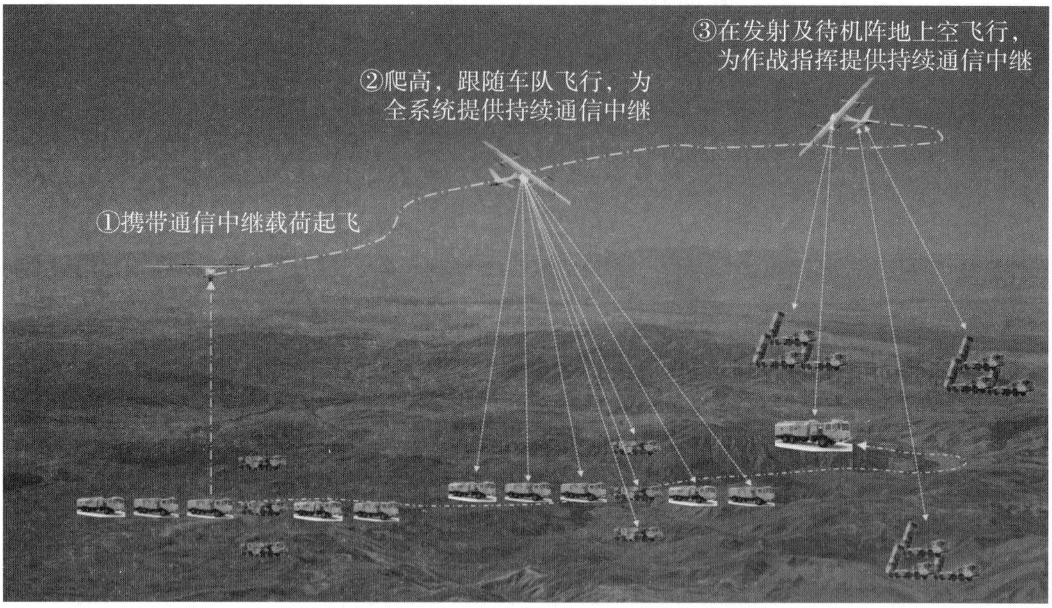

图 10－9　无人机中继通信使用方式

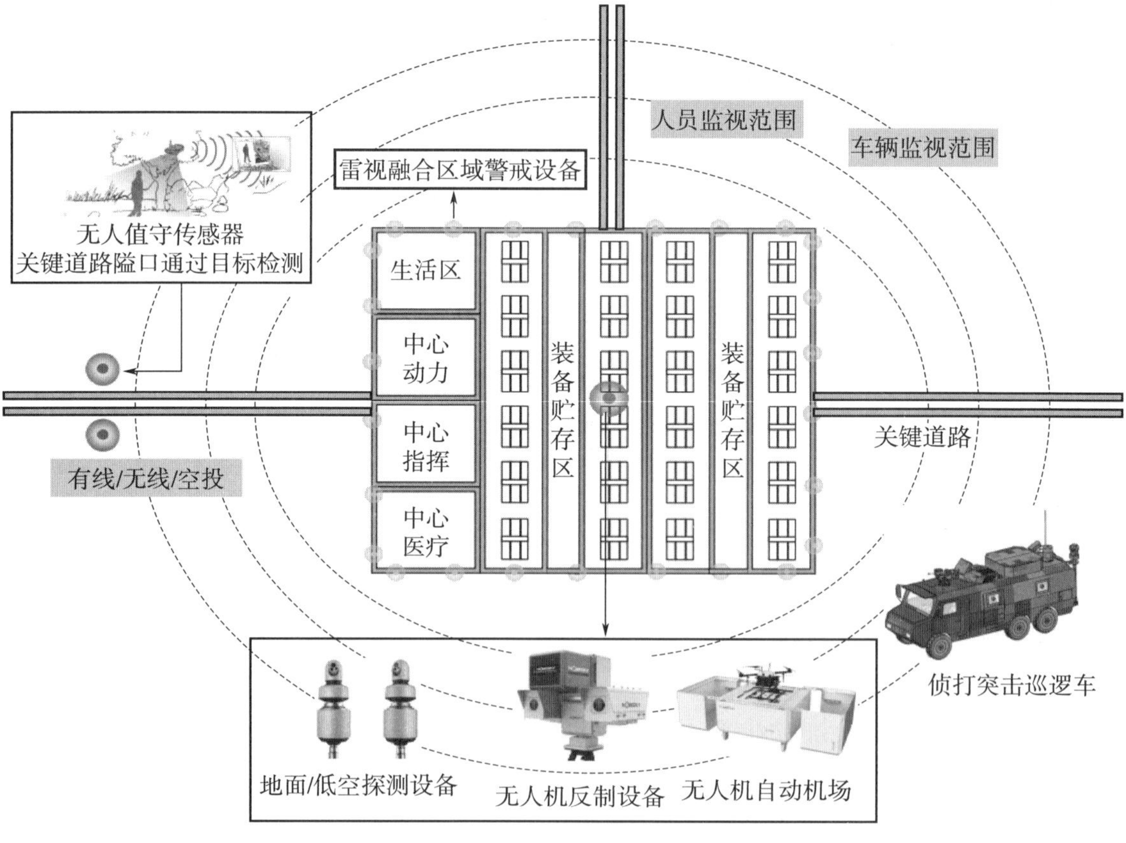

图 10－10　区域防御系统组成及部署图

1）地面/低空探测设备，通过 360°扫描监视，对威胁目标（人、车、无人飞行器等）进行大面积筛查，主动进行威胁识别、预警，目标定位、跟踪等。

2）无人机反制系统，实现无人机等“低慢小”目标融合探测、目标识别定位、告警提醒、目标跟踪、精准反制。

3）雷达视觉融合区域警戒设备，通过多套系统无缝衔接，实现检测范围全面覆盖。

4）在进入军事区域的关键道路、隘口及巡逻人员不易到达的地点隐蔽布设振动/音频、可见光/红外等无人值守传感器，实现军事区域广域范围内的外来入侵人员探测及预警。

5）在军事区域内部布设无人机自动机场，对军事基地周围进行定期巡逻监视。同时，在无人值守传感器进行威胁预警后，无人机自动飞抵报警地域进行目标确认及跟踪监视。

（2）作战使用流程

区域防御系统作战使用流程如图 10－11 所示。

10.5　小结

装备智能作战支持是随战争形态演化和装备技术智能化发展而升级形成的新型作战支持模式，是支撑现代战争的主要行动环节。本章从战场态势感知、作战过程认知、作战辅助决策及战场主动防御四个维度出发，构建了基于 OODA 环的装备智能作战支持技术体系框架，阐述了战场信息采集技术、战场态势认知技术、作战辅助决策技术和自主执行技术，并给出了伴随作战支持系统和敏感区域警戒系统两个典型应用方案，可为系统性推进装备作战应用、保障技术升级与运行模式革新提供技术支撑。

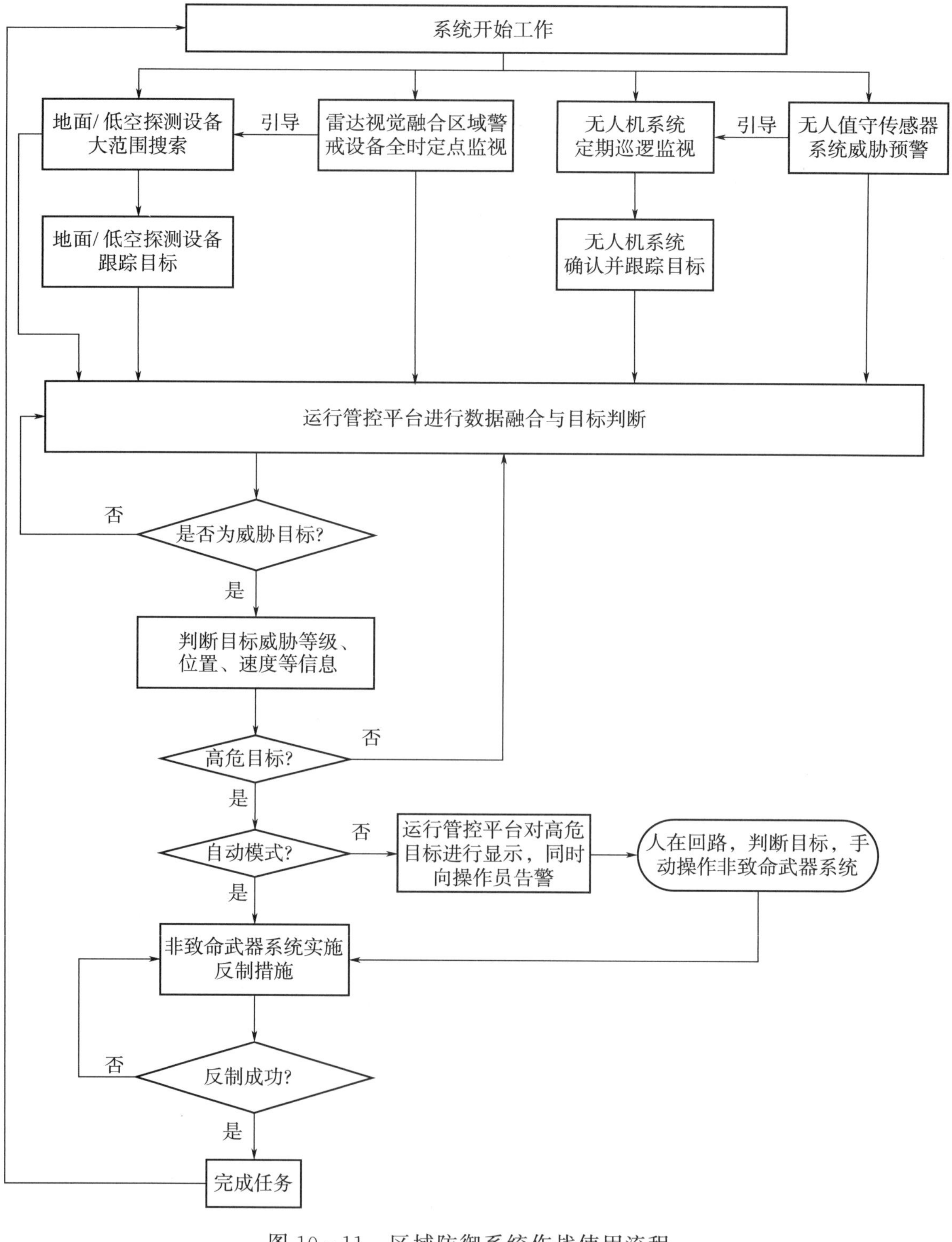

图 10-11　区域防御系统作战使用流程

参考文献

[1] 孔磊，杨政，王丽军，等．外军电子战作战支持发展现状与特点［J］. 电子信息对抗技术，2019，34（4）：55－59.

[2] 安红，杨莉，张朔，等．仿真技术在电子战作战支持中的应用研究［J］. 电子信息对抗技术，2019，34（4）：34－39.

[3] 吴荣华，田威，侯小阳．电波环境在电子战作战支持系统中的作用研究［J］. 海军工程大学学报，2021，18（1）：36－39.

[4] 许海龙，王隽，周水楼. 国外电子战作战支持系统设计理念和架构分析［J］. 舰船电子对抗，2017，40（2）：10－12.

[5] 刘耀辉，刘小方，张毅，等．某型导弹发射单元机动作战伴随保障能力评估［J］. 兵工自动化，2018，37（8）：73－77.

[6] 韩亚娟，彭运芳，魏航，等. 超启发式遗传算法求解带软时间窗的车辆路径问题［J］. 计算机集成制造系统，2019，25（10）：2571－2579.

[7] 刘虹庆，王世民．基于强化学习的车辆路径规划问题研究［J］. 计算机应用与软件，2021，38（8）：303－308.

[8] 张才明，刘志华. 遗传算法融合大数据的目标车辆路径规划方法［J］. 微电子学与计算机，2020，37（6）：89－92.

[9] 余伶俐，魏亚东，霍淑欣．基于 MCPDDPG 的智能车辆路径规划方法及应用［J］. 控制与决策，2021，36（4）：835－846.

[10] 郑华利，陈铁健，徐蕾，等．作战辅助决策模型设计及评估方法［J］. 火力与指挥控制，2021，46（10）：67－72.

[11] 陶雪峰，张琦，郭锐．军事行动避空侦察的时机和路线选择［J］. 数学的实践与认识，2017，47（15）：1－14.

[12] 魏继锋，徐楚璇. 反人员非致命武器技术发展现状及趋势［J］. 四川兵工学报，2015（3）：13－16.

[13] 温卓漫，陈长泳，张雁平，等．军用无人机反制技术综述［J］. 电子信息对抗技术，2022，37（1）：21－26.

[14] 屈旭涛，庄东晔，谢海斌. “低慢小”无人机探测方法综述［J］. 指挥控制与仿真，2020（2）：1－8.

[15] 袁全盛，胡永江，王长龙．无人机中继通信的关键技术与发展趋势［J］. 飞航导弹，

2015 (10): 25 - 29.

[16] 刘伟. 人机融合智能的现状与展望 [J]. 国家治理, 2019 (4): 7 - 15.

[17] 李林林, 张承龙, 卓志敏. 智能无人作战系统发展及关键技术 [J]. 现代防御技术, 2020, 48 (3): 37 - 43.

[18] 王幸运, 陈海. 无人作战系统的应用及关键问题探究 [J]. 军事文摘, 2021 (7): 22 - 27.

[19] 孙晓舟, 刘露. 地面无人作战系统及环境感知雷达发展概述 [J]. 科技视界, 2017 (8): 1 - 3, 59.

[20] 刘伟, 伊同亮. 关于军事智能与深度态势感知的几点思考 [J]. 军事运筹与系统工程, 2019, 33 (4): 66 - 70.

[21] 郭行. 智能无人系统发展战略研究 [J]. 无人系统技术, 2020, 3 (6): 1 - 11.

第 11 章　装备系统弹性技术

11.1　概念内涵

装备系统在作战使用中不可避免地受到外在和内在因素的扰动影响，这些影响与系统内在的恢复措施共同影响系统的运行状态，从而使其结构和功能一直处在波动的状态中。系统中用于抑制这种波动的能力称为弹性。弹性可用于表征装备系统受到扰动后能够快速恢复的能力，近年来逐步受到专注。

在复杂系统弹性领域，根据评估和应用对象在不同工程应用环境的相关特征，弹性可能具备多重内涵，这些丰富的内涵为军事体系弹性概念提供了典型的范式。美国国家基础设施咨询委员会将关键基础设施弹性定义为减小破坏性事件的幅度和持续时间的能力，取决于其预测、吸收、适应干扰以及其可以快速从潜在的破坏性事件中恢复的能力；美国机械工程师协会则将弹性定义为系统在内外部发生干扰后不中断执行功能，或在发生中断后可以快速完全恢复功能的能力。

在军事科学领域，弹性的概念更侧重于面向不确定的系统扰动情形，更加突出装备体系的博弈对抗、快速响应的特点。美国国防部系统工程办公室先进工程计划中曾指出：弹性是系统在各种不同运行情况下能够提供广泛的效用，并具备克服多种潜在的或未知的突发情况的一种能力。美国陆军工程研究发展中心将弹性定义为系统具备可信功能的程度，这种可信功能使系统能够适应多种运行条件，具备重配置能力和检测系统功能降级能力，从而具备击退/抵抗/吸收干扰，从干扰中恢复，并适应新的环境和呈现广泛效用的能力。在装备系统弹性的工程实施中，主要依靠作战应用规划阶段对系统对抗结果进行推演，规划保障活动和资源，并通过智能保障执行手段进行保障活动实施，最终通过作战资源需求和消耗的信息反馈进行保障策略优化和迭代，从而提高装备系统的恢复性和适应性。

随着军事技术的不断发展，武器装备本身的战技术指标不断提升，攻防博弈的决定性因素已从单个武器装备性能的较量逐渐转移到了作战应用模式、体系化作战效能上的较量，不仅考验武器装备应对特定作战目标“能打”，更考验武器装备在一定实战条件下“可以打”。从装备系统的角度出发，这种“可以打”的能力，实际是对武器装备在其作战应用与保障系统的支持下具备战时可用，以及在扰动、破坏后可恢复的能力提出的要求。具体而言，以武器装备作战应用和保障过程的数字化、信息化为基础，以装备智能数据采集和感知、智能决策和推演、智能执行和过程防御为主线的武器装备作战应用与保障技术，是武器装备作战效能最大限度地发挥的重要手段，使得装备在面对故障、战损、复杂战场环境等扰动因素时具备事先感知、提前准备、高效执行、事后评估的闭环应对能力，最终在作战活动的各个环节增强装备弹性，从而发挥其主战装备的战技术性能。

在现代化军事作战中，随着以网络为中心的自同步指挥控制等工程技术的逐步应用，装备系统中的各节点装备通过网络数据和通信系统实现互联、互通、互操作，实现了体系的网络化、协同化作战。新的作战特点，使得装备系统需要具备较强的弹性，在遭受内外部干扰的情况下，能够通过动态重构、资源调配、自主决策等方式来调整系统资源使用和配置模式，从而保持继续完成任务使命的能力。装备系统弹性作为一个新的学科领域，主要研究装备系统弹性建模、评估和管理方法，以使装备系统不仅要具备一定的作战效能，还需要具有在对抗环境下进行智能扰动响应的弹性恢复能力。

举例来说，如图 11 - 1 所示为美军典型海上作战系统，由航空母舰、濒海战斗舰、无人水面舰艇、无人驾驶飞行器和直升机等系统组成，这些系统协同工作以探测并消灭敌方目标。在作战任务过程中，装备系统的弹性主要通过四方面的途径实现：作战系统通过数据链网络及数据基础设施系统进行信息引接和处理，对战场上敌我双方的装备状态和任务要素进行实时探测和数据采集，从感知环节提供作战系统对应急状况的适应能力；利用采集到的数据，作战系统进行基于作战规划和推演的智能分析和决策，对各作战单元、装备进行任务规划，在作战系统受扰动时实时进行装备的调度和补充，保持作战系统完成任务所需的各项功能和性能，提高装备系统应对结构破坏和功能降级的能力；充分利用智能保障执行技术、智能作战支持技术在保障行动中的优势，根据任务决策结果进行系统弹性重构、任务调度和执行，提高装备系统抵抗和吸收扰动的能力，并根据事后评估结果对装备作战应用和保障策略及措施进行适应和调整，从而具备针对实战条件下各类扰动情况的适应性。

从上述的典型海上作战系统可以看出，该系统中指控和保障系统相互连

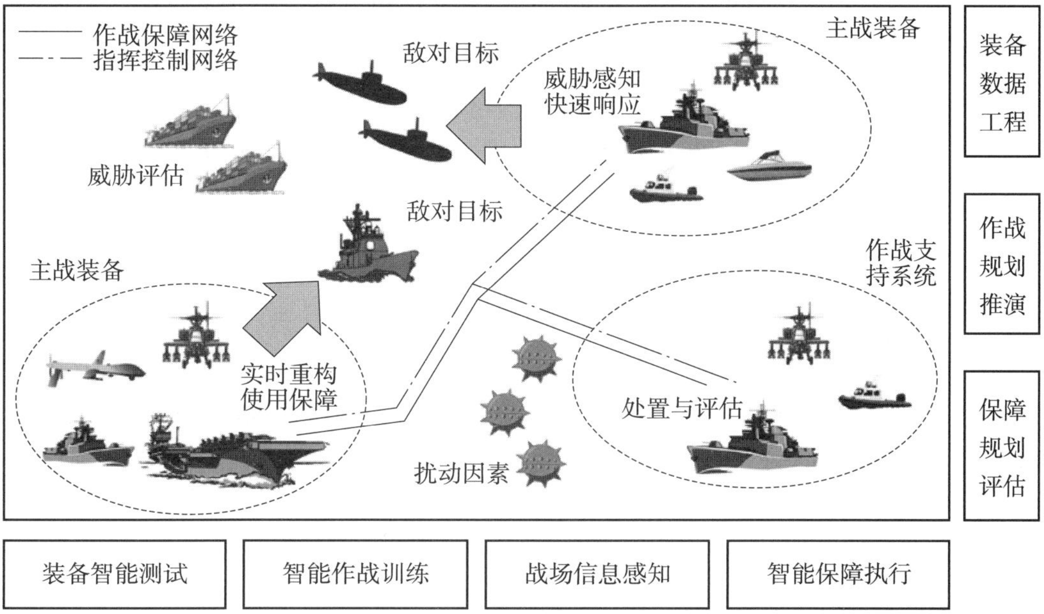

图 11-1　美军某类海上作战系统

接、相互依赖。指控系统由于其物资消耗、设备故障等原因而依赖于保障系统，而保障系统本身也需要指控系统的指挥调度。武器装备系统作为一类典型的复杂系统，具有组成和功能复杂、涉及的系统数量庞大，以及系统之间存在高度耦合等特点。在当今体系化、信息化的新战争形态下，单个装备的战技术指标发展演进速度逐步放缓，而体系化应用发展较为缓慢，武器装备系统在对抗环境中的生存和受损后恢复的能力已成为影响装备系统效能发挥的重要因素。武器装备系统抗毁问题，装备系统的破坏和恢复、重构、协同机制，以及系统贡献率等问题，是装备系统弹性的重点研究对象。建立装备系统的弹性机理框架，并提出基于重要度的性能和弹性分析方法，最终形成面向装备系统弹性评估和优化建模分析方法。复杂耦合网络建模、离散事件或系统动力学仿真的方法，使网络中的关键要素，尤其是系统间的耦合、节点装备的主要特征得以保留，适合于装备系统这类组成复杂、系统间交互活动活跃的弹性分析，为装备系统的设计和优化提供依据。

动态重构是一种典型的装备系统弹性的恢复策略，是装备系统弹性的一类主要实现形式。由于装备系统具有网络中心性，其组成系统或设备的功能实现可以相互替代或补充，这意味着在遭受内外部干扰后，装备系统可以通过动态重构进行降级使用或者恢复到正常的功能性能水平。因此，对装备系统弹性的研究不仅要将系统中相同或相似的组成系统看作一个整体进行分析，还要考虑这些组成系统或设备之间的相互作用。同时，在对装备系统进行弹性识别时一定要综合考虑其内外部干扰因素。其中内部因素主要考虑系统内部出现的故障或系统之间的相互影响，包括系统软硬件故障、控制机制缺陷、架构缺陷和组成系统之间的距离影响等，而不同的故障类型会对系统或系统的性能造成不同程度的降级甚至失效的影响。外部因素则主要考虑外部环境、攻击或灾难事件的影响，它虽然不是工程系统弹性所具有的固有属性但会影响系统的弹性。综上所述，将装备系统弹性定义为装备系统的一种固有属性和能力，由装备系统及其作战应用与保障形成的有机整体决定。因此，对装备系统弹性的识别与度量需要综合考虑其内外部因素影响，也需要从装备系统对干扰的抵御、适应和恢复三个方面进行弹性识别与评价。

11.2　装备系统弹性机理分析

11.2.1　装备系统弹性形成机制

弹性是装备系统保障特性概念的延伸和扩展，已经成为装备系统设计和评估需要考虑的重要特性之一。提高弹性有助于提高系统的可靠性、恢复性、稳定性和适应性，从而适应复杂的体系作战场景。弹性机理是装备系统弹性产生的原因和表现形式。通过分析装备系统在功能和结构上的特性，以得到其弹性机理，进而根据装备系统弹性及动态重构的定义，对装备作战应用与保障的弹性要素进行识别，梳理装备系统弹性的形成过程，如图 11－2 所示。装备系统弹性的初始输入是装备系统的结构与保障方案，通过任务及战场态势输入提供任务输入，并通过健康管理系统进行监测和管控；其次，装备系统的动态重构是弹性的实施过程，此过程由智能作战推演提供规划与评估，并通过智能保障执行进行任务执行和监控；通过动态重构过程实现的自组织、自适应特点可通过装备状态监测和系统弹性评估进行评估和分析，对装备系统的可靠性、脆弱性、恢复性和适应性进行量化评估，最终形成装备系统弹性的信息接入、执行、评估过程的闭环，从而实现综合管控、高效率、可监测、可评估的装备系统弹性。

理解装备系统弹性的形成机理，对于装备系统面对内外部冲击的抵御、适应及其恢复的机制具有重大意义。装备通常具有自组织、自适应的动态重构特

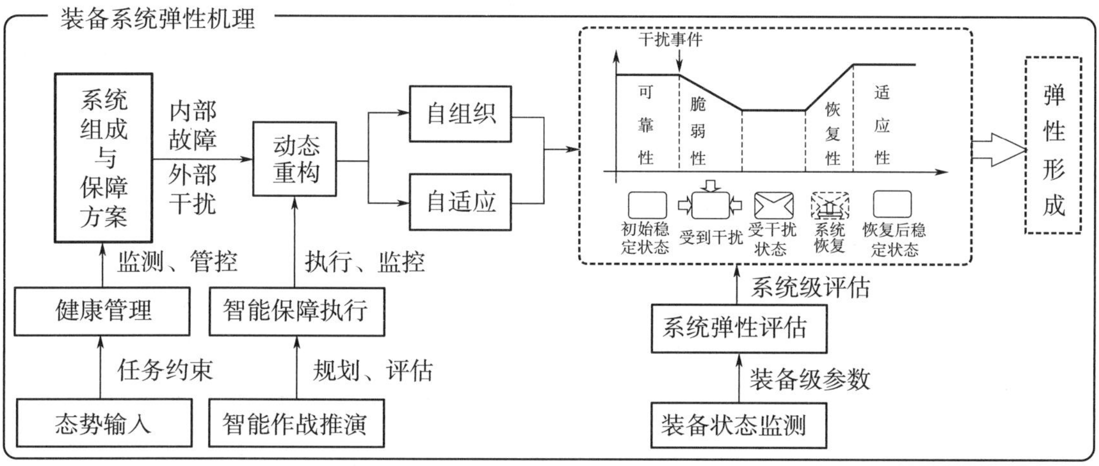

图 11－2　装备系统弹性机理

性，故系统具有一定的弹性。针对装备系统寿命周期或任务周期全过程，从弹性视角的抵御、适应和恢复三个方面，应用弹性工程理论和基于系统理论的过程分析方法（System Theoretic Process Analysis，STPA），分析装备系统在外部攻击和内部故障影响下的抵御、适应和恢复机制，从而得出装备系统弹性的形成模式。装备系统一般具有自治性、附属性、连通性、多样性、涌现性和协同性等特征，由众多的成员要素组成，通过一定的组织方式形成功能、任务上的相互联系，从而实现各种复杂的功能，其弹性的形成依赖于以下四方面的特性：

（1）独立运行特性

如果将装备系统进行分解，各个组成部分具有不同的功能，能够在一定条件下独立地执行其特有的功能。例如，特种车辆具备运输、机动的功能，能够为作战力量机动转移提供载体。

（2）独立管理特性

在系统形成之前，其各个部分具有一定的感知和判断功能，并能够接收外界或系统中其他成员的激励做出反应；在系统形成之后，其各部分也仍然保持独立管理的性质。例如，指挥控制系统具备接收作战任务指令，并向各作战单元下发作战行动指令的能力。

（3）体系行为的涌现性

体系涌现指若干装备系统组合形成装备体系后，出现了单系统所不具备的特性，且该特性只在低层次向高层次发展时才会出现。例如，利用平台化的作战指挥控制系统，各装备能够以作战流程和模式进行有效的组织，最终实现孤立装备所不能完成的体系化作战任务。涌现具有非线性的特征，即装备系统的各能力影响呈现出不均衡的非线性。

（4）系统演化的不确定性

由于系统的形成受到任务使命的驱使，因此装备体系不是以固定的形态或者模式出现或发展的，而是伴随着其任务使命、环境状态、技术成熟度及组成系统等的变化而进行演化。装备系统在实际作战过程中可能面临各类扰动和破坏，扰动过程与系统自身的适应性、重组重构过程相互作用，形成了系统演化过程和系统状态的随机性。装备系统的演化分为两类：一是由于任务需求或者系统缺陷所造成的体系架构改变或动态重构而进行的演化；二是由于组成系统的升级更新而发生的体系演化。

11.2.2　装备系统弹性要素识别

装备系统弹性要素是装备系统内影响其弹性能力的主要组成部分，在对装备系统进行分析或指标构建时，需要简化或者忽略对装备系统弹性影响较小的因素，只考虑对装备系统弹性影响较大的分系统或设备作为装备系统弹性的关键要素。依据装备系统结构及其弹性内涵，在装备研制、作战应用与保障等过程中，按照影响装备系统弹性的关键能力识别反映弹性特征的基本要素，从而得到影响装备系统弹性的五个要素：

（1）情报侦察

依托多域立体情报侦察网和装备数据工程，实现对敌方目标侦察监视和对我方装备状态进行感知。

（2）指挥控制

主要用于敌情信息融合、我情的收集以及指挥控制信息下发。明确打击目标，并进行作战规划与推演，完成作战行动与保障活动任务分发和指令下达。

（3）火力打击

主要对敌方地面兵力实施攻击，支撑我方地面兵力推进。运用火力打击装备对敌方指挥中心、通信枢纽、火力装备阵地、防空阵地、装甲集群等目标实施定点清除以及对轻装甲集群、地面兵力等目标实施覆盖打击；同时调度作战支持系统在作战执行过程中进行防护、辅助规划和决策。

（4）效果评估

对作战效果进行评估，支撑后续作战规划。由卫星、无人机或地面侦察系统获取目标毁伤效果图像；通过图像比对等手段实现对作战效果的评估。

（5）维修保障

主要用于对我方作战单元实施精确维修保障，以及我方作战单元的战时补给。我方作战单元故障由保障系统实施精确保障；对战损的补给，可运用基于网络化通信的保障调度实现及时有效保障。

11.2.3　装备系统弹性因子分析

根据经典的弹性三角形模型、弹性三阶段模型和装备系统弹性定义，可以将节点装备弹性分解为抵御因子、适应因子和恢复因子，如图 11－3 所示。

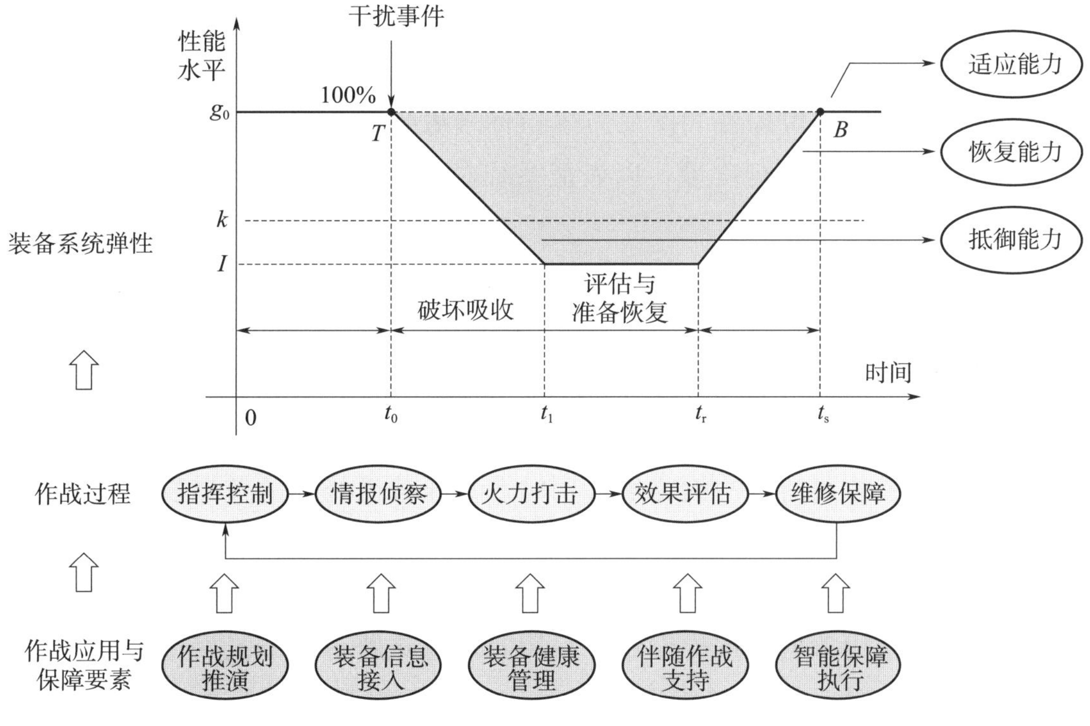

图 11－3　装备系统弹性因子

抵御因子主要表征装备系统自身预防或抵御内外部干扰和冲击影响的能力，该能力可确保装备系统的作战效能保持在一定的水平之上。装备系统在作战任务过程中可能遭遇到的干扰事件主要来源于两方面：

1）内部干扰：一方面指系统或组成设备自身的软硬件故障或失效，例如设备的自然退化导致的失效等。另一方面，指系统或组成设备之间由于相对位置或结构发生变化带来的影响，例如各设备之间的相对距离对装备系统雷达探测范围大小的影响。

2）外部干扰：指系统遭受到的人为、有目的性的恶意攻击，主要包括敌军对指控系统发动的病毒攻击、对侦察探测电磁脉冲干扰等。就节点装备而言，其抵御能力可通过可靠性和抗毁性等概率性指标来表征。在弹性因子模型中，抵御因子可用概率性参数进行度量，表示对冲击失效影响的抵御率，以表征系统对内外部干扰影响的抵御能力。

$$d_i = \frac{N_{\text{shock}} - N_{\text{f}}}{N_{\text{shock}}}$$

式中，N_{shock} 表示任务时间内节点遭受有效冲击的数量；N_{f} 表示任务时间内节点组成单元实际失效的数量。

适应因子主要表征装备系统在抵御干扰失败后，对后续冲击和扰动影响的缓冲能力，该能力使得系统能够在较低性能水平运行而避免直接崩溃。就节点装备而言，也可以用鲁棒性和耐受力等指标来表征其适应能力。因此，适应因子可用概率性参数 s_i 进行度量，以表征系统对内外部干扰影响的适应能力。某弹性要素 i 的 s_i 计算公式为

$$s_i = \frac{N - N_{\text{f}}}{N}$$

式中，N 表示作战任务过程中节点组成单元的数量。

恢复因子主要体现在装备系统在适应内外部干扰后，有效恢复其作战效能的能力。当降级使用的重构策略被采用时，意味着系统内的节点发生失效，各节点组成系统功能可以互为补充、互相替代，并保持较低性能运行；而且失效的系统能够在最少外部支持的情况下进行快速修复，以达到比失效状态更高的性能水平。当结构重组的重构策略被采用时，意味着系统节点发生失效，因此需要通过剔除失效系统节点或增加新的、已修复的系统节点重组装备系统网络、重新构造通信协议，以形成新的编队协同作战网。因此，恢复因子可用概率性参数进行度量，以表征其装备系统在适应干扰后的恢复能力。某弹性要素 i 的 h_i 计算公式为

$$h_i = \frac{N_{\text{r}}}{N_{\text{f}}}$$

式中，N_{r} 表示任务时间内恢复运行组成节点的单元数量。

11.3　装备系统弹性分析设计方法

11.3.1　基于 DoDAF 的装备系统建模

DoDAF 体系结构框架提供了对复杂工程系统架构描述的方法，利用能力、组织、活动等视图提供了对系统进行逻辑描述的标准程序。武器装备及保障系统的实体和功能通过复杂的组织、功能、活动交互关系而形成装备系统，其结构可通过 DoDAF 框架进行描述。DoDAF 的视图由多个产品组成，以数字模型的形式描述了系统结构，包括系统组织、活动、能力、流程及其依赖关系等。在描述给定的体系结构时，并不需要开发所有的视图产品，而应该以体系结构的使用目的为依据进行裁剪，选用适当的产品进行开发。装备系统具有复杂的组成和组织结构，其主要目的是装备系统在规定的任务剖面中完成规定功能。因此，需要对装备系统构成与任务两个方面的相关要素进行描述。

系统结构主要包括系统节点和节点间的连接。无论是节点，还是节点间的连接，都是系统结构弹性建模的基础。在系统结构描述的过程中，主要选取系统界面描述 SV－1、系统-系统矩阵 SV－3、系统功能描述 SV－4、系统资源流矩阵 SV－6 等产品。其中，SV－1 系统界面描述用于描述装备系统中的组成系统、设备以及节点和节点间的连接关系；SV－3 系统-系统矩阵用于定义系统之间的接口；SV－4 系统功能描述用于指定系统的功能及系统功能间的系统数据流；SV－6 系统资源流矩阵则能够提供装备系统组成系统或设备间交换的系统数据元素和交换的属性。

装备系统任务的基本要素包括活动、时间、装备（设施）、角色。为对装备系统任务分解进行建模，可选取 OV－5 作战活动图、OV－2 作战节点图、OV－4 组织关系图。OV－5 作战活动图能够实现对活动及活动间的时间逻辑顺序的描述；OV－2 作战节点图能够对装备（设施）进行描述；OV－4 组织关系图能够实现对人员的描述；OV－3 作战信息交换矩阵能够描述各要素间的信息交换。选用基于活动方法论 ABM（Activity Based Methodology）构建装备系统任务流程分解模型。

在应用 ABM 方法对装备系统的任务进行建模时，模型中实体的关系和属性是可以自动生成的。ABM 方法是基于 DoDAF 框架下的建模，建模中通过 DoDAF 框架以数据为中心的特点可以保证整个建模过程中数据是一致的。在建立装备系统任务模型的过程中，需要输入信息、活动、节点、人员和作战概念所描述的对象这些内容到作战视图中。OV－5 中还包括活动以及信息输入和输出，并通过 OV－2 的作战节点确定得到的系统信息交换和需求依赖关系。将装备系统的模型中所有信息交换组合后，就可以得到作战信息交换矩阵 OV－3。应用 ABM 方法时，各个视图之间是相互联系又互为依存的，各个视图之间的相互关系如图 11－4 所示。

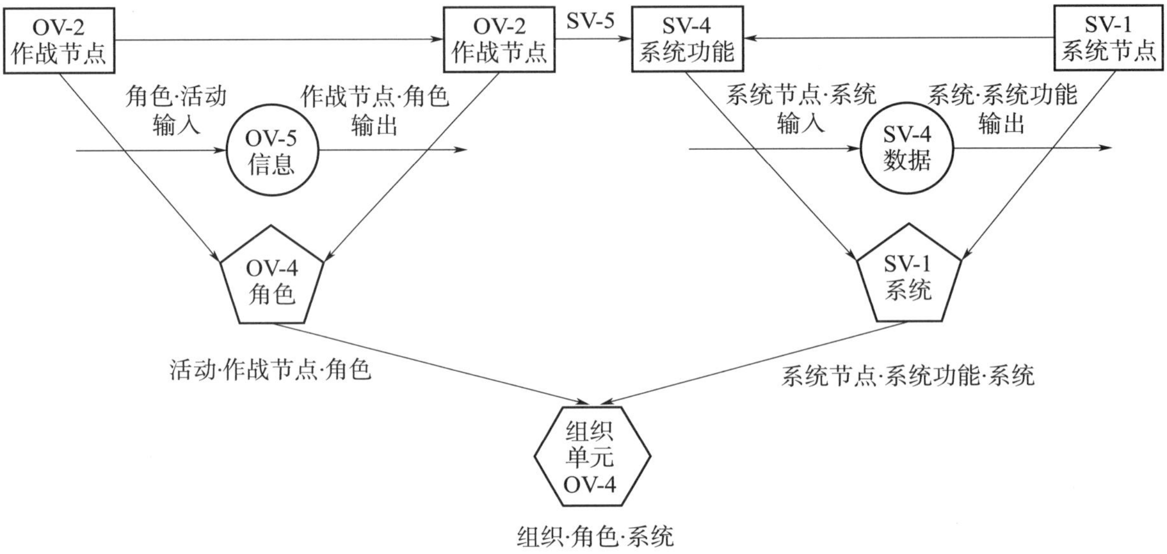

图 11－4　系统结构核心关系

运用 ABM 进行装备系统任务流程分解模型的建立，作战视图和系统视图的建立过程如图 11－5 所示。

11.3.2　节点弹性优化设计方法

基于恢复策略的节点弹性评估及优化流程如图 11－6 所示。

1）确定恢复策略，依据不同的恢复策略，确定相应的节点智能维修保障决策、规划和执行策略。

2）进行装备系统结构与功能设计，并按照实战条件在软硬件系统中实施功能交互设计和验证。

3）通过仿真、联调或试用手段，监测装备系统运行状态及维修保障策略执行效率，得到装备系统运行过程各项指标参数的情况。

4）通过运行数据分析装备系统性能变化信息及弹性数据。

5）对收集到的数据进行相应的处理，对相关数据进行数据整合和分析。通过数据分析的结果，对系统弹性及恢复策略进行判断。

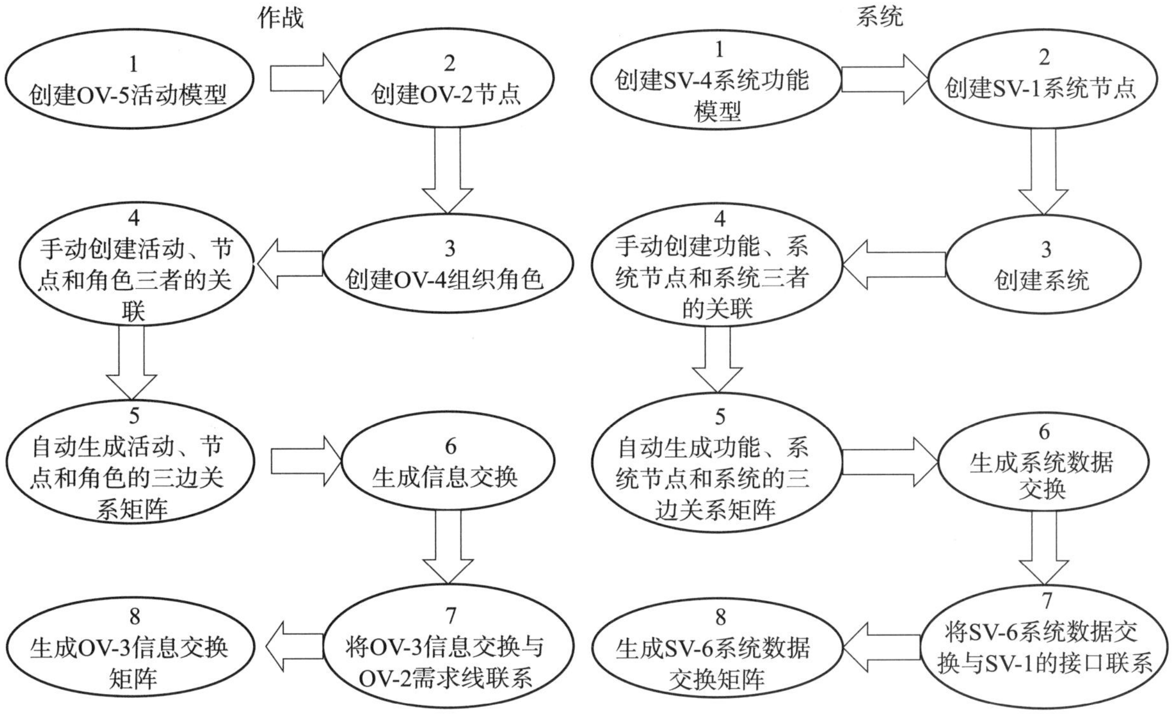

图 11-5　系统任务流程分解建模步骤

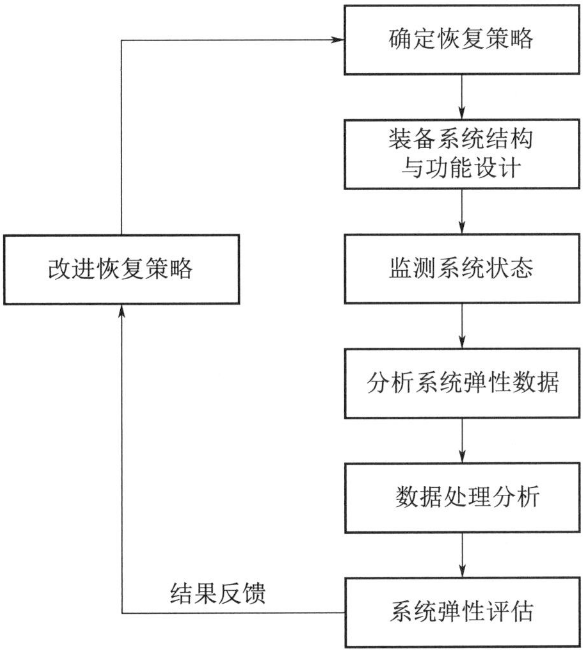

图 11-6　系统弹性评估及优化流程

6）将弹性评估的结果反馈到恢复策略设计环节，通过匹配恢复策略与系统性能和弹性结果，对恢复策略进行改进，从而达到节点弹性优化的目的。

系统结构有五大组成要素，包括节点、弧、流、网络以及节点等级，这五个要素也是系统结构的重组基础和依据。其中流、网络和节点等级是其中最重要的三个要素，流是判定系统结构重组需要依据的重要指标；网络作为系统中各组成系统间的拓扑关系，是系统结构重组过程中最大的影响因素；节点等级与系统结构和网络有着密不可分的关系，节点等级确定了网络中不同节点的权力，它反映了不同节点在网络中的控制区域，一般而言，控制区域越大的节点对网络中资源的需求就越高。高等级的节点需要配置更多的资源，才能保证系统高效率的运作。系统结构的重构必须要协调系统网络中系统节点的等级高低、资源配置以及控制区域的大小，这也是系统结构重组的理论依据。系统结构重组的最终目的就是提高系统性能和弹性。将网络的最大流作为系统性能的度量指标，因此，在系统结构重组的过程中，系统结构网络的最大流就是系统结构重组的判定标准，节点等级是系统结构重组的约束。

一般情况下，干扰事件往往会影响系统的多个节点，在多节点故障的情况下，系统的恢复策略则取决于故障节点的修复顺序。因此，需要重点分析多个节点失效后不同的节点修复顺序对于系统性能恢复的影响。引接装备状态监测、健康管理数据，通过数字孪生驱动的仿真方法对装备维修任务进行仿真推演和运行效率测算，从而实现基于维修的弹性评估和优化。

当装备系统任务、功能需求发生变化时（这种变化可能是主动的任务模式调整，也有可能是被动的故障影响规避），节点通过重新组织资源使用模式，以保证任务、功能的持续有效运行。节点的重组本质上是功能硬件冗余技术的一种延伸，具有类似功能、分属于不同分系统的节点在受损后可通过一体化的装备数据和指挥控制平台进行互联互通，从而实现互相借用。例如，针对装备系统中的组成设备故障或破坏，可基于装备健康管理进行保障活动需求预计，通过故障智能保障规划和推演输出系统重构方案，由保障执行系统进行装备系统的重构活动，最终利用装备数据信息网络采集的数据进行重构效果评估。装备系统重构的性质最终体现在系统的成本、复杂性、可用性、硬件冗余等方面的平衡。

11.3.3　装备系统弹性优化设计方法

弹性优化的本质是对系统弹性设计的决策问题，装备系统弹性得益于装备系统的资源共享特性，各分系统资源通过装备数据底座实现互联互通，使装备系统实现功能的涌现。与此同时，由于装备系统各组成部分的资源可以进行动态重构，这种架构也更好地提高了任务过程中系统资源失效时的鲁棒性和弹性。装备数据底座提供了装备作战应用与保障所需的各类信息来源，通过决策和执行技术，对作战应用与保障系统进行优化、组合，与装备本身共同进行综合设计，可以在装备作战应用各个环节提供相应的保障手段，从而提高装备系统的弹性，充分发挥装备系统的作战效能。

通过将弹性的分析、评估和优化过程与装备系统设计各个环节进行协同关联，考虑装备系统弹性要素、装备研制周期与费用等约束，在以弹性为驱动的装备系统优化设计框架中进行权衡设计，并利用求解算法进行优化求解。大多数弹性的优化和设计问题是系统弹性和成本之间的权衡，装备系统弹性优化设计本质上也是通过最大限度地提高系统弹性和尽量减少成本的多目标优化问题，使得装备系统在可接受的系统规模和建设费用下最大限度地发挥其作战效能。在装备系统工程实践中，武器装备及其作战应用与保障系统的成本、功能性能、使用配套保障条件相互制约，需要各系统功能实现效果和成本之间的权衡。对于装备系统而言，其弹性能力要素由其组成系统或设备的资源交互与共享而来，根据弹性要素、弹性因子和弹性-费用函数建立装备系统费用模型。

根据装备系统结构特征、弹性因子和寿命周期函数，开发装备系统的费用主要包括新研设备费用 c_{y} 、改进设备费用 c_{g} 与弹性相关费用 c_{r} 。其中，新研设备费用 c_{y} 和改进设备费用 c_{g} 主要由性能相关费用组成，弹性相关费用为提高装备系统弹性而支出的额外费用，主要指考虑弹性的抵御、适应和恢复因子相关的费用。通过将各因素成本相加来构建装备系统费用函数是一种更为合理的方式，考虑弹性要素的装备系统费用模型为

$$C_{\mathrm{sos}}=c_{\mathrm{y}}+c_{\mathrm{g}}+c_{\mathrm{r}}$$

弹性驱动的装备系统优化设计即是对弹性相关的多目标问题的优化，需要考虑弹性能力设计的主要影响因素，即抵御能力、适应能力和恢复能力，还应考虑提升装备系统弹性所需的费用。因此，弹性驱动的装备系统优化设计就是在费用条件约束下对各弹性因子参数 (d_i，s_i，h_i) 与组成系统性能参数 u_{ij} 的分配和物理资源的再配置。通过基于弹性因子的弹性量化模型和装备系统费用模型构建基于弹性的装备系统多目标优化模型为

$$\min: C_{sos} = c_y + c_g + c_r$$

$$\max: R_{sos} = \Omega(d_i, s_i, h_i)$$

对于具有 n 个关键要素的装备系统的弹性量化公式为

$$R_{sos} = \sum_{i=1}^{n} w_i [1 - (1 - d_i)(1 - s_i)(1 - h_i)]$$

通过对上述多目标优化模型的优化求解，即可得到装备系统弹性优化设计的帕累托最优集 $\eta^* = (d_i^*,\ s_i^*,\ h_i^*,\ u_i^*)$。

11.4　装备系统弹性评估方法

11.4.1　基于模型的系统弹性度量

按照装备系统结构建模、弹性策略设计和功能优化设计的思路，给出装备系统弹性设计架构和系统解决方案。然而，装备系统弹性的设计效果，还需要通过装备系统的实际运行情况进行评估，即通过评估装备系统在实战扰动条件下的弹性来评价装备作战效能。但是，装备系统的弹性受到多方面因素的影响，其在系统运行效能上的表征也是多方面的，这使得装备系统的弹性需要通过适合于装备系统特点的度量方法进行评估。

当仅关心装备系统某个单一方面的性能，或者所关心的若干方面可综合为单一的系统性能综合指标时，可根据这一性能指标在一定时间内的变化进行系统弹性评价，利用经典弹性模型进行弹性度量。常见的弹性模型有鲁棒三角形模型、熵弹性模型、积分弹性模型和多因子弹性模型。

（1）鲁棒三角形模型

Bruneau 等人在著名的弹性三角形中定义了基础设施弹性的四个维度，鲁棒性、快速性、资源充足性和冗余性。在装备系统中，可表达为：

1）鲁棒性，即装备系统的抗扰、抗毁强度，如在敌方打击或单元故障发生后阻止系统发生大规模失效的能力。

2）快速性，即在扰动发生后装备系统能够恢复到原始状态或者最低可接受的功能水平的速度或速率。

3）资源充足性，即运用系统保障资源（即信息数据资源、作战支持、智能保障执行）应对破坏性事件的能力水平。

4）冗余性，系统在失效发生后能够通过冗余、贮备系统代替失效单元而降低失效影响的程度。

破坏事件下系统的性能变化过程如图 11－7 所示，其中 $Q(t)$ 表示装备系统在时刻 t 的品质（也可以称之为 t 时刻基础设施系统的服务水平），可能代表了几种不同的性能参数。记破坏事件的发生时间点为 t_0，t_1时刻装备系统恢复到破坏事件之前的正常状态。

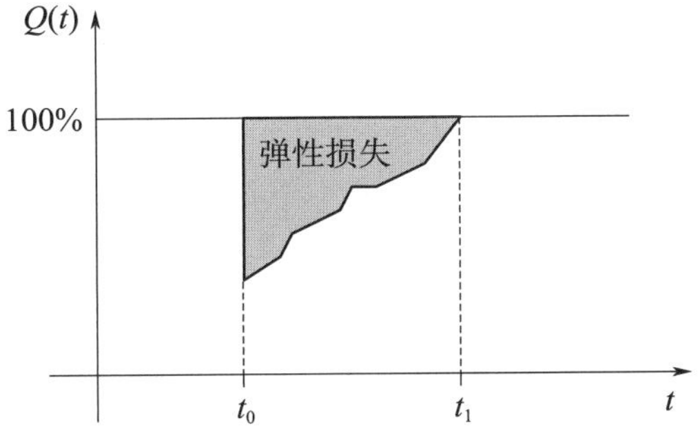

图 11－7　弹性三角形

结合上述的四个维度，给出的弹性参量如下所示：

$$Rl=\int_{t_0}^{t_1}[100-Q(t)]\mathrm{d}t$$

弹性三角形模型下的弹性参量将装备系统的初始运行效能作为评估的基准，这种方法具有普遍适用性，应用简单。

（2）熵弹性模型

Henry 和 Ramirez Marquez 给出了一个随时间变化的弹性模型，用恢复的性能与损失的性能之比来度量系统的弹性。可以用功能函数 $P(t)$ 来表示该系统在某个时间点的性能水平。其系统的三个状态对于弹性的量化是十分重要的，如图 11－8 所示。稳定的初始状态，表示系统在干扰事件之前的正常性能水平，从时间 t_0 到 t_e 结束；降级后的状态，是由干扰事件（在 t_e 时刻发生，直到 t_d）所引起的，描述了系统的性能从 t_e 到 t_d 的转变过程；稳定的恢复后状态，它指的是开始于 t_s 时刻的恢复措施结束后，系统的新的稳定状态性能水平。

如图 11－8 所示，系统的弹性包括三个维度：可靠性，或系统在干扰事件之前保持正常功能的能力；脆弱性，事件 e_j 发生后系统避免初始影响的能力；恢复性，或系统及时从干扰事件 e_j 中恢复的能力。这个与时间相关的弹性参量如下所示：

$$Я_{\varphi}(t\mid e_j)=\frac{\varphi(t\mid e_j)-\varphi(t_{\mathrm{d}}\mid e_j)}{\varphi(t_0)-\varphi(t_{\mathrm{d}}\mid e_j)}$$

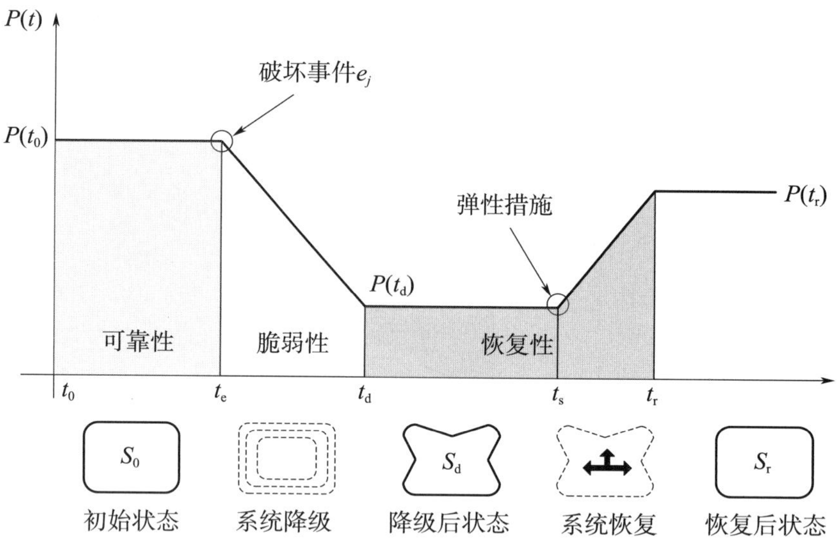

图 11-8 熵弹性下系统性能的转变过程

$Я_{\varphi}(t \mid e_j)$ 表示 e_j 事件发生后，t 时刻系统的弹性；分子表示恢复措施所恢复的性能水平，分母表示干扰事件 e_j 所造成的性能损失。

（3）积分弹性模型

弹性的积分模型需要提供系统某一时间段内系统的性能随时间变化的参数，如图 11-9 所示。这个过程可能包括若干个破坏事件：灾害预防阶段（$t_0 \leqslant t < t_1$）、破坏扩展阶段（$t_1 \leqslant t < t_2$），以及评估和恢复阶段（$t_2 \leqslant t \leqslant t_3$），分别反映了系统在干扰事件之下的抵抗、吸收和恢复能力。可以用目标性能曲线 $P_T(t)$ 和实际性能曲线 $P_R(t)$ 来对弹性进行度量：

$$R(T)=\frac{\int_0^T P_R(t)\mathrm{d}t}{\int_0^T P_T(t)\mathrm{d}t}$$

（4）多因子弹性模型

系统弹性还包括破坏阶段性能下降的缓急、恢复过程中的性能振荡等。因此，在进行弹性度量时应该采用多个弹性因子来代替单一指标，根据性能破坏和恢复（强化）阶段，采用不同的弹性参数。多因子弹性模型包括四个静态弹性因子：积分弹性因子 α、下降率弹性因子 β、恢复（强化）量因子 γ、恢复时间因子 δ，如图 11-10 所示。

1）积分弹性因子 α：与 Ouyang 提出的积分弹性模型相同，为整个弹性过程中性能指标对时间的积分与无扰动情形下性能指标对时间的积分之比：

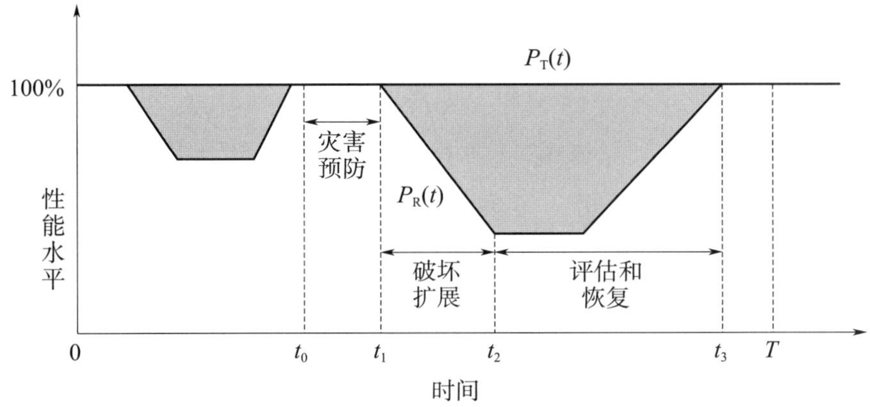

图 11-9　积分弹性下系统性能的转变过程

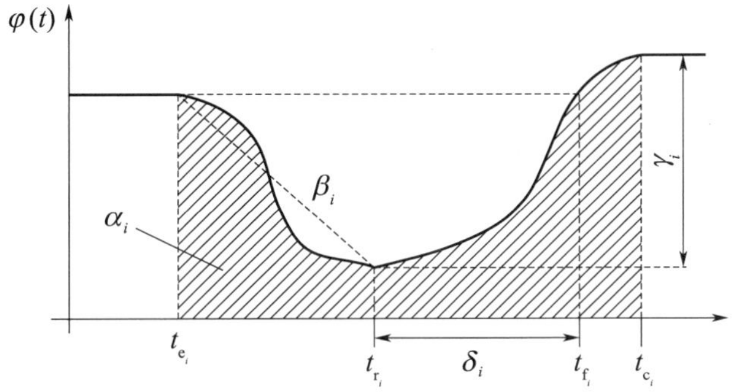

图 11-10　静态弹性过程图示

$$\alpha_i=\frac{\int_{t_{e_i}}^{t_{c_i}}\varphi(t)\mathrm{d}t}{(t_{c_i}-t_{e_i})\varphi(t_{e_i})}$$

2）下降率弹性因子 β：表示在弹性过程中的性能下降阶段，系统性能水平下降的速率。为简化表示且不失一般性，不考虑下降的具体趋势，而是用性能下降起点（即破坏事件发生的点）和终点（性能最低点）连线的斜率来表示性能水平下降。下降率弹性因子可以用数学形式表示为

$$\beta_i=\frac{\varphi(t_{e_i})-\varphi(t_{r_i})}{t_{r_i}-t_{e_i}}$$

3）恢复（强化）量因子 γ：在衡量恢复和强化过程中的性能趋势时，考虑两种情况：a）在下一个破坏性事件到来之前，系统已恢复到原始性能水平，并强化至高于初始性能水平；b）系统并未恢复到原始性能水平。恢复（强化）量因子适用于以上两种情况，其值等于最终性能恢复平稳时的性能水平与最低

性能水平之比。恢复（强化）量因子用数学形式表示为

$$\gamma_i = \frac{\varphi(t_{c_i})}{\varphi(t_{r_i})}$$

4）恢复时间因子 δ：与恢复（强化）量因子不同，恢复时间因子度量系统恢复到一定性能水平的时间。考虑恢复时间时，一般考虑系统性能恢复到初始水平的速度和效率。因此，恢复时间因子表示为

$$\delta_i = \frac{t_{r_i} - t_{e_i}}{t_{f_i} - t_{r_i}}$$

11.4.2 基于系统能力层级的系统弹性度量

当系统性能具有多个维度，从而无法利用单一的系统性能综合指标对系统进行评价时，采用 DoDAF 能力分解模型进行多层级的装备系统弹性度量。根据装备系统弹性多层级分析，对装备系统弹性评价总体上分为三个步骤：一是对装备系统组成分系统能力层进行弹性分析；二是对各分系统物理资源进行弹性分析与评估；三是根据前两层分析的结果对装备系统总体进行弹性评价。

装备系统弹性的综合评价是针对系统在遭受内外部干扰后，通过动态重构依然保持执行任务能力的综合度量，根据作战任务和装备系统结构的不同，评估的方法也会有差异。根据装备系统层次结构，对装备系统弹性指标进行分解，形成装备系统弹性指标框架。装备系统内各分系统的性能要求和指标各异，且各组成分系统性能指标繁多，难以实现且没有必要对所有指标进行评价。由此，通常选择对装备系统弹性影响较大、作用较明显的指标进行评价，在评价过程中，剔除弹性评价影响较弱和相关性较强的指标，并考虑装备系统动态重构的影响。根据基于要素的系统层次结构对装备系统能力与资源层进行弹性指标分解。

针对装备系统执行任务的过程和特点，将顶层装备系统弹性一级指标分解为信息感知、弹性指挥、重构执行、保障资源、网络拓扑五个子类的指标。具体而言，信息感知主要对装备系统数据引接和处理能力进行评价，包括信息引接容量、处理容量和认知能力。弹性指挥主要从弹性角度出发，对装备系统的指令生成、处理和传递能力进行度量。重构执行主要从系统冗余、重构的固有能力和执行能力方面进行评价，包括任务重构和功能重构的能力。保障资源主要从系统可用度、保障资源余量、利用率、保障活动执行能力方面进行评价。最后，针对装备系统的网络结构特性，采用复杂网络拓扑结构参数进行评价，

包括网络连通性、全局效率和网络可用规模。

通过上述弹性要素的指标分析与分解，对影响装备系统弹性的指标有了较为细致的掌握，给出根据装备系统弹性要素构建的弹性指标框架，如图 11－11 所示。

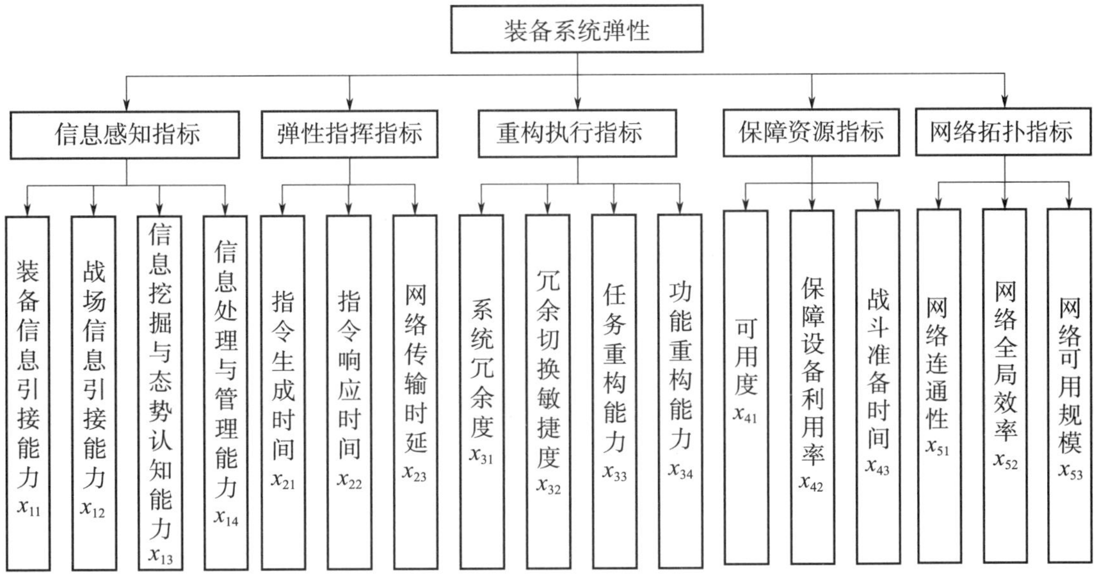

图 11－11　装备系统弹性指标框架

通过装备系统弹性指标框架，将基于性能指标的装备系统弹性评价分为三级，由底向上对装备系统弹性进行综合评价。通过三级弹性指标对二级弹性指标进行评价，主要包括两种方法：一是利用基于性能阈值的弹性量化模型计算得到各三级指标弹性，然后确定各个三级指标弹性的权重，求解得出二级指标弹性值；二是先根据弹性要素的各三级指标性能计算得出二级指标总体的性能变化值，然后利用基于性能阈值的弹性量化模型计算得出该二级指标弹性，即可得到各二级指标弹性值，最后，对各二级指标进行加权求和，从而得到装备系统弹性的综合评价值。

由于装备系统具有非线性的涌现特征，各弹性要素在装备系统中的地位和影响也是不均衡的，各级弹性指标也有着不同的权重，权重代表了同一层指标之间的相对重要性或对上一层指标影响的比重，其值大小对上层指标的评价结果影响较大，因此，需要对装备系统弹性指标权重系数的确定方法进行研究，通过指标综合评价的方法对装备系统弹性进行评价。

11.4.3 装备系统弹性指标综合评价方法

系统效能综合评价确定指标权重的方法主要包括主观赋权法和客观赋权法两种。主客观赋权方法的分类标准是通过权重是否由专家确定来判断的。而实际上，即使一些客观赋权方法，在赋权的整个过程中也往往会存在一些主观因素。

主观赋权法根据决策者或专家的经验以及每个指标的主观重要性来赋予指标权重。它反映了决策者的经验积累与主观判断，同时，环境的可变性要求在做出决定时要清晰地把握好每个指标的重要性，主要包括层次分析法（Analytic Hierarchy Process，AHP）、属性重要度排序法、点估计法、二项式系数法、判断矩阵法和决策实验室分析法（Decision making trialand evaluation laboratory，DEMATEL）等。通过主观赋权法确定权重可以利用决策者的经验和知识，但是它的灵活性和可变性也带来了更多的主观随机性。因此，在发挥其优势的同时降低其主观随机性是非常重要的，但有时候也无法对赋权的结果给出清晰明确的解释。客观赋权法利用每个指标的信息来确定其权重，分配的权重值不取决于决策者的主观判断，而是通过数学方法直接把权重分配给相应指标，主要包括熵权法（The entropy weight method，EWM）、主成分分析法、基于方案的相似性尺度法、目标规划法、质心法（Centroid method）、替代品满意度法（Satisfactory degree of alternative）、两阶段法、基于案例的推理法（Case－based reasoning）、遗传算法、粗糙集（Rough set）和模糊偏好（Fuzzy preference）等。而客观赋权法的赋权结果有时与指标的实际重要性不一致，因为它没有考虑决策者的主观意愿。

不同的主客观赋权的方法都具有各自的优势与局限性。AHP 主要根据同级指标相对于上级指标或顶层指标的相对重要性权值的排序，并未考虑同级指标之间的相互影响关系；DEMATEL 主要针对同级指标之间的逻辑关系，以及每个指标对其他同级指标的直接和间接的影响程度和被影响程度，从而确定各级指标权重；EWM 可以一定程度上克服决策者的主观臆断，提高了权重系数确定的客观性，但在客观数据匮乏或难以获取情况下，EWM 无法很好地给出指标权重，或与实际的指标重要性出现较大的偏差。因此，将利用 AHP、DEMATEL 和 EWM 三类赋权法各自的优势，并通过有效的组合建立 ADE 组合赋权法来确定装备系统各级指标权重，进而更加全面、有效地对装备系统各级指标进行赋权，具体实施过程如下：

(1) 主观赋权法

AHP 是最为经典也最为常用的主观赋权法，由于装备系统结构及其任务过程极其复杂，在不同任务中，即使相同的性能指标在同一数值范围内，也会给装备系统弹性带来不同影响，因此，应用 AHP 中的层次化与两两对比的量化思路，对各三级弹性指标进行赋权和整合，从而得到上一层指标值。首先通过相应领域专家打分，对各指标进行相互比较从而确定各级弹性指标的相对重要性，然后进行归一化，确定各个弹性指标的权重值。

判断矩阵法和决策实验室分析法 DEMATEL 模型将图论与矩阵理论相结合，分析计算每个元素的中心度和原因度，然后定量计算出各个元素之间的逻辑关系和直接影响关系，从而判断其在系统中的重要程度，并广泛应用于商业、工业、教育、环保和交通等领域。

用主观赋权法（AHP 和 DEMATEL）确定装备系统的三级指标权重，总共选用 $p=2$ 种主观赋权法对各弹性指标进行赋权，可得各三级指标的权重，如下式所示：

$$u_{ij}^{k}=(u_{i1}^{k},u_{i2}^{k},u_{i3}^{k},\cdots,u_{in}^{k}),k=1,2$$

式中，$u_{ij}^{k}\geqslant 0$ 表示用第 k 种主观赋权法确定指标 f_{ij} 的权重。

(2) 客观赋权法

应用客观赋权法——熵权法对装备系统的各级指标权重进行赋值。熵最早是一个物理学概念，是对混乱程度的度量，信息熵借用热力学熵的概念，用来明确信息的不确定和混乱程度。EWM 根据各指标的变异程度或离散程度，利用信息熵来计算出各指标的权重。若某个指标的信息熵越小，说明指标的离散程度越大，提供的信息量也就越大；若有某项指标的值相等，那么该指标在 EWM 赋权时不起作用。同时，应用 EWM 给各级指标赋权时对原数据有一定的要求，需要同类或相似产品在同一指标下的数据，因此，它较适用于对底层指标的赋权。

共选用 $q-p$ 种客观赋权法（EWM）对装备系统的三级指标进行赋权，可得各三级指标权重，如下式所示：

$$v_{ij}^{k}=(v_{i1}^{k},v_{i2}^{k},v_{i3}^{k},\cdots,v_{in}^{k}),k=p+1,p+2,\cdots,q$$

式中，$v_{ij}^{k}\geqslant 0$ 表示用第 k 种客观赋权法确定指标 f_{ij} 的权重，$q=3$。

(3) 组合赋权法确定权重

设组合赋权后各三级指标的权重为

$$w_{i}=(w_{i1},w_{i2},w_{i3},\cdots,w_{in})$$

式中，$w_{ij} \geqslant 0$，则有：

$$w_{i1} = u \sum_{k=1}^{p} a_k u_{i1}^k + (1-u) \sum_{k=p+1}^{q} a_k v_{i1}^k$$

$$w_{i2} = u \sum_{k=1}^{p} a_k u_{i2}^k + (1-u) \sum_{k=p+1}^{q} a_k v_{i2}^k$$

$$\cdots$$

$$w_{in} = u \sum_{k=1}^{p} a_k u_{in}^k + (1-u) \sum_{k=p+1}^{q} a_k v_{in}^k$$

式中，$\sum_{k=1}^{p} a_k u_{ij}^k$ 表示 p 种主观赋权法对弹性指标 f_{ij} 所确定权重的加权平均值；$\sum_{k=p+1}^{q} a_k v_{ij}^k$ 表示 $q-p$ 种客观赋权法对弹性指标 f_{ij} 所确定权重的加权平均值；w_{ij} 表示 q 种赋权法确定的综合权重，也就是 ADE 组合赋权法给出的权重值，其中 $p=2$，$q=3$。

（4）综合评价值确定

综上可得 ADE 组合赋权法对各二级指标 s_i 赋权后的综合评价值为

$$R_i = \sum_{j=1}^{n} w_{ij} x_{ij}$$

同理可得装备系统弹性的综合评价值为

$$R_{\text{sos}} = \sum_{i=1}^{m} \left(w_i \sum_{j=1}^{n} w_{ij} x_{ij} \right)$$

11.5 装备系统弹性分析案例

11.5.1 装备系统描述

围绕武器装备系统的弹性、破坏和恢复、网络重构、体系贡献率等问题，利用 DoDAF 框架下的系统结构建模和系统弹性评估方法，对装备系统中的装备、作战应用与保障系统进行建模和分析，使系统中的关键要素，尤其是各分系统间的耦合、节点和边的特征得以保留，分析系统弹性的影响因素，从而为装备系统作战应用与保障的设计和优化提供依据。

以装备信息保障-物资保障-作战耦合系统为案例分析对象，对系统中信息保障系统、物资保障系统和作战系统相互连接、相互依赖的关系进行网络建模，并基于网络模型进行弹性评估和分析。装备系统可抽象为信息保障网络、物资保障网络及作战网络三层拓扑结构。信息保障网络由于其物资消耗、设备故障等原因而依赖于物资保障网络，而物资保障节点的正常工作也依赖于信息保障网络的指挥调度。作战网络中的节点仅当其信息保障和物资保障功能均正常时方能正常工作，作战网络中的 OODA 环数量可表征装备系统作战效能，从而反映信息保障及物资保障系统的保障效能。按照系统描述、网络建模、破坏事件和恢复事件分析、系统性能指标以及仿真分析的步骤，对系统在动态弹性过程中的性能和弹性进行分析。

对装备系统功能、系统边界和工作方式描述如下：

（1）系统功能

装备系统中的信息保障网络和物资保障网络为彼此提供信息和物资保障功能，此外物资保障网络中的节点要对各自所对应的作战装备进行物资保障。在物资保障网络的支持下，信息保障网络接收来自感知系统的敌方目标信息，进行作战筹划和决策，并对各级作战力量发出打击指令，形成装备系统网络中的作战环，完成打击任务。信息保障网络具备指挥控制的功能，物资保障网络具备对装备、各作战单位进行保障的功能。因此，装备系统（TS）的功能由作战网络（BS）直接体现，而作战网络的功能性能受信息保障网络（CC）和物资保障网络（LS）共同影响。此外信息保障网络（CC）和物资保障网络（LS）的功能存在相互依赖关系。因此，装备系统功能可表示为

$$F(\mathrm{TS}) \cong F(\mathrm{BS}) \oplus F(\mathrm{CC}) \oplus F(\mathrm{LS})$$

式中，F（X）表示系统 X 的功能。

（2）系统边界

装备系统包括作战单元的感知、指挥、作战节点等，如雷达、卫星、指挥中心、作战部署点内的打击节点、保障节点、运输节点、维修节点等。

（3）工作原理

装备系统中的大多数节点同时需要物资保障网络和信息保障网络的支持。作战方面，由信息感知、指挥控制、目标打击链路连接为若干个 OODA 环，组成作战网络，OODA 环的数量越多，代表系统作战链路畅通，作战效能越高；信息保障方面，按照三级指挥关系形成信息保障网络，信息保障功能通过各个节点之间的通信功能实现，当节点之间具有连通的通信网络路径时，方能完成信息保障任务。在物资保障网络中，节点之间通过陆上交通道路完成物资保障功能，制约保障效能的因素除了节点之间是否连通，还包括保障路径的长

度，保障路径的长度由保障路线经过的每一个边的地理距离决定。

装备系统的三层网络如图 11－12 所示。

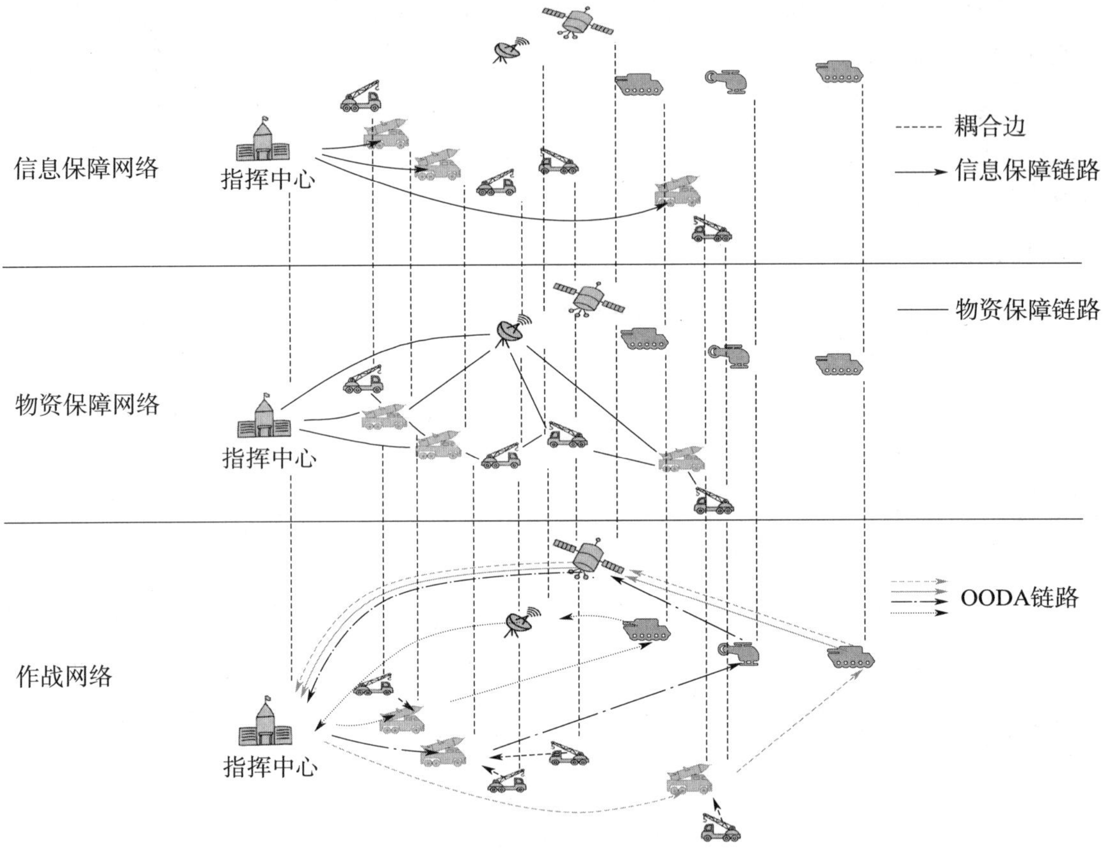

图 11－12　装备系统三层网络结构示意

11.5.2　装备系统耦合网络建模

（1）装备系统组成实体抽象

在装备系统组成实体抽象过程中，应使节点之间的联系明显少于节点内部各功能单位的联系。在装备系统中，可将阵地、打击装备、打击支持装备、感知设备、各级指挥中心视作网络节点。考虑一个由 n 个 1 级指挥中心及其下辖的部队组成的装备系统，每个 1 级指挥中心下辖 m 个 2 级指挥中心，每个 2 级指挥中心下辖 k 个 3 级指挥中心，每个 3 级指挥中心下辖 s 个作战单元，每个作战单元配备打击节点、维修节点、运输节点、吊运节点、保障节点各 1 个，与若干个保障站点共同组成装备系统。其中，参与感知、决策指挥、打击行动的节点和蓝方节点形成作战网络，是装备系统作战效能的最终承担者；指挥链路上的各级指挥、作战单元保障、打击、指挥、转载和感知节点组成信息保障网络，提供信息传递指引；各保障站点和作战单元的打击和保障节点组成物资保障网络。

(2) 装备系统连接关系抽象

装备系统具有信息保障网络、物资保障网络和作战网络三层网络拓扑结构，分别按照信息保障关系、物资保障关系和作战关系组成耦合网络。其中，信息保障网络和物资保障网络之间为相互依赖关系，当任一节点在任一层网络中失效时，该节点在其余两层网络中也失效；作战网络是在物资保障网络和信息保障网络支持下而形成的实际装备系统网络，是整个装备系统功能和使命的最终体现。

1) 信息保障网络层。在信息保障网络中，主要以网络的层级指挥关系作为网络中连边的依据。在装备系统中，设每个联合指挥中心下辖 m 个基地级指挥中心，每个基地级指挥中心下辖 k 个旅级指挥中心，每个旅级指挥中心下辖 s 个营。形成一个固定的具有 $n\{1+m[1+k(1+s)]\}-1$ 条边的信息保障网络。

2) 物资保障网络层。在物资保障网络中，主要以地理位置上的公路路径作为网络中连边的依据。在网络中，按照系统的物资保障关系，就近部署系统中的指挥节点、打击节点和保障节点的位置。当各节点的位置确定以后，按照位置相近的节点优先连接的规则进行连边，形成一个固定的具有 p 条边的物资保障网络。

3) 作战网络层。在作战网络中，主要以 OODA 环中的信息感知、指挥控制和打击链路作为网络中连边的依据。除作战指挥部分以外，OODA 环在作战过程中是动态地出现的，因此对各类型的节点间设置不同的连接概率，形成若干个 OODA 链路组成的作战网络。

根据以上的装备系统成员节点和连接关系抽象，可以建立装备系统的三层耦合网络结构，如图 11－13 所示。图中的所有节点均按照节点的实际位置排布，可见信息保障网络的拓扑结构呈现等级网络的形态，物资保障网络的拓扑结构呈现晶格网络的形态，而作战网络的拓扑结构呈现环状网络结构。

11.5.3　装备系统的性能度量指标

(1) 信息保障网络的性能指标

对信息保障网络而言，希望各指挥节点到各个作战打击节点具有良好的可

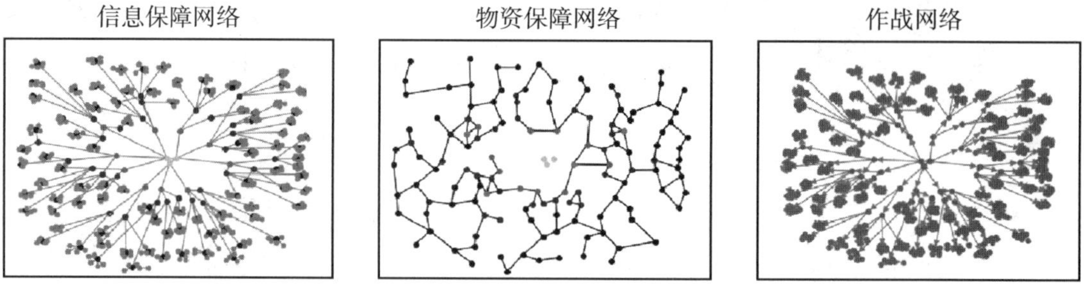

图 11-13　装备系统的信息保障网络、物资保障网络和作战网络（见彩插）

达性，即作战与保障指令都能够到达各个单元。考虑到信息保障网络为等级网络，采用网络中的最大连通子图作为物资保障系统的性能指标，即物资保障网络的性能如下所示：

$$\varphi_l(t)=\frac{N_{\mathrm{LCC}}(t)}{N}$$

式中，$N_{\mathrm{LCC}}(t)$ 表示处于最大连通子图中的节点个数；N 表示网络节点总个数。

（2）物资保障网络的性能

一般而言，对于信息保障网络，希望保障资源能够尽快从保障起点送达各个需要保障的节点处，即保障资源的传递效率越高越好。因此，对物资保障系统采用网络效率来度量其性能。将连通的网络中每两个节点之间的拓扑距离取倒数，求其均值，即为网络效率。即物资保障网络在 t 时刻的性能如下所示：

$$\varphi_c(t)=\frac{1}{N(N-1)}\sum_{i\neq j,i,j\in G}\frac{1}{d_{i,j}(t)}$$

式中，$d_{i,j}(t)$ 表示 t 时刻节点 i 到 j 的拓扑距离。

（3）作战网络的性能

装备系统的最终目的是实现作战目的，因此，为度量装备系统的性能，需要考虑作战过程中的各个步骤和活动。在装备系统中，主要的作战活动包括：感知和预警、调整、决策、打击。四个作战活动形成作战环，作战环中的四个环节缺一不可。而作战环的数量越多，表示装备系统在实施作战打击任务中可选择的链路和途径越多，完成作战任务的能力越强。因此采用作战环数量作为作战网络的性能度量。在仿真过程中，以上三种性能度量的值在数量级上有差异，在数据处理和分析中，令各性能指标在仿真中的初始值都为 1，对数据进行归一化处理。

11.5.4　装备系统的动态弹性仿真分析

（1）装备系统动态弹性仿真过程

结合装备系统网络结构、破坏事件和恢复策略想定，以及各层网络的性能指标，设计了装备系统网络动态弹性仿真方法，用于对动态弹性过程中的网络破坏、恢复事件进行仿真，记录并分析各子系统的性能情况，最终计算出对应的各个弹性因子的值。在弹性仿真中，按照预设网络攻击策略、网络耦合强度，以及网络恢复强度进行仿真。在每个弹性过程中，按照攻击策略破坏网络中的 10 个节点会被破坏，并触发一系列的级联失效。在破坏结束后，根据恢复强度的选择，恢复若干个节点。每个节点破坏或恢复记为一个仿真步长，并记录系统的性能值。在仿真结束后，对每个系统的各弹性因子进行计算，得到一系列弹性值，以支持后面的分析。

（2）装备系统性能分析

1）装备系统作战网络性能与各层网络性能的关系。对 13 个装备系统的破坏-恢复过程进行仿真，得到其动态弹性过程中各个子系统性能的趋势。图 11 -14 记录了在耦合强度为 0.4、恢复强度（即每轮破坏-恢复过程中恢复的节点数与破坏的平均节点数之比）为 3 时，各层网络在动态弹性过程中的性能变化。可见，在 4 个破坏-恢复循环结束后，装备系统的三层网络在各自稳定的水平范围内波动。

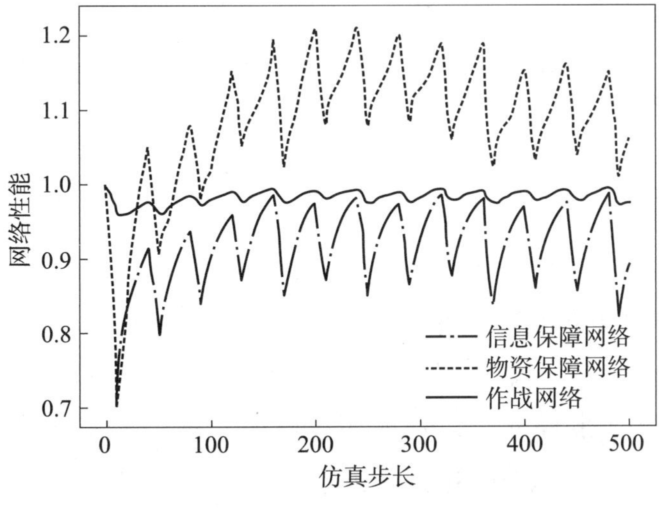

图 11 - 14　装备系统各层网络的性能变化

将上述的三组性能趋势作为三个时间序列，进行皮尔逊相关性检验，其结果见表 11－1。

表 11－1 各层网络性能趋势间的关系

分组	相关系数 r	p 值（显著性指标）
信息保障网络和物资保障网络	0.825	7.067×10^{-126}
信息保障网络和作战网络	0.948	1.466×10^{-250}
物资保障网络和作战网络	0.852	1.684×10^{-142}

可见，三层网络的性能均呈现显著的正相关关系，其中信息保障网络和作战网络的正相关性更强。将信息保障网络性能、物资保障网络性能、物资保障网络性能和信息保障网络性能的乘积作为自变量，作战网络的性能作为因变量，分别作出散点图，并进行一元线性拟合，可以得到其拟合直线和 95％置信带，如图 11－15 所示。

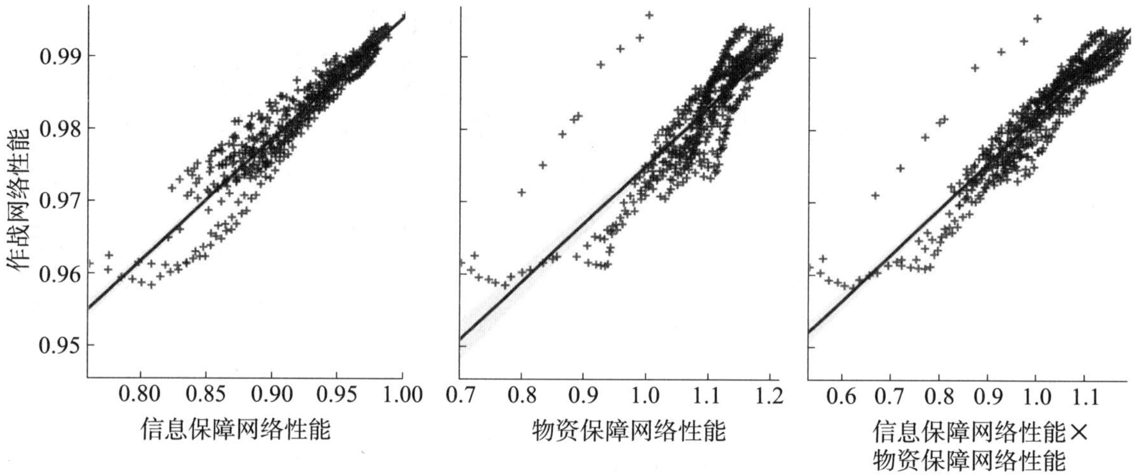

图 11－15 装备系统各层网络性能的相关关系

2）装备系统各层网络性能与耦合强度的关系。装备系统在持续扰动过程中，各网络层的性能受到系统间耦合强度的显著影响。如果耦合网络中存在一定比例的自治节点，这些节点的各个功能不会因为其他功能的丧失而完全失效，则系统抵抗破坏事件的能力可能相应增强。各层网络的平均性能与耦合强度之间的关系如图 11－16 所示。

可见，无论是在随机破坏还是区域破坏的条件下，随着网络中耦合关系的增强，各层网络在动态弹性过程中的平均性能均逐渐降低，表明耦合带来的级

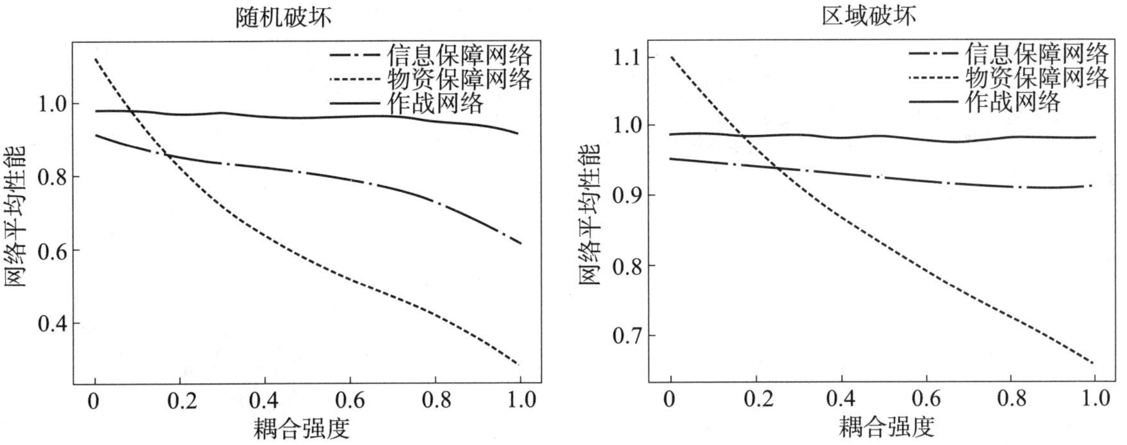

图 11－16　系统平均性能与网络耦合强度的关系

联失效效果较为显著，且耦合强度越大，系统的性能损失量越大。

3）装备系统性能与破坏策略的关系。以单位时间内破坏的节点个数相同为标准，分别对随机节点破坏和随机区域破坏进行了仿真，比较装备系统各层网络的响应，如图 11－17 所示。结果表明，系统损坏的节点彼此越集中，对装备系统的破坏作用越小，即装备系统对集中区域发生的故障具有更良好的弹性，能够更快地从破坏事件中恢复。其原因在于，具有等级网络特征的信息保障网络具有更强的主干，当主干发生失效时，其对系统整体性能的影响更大，因而对随机破坏更敏感。

由装备系统在弹性过程中的性能分析可知，装备系统的作战性能受到其物资保障能力和信息保障能力的影响，呈现显著的正相关关系。作战网络的效能在弹性过程中的波动幅度显著地小于其余两层网络的性能，尽管信息保障网络和物资保障网络的性能受到弹性过程的影响而波动明显，其作战性能在动态弹性过程中的趋势相对于另外两层网络而言则较为平稳；装备系统中各层之间的耦合关系对作战性能、保障性能和指控性能有一定的影响，各层网络的性能均随着耦合关系的增强而下降。其中，物资保障网络受耦合关系的影响最大，作战网络的性能相对稳定。在随机破坏下，随着耦合强度的增加，装备系统各层网络的平均性能下降程度低于在区域型破坏情况下的破坏程度，即当系统处于完全耦合时，系统对随机破坏具有较高的健壮性；由于装备系统的空间分布性，精确定点的破坏和扰动比区域性破坏和扰动对装备系统各层网络性能的影响更大，尤其对物资保障网络具有更大的破坏力。然而，无论哪种威胁形式，对于装备系统而言，以近似作战环数量计算的作战性能在动态弹性过程中的波

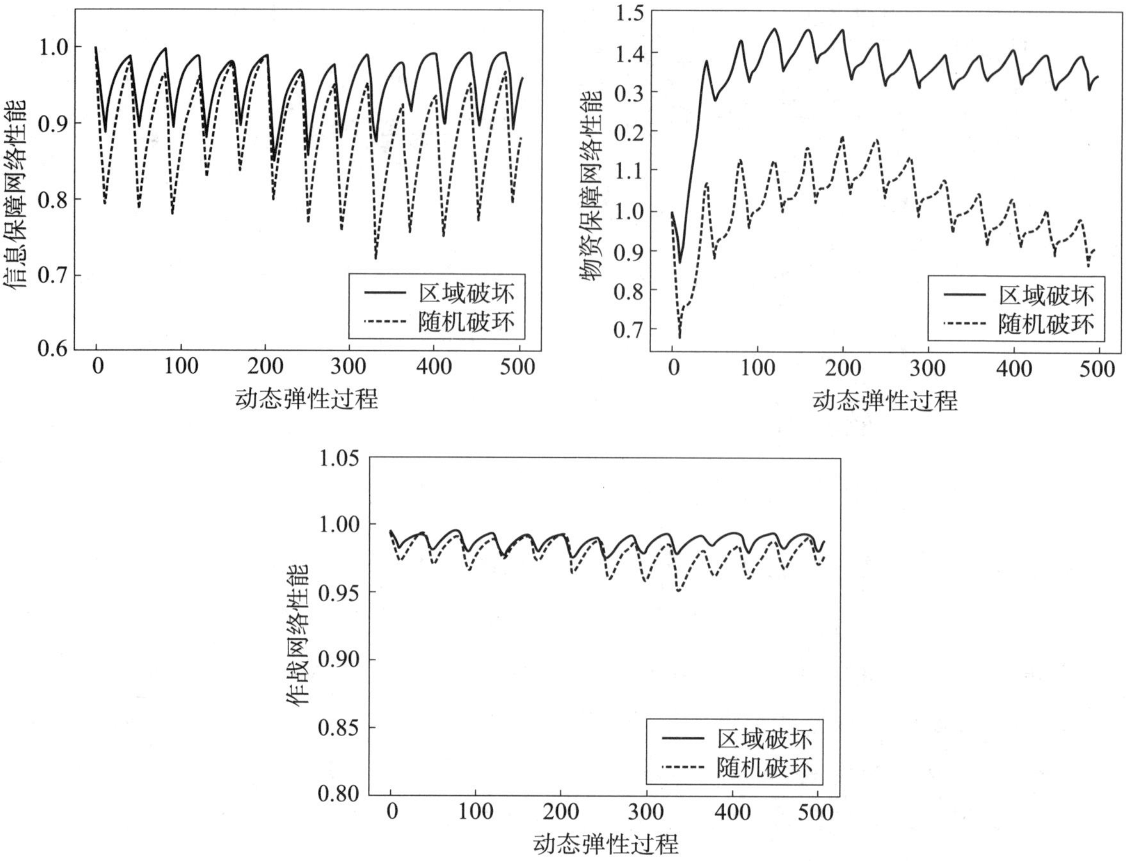

图 11－17　装备系统各层网络的性能与破坏策略的关系

动幅度要显著地小于物资保障网络和信息保障网络的幅度，具有较强的稳定性和弹性。

（3）装备系统弹性分析

通过大量的动态弹性过程仿真，计算不同破坏策略、破坏强度和耦合程度的情形下，每个弹性过程中的各个弹性因子量值，通过观察弹性因子的变化趋势，记录装备系统各层网络的同一弹性因子在动态弹性过程中的趋势，如图 11－18 所示。

可见，同一网络层的不同的弹性因子在动态弹性过程中具有不同的趋势，而不同网络层的同一个弹性因子的趋势则较为接近。将上述的数据重新整理，以各层网络的各个弹性因子大小为横轴，以耦合系统的同一弹性因子大小为纵轴分别作散点图，并进行一元线性拟合，可以得到其拟合直线和 95％置信带，如图 11－19 所示。可见，作战网络的弹性因子值大小与信息保障网络、物资保障网络的相应弹性因子的值呈正相关关系。按照各个弹性因子分别对各层网

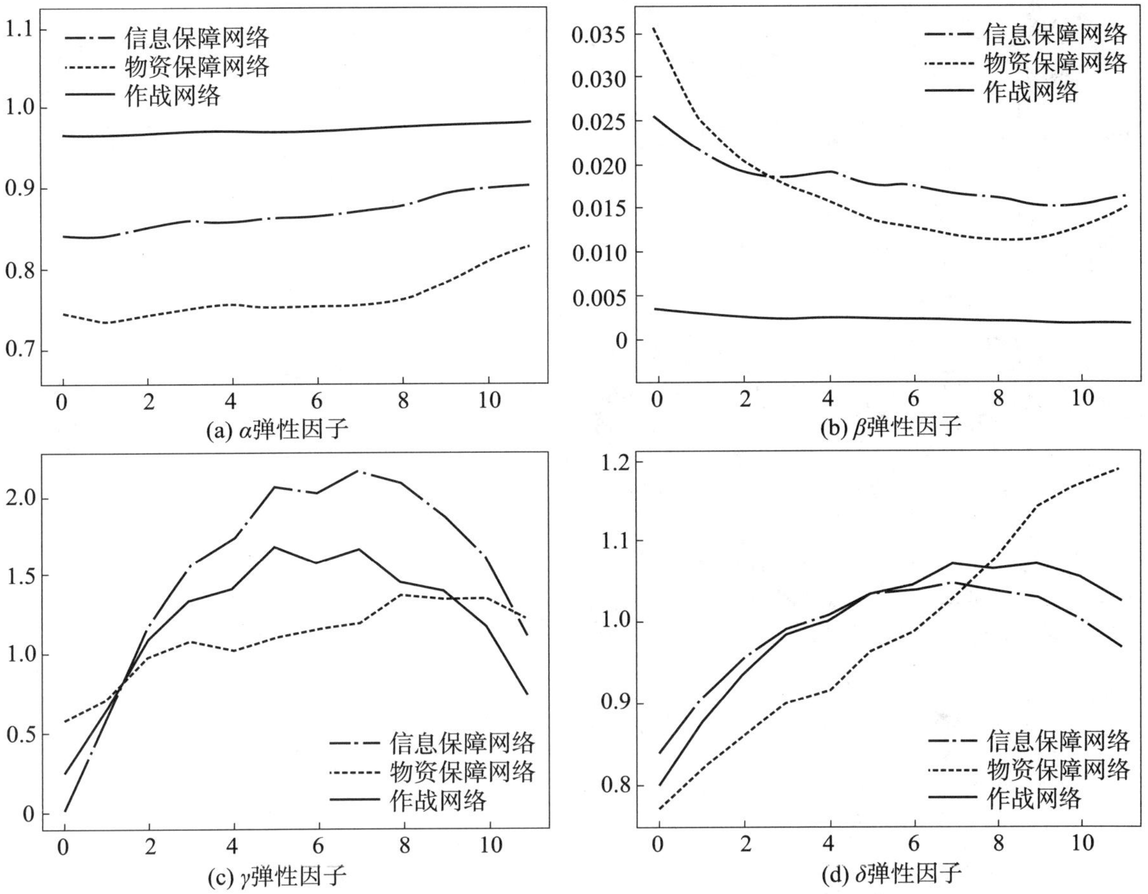

图 11－18　装备系统各层网络的弹性因子在动态弹性过程中的趋势

络的弹性因子进行皮尔逊相关性检验，其结果见表 11－2。

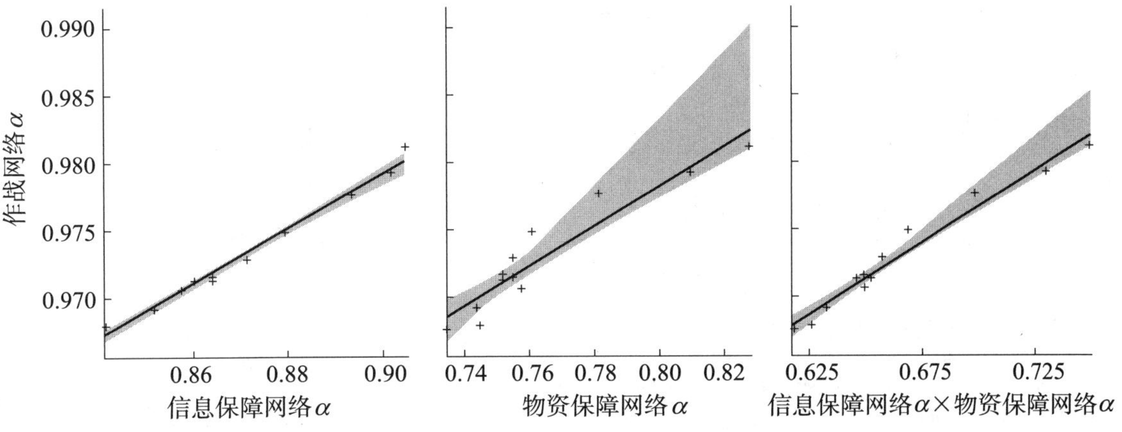

图 11－19　弹性因子相关关系分析

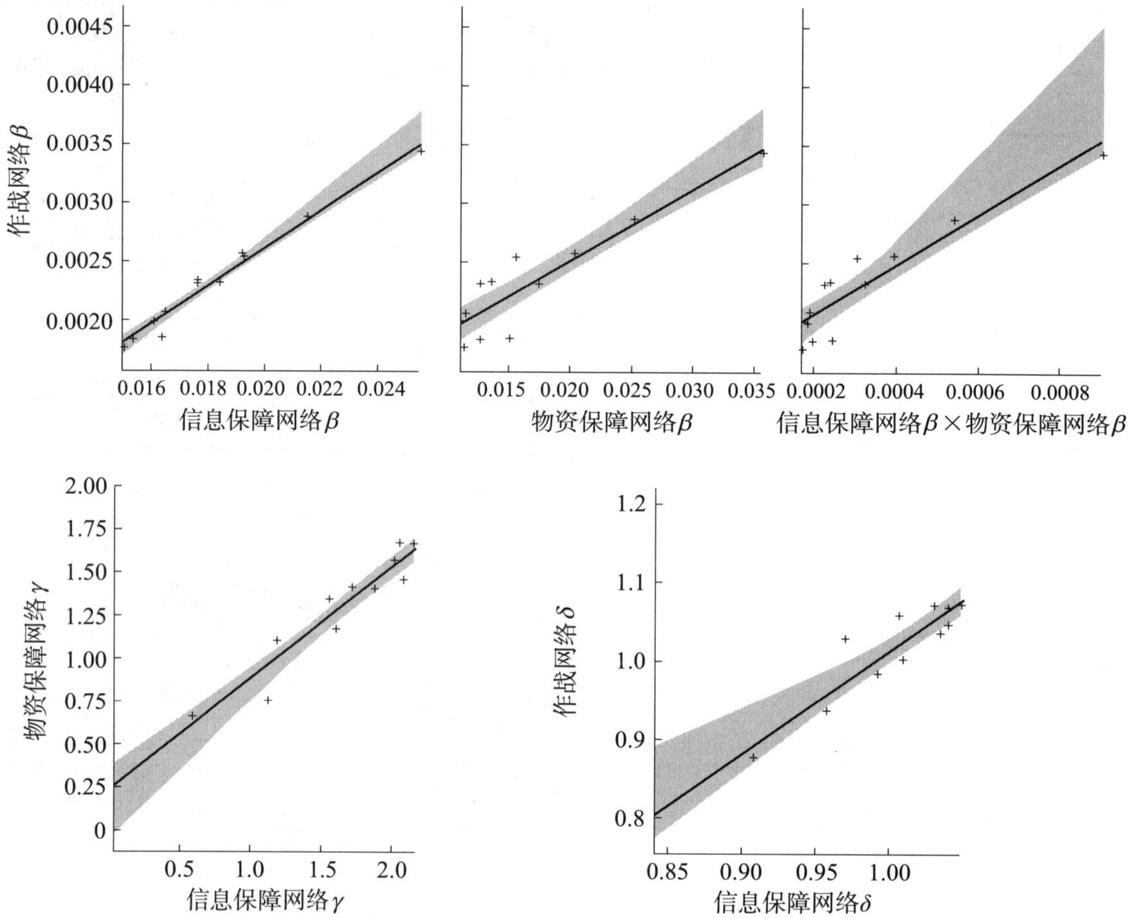

图 11－19　弹性因子相关关系分析（续）

表 11－2　各网络层弹性因子的相关性

弹性因子	系统分组	弹性因子的相关性系数	p 值（显著性指标）
α	信息保障网络和物资保障网络	0.920	2.31×10^{-5}
	信息保障网络和作战网络	0.994	4.13×10^{-11}
	物资保障网络和作战网络	0.948	2.80×10^{-6}
β	信息保障网络和物资保障网络	0.958	1.01×10^{-6}
	信息保障网络和作战网络	0.986	4.01×10^{-9}
	物资保障网络和作战网络	0.911	3.72×10^{-5}

续表

弹性因子	系统分组	弹性因子的相关性系数	p 值（显著性指标）
γ	信息保障网络和物资保障网络	0.820	1.10×10^{-3}
	信息保障网络和作战网络	0.973	1.06×10^{-7}
	物资保障网络和作战网络	0.683	1.44×10^{-2}
δ	信息保障网络和物资保障网络	0.627	2.90×10^{-2}
	信息保障网络和作战网络	0.956	1.24×10^{-2}
	物资保障网络和作战网络	0.827	8.98×10^{-4}

通过对装备系统弹性分析可知，在破坏相同数量的节点时，采取不同的破坏策略，各个弹性因子对动态弹性过程的响应有所不同。总体而言，作战网络作为整个耦合系统的综合体现，对区域破坏具有更优的弹性。在对装备系统进行弹性度量时，应该根据系统的实际功能需求选取系统性能度量参数和弹性因子，从而对系统弹性做出准确的量化评估；装备系统各层网络的弹性均在不同程度上受到耦合强度的影响。通过弹性因子分析，对于相互依赖网络，系统的平均性能、恢复效率和恢复效果均随着耦合强度的增强而逐渐降低，从而导致系统具有较低的动态弹性。

11.6　小结

以装备智能数据采集和感知、智能决策和推演、智能执行和过程防御为主线的武器装备作战应用与保障技术，是武器装备作战效能最大限度地发挥的重要手段，使得装备在面对故障、战损、复杂战场环境等扰动因素时具备智能恢复策略生成、执行和弹性实时评估的闭环应对能力，最终在装备作战应用的各个环节增强装备弹性，从而发挥其主战装备的战技术性能。本章阐述了装备系统弹性形成机制、要素识别及因子分析方法，瞄准提高装备系统抗干扰事件（故障/攻击）的能力和生存能力，给出了装备系统弹性设计分析与评估方法，并结合案例分析评估了装备系统对实战扰动因素的抵御和恢复能力。

参考文献

[1] 潘星，张国忠，张跃东，等．工程弹性系统与系统弹性理论研究综述 [J]. 系统工程与电子技术，2019，41 (9)：2006 - 2015.

[2] 王哲，李建华．网络信息体系弹性及其建模分析 [J]. 军事运筹与系统工程，2020，34 (1)：54 - 60.

[3] 潘星，蒋卓，杨艳京. 基于弹性的体系组件重要度及恢复策略 [J]. 北京航空航天大学学报，2017，43 (9)：1713 - 1720.

[4] 郭定荣．自主体系结构框架研究 [J]. 通信技术，2011，44 (12)：67 - 71.

[5] 杨博帆，张琳，张搏．一种新型军事装备系统弹性混合度量方法 [J]. 军事运筹与系统工程，2021，35 (1)：51 - 56.

[6] 陈志伟，王靖，谷长超，等．考虑动态重构的装备体系可用性及弹性分析 [J]. 系统工程与电子技术，2021，43 (8)：2347 - 2354.

[7] GAO J, BARZEL B, BARABÁSI A L. Universal resilience patterns in complex networks [J]. Nature, Nature Publishing Group, 2016, 530 (7590): 307 - 312.

[8] SUSAN L CUTTER, JOSEPH A AHEARN, BERNARD AMADEI, et al. Disaster Resilience: A National Imperative [M]. Washington DC: The National Academies Press, 2012.

[9] BARKER K, BAROUD H. Proportional hazards models of infrastructure system recovery [J]. Reliability Engineering & System Safety, 2014, 124: 201 - 206.

[10] BULDYREV S V, PARSHANI R, PAUL G. Catastrophic cascade of failures in interdependent networks [J]. Nature, 2010, 464 (7291): 1025 - 1028.

[11] HAIMES Y Y. On the definition of resilience in systems [J]. Risk Analysis, 2009, 29 (4): 498 - 501.

[12] ZHAO K, KUMAR A, HARRISON T P. Analyzing the Resilience of Complex Supply Network Topologies Against Random and Targeted Disruptions [J]. IEEE System Journal, 2011, 5 (1): 28 - 39.

[13] GEORGE - WILLIAMS H, PATELLI E. Efficient availability assessment of reconfigurable multi - state systems with interdependencies [J]. Reliability Engineering & System Safety, 2017, 165: 431 - 444.

[14] ZHAO J, SI S, CAI Z. A multi - objective reliability optimization for

reconfigurable systems considering components degradation [J]. Reliability Engineering & System Safety, 2019, 183: 104 - 115.

[15] PATRIARCA R, BERGSTRÖM J, DI GRAVIO G, et al. Resilience engineering: Current status of the research and future challenges [J]. Safety Science, 2018, 102: 79 - 100.

[16] BRUNEAU M, CHANG S E, EGUCHI R T, et al. A framework to quantitatively assess and enhance the seismic resilience of communities [J]. Earthquake spectra, 2003, 19 (4): 733 - 752.

[17] HENRY D, RAMIREZ - MARQUEZ J E. Generic metrics and quantitative approaches for system resilience as a function of time [J]. Reliability Engineering & System Safety, 2012, 99: 114 - 122.

[18] OUYANG M, DUEÑAS - OSORIO L, MIN X. A three - stage resilience analysis framework for urban infrastructure systems [J]. Structural safety, 2012, 36: 23 - 31.

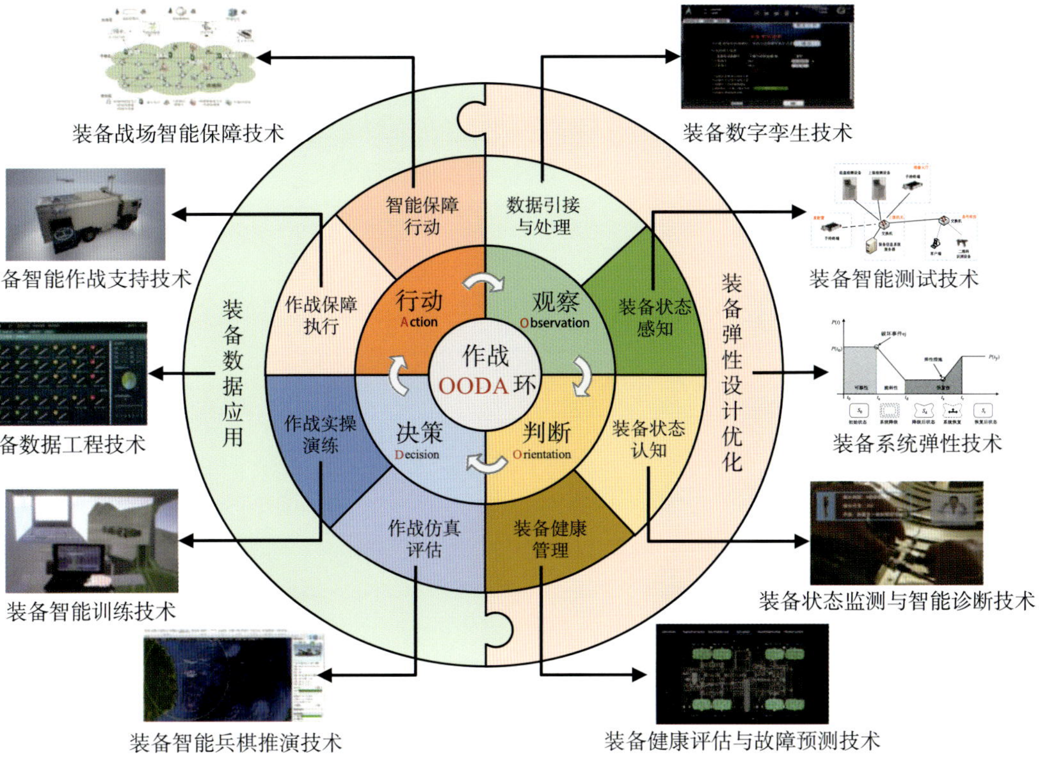

图 1－4　装备智能应用与保障技术需求（P15）

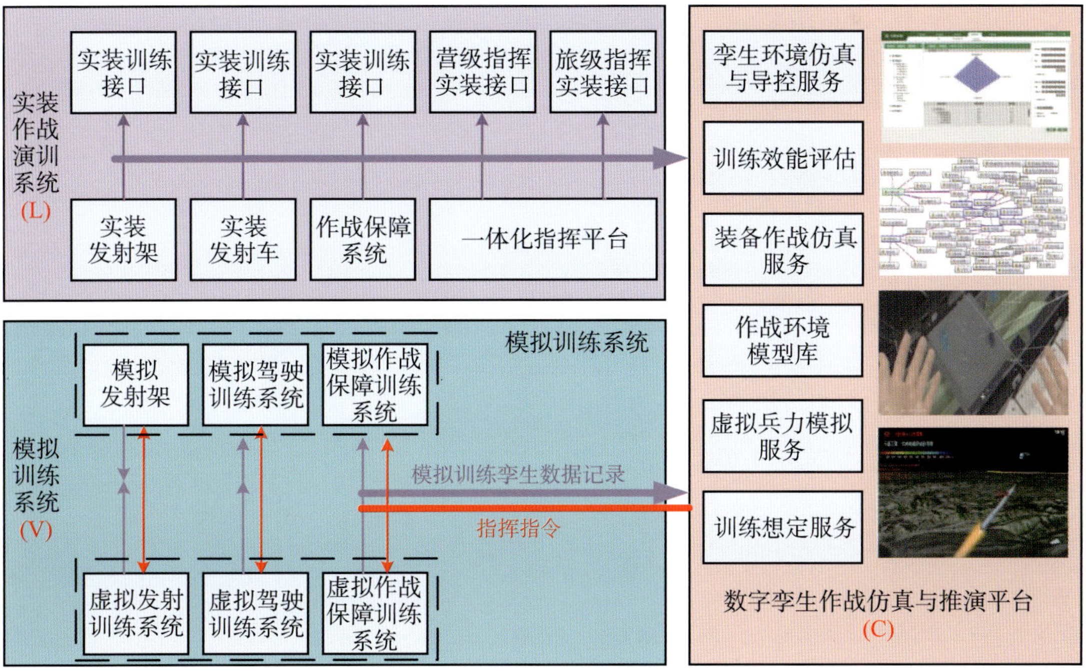

图 2－8　数字孪生驱动的装备智能训练（P36）

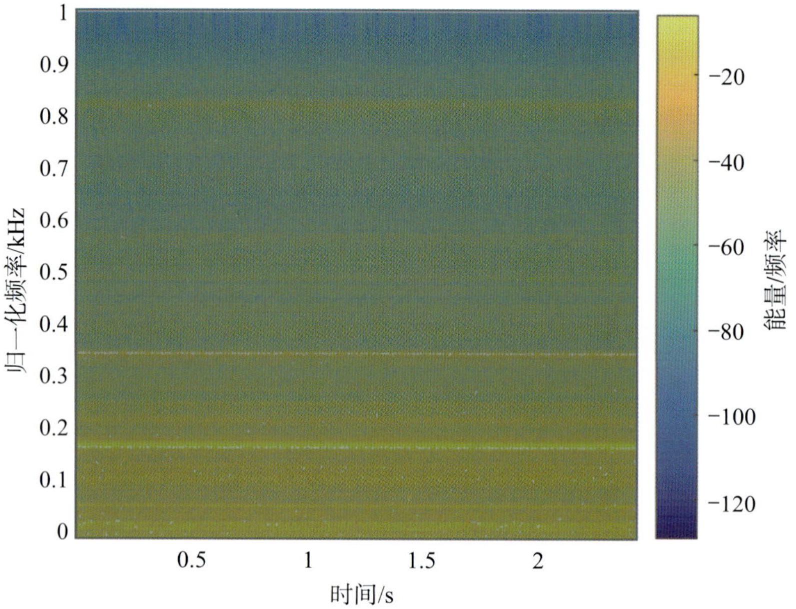

图 5－18　基于 STFT 的频谱图（P140）

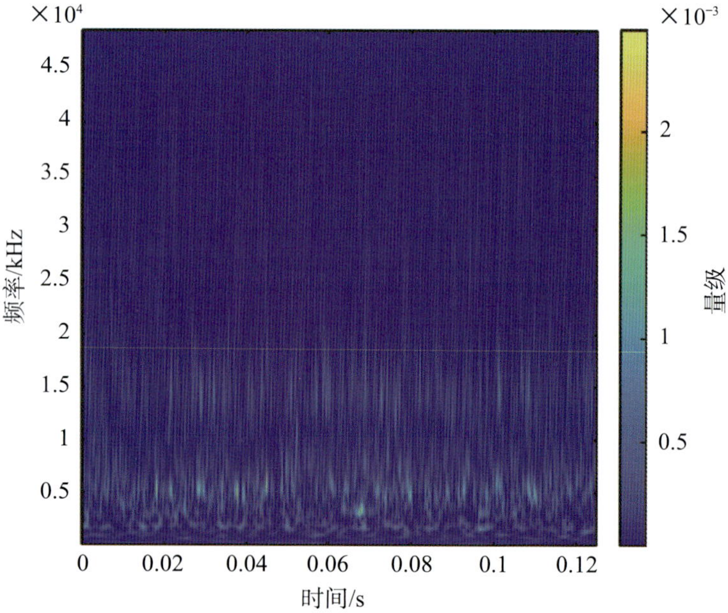

图 5－19　基于 WT 的谱系图（P140）

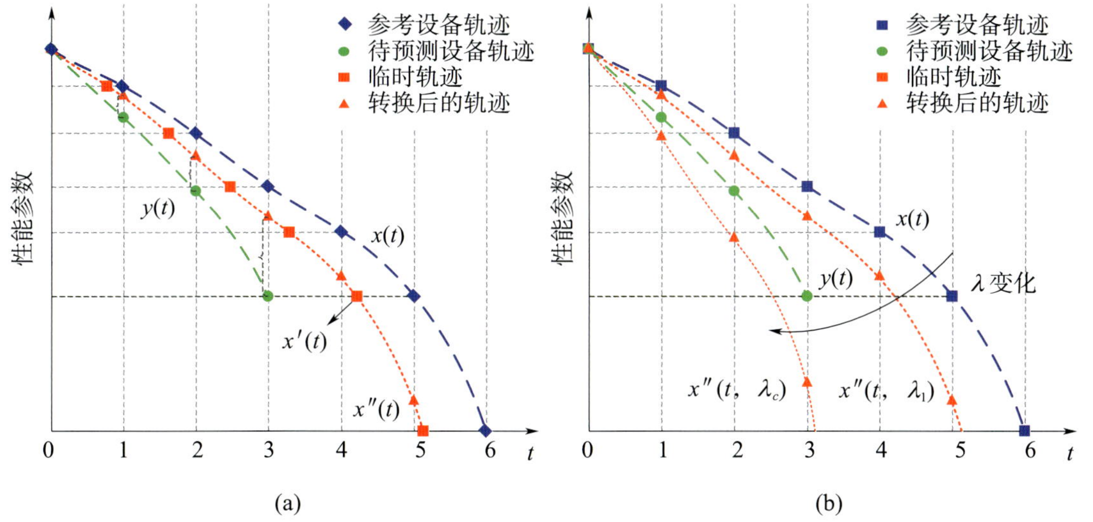

图 6－23　时间尺度伸缩匹配原理（P175）

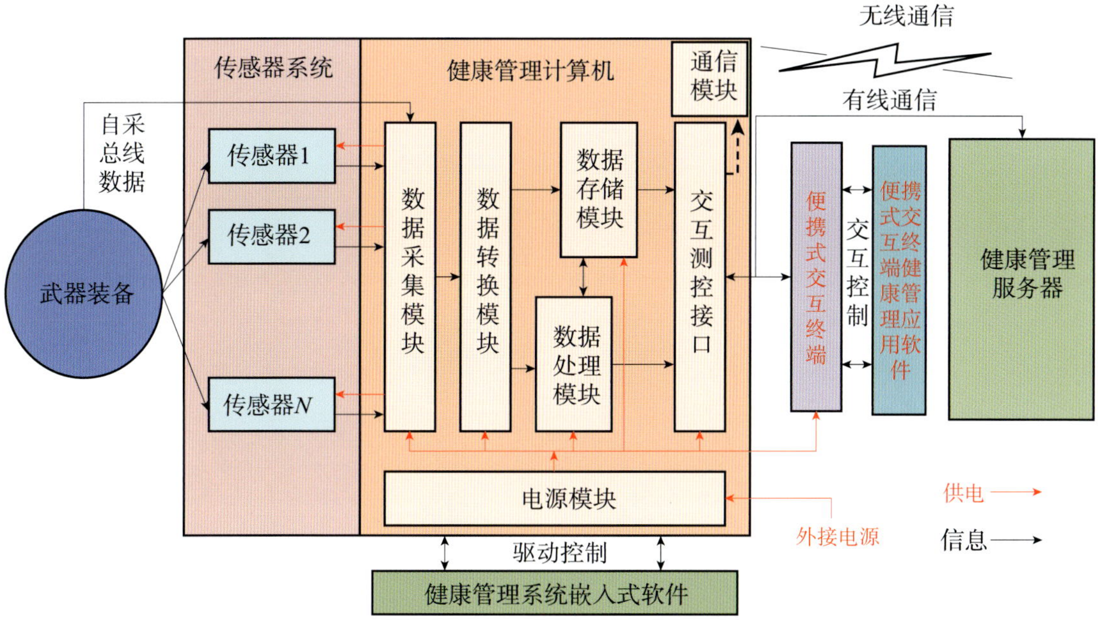

图 6－26　基于微机的装备健康管理系统架构（P178）

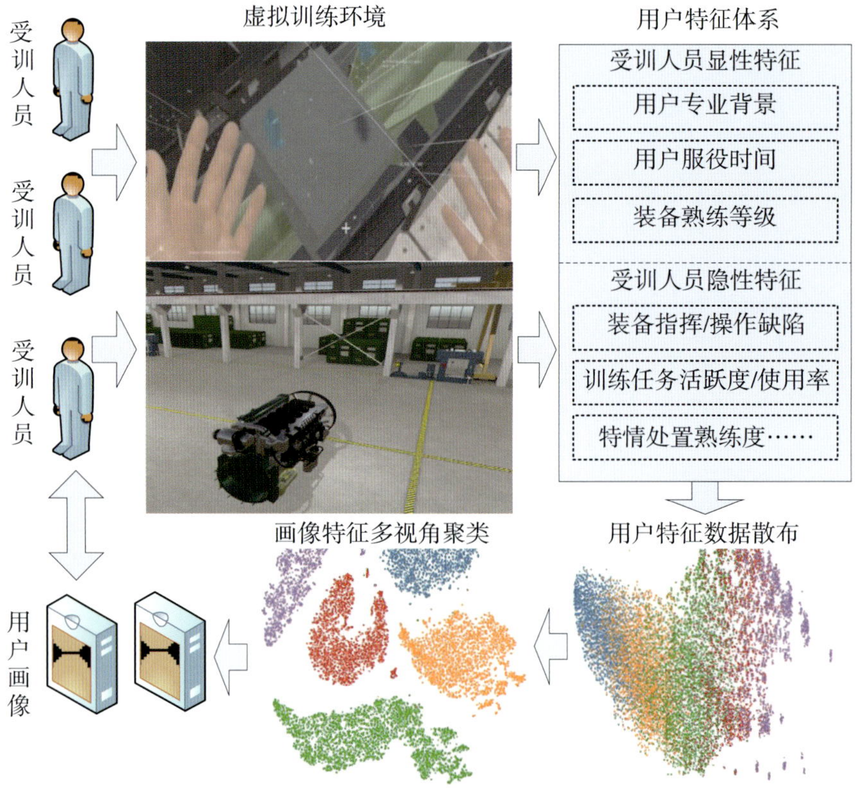

图 7-13　受训人员用户画像自适应构建技术框架（P202）

图 9-16　车辆变形遮蔽伪装效果图（P279）

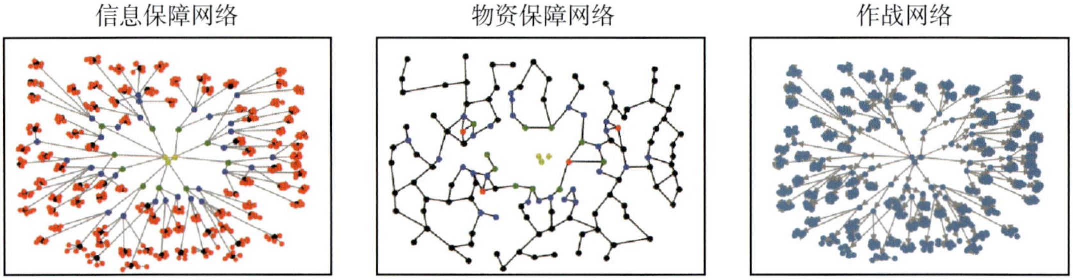

图 11-13　装备系统的信息保障网络、物资保障网络和作战网络（P328）